国家出版基金项目
"十三五"国家重点出版物出版规划项目

近感探测
◆
与毁伤控制技术丛书

无线电引信
抗干扰理论

Anti-jamming Theory of Radio Fuze

栗 苹 郝新红 闫晓鹏 王海彬 著

北京理工大学出版社
BEIJING INSTITUTE OF TECHNOLOGY PRESS

内 容 简 介

本书从工程应用角度出发，立足于国防科学技术前沿，构建了无线电引信信道泄漏与信道保护理论体系，给出了引信信道保护量化表征方法；提出了基于电磁场信道、信号收发相关信道与信息识别信道三层信道保护的无线电引信抗信息型干扰的设计原则，系统阐述了连续波多普勒、连续波调频、脉冲多普勒体制无线电引信基于三层信道保护的抗干扰设计方法；建立了无线电引信抗干扰能力评定方法，提出了引信抗干扰性能评估准则、指标和方法，给出了基于模糊综合评判的引信抗干扰性能评估模型与评估实例。

本书可作为高等院校探测、制导与控制专业或引信技术专业大学生、研究生的教学参考书，也可供探测与控制、引信及相关行业的科研与工程技术人员参考使用。

图书在版编目（CIP）数据

无线电引信抗干扰理论/栗苹等著 . —北京：北京理工大学出版社，2019.6
（2019.12 重印）

（近感探测与毁伤控制技术丛书）

国家出版基金项目"十三五"国家重点出版物出版规划项目
ISBN 978 - 7 - 5682 - 7190 - 5

Ⅰ.①无…　Ⅱ.①栗…　Ⅲ.①无线电引信 - 引信抗干扰　Ⅳ.①TJ430.1

中国版本图书馆 CIP 数据核字（2019）第 132392 号

出版发行 /	北京理工大学出版社有限责任公司
社　　址 /	北京市海淀区中关村南大街 5 号
邮　　编 /	100081
电　　话 /	（010）68914775（总编室）
	（010）82562903（教材售后服务热线）
	（010）68948351（其他图书服务热线）
网　　址 /	http：//www. bitpress. com. cn
经　　销 /	全国各地新华书店
印　　刷 /	北京地大彩印有限公司
开　　本 /	787 毫米×1092 毫米　1/16
印　　张 /	22.5
彩　　插 /	4
字　　数 /	426 千字
版　　次 /	2019 年 6 月第 1 版　2019 年 12 月第 2 次印刷
定　　价 /	108.00 元

责任编辑 / 王玲玲
文案编辑 / 王玲玲
责任校对 / 周瑞红
责任印制 / 李志强

近感探测与毁伤控制技术丛书

编 委 会

总序

引信是武器系统终端毁伤控制的核心装置，其性能先进性对于充分发挥武器弹药系统的作战效能，并保证战斗部对目标的高效毁伤至关重要。武器系统对作战目标的精确打击与高效毁伤，对弹药引信的目标探测与毁伤控制系统及其智能化、精确化、微小型化、抗干扰能力与实时性等性能提出了更高要求。

依据这种需求背景撰写了《近感探测与毁伤控制技术丛书》。丛书以近炸引信为主要应用对象，兼顾军民两大应用领域，以近感探测和毁伤控制为主线，重点阐述了各类近感探测体制以及近炸引信设计中的创新性基础理论和主要瓶颈技术。本套丛书共9册，包括《近感探测与毁伤控制总体技术》《无线电近感探测技术》《超宽带近感探测原理》《近感光学探测技术》《电容探测原理及应用》《静电探测原理及应用》《新型磁探测技术》《声探测原理》和《无线电引信抗干扰理论》。

丛书以北京理工大学国防科技创新团队为依托，由我国引信领域知名专家崔占忠教授领衔，联合航天802所等单位的学术带头人和一线科研骨干集体撰写，总结凝练了我国近炸引信相关高等院校、科研院所最新科研成果，评述了国外典型最新装备产品并预测了其发展趋势。丛书是展示我国引信近感探测与毁伤控制技术有明显应用特色的学术著作。丛书的出版，可为该领域一线科研人员、相关领域的研究者和高校的人才培养提供智力支持，为武器系统的信息化、智能化提供理论与技术支撑，对推动我国近炸引信行业的创新发展，促进武器弹药技术的进步具有重要意义。

值此《近感探测与毁伤控制技术》丛书付梓之际，衷心祝贺丛书的出版面世。

20 世纪 90 年代，电子对抗成为现代战争的基本作战手段，引信对抗作为电子对抗四大领域之一，受到世界各国重视。其时，栗苹教授重点开展无线电引信干扰抗干扰技术研究。作为电子对抗领域的同行，我与栗苹教授结识于二十年多前的电子对抗领域学术研讨会，目睹了栗苹教授带领团队在该研究方向上的执着与坚持，见证了作者团队在无线电引信抗干扰理论与方法研究领域取得的重大突破。二十载转瞬即逝，如今研究卓有成效，专著成书。

该书在国内首次初步建立了引信信道泄漏与信道保护理论体系，给出了量化表征方法，首次论述了第三、四代引信干扰技术的技术内涵与特征；将不同干扰样式对引信作用机理的本质统一为引信电磁场信道、收发相关信道与信息识别信道的三层信道泄漏，将无线电引信抗干扰理论统一为引信电磁场信道、信号收发相关信道与信息识别信道的三层信道保护；提出了基于三层信道保护的引信抗干扰设计原则与设计方法；建立了无线电引信抗干扰能力评定方法；开拓了我国无线电引信抗干扰设计的工程方法和理论体系，使我国的无线电引信抗干扰设计、考核由"无理可寻"发展到"有理可依"。

《无线电引信抗干扰理论》注重系统性与理论性，提出的三层信道泄漏与信道保护理论体系具有普适性，既适用于现有体制无线电引信，也适用于新体制无线电引信，对未来无线电引信设计具有重要理论指导意义与工程应用价值，体现了该领域技术发展水平，具有前沿性和开拓性。

相信该书能使无线电引信的抗干扰理论设计水平迈上一个新台阶，有效提高无线电引信在复杂电磁环境下的适应能力，对无线电引信技术与装备的发展起到重要的理论支撑与技术推动作用。该书对于从事无线电引信技术研究的高等院校师生和工程技术界的科研工作者都具有重要参考价值和理论指导意义。

在该书出版之际，特作序以庆贺！

前 言

　　《无线电引信抗干扰理论》是《近感探测与毁伤控制技术丛书》9分册之一。按照丛书"反映近感探测与毁伤控制领域最新研究成果，涵盖新理论、新技术和新方法，展示该领域技术发展水平的高端学术著作"的总定位，本书立足于无线电引信抗干扰理论与方法研究，突出无线电引信抗干扰理论体系的系统性、前瞻性，强调引信抗干扰设计方法与工程应用技术的有机融合。

　　无线电引信是利用无线电波获取目标信息而作用的近炸引信，是世界上出现最早、发展最活跃、装备数量最多的近炸引信。复杂电磁环境是现代战场的突出特征，提高无线电引信在日趋复杂电磁环境下的抗干扰能力与战场生存力是保障武器系统发挥高效毁伤的关键。因此，研究引信抗干扰理论体系与工程设计方法有着重要意义与广阔应用前景。

　　本书是作者在引信干扰与抗干扰技术领域近二十年科学研究与成果的积累，以期为无线电引信抗干扰设计提供理论指导，使无线电引信抗干扰设计、考核由"无理可寻"到"有理可依"，提高无线电引信基础技术水平。

全书共分为7章。第1~6章内容建立了无线电引信信道泄漏与信道保护理论体系与抗干扰设计方法。将不同干扰样式作用下无线电引信失效机理的本质统一为引信电磁场信道泄漏、收发相关信道泄漏与信息识别信道泄漏三个层次；将无线电引信抗干扰理论统一为引信电磁场信道保护、信号收发相关信道保护与信息识别信道保护三个层次；提出了基于三层信道保护的无线电引信抗信息型干扰的设计原则与抗干扰设计方法。第7章建立了无线电引信抗干扰能力评定方法，提出了引信抗干扰性能评估准则、指标和方法，给出了基于模糊综合评判的引信抗干扰性能评估模型与评估实例。

本书是作者多年研究成果的总结、浓缩与提炼。其中，栗苹编写了第1、2、3章，郝新红编写了第5、6章，闫晓鹏编写了第7章，王海彬编写了第4章。全书由栗苹统稿。

感谢在本书编写过程中给予指导和大力帮助的西安机电信息技术研究所黄峥研究员、陆军炮兵防空兵装备技术研究所邓启斌研究员、陆军工程大学石家庄校区孙永卫教授、南京理工大学张淑宁教授。

本书的编写得益于作者众多研究生所做的研究工作，他们是钱龙博士、李志强博士、岳凯博士、李泽博士、孔志杰博士、刘少坤博士、陈慧玲硕士、张彪硕士、陶艳硕士、程思备硕士、左环宇硕士、黄莹硕士，对他们深表谢意！同时，诚挚感谢陈齐乐、代健、王雄武、董二娃等同学为本书图表、公式、文字校对等工作付出的辛勤劳动。

本书不仅可以作为高等院校探测、制导与控制专业或引信技术专业大学生、研究生的教学参考书，也可供探测与控制、引信及相关行业的科研与工程技术人员参考使用。

此外，本书部分内容还参考了国内外同行专家、学者的最新研究成果，在此一并表示诚挚的谢意！

由于作者水平有限，书中难免存在不妥之处，敬请读者批评指正。

著 者

目 录
CONTENTS

第1章 概　　论

1.1　引　　言

引信是利用环境信息、目标信息或平台信息，确保弹药勤务和弹道上的安全，按预定策略对弹药实施起爆控制的装置。引信的基本功能是保证弹药勤务处理、发射和飞行弹道上的安全，利用弹药发射、飞行产生的环境信息在进入目标区之前解除保险，利用目标信息在最佳位置引爆或引燃战斗部装药，以对目标发挥最佳毁伤效能。引信是弹药系统的核心部件，直接决定了武器装备高效毁伤效能的发挥，被形象地称为弹药的大脑。引信担负着武器系统终端毁伤的控制任务，处于战争"生与死"对抗的最前沿。引信是武器系统毁伤效能的倍增器，如近炸引信的使用，可使某些弹药毁伤效果提高 3～20 倍。但引信失效会使整个武器系统毁伤效能降低，或功败垂成，甚至酿成恶性事故。

世界各国对引信在现代战争中的地位和作用有着深刻的认识，目前已上升到从体系对抗的高度看待引信的地位。2002 年，美国国防高级研究计划局（DARPA）的 R. P. 威士纳（Richard P. Wishner）提出 C4KISR 及其功能图，如图 1.1 所示，其构成了从发现目标到毁伤效果评估的完整体系，并在该体系表达图上明确标出"引信（Fuze）"，突出了引信在体系对抗中的地位。

复杂电磁环境是现代战场的突出特征。现代战场中，引信在储运、勤务处理、发射和飞行弹道上可能面临的典型电磁环境，包括自然干扰和人为干扰。自然干扰，如雷电和静电。人为干扰，包括无意干扰和有意干扰。雷达、通信等装备对引信的干扰为人为无意干扰，而引信干扰机、强电磁能量武器为人为有意干扰，如图 1.2 所示。

现代战争中，电子干扰已经成为基本的作战手段。自第二次世界大战出现无线电引信以来，对引信的干扰一直没有停止，并且日趋严重。分析引信干扰技术的特征，可知引信干扰机已由早期针对单一体制无线电引信的扫频压制式干扰，发展为针对多体制无线电引信的回答欺骗式干扰。引信干扰机对无线电引信的干扰手段不断增加，无线电引信面临的威胁日趋严重，要求无线电引信具有更强的抗干扰能力。另外，新一代信息化武器装备需要与之相适应的新一代引信。随着信息化武器装备的发展，引信的地位及作用更加突出，引信失效引起的后果将更加严重。

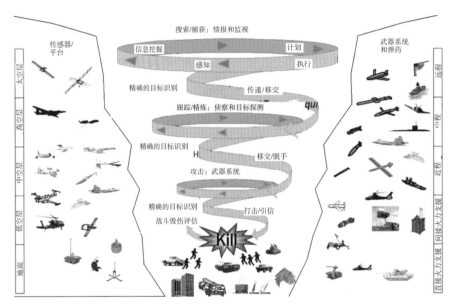

图 1.1　美军 C4KISR 体系示意图

图 1.2　引信所面临的战场电磁环境

在此背景下，本书作者团队在二十多年科学研究与成果积累的基础上，以创新性的科研成果为主，形成了本书的主要内容，以期为无线电引信抗干扰设计提供理论指导，使无线电引信抗干扰的设计、考核由"无理可寻"到"有理可依"，提高无线电引信基础技术水平。

1.2　引信定义及其分类

1.2.1　引信定义

引信被定义为：利用目标信息、环境信息或指令信息，在预定的条件下解除保险，并在有利的时机或位置上引爆或引燃战斗部装药的控制系统（或装置）。为保证引信能够完成战术任务，需要引信具有足够的安全性和可靠性。若安全性得不到保障，有可能在己方战场提前引爆，或是在平时勤务处理中误起爆，则引信无法完成预定任务，还会给己方人员和物资带来严重损害；若可靠性得不到保障，引信可能出现未按要求解除保险、遇见目标无法正常发火等情况，使战斗部无法正常发挥效能。

1.2.2　引信分类

引信具有多种分类方法，根据作用原理不同，可分为机械引信、电引信等；根据获取目标信息方式的区别，可以分为触发引信、近炸引信和执行引信；根据弹种分类，可分为炮弹引信、导弹引信、鱼雷引信等。本书以获取目标信息方式区分为例，介绍引信分类。

1. 触发引信

触发引信是指依靠弹丸碰撞目标而作用的引信，又称碰炸引信或者着发引信。按照作用时间，又可分为瞬发引信、惯性引信、延期引信。

（1）瞬发引信

瞬发引信是指从碰触目标到战斗部起爆的时间间隔小于 1 ms 的触发引信，常用于杀伤爆破弹和破甲弹中。

（2）惯性引信

当引信受到弹丸碰击目标产生的前冲惯性力时，引信延期装置启动发火，通常延期时间间隔在 1~5 ms，因此又被称为短延期引信。

（3）延期引信

此类引信对目标信息经过较长延时后引燃战斗部。延期的目的是保证弹丸能进入目标内部爆炸。可用于硬目标侵彻引信，延期时间一般为10~300 ms。

2. 近炸引信

近炸引信又称非触发引信，通过探测附近的目标或环境信息来确定目标的距离、方位或者高度、速度等信息。近炸引信根据其自身工作特点，可以有多种分类方法，主要包括物理场特性、引信作用方式等。

按照物理场特性的不同，近炸引信可分为：

（1）无线电引信

指利用电磁波来探测目标并根据目标信息适时地起爆战斗部的一种近炸引信。无线电引信按照工作原理，可分为连续波多普勒引信、调频引信、脉冲引信等。其中，连续波多普勒引信是世界上最早使用的一种无线电引信，后期各种体制无线电引信也迅速发展。

（2）非无线电引信

主要通过光、磁、声、电场等物理场而作用的引信，如光引信、磁引信、声引信、电容引信、静电引信等。其中，光引信通过光波获取目标信息，根据光的性质不同，可分为红外引信和激光引信，主要用于空对空火箭和导弹上；磁引信利用磁场获取目标信息，主要用于航空炸弹和地雷上；声引信通过声波获取目标信息，主要用于水中兵器和反坦克弹药；电容引信利用电极间电容变化来获取目标信息，适用于炸高较小的场合；静电引信利用静电场来获取目标信息。

按照对目标的作用方式不同，近炸引信可分为：

（1）主动式引信

引信自身产生物理场（电场、声场、磁场等），通过目标向引信反射的物理场确定目标信息。

（2）半主动式引信

依靠己方与引信合作的辐射源产生的物理场探测目标，辐射源不在引信上。

（3）被动式引信

利用目标产生的物理场探测目标，引信自身不产生物理场。

3. 执行引信

执行引信是指通过直接获取外界指令或预设命令而作用的引信，可分为遥感引信和时间引信。

（1）遥感引信

通过接收外部控制系统发出的指令进行作用，又称指令引信。

（2）时间引信

引信按照预先装定的时间而作用，其起爆时间只取决于装定的时间，不随目标与环境的改变而变化。

1.2.3 无线电引信定义及分类

无线电引信是利用电磁波环境信息感知目标并使引信在距目标最佳炸点处起爆战斗部的一种近炸引信，能够有效打击空中和地面目标，是目前应用最为广泛的一种近炸引信。

无线电引信有多种分类方法，较为常用的是按照工作体制划分，具体分类如图1.3所示。

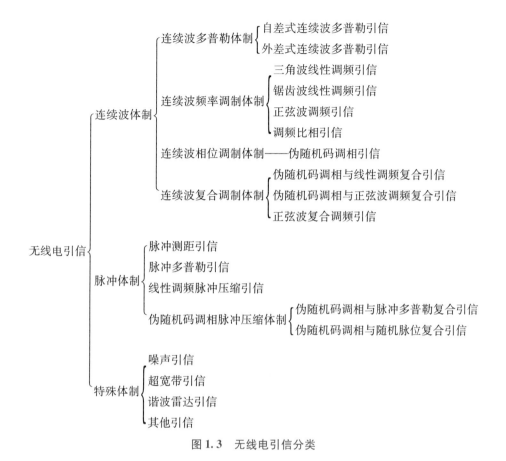

图 1.3　无线电引信分类

1.3　无线电引信基本原理

无线电引信既不与目标直接接触，又与目标间存在紧密的联系，两者之间通过电磁波进行相互联系，二者之间的关系如图 1.4 所示。当目标存在时，无线电引信通过发射和接收电磁波来探测目标携带的运动速度、方位等各种信息，从而控制弹药系统的作用时机，发挥战斗部最佳毁伤效能。

1.3.1　无线电引信的基本构成

与其他体制引信一样，无线电引信由发火控制系统、爆炸序列、安全系统和能源装置四个基本部分组成，其基本组成原理框图如图 1.5 所示。

1. 发火控制系统

发火控制系统由目标探测器、信号处理模块及执行机构组成，其主要功能是使引信能够发现目标、抑制干扰并适时给出发火信号，保证弹丸能在最佳位置起爆，对目标产生最大毁伤效果。

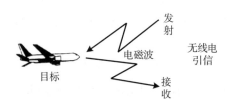

图 1.4　无线电引信与目标之间的关系

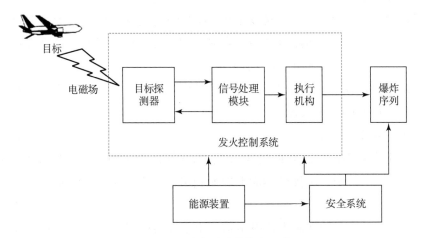

图 1.5　无线电引信的基本组成

（1）目标探测器

目标探测器由发射机和接收机组成，其功能是发射电磁波并接收回波，将回波中的目标信息传递给信号处理模块。由于目标探测器在接收目标回波时，干扰信号也可能会进入接收机，因此需要信号处理模块进行进一步的信号处理与识别。

（2）信号处理模块

信号处理模块需要完成信号识别、目标信号提取与放大，以及产生发火控制信号这 3 个任务。

①信号识别：从目标探测器接收到的信号，包含了目标信息和干扰信息。其中，干扰信息可能会使引信产生误动作。干扰信息包括外部干扰和内部干扰。外部干扰主要包括敌方干扰机产生的干扰信号和背景环境产生的杂波干扰，如地杂波、海杂波干扰；内部干扰主要包括引信内部电路产生的噪声、串扰、电源不稳定等。由于这些干扰信号的存在，引信信号处理模块必须具备信号识别的能力，即提取出目标信息并抑制干扰信息。早期的无线电引信信号处理方式较为简单，只有简单的模拟电路信号处理手段，信号识别能力有限，随着数字电路的发展，越来越多的数字信号处理方法应

用于无线电引信，使无线电引信信号识别能力有了明显提高。

②目标信号提取与放大：完成信号识别后，需要提取出有用的目标信号，由于目标信号往往是微弱信号，需要对目标信号进行放大，以便后续处理。

③产生发火控制信号：在确定了目标信号后，信号处理模块需要迅速产生发火控制信号，确保执行机构能够第一时间收到发火指令，从而使弹丸在合适的位置起爆。

（3）执行机构

执行机构的作用是当接收到信号处理模块给出的发火控制信号时，控制爆炸序列发火，也被称作点火电路。

2. 爆炸序列

爆炸序列是指各级火工品、爆炸元件按照敏感度逐级降低、输出能量逐级增加的顺序组合，从而引爆战斗部的系统。爆炸序列的作用是将爆炸元件输出的爆轰能放大并传递到战斗部装药。在早期，敏感性炸药的使用使弹药安全性较低，意外事故时有发生。从 20 世纪 70 年代起，随着各种钝感炸药的成功研制，钝感炸药便逐渐取代了敏感炸药，为了引爆钝感炸药，需要逐级设置一些爆炸能量递增的传爆元件。组成爆炸序列的爆炸元件主要有雷管、火帽、电雷管、电点火管。其中，雷管和火帽采用针刺或撞击等机械方式发火，电雷管和电点火管利用电能点火，电雷管和电点火管在无线电引信中较为常用。这些爆炸元件中装有敏感起爆药，因此被称为起爆元件，起爆元件将起爆产生的能量传递到导爆药柱和传爆药柱中，爆轰能经过导爆药和传爆药放大后引爆战斗部装药。图 1.6 所示为无线电引信的爆炸序列。

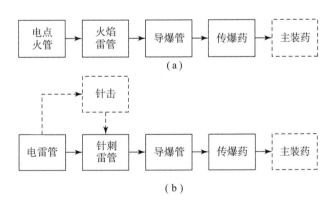

图 1.6　无线电引信爆炸序列

（a）火焰雷管爆炸序列；（b）针刺雷管爆炸序列

爆炸序列直接影响着战斗部对敌方目标的毁伤效果，是引信中十分重要的组成部分，因此其安全性也是引信安全系统设计考虑的重要因素之一。

3. 安全系统

安全系统是为了防止引信在从勤务处理直至发射延期解除保险之前的各种环境下意外解除保险或爆炸而设计的各种装置组合。引信安全系统主要包括对爆炸序列的隔离、对隔爆机构的保险、对多物理场环境（包括力场环境、电磁场环境、声场环境等）的适应等，其作用是保障引信在勤务处理、发射和撤离战斗过程中不意外解除保险或爆炸。勤务处理过程指运输、搬运、装卸、检测、维修等过程，安全系统需要保证引信在勤务处理过程中不发火；发射过程指引信在发射器内及己方阵地的过程，安全系统需要保证引信在发射过程中不提前解除保险；撤离战斗过程是指弹丸在发射后未遇到目标后撤离的过程，安全系统需要保证引信在降落到距离地面一定高度范围内不发火。

4. 能源装置

能源装置的作用是为引信发火控制系统、安全系统、爆炸序列提供正常工作所需的能源。引信能源装置包括化学电源和物理电源两种，化学电源是将化学能转化为电能的装置，大部分无线电引信都采用化学电源；物理电源是利用环境能源，将机械能、热能转化为电能的装置，包括涡轮发电机、压电晶体等。绝大多数无线电引信都配置有单独的电源，部分导弹及大型弹药武器上，引信也可利用弹上电源，但为了引信本身安全性考虑，一般尽量采用独立电源。

1.3.2 无线电引信的工作过程

无线电引信的工作过程是指引信从发射直至引爆战斗部装药的全过程，主要包括解除保险、目标探测、信号处理、触发执行机构及引爆过程。其工作过程如图 1.7 所示。

图 1.7 无线电引信工作过程

弹丸发射前，引信处于保险状态，此时引信不工作；弹丸发射后，引信按照预定策略适时解除保险，此时引信处于待发状态；在弹丸飞行的过程中，引信发射机向外发射电磁波，若引信发射的电磁波遇到目标，则部分电磁波会经目标反射进入引信接收机，同时，与目标信号一起进入引信接收机的还可能有干扰和背景噪声；引信接收机将接收到的信号或者指令传递至信号处理模块，由引信信号处理模块对信号或者指令进行处理、分析和识别；若处理结果满足引信预定起爆条件，则输出发火控制信号，触发执行机构引爆战斗部装药。

1.3.3 无线电引信的主要战术技术要求

无线电引信能否完成战术任务是影响武器系统整体毁伤效能发挥的关键，因此，无线电引信在设计时必须满足一些基本要求，以确保引信能与战斗部准确配合。而不同的战斗部需要配合不同的引信，对引信提出的要求也不同。一般来说，无线电引信需要满足的基本战术要求如下。

1. 安全性

引信安全性被定义为：在引信生产、勤务处理、装填、发射直至解除保险的各种环境中，在规定条件下不意外解除保险和爆炸的性能。引信的安全性是对引信最基本也是最重要的技术要求。引信的安全性可分为以下几个方面。

（1）勤务处理安全性

引信在出厂到发射前所经历的所有处理和操作统称为勤务处理过程，包括搬运、碰撞、维修、检测、装填和投放等过程。在这些过程中，引信可能会受到强烈冲击、静电与射频电磁干扰及人工操作失误等影响，勤务处理安全要求引信不能因为这些影响而意外解除保险或爆炸。目前勤务处理安全性主要通过"跌落""震动""湿热"等测试手段进行评估。

（2）发射安全性

弹药在发射器内及己方阵地安全距离内的安全性称为发射安全性。对于炮弹引信，是指膛内和炮口安全性；对于火箭弹引信，发射安全性还包括在规定安全距离内的主动段安全性。

①膛内安全性。

炮弹发射时，在膛内的加速度很大，某些小口径航空炮弹发射时，加速度峰值可达110 000g；中大口径榴弹和加农炮榴弹发射时，加速度也有1 000g ~ 30 000g。如果引信零件无法承受这样高的过载，导致保险机构在膛内解除保险，可能会导致弹丸早炸，造成严重后果。因而引信设计中要求各个机构在膛内过载环境下不发生紊乱或失效。

②弹道起始段及主动段安全性。

在引信出发射器直至飞离我方阵地安全距离这段时间内，引信可能会受到树枝、飞鸟等障碍物、雨雪等恶劣环境或人为干扰的影响，此时引信一旦发火，则不但不能完成战术任务，还可能会对己方阵地人员或设备造成严重损伤。因此，为保障引信在弹道起始阶段及主动段不意外发火，通常采用隔爆机构延期解除保险的方法，延期时间需要根据安全距离设置。

2. 作用可靠性

作用可靠性一般定义为：在规定条件下完成预定功能的能力。对于无线电引信来说，其作用可靠性具有更重要而又特殊的意义，因为在武器系统中，引信是决定战斗部毁伤目标效果的最后环节，引信的失效会直接导致整个武器系统无法发挥作用，在造成巨大经济损失的同时，也会对战场形势产生严重影响。因此，对引信的作用可靠性必须提出很高要求，包括解除保险可靠性要求、对目标作用可靠性要求等。

在遇到目标前，引信必须处于待发状态，这就要求保险机构能够可靠解除，否则引信将失效；在解除保险后，引信遇到目标时，必须要按照预定方式适时作用，这就要求引信的发火控制系统、传爆序列有足够的可靠性，确保引信在弹丸相对目标最合适的距离、方位、速度起爆，以发挥战斗部装药的最大毁伤效能。

引信的作用可靠性指标是通过模拟测试系统和靶场抽样射击测试得到的，对于靶场射击试验来说，引信可靠性以规定条件下引信按照预定要求发火的概率来衡量，概率越高，则表明引信作用可靠性越高。

3. 环境适应性

引信作为武器系统的重要组成部分，必须对从勤务处理到可靠作用期间所处环境有足够的适应性，这里的环境包括引信所承受的力学环境（碰撞、冲击等）、自然环境（雨雪、高温、严寒等）、电磁环境（静电、雷电、电磁辐射等）。在进行引信环境适应性设计时，应该在实际技术水平允许的情况下，充分结合引信可能面临的各种环境条件进行设计。同时，应采用模拟试验与外场实物试验结合的方式，来考量引信的环境适应能力。

4. 抗干扰性

复杂电磁环境是现代战场的突出特征，而引信处于战场最前沿，要求引信在各种干扰作用下不意外解除保险或发火，并能够正确作用于目标，这对引信抗干扰性能提出了很高的要求。无线电引信在工作过程中，可能会遇到不同种类的干扰，主要包括内部干扰、环境干扰和人工干扰等，其中，无线电引信面临的最大威胁来自人工干扰。

目前，对于无线电引信抗干扰性能的评判还没有公认的明确指标，最新提出的模糊综合评判、处理增益及相似度的无线电引信抗干扰性能测度，能够较好地衡量不同无线电引信的抗干扰性能，具有较完善的理论基础、易实现性与可操作性，给无线电引信抗干扰性能评估指出了新方向。

5. 长期存储稳定性

由于引信在武器系统中的地位重要且消耗量大，因此必须要求有一定的储备量。一般要求引信可靠存储时间达到 15~20 年，即在 15~20 年内引信不能失效。对引信长期存储影响较大的一般有湿度、温度等条件，一般要求引信能经受 $-50 \sim +70$ ℃的温度和100%的相对湿度。因此，在设计时，应充分考虑到引信面临的苛刻条件，对每个零件都要进行防腐处理及严格的密封。

6. 经济性

无线电引信是一次性作用产品，消耗量很大，因此，在设计无线电引信时，其经济性是一项重要指标。引信的成本主要包括研发费、制造费、维护费和使用费等，在引信设计过程中，应综合考量各方面费用，合理分配各项费用比重，以获得性价比最优的设计方案。主流的方案有采用标准零部件、大批量生产、简化电路等。

7. 标准化

引信在设计过程中，应遵循通用化、系列化和模块化这三项标准化原则。

引信的通用化是在互换性的基础上，尽可能扩大同一引信（包括零部件、组件等）的使用范围，使一种引信能够配合多种战斗部使用。

引信系列化是指同一品种或者同一型式的引信产品的规格按照最佳数列排列。引信的系列化包括指定引信结构尺寸、性能参数等。

引信的模块化是指将一系列通用化较强的零部件、组件按需要组合成不同用途和功能的引信，它是引信标准化的高级形式，也是通用化发展的必然结果。

1.4 无线电引信面临的信息型干扰分析

1.4.1 无线电引信面临的战场电磁环境

电磁环境是指在某一特定空间范围内存在的所有无线电波的频率、功率在时间上的分布，是一定时间和空间内所有电磁能量的总和。国家军用标准《战场电磁环境术语》中对复杂电磁环境的定义，可以理解为：在一定时域、空域、频域、能量域上，各种自然与人为电磁活动交错分布、密集重叠，对有益电磁活动（如电台通信、引信探测等）产生重大影响的电磁环境。而随着现代战场中电磁环境日益复杂，无线电引信也面临着越发严重的电磁干扰威胁。

现代战场电磁干扰环境的构成如图 1.8 所示。

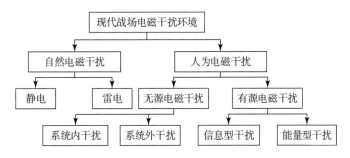

图 1.8 现代战场电磁干扰环境构成

GJB 373B—2017 规定引信的电磁环境包括引信在储存、运输及在预定的装卸、装填和发射期间所能遇到的电磁辐射环境。无线电引信全寿命过程主要包括生产、运输、储存、勤务处理、使用和技术处理等几个阶段。处于运输和储存状态的无线电引信，由于使用全封闭的金属包装罐，对电磁场有很强的衰减作用，因此，电磁波辐射场不会造成处于这两种状态的引信电子部件的损伤。而处于勤务处理及使用过程中的引信所面临的战场电磁环境十分严酷，严重影响着引信作战效能的正常发挥。

1. 无线电引信战场复杂电磁环境概念及定义

战场环境是战场及其周围对作战活动和作战效果有影响的各种因素和条件的通称。目前对于战场电磁环境的定义还处于深入研究阶段，比较宽泛的定义认为战场电磁环境即一定的战场空间内对作战有影响的电磁环境。《战场电磁环境》（王汝群等，解放军出版社，2006）一书中将战场电磁环境明确地定义为"一定的战场空间内对作战有影响的电磁活动和现象的总和"。根据此定义，战场电磁环境在一定的战场空间范围内存在，在战争期间有效，表现为特定的作战任务中不同时间、不同空间有着不同的分布特性；是为了完成特定的作战任务，以自然电磁辐射和信号环境为基础，加上由敌我双方的雷达、通信、光电等武器系统及其电子战装备的辐射信号环境，对作战系统有影响的电磁辐射、干扰、敏感等电磁现象的信号环境总和。

通过以上定义可以看出：首先，战场电磁环境是由各类构成要素形成的电磁信号环境；其次，对战场电磁环境的研究是为了进行战场频谱管理和确定参战装备受到的影响，即装备的电磁环境综合效应。

复杂电磁环境是指在有限的时空里，一定的频段上多种电磁信号密集、交叠，妨碍信息系统和电子设备正常工作，对武器装备运用和作战行动产生显著影响的战场电磁环境，是战场电磁环境复杂化在空域、时域、频域和能量域上的表现形式。复杂电磁环境是信息化战场的重要特征，在未来信息化作战中，将对各类信息化武器装备产生严重影响。

综合战场环境和复杂电磁环境的论述，可将无线电引信战场复杂电磁环境定义为：在一定战场空间内，由空域、时域、频域、能量域分布的多类型、全频谱、高密度、动态交叠的，能够对处于各种状态的无线电引信产生干扰、损伤、破坏等电磁效应的电磁信号环境。

2. 无线电引信战场复杂电磁环境的特点

由无线电引信战场电磁环境的定义可以看出，构成其电磁环境的各种电磁辐射源十分复杂，既有雷电、静电之类自然电磁危害源，又有雷达、通信、广播、电子对抗等射频源和定向能电磁脉冲武器、高功率微波弹之类的人为电磁危害源。一定条件下，这些危害源将会对无线电引信发挥正常效能产生重大影响，并且由于战场指挥、战术应用等因素的制约，使无线电引信战场复杂电磁环境的特征更加突出，其主要特点如图 1.9 所示。

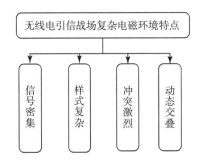

图 1.9　无线电引信战场复杂电磁环境特点

具体来说，无线电引信战场电磁环境有以下特点：

（1）信号密集

现代战场上，敌对双方使用的电子设备体制杂、数量大、种类多，电磁环境中电磁信号密集。现代战场上的各种电磁信号纷繁复杂，各类无线电设备的频段几乎包括了全部电磁频谱范围，即从超长波、长波、短波、超短波、微波、毫米波直至光电频谱在内的极宽频段。在信息传输方面，伊拉克战争中，美军总的信息传输容量达到 783 Mb/s，与过去相比，信息传输容量增长了 596%。信息化战场上的电磁环境已不局限于一种或几种平面定向电磁波通道，而是计算机与众多电子器材相互匹配的立体电磁合成网络。随着信息系统的发展，这种情况将会越来越严重，电磁频谱更为拥挤，从而使整个战场的电磁环境更为恶劣。如此高密度的电磁信号环境，要求战场上各类电子设备具有良好的抗干扰性、信号选择和信号处理能力。

（2）样式繁杂

由于电子信息技术的飞速发展，现代战场上的通信电台、雷达及光电设备等电子信息系统日新月异，电磁辐射信号日趋复杂。通信信号种类繁多，调制样式多样；雷达体制多样，信号类型复杂；光电设备数量激增，光电信号复杂多变。再加上雷电、静电等自然电磁危害源，使电磁辐射信号变得异常复杂，电磁环境也就呈现出复杂性的特点，主要表现为电磁辐射信号在时域、空域、频域和能量域的分布繁杂及电磁辐射信号类型的众多。

（3）冲突激烈

战场电磁环境的对抗性是由战场电磁环境的合成态势造成的。战场电磁环境的合成态势体现在两个方面：一是战场电磁环境是在人工和非人工的、敌我双方的、电子对抗和非电子对抗信号环境的共同作用下综合而成的，各式各样的电磁波信号充斥了整个物理空间；二是众多电子系统容纳于一定的空间范围，类似的电子系统应用于相似的频谱范畴，使电磁环境呈现出兼容与非兼容的矛盾状态。因此，很难明确地描述出某个信息系统具体受到哪些电磁辐射源的干扰，这种影响作用的合成化往往就是导致人们认识复杂电磁环境的困惑之处。换而言之，在考察战场电磁环境的影响时，必须首先从整体全局上进行统一筹划，既要规划好己方电磁辐射设备的工作，也要充分考虑敌方的活动影响；然后，需要针对各个电子信息系统本身所处的空间位置、工作时间和频域范围，多方衡量各种可能存在的影响。

（4）动态交叠

电磁环境的动态交叠，主要表现在电磁波传播在空域上的交错、电磁辐射行为在时域上的集中、电磁辐射信号载频在频域上的拥挤和电磁辐射强度在能域上的起伏。每一域的电磁辐射活动情况都分别从不同方面表现出电磁环境的复杂性，但在现实环境中，人们所从事的各种活动都同时发生在这四域之中，这样对具体的某一点、某一时刻而言，电磁环境的复杂性就是这四域交集的共同反映。即，由于电磁波的交叉传播，才使得同一时间内，空间中的任一点上，能够同时接收到众多信号；也正是由于频谱使用的重叠，才使得一种设备往往在同一时间内接收到来自不同方向，可以对其功能产生影响的干扰信号。这些现象通过各自的途径对作战行动产生各自的影响，也需要人们在组织实施作战行动时，从空域、时域、频域、能量域四方面齐抓共管，才能有效地减轻复杂电磁环境的不利影响。

3. 战场复杂电磁环境对无线电引信的影响分析

无线电引信具有电磁敏感性，其性能容易受到现代战场复杂电磁环境的影响和制约。复杂电磁环境对无线电引信的影响是直接的，主要可分为人为电磁辐射的有意干扰、无意互扰及自然电磁环境影响。

（1）有意干扰

有意干扰是现代战场电磁环境对无线电引信产生影响的主要因素，往往伴随着对抗双方的电磁频谱争夺。电子压制和欺骗是有意干扰的典型形式，是敌方利用专门的用频装备和器材，通过辐射、转发、反射或吸收相同频率的电磁波，削弱或破坏我方无线电引信的正常工作能力的战术和技术措施。电磁环境的有意干扰会影响装备正常工作，降低它们的工作效能，甚至使其无法工作。

（2）无意互扰

用频装备在接收有用信号时，会受到自身系统内部、其他电子信息系统、工业环境等产生的人为无意电子干扰，可以说，无意互扰在一定程度上反映了己方内部电磁设备之间的电磁兼容情况。无意互扰会使无线电引信接收系统的工作效能大幅度降低。

（3）自然电磁环境影响

任何无线电引信都必须在特定的区域和空间环境中工作。因此，区域和空间自然电磁环境的变化将直接影响无线电引信的工作效能。如雷电的作用可使用频装备的接收系统饱和甚至烧毁；静电的作用可使用频装备的电路产生错误。随着信息技术的发展，无线电引信的灵敏度越来越高，自然电磁环境对无线电引信的制约和影响不容忽视。

4. 无线电引信战场复杂电磁环境分类及构成

根据不同的标准，战场电磁环境可以进行多种分类，下面是电磁环境仿真和评估中常用的几种分类。

（1）按辐射信号类型分类

按辐射信号类型，战场复杂电磁环境分为雷达信号环境、雷达干扰信号环境、通信信号环境、通信干扰信号环境、光电信号环境、光电干扰信号环境、导航信号环境、导航干扰信号环境、敌我识别信号环境、敌我识别干扰信号环境、引信信号环境、引信干扰信号环境、背景信号电磁环境。

（2）按受影响的电子信息系统类型分类

按受影响的电子信息系统类型，战场电磁环境分为雷达电磁环境、雷达对抗电磁环境、通信电磁环境、通信对抗电磁环境、光电电磁环境、光电对抗电磁环境、导航电磁环境、导航对抗电磁环境、敌我识别电磁环境、敌我识别对抗电磁环境、引信电磁环境、引信对抗电磁环境。

（3）按电磁环境信号复杂度等级分类

按电磁环境信号复杂度等级，战场电磁环境分为以下类型：

①简单电磁环境（Ⅰ级电磁环境）；

②轻度复杂电磁环境（Ⅱ级电磁环境）；

③中度复杂电磁环境（Ⅲ级电磁环境）；

④重度复杂电磁环境（Ⅳ级电磁环境）。

高技术战争中，由于现代军用雷达、通信、导航等辐射源的数量越来越多，辐射功率越来越大，频谱越来越宽，以及电磁脉冲武器的出现与静电危害源的普遍存在，使现代战场的电磁环境日趋复杂。现代战场电磁环境构成如图 1.10 所示。

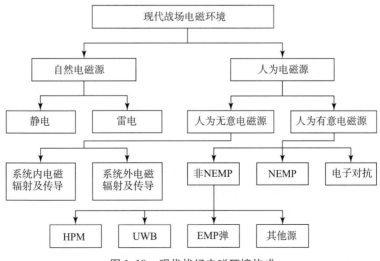

图 1.10　现代战场电磁环境构成

1.4.2　无线电引信面临的人为有源干扰

按照作用途径和干扰效果的不同，复杂电磁环境人为有源干扰对无线电引信的作用分为信息型干扰和能量型干扰两类。

信息型干扰是通过引信正常工作的设计路径作用于引信，干扰信号通过引信接收通道进入引信信号处理电路，使引信信号处理电路产生误判或无法正常工作而导致引信早炸、瞎火的一类干扰。引信的信息型干扰主要来自引信干扰机这种人工有源干扰，具有布置简单、效率高、干扰效果显著的优点，因而得到了各国的重视与发展。

能量型干扰是通过引信正常工作设计路径之内及之外的途径作用于引信，干扰信号通过"前门耦合"和"后门耦合"方式，使引信敏感器件功能紊乱或状态翻转，造成引信降级、损坏等硬损伤，从而使引信失效的一类干扰。其中，"前门耦合"指通过天线及其通道进行耦合，"后门耦合"是指通过孔缝及导线电缆等方式进行耦合。能量型干扰主要包括高空核爆电磁脉冲（HEMP）、超宽带（UWB）电磁脉冲和高功率微波（HPM）。高空核磁爆是指核弹在大气层上空爆炸产生的电磁脉冲，具有场强高、频谱宽、覆盖面积广等特点，传统百万吨量级的核武器在高空爆炸时，释放的电磁脉冲能量约为 10^{15} J 量级，覆盖范围可达上万平方千米，可损坏电子器件或使电子设备工作状态紊乱；超宽带电磁脉冲具有极窄的脉宽，一般为几纳秒，上升沿陡，小于 1 ns，带宽为 100 MHz ~ 50 GHz，对无线电引信的电子部件具有非常大的威胁；高功率微波是指脉冲峰值功率在 100 MW 以上，频率为 0.3 ~ 300 GHz 的电磁脉冲，可以烧毁电子设备，甚至永久损坏电子系统，随着高功率微波技术的发展，高功率微波武器的应用也越来越多。

纵观引信干扰技术的发展现状，信息型干扰是各军事强国最早开始研究并一直着重发展的引信干扰手段，引信干扰机已得到实战检验；能量型干扰则是近二十年才开始发展的一种引信干扰类型。图 1.11 从干扰源辐射能量大小和干扰信号复杂程度的角度给出了信息型干扰与能量型干扰的关系示意图。从图 1.11 可以看到，信息型干扰逐步朝着便携化、智能化、多样化的方向发展，不管是当前，还是未来很长一段时间内，都将是无线电引信在战场复杂电磁环境中所面临的最主要，也是最致命的威胁。

本节重点论述针对信息型干扰的无线电引信抗干扰理论与方法。

1.4.3　无线电引信信息型干扰及其发展趋势

1. 无线电引信信息型干扰样式

根据信息型干扰的定义，信息型干扰是通过引信接收天线作用于引信并对其产生软损伤的一类干扰。根据引信干扰机产生干扰信号的特点，信息型干扰划分为图 1.12 所示结构。

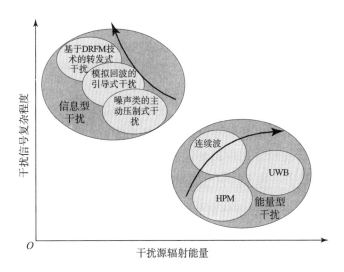

图 1.11　信息型干扰与能量型干扰关系示意图

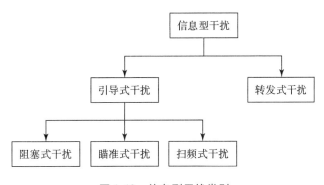

图 1.12　信息型干扰类别

（1）引导式干扰

引导式干扰通过测频和测向接收机获取干扰对象的工作频率、来波方向等信息，并利用自身的压控射频振荡器（VCO）、发射机等实现对干扰目标的频率和方向上的引导对准，对目标进行干扰。早期的引导式干扰机的主要干扰样式是压制性噪声干扰，现在已经发展为包括非噪声类的多种调幅、调频及调相干扰信号，它的主要特征是在干扰信号的幅值变化、频率变化、多普勒频率等一个或多个方面模拟引信的目标回波信号特征，同引信发射信号部分相关，利用引信信道保护的漏洞使引信发生误动作。引导式干扰按照干扰信号参数的不同，可分为阻塞式干扰、瞄准式干扰和扫频式干扰等类型。引导式干扰机施放干扰时，根据其调制参数不同，其干扰可以是压制性的，也可以是欺骗性的。

阻塞式干扰的带宽一般较宽，对频率精度要求相对较低，可覆盖整个无线电引信接收机带宽，由于其带宽大，因此可以用来同时干扰工作在不同频率的无线电引信。

但由于干扰机功率限制，阻塞式干扰在其带宽内功率密度较低，干扰强度较弱。为解决这一问题，可以采用引导式阻塞干扰机，先通过侦察机大致测出引信工作频率，再发出一个窄带阻塞干扰信号。常用的阻塞式干扰有射频噪声干扰、噪声调幅干扰和噪声调频干扰等。

瞄准式干扰相对于阻塞式干扰带宽要小很多，首先通过侦察机测出无线电引信工作频率，然后调整干扰机发射频率使其瞄准引信工作频率，保证干扰机以较窄的发射带宽干扰无线电引信。瞄准式干扰的优点是进入引信接收机内的信号功率强，缺点是对频率瞄准精度要求较高。常用的瞄准式干扰包括各种周期调幅类干扰和周期调频类干扰等，如正弦波调幅干扰、三角波调频干扰等。

扫频式干扰是指干扰中心频率以一定周期按一定规律在一段较宽的频率范围内来回扫动，当干扰机发射干扰信号的中心频率扫动到引信接收带宽范围内时，干扰信号进入引信，对引信产生干扰。实际应用中，扫频手段常与瞄准式干扰、阻塞式干扰配合使用，产生多频点瞄准式干扰和分段阻塞式干扰，如正弦波调幅扫频干扰、噪声调幅扫频干扰等。扫频干扰模式是对引信威胁较大的一类干扰样式。

（2）转发式干扰

转发式干扰是指将引信发射的信号通过延时、放大等处理后转发出去。由于转发式干扰是与引信发射信号相关的信号，因此容易对引信产生干扰。常用的转发式干扰技术有储频式转发干扰技术、频率引导式转发干扰技术等。

随着数字射频存储（Digital Radio Frequency Memory，DRFM）技术的发展，基于数字射频存储的储频式转发干扰对引信的威胁逐渐增加。DRFM 转发干扰通过对接收到的射频信号进行高速采样、存储、变换处理和重构，实现对信号捕获和保存的高速性、干扰技术的多样性和控制的灵活性。DRFM 转发干扰可适应复杂多变的电磁环境，能够与发射信号保持很强的相干性，从而具有良好的欺骗性干扰效果，因此，DRFM 干扰技术已广泛应用于现代电子对抗系统。

DRFM 转发干扰机一般包括下变频模块、上变频模块、模数转换器（ADC）、数模转换器（DAC）、本振、控制单元和功放单元等模块，各模块相对独立，减少了模块间的耦合性。单通道 DRFM 转发干扰机的结构如图 1.13 所示。

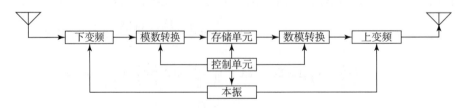

图 1.13 单通道 DRFM 转发干扰机的结构框图

DRFM 转发干扰系统的主要工作过程如下：首先根据截获的引信信号频率调谐本振，使下变频器的输出信号位于 DRFM 系统基带内；而后对下变频器输出的基带信号经高速采样进行量化存储；控制单元对截获的信号进行必要的分析和控制，获取如调制类型及具体参数等信号特征，根据干扰策略生成相应的基带干扰信号，并进行干扰调制；之后基带信号经数模转换与上变频后重构射频干扰信号，并经由发射天线转发出去对目标实施干扰。其中，上、下变频使用同一个本振单元，以保证下变频、上变频过程中信号相位的相关性。

DRFM 转发干扰系统中一个重要构成是模数转换器 ADC。通常，ADC 采样率至少为量化信号带宽的 2.5 倍，并且 ADC 输出信号为 I&Q（同相和反相）两路；使用 I&Q 两路，可以获得输入信号的相位信息，同时，与单通道 ADC 相比，采样信号带宽提高了一倍；ADC 分辨率要保证每次采样都可以用多比特来表示所采信号，以便进行信号重构。控制单元可以对侦收的信号进行分析，包括分析侦收信号的调制信息和参数。通常，控制单元分析接收到的第一个信号周期，然后复制产生其他周期信号，或者系统地改变调制参数。DAC 用于将数字产生的干扰信号转换为基带干扰信号，为了减弱由于系统离散化带来的重构信号失真，通常，DAC 的位数比 ADC 的位数更高。

DRFM 转发干扰机对侦收到的引信发射信号进行存储，并在附加延迟时间后进行转发。基于 DRFM 技术的"转发式"干扰信号同引信发射信号高度相干，它可以获得与目标回波相同的相干处理增益，从而对无线电引信造成严重威胁。

2. 国外无线电引信信息型干扰发展趋势

以干扰方式对抗近炸引信的思想起源于德国，但其最先实现者是美国。1944 年，美国航空仪表研究所对无线电引信的人工干扰方法进行了广泛研究，不仅提出了扫频、瞄准等有源干扰概念，而且对转发式干扰和无源干扰进行了研究和分析，并于同年年底在 AN/APT－4 雷达干扰机的基础上研制出了第一台专用的无线电引信干扰机，采用的干扰样式是扫频干扰，并进行了引信干扰靶场试验。20 世纪 50 年代的引信干扰机 AN/TRT－2B（XL－1）、AN/MLQ－8（XL－2）均以连续波扫频干扰为主，但是能够进行随机噪声、音频调幅和已调连续波的随机键控等调制，缺点是未对干扰信号进行分析再实施有针对性的干扰。60 年代的 AN/MRT－4、AN/ALQ－67 干扰机装备有相应的侦察分析设备，说明干扰机对引信的干扰已经不是盲目进行，而是对侦收到的引信信号进行分选、识别后，再有针对性地采取干扰措施。文献中称"美国为研制转发式无线电引信干扰机花费了相当大的努力"，说明转发式无线电引信干扰机独具特色。90 年代的"游击手"电子防护系统（Shortstop Electronic Protection System，SEPS）正是典型的转发式引信干扰机，这种新式无线电引信干扰机不仅采用了微电子技术，使其质量和体积大大减小，而且大量使用软件技术，运用大量算法针对接收到的信号进行分析，并控制对十几种引信的干扰，从而使该干扰机能够快速干扰多种引信。SEPS "游击手"电子防护系统如图1.14所示,包含地面、车载和单兵三种型号,使用相同的接收机和发射系统,因而它们可以对付相同的威胁,但车载式和地面式安装携带更大的放大器,并淘汰掉发生器,保护区面积相当于几个足球场大小;单兵式质量不到12 kg,保护区较另外两种型号稍小。SEPS"游击手"电子防护系统在亚利桑那州尤马试验场的首次试验就显示出其强大的干扰能力,证明了它能够探测并干扰实弹发射的单发射击和弹幕射击的炮弹引信,另外,还显示了能够干扰装有近炸引信的多级火箭弹能力。

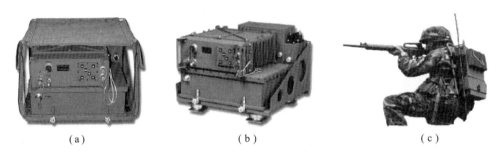

(a)   (b)   (c)

图1.14 引信"游击手"电子防护系统

(a) AN/GLQ-16(地面式);(b) AN/VLQ-11(车载式);(c) AN/PLQ-7(单兵式)

苏联对无线电引信的对抗技术也十分重视,其20世纪80年代装备部队的"SPR"系列引信干扰系统如图1.15所示。SPR-2干扰机的工作方式类似于回答式干扰机,但其超大发射功率使其仍具有压制式干扰的特点,据称能够对付覆盖频率范围内80%的引信,包括那些具有反干扰措施的引信。2008年,DB Radar公司推出了其第三代引信干扰机SPR-3,其体积和质量已大幅度减小,可以被装载在特殊用途的运输车辆上。

(a)   (b)   (c)

图1.15 "SPR"系列引信干扰系统

(a) SPR-1;(b) SPR-2;(c) SPR-3

综合国内外无线电设备的发展现状,可以看出引信干扰机已经由初期的"噪声遮盖""扫频式"等直接干扰方式,发展为集侦察与干扰一体、噪声遮盖与回答欺骗相结合的综合电子对抗系统。虽然干扰设备性能和干扰水平都不断提高,但是究其干扰样式,则可总结为遮盖式干扰和欺骗式干扰两种类型。遮盖式干扰的定义为:用噪声或噪声样的干扰信号遮盖或淹没有用信号，阻止敌方有用电磁波获取目标信息。遮盖式干扰的主要干扰信号是噪声，这是最古老但仍有前途的一种干扰信号，能够干扰任何形式的信号。欺骗式干扰与遮盖式干扰的根本区别在于：遮盖式干扰的预期效果是压制有用信号，使引信得不到目标的准确位置信息，增加目标检测时的不确定性；欺骗式干扰是采用假的目标和信息作用于引信的目标检测系统，使引信不能正确地检测真正的目标，针对性和干扰效率都高于遮盖式干扰。根据产生欺骗式干扰的方法不同，欺骗式干扰可分为储频式转发干扰和频率引导式转发干扰。储频式转发式干扰在接收到引信信号后，经自动放大和适当相移后，再重发输入端接收的信号，如引信"游击手"电子防护系统；频率引导式转发干扰的射频不是对输入信号放大后产生的，而是用频率记忆器、调谐振荡器或数字频率合成器的方法间接获得的，发射信号的频率近似等于输入信号频率，如 SPR - 3 引信干扰机。

综上分析，根据干扰对象和干扰技术特征的不同，无线电引信信息型干扰的发展大致可以划分为如下四个阶段。

（1）第一阶段

第二次世界大战结束至 20 世纪 50 年代末，引信干扰机处在第一代水平。受当时侦测设备发展状况的限制，干扰机不能准确捕获引信的工作参数，因而第一代引信干扰机的显著特征是采用主动"压制式"干扰策略。第一代引信干扰机的干扰对象主要为当时主流的连续波多普勒体制无线电引信，由于此时的引信主要解决的是目标探测问题，无针对性抗干扰措施，因而第一代引信干扰机所采用的干扰方式为大功率的宽带阻塞干扰或者宽带扫频式干扰。

（2）第二阶段

20 世纪 60 年代至 80 年代末，引信干扰机处在第二代水平，此时的干扰对象仍以连续波多普勒体制无线电引信为主。得益于侦察分析设备的完善，与第一代引信干扰机不同，第二代引信干扰机探测到有威胁的引信信号时才真正开始工作，干扰方式由传统的扫频式干扰转变为相对节省干扰功率的转发式和瞄准式干扰：其中，转发式干扰在侦测到引信信号后，直接采用相移模块模拟回波的方式实施干扰；瞄准式干扰则在精确侦测引信信号频率后，根据既定策略生成具有引信目标回波特征的干扰信号进行干扰。该阶段，不同国家引信干扰机的干扰方式不尽相同，但第二代引信干扰机的显著特征是都采用"引导式"干扰策略。

（3）第三阶段

20 世纪 90 年代到 21 世纪初，引信干扰机处在第三代水平。DRFM 技术的发展大大改变了引信干扰机的工作模式，第三代引信的干扰机基本都采用转发式干扰，相比于前两代引信干扰机，其显著技术特征是开始使用 DRFM 技术。采用 DRFM 的引信干扰机通过对射频信号准确存储、延迟和转发，可以实现对敌方引信速度和距离欺骗，制造出并不存在的假目标，从而迫使引信出现早炸或无法工作而导致失效。第三代引信干扰机的干扰对象包括连续波多普勒、窄带调频、脉冲多普勒在内的多种体制无线电引信。

（4）第四阶段

21世纪初至今，引信干扰机处于第四代水平。第四代引信干扰的干扰方式将仍采用转发式干扰，同上一代引信干扰机相比，其性能的大幅提升主要体现在两个方面：一是工作频段可覆盖到毫米波，二是大瞬时宽带高精密DRFM技术。

综合分析国外引信干扰机的发展脉络和对应各阶段近炸引信所具备的特点，引信干扰机已由早期针对单一体制无线电引信的扫频压制式干扰，发展为针对多体制无线电引信的回答欺骗式干扰。国外第三代引信干扰机发展已比较成熟，已具备干扰连续波多普勒、调频等体制无线电引信和炮弹多发齐射、连射能力。

由于世界各国引信干扰机的发展状况不对等，现阶段无线电引信在战场环境使用中遇到的极有可能是多代引信干扰机并存的情况，所面临的干扰信号包括早期噪声类的主动"压制式"干扰、中期模拟回波的"引导式"干扰及现今军事强国着力发展的基于DRFM技术的"转发式"干扰等多种类型。这势必大幅增加无线电引信抗信息型干扰设计的难度，需要综合考虑，以应对各种类型的干扰信号。

1.5　无线电引信抗干扰技术分析

1.5.1　无线电引信抗干扰特点

无线电引信与雷达、制导等系统有很多一致的地方，它们都利用发送和接收电磁波工作，所以都存在侦察、干扰、反侦察和反干扰的问题。但是相比雷达，无线电引信具有以下特点：

①工作频段宽。无线电引信工作频率从米波到毫米波，要求敌方具备宽频带的侦察干扰设备。

②工作的瞬时性。无线电引信具有远距离接电机构，或靠近目标时由制导部分给出接电信号，其工作时间非常短，多在2 min以内，因此要求干扰机必须具有快速侦察和引导设备。

③近距工作和超近距工作。无线电引信属弹药最终端控制装置，作用距离远小于雷达，通常只有几米到几十米。因此，它的辐射功率小，接收机灵敏度远远小于一般雷达几个数量级。有的引信具有良好的距离截止特性，在大范围内对无线电引信干扰所需的干扰功率，甚至比干扰雷达还要大。

④工作的动态性。弹目间高速相对运动使引信天线主瓣随弹一起运动，在距离较

远时，天线方向图不易对准目标，给敌人侦察、干扰带来一定困难。

1.5.2 无线电引信抗干扰技术措施

引信抗干扰技术措施决定着引信的抗干扰性能，也是战术运用抗干扰措施的基础。无线电引信为提高抗干扰能力所采取的技术措施主要有：

1. 提高引信工作的隐蔽性

（1）引信工作频率选取

①引信工作频率通常选在雷达、通信系统规定的标准波段的边缘处或选在大气传输窗口之外的频段上。处于通用标准频段边缘处的大功率微波器件，技术开发不够完善；频率选在大气传输窗口之外的频段，电波传输衰减大，远距离上对信号侦收、截获、实施干扰困难，加大了干扰设备的制造难度。

②引信工作频率应避开我方雷达频率，选在敌方雷达、通信频率上。我方的跟踪、制导雷达，是敌方干扰的重点，引信频率应尽可能避开；将引信工作频率设计在敌方雷达、通信频率上，使敌方怕扰乱自己的通信而不敢轻易实施干扰。

③引信工作频率选择在毫米波频段，可以提高引信抗干扰能力。因为毫米波大气传输损耗比微波大一个量级，目前制作大功率毫米波干扰设备也有一定的技术难度。

④采用捷变频或频率自适应调整技术，抗瞄准式干扰。利用载机火控系统，探测到敌方人为干扰信息（干扰频率、模式），通过指令由导弹弹载计算机给出引信射频选择指令，控制电压调整器输出相应的电压，来改变引信压控振荡器的频率。

（2）选用特殊波形调制，提高发射信号隐蔽性

调制信号特征参数越多，隐蔽性越强，对方侦收、截获、分析、复制被干扰信号的难度越大。譬如，选用复包络为图钉形模糊函数的调制信号，它有尖锐的主峰，模糊度小，便于从干扰噪声中将目标信号分选出来，具有较强的抗干扰性能。又如，采用伪随机码调相与脉冲多普勒复合、伪随机码调相与线性调频复合等复合调制发射波形样式，拓宽了引信发射信号频谱，提高了引信抗干扰性能与抗截获性能。

（3）引信采用"目标基"接电

以目标为基准，利用制导信息，导弹飞进目标区域，引信发射机才开机工作，避免过早地暴露引信工作频率和探测信号特征，使对方侦察、干扰的有效时间缩短，提高了引信的抗干扰能力。

2. 提高引信传输信道的保护能力

（1）提高引信天线空间选择能力

引信采用窄波束、高增益、低旁瓣的收发天线，以提高引信空间角度的选择能力，特别是前向副瓣电平低的天线，对目标携带的自卫式干扰机的干扰效果有较好的抑制作用。

（2）引信距离选择技术

引信设置作用距离选通波门，只有在距离门内的信号，才能进入接收回路。可以抑制距离门外的背景杂波、箔条无源干扰和回答式欺骗干扰。

（3）速度选择技术

由于目标和杂波间存在着速度差异，导致多普勒频率不同。可以在频域上采取相应的选择或抑制措施，将目标和杂波信号分离开来。

（4）相关检测技术

对于脉冲波形调制的引信，利用视频延时的方法，将调制信号波形延时到相应的回波距离上，作为相关本地信号，与检测出的目标回波信号进行相关处理。由于它们自相关特性强，有较大的相关增益，干扰与本地信号不相关而被抑制。

（5）积累检测抗干扰电路

引信采用积累电路，对输入信号的持续时间进行选择。它可以抑制幅度较大的尖脉冲噪声或某些类型的人为干扰。惯性积累时间由电路尖脉冲噪声特性、引信启动门电平、弹目交会时间和脱靶量、引战配合延迟时间等因素综合确定，一般为 1 ms 左右。积累电路可采用惯性检波电路或脉冲计数器来实现。

（6）各种对消技术

①天线旁瓣对消技术。天线旁瓣只能做到 −20 ～ −30 dB，人为大功率干扰或强背景杂波从天线旁瓣进入而干扰引信。引信采用旁瓣对消技术，即在引信接收天线的主通道外，再设置一个宽波束的辅助天线（增益略高于主天线副瓣）接收通道。利用辅助接收通道信号电平作为主通道引爆启动的比较电平，从而使引信主天线旁瓣区进入的信号不起作用，达到"净化"引信接收天线方向图的目的。

②阻塞式干扰电平对消技术。在引信接收机中对应于引信作用距离之外的时域上，另设置一个探测门，探测这一时域区间上的阻塞式干扰，并以此来抵消这种干扰。

3. 采用引信复合探测提高抗干扰性能

采用无线电/激光复合、无线电/静电复合、主/被动无线电复合探测体制，通过信息融合技术识别目标与干扰特征信息，提高引信的抗干扰能力。但使得无线电引信的复杂程度提高，增加了引信成本。

1.5.3　无线电引信抗干扰技术发展趋势

无线电引信的探测过程就是在各种干扰条件下提取有用信息，也是在含有各种信息的信号中"选择"有用信号的过程。所以，抗干扰措施也就是各种"选择"的方式和方法，根据对信号选择的深入程度，引信系统要进行"一次选择"甚至"多次选择"。"选择"过程包括从引信各个环节提取有用信号的方法，主要包括空间、极化、频率、相位、时间、幅度、信号结构及几种方式的综合选择。

国外无线电引信在设计阶段就考虑到了如何尽可能提高其抗干扰性能，这主要表现在目标探测器和信号处理器上。目标探测器除设置自动增益电路和恒虚警处理电路以外，通过设计收/发天线的参数、发射机射频源相位噪声、短期频率稳定度、功率、接收机灵敏度等参数以满足抗干扰性能。信号处理器对来自接收机的信号，在时域上进行各种代数运算、逻辑运算、限幅和相关等处理；在频域上进行频谱分析和滤波；对背景杂波、人为干扰进行鉴别抑制，完成目标的检测识别和引信启动控制等功能。引信信号处理器由模拟电路发展到采用数字技术，通过选取、执行不同的软件，实现不同的战术技术功能，以提高无线电引信对不同目标、作战环境的适应能力。

随着现代战场作战模式、作战对象、作战环境的变化，以及电子战技术的更新换代，使得新一代引信干扰机与强电磁能量武器大量装备并且技术得以不断进步，使引信面临的战场电磁环境更为复杂，要求引信必须提高其电磁防护能力与战场生存力。与之相适应，无线电引信抗干扰技术有以下新的发展趋势：

①从引信发射波形设计角度，增加调制信号的非周期性或者正交性，以对抗新一代有源电磁干扰。例如，无线电引信体制由单一周期类调制向引入非周期调制因素的体制发展，已从单一的连续波多普勒、调频、脉冲多普勒等体制发展为随机编码脉冲多普勒、频率捷变、脉冲重复周期多变等新体制无线电引信或复合调制无线电引信。又如，引信天线设计引入极化信息，有效增加了干扰与目标信息间的失配性。该技术发展本质是提高了引信电磁场信道与收发相关信道的保护能力，增强了引信发射信号的隐蔽性，加大了敌方有源干扰的侦收与干扰实施难度，从而大幅度提高了引信对抗以引信干扰机为代表的信息型干扰的能力。

②从引信信号处理设计角度，采用先进信号处理理论与技术，研究目标近场特性，提高引信对目标及战场信息的获取能力，实现目标分类与精细识别。如采用谱分析、距离矢量包络相关、深度学习等技术，实现目标与干扰的识别。该技术发展本质是增加了引信目标特征参量的提取能力，完善了引信信息识别信道保护程度，这是提高引信抗干扰能力的重要途径与发展趋势。

第 2 章　无线电引信信道泄漏与信道保护理论

引信种类繁多、结构和工作原理各异，但它们共同的特点是利用目标信息和与目标相关的环境信息及交会弹道信息，对引信炸点和起爆模式进行控制，利用弹药发射或投入使用的信息对引信状态进行控制。因此，引信本质是一个信息控制系统，引信的工作过程可分为信息传输与信息控制两个过程。信息传输过程是引信从外部环境中获取目标及其有关信息或发射环境信息的过程，这一过程由引信发火控制系统中的目标探测装置或者是安全系统中的环境传感器执行。信息控制过程是利用前一过程输出的信号中所包含的相应信息，去完成引信的状态转换或按所选定的起爆模式适时起爆弹药。通常这一过程是由引信信号处理电路、发火电路和各种相应机构（如保险机构、隔离机构等）去完成信息识别和从目标信号或发射环境信号中提取为实施起爆控制或状态控制所需的信息。

引信的信息传输过程本质上是研究从信源到信宿信息传输的共性问题，以解决信源与信道间的匹配与信息传输效率问题；引信的信息控制过程本质是研究信息的意义与效用问题，即信息的定量描述与度量问题。因此，本章从信息论的基本观点出发，系统提出无线电引信信道泄漏与信道保护概念，构建引信系统信息关系模型与无线电引信信息模型；将不同干扰技术与干扰样式作用下使引信失效的本质统一为引信电磁场信道泄漏、收发相关信道泄漏与信号识别信道泄漏三个层次；将不同无线电引信体制与采用多种信号处理方法的引信抗干扰理论与方法统一为引信电磁场信道保护、信号收发相关信道保护与信号识别信道保护三个层次；提出衰减函数、处理增益和相关系数三个特征参量，统一量化表征电磁场信道保护、收发相关信道保护与信息识别信道保护三层信道保护下无线电引信在不同类型信息型干扰作用下抗干扰性能，从而系统建立无线电引信信道泄漏与信道保护理论。

2.1　无线电引信信息模型

2.1.1　引信信息模型

从引信发展史来看，引信的起爆控制系统已由早期的依赖能量实施引爆发展到依赖信息实施起爆控制。利用信息实施控制是因为信息具有变换不变性，即表征同一信息的信号参量和信号形态可以具有多种形式，并可以实施各种变换，但其信息表征的物理意义不变。引信的控制包括引信状态控制和发火控制。在引信内部，状态控制与发火控制在不同阶段分别由安全系统和发火控制两个子系统完成。安全系统利用发射环境和弹道环境信息实现状态控制，发火控制则需要目标信息和交会弹道信息。

因此，依据引信是一个信息控制系统的本质和其完成信息获取（信号传感与变换）、信息处理（提取）及实现状态控制和发火控制功能，可构建引信系统的信息关系模型，如图 2.1 所示。

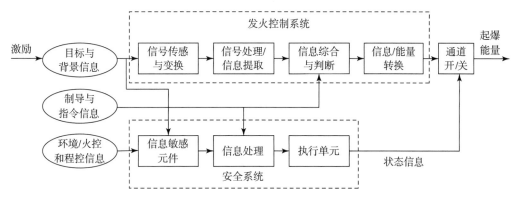

图 2.1　引信系统信息关系模型

目标和环境是引信的主要信息源。不论引信是主动体制还是被动体制，目标信息主要通过各种物理场传递给引信。这些物理场可以是电磁场、光场、声场、静电场、强磁场和力场等。目标的激励输入可以来自引信系统，也可以来自引信外部或者来自目标自身。环境信息主要指发射环境和弹道环境信息。它是引信发射（或投入使用）后，安全系统实现状态控制的主要信源。常规弹药引信主要利用发射环境信息实现引信的状态控制，安全机构一般为串联结构，其控制过程带有明显的程序式特征。导弹引信安全系统通常具有三级以上的并行独立保险机构，具有多个信源信息，如发射环境信息、弹道参数信息、制导信息、火控信息、指令或预先设置的程序式先验信息等。

发火控制系统信息处理主要是获得目标与引信相对位置信息和交会姿态信息，实施发火控制，适时给出发火信息。它需要完成信息传感获取与变换、信号处理与信息提取和识别，经过信息综合与判断，输出发火信息并完成发火信息到发火能量的变换。引信的信息综合与判断能力代表它的信息利用能力。制导信息与指令信息对确保较高的引战配合效率非常重要。

综上分析，引信作为一个信息控制系统，与信息有着密切关系。因此可以从信息论的基本观点对引信进行分析。1948 年，香农发表了信息论的奠基性论文《通信的数学理论》，论文围绕着通信的基本任务"是在通信的一端精确地或逼近地复现另一端所挑选的消息"，针对通信中的有效性和可靠性两个基本问题，研究了从信源到信宿的通信全过程，提出了编码理论。用信源编码解决信源与信道的匹配，以提供通信的效率；用信道编码，解决信道的保护，以提供通信的可靠性。香农建立的通信系统信息传递模型框图如图 2.2 所示。

图 2.2　通信系统信息传递模型框图

根据香农的信息传递模型，进一步简化图 2.1 引信系统的信息关系模型，可得到如图 2.3 所示的引信信息模型。从信息传递的意义上来说，引信安全系统等效于信道"开关"。"开关"的"通""断"由安全系统状态控制。当"开关"未接通时，引信不能进入待发状态。图 2.3 中信源代表引信目标、环境或其他信息来源，信道指引信通过某种物理场建立起的与目标之间信息传递的通道。信源输出 X，经信道传输成为引信的输入信号，该信号经信号识别与"译码"滤除噪声和干扰，输出携带目标信息的目标信号 X_s，引信信号处理系统完成从目标信号 X_s 中提取弹目相对位置和相对运动参数信息，依据选定的起爆控制原则适时输出控制信号。

图 2.3　引信信息模型

引信的基本任务是获取目标信息，以适时输出起爆信号。围绕这个基本任务，引信在信息传递的各个环节都采取多种措施，以实现信息获取的有效性和可靠性。在安全系统正常工作的前提条件下，发火控制系统信号处理能力决定了引信的炸点控制能力，其核心问题是信号检测和目标特征信息的提取、代表某种信息的控制量的选择、与控制量相对应的起爆判决门限的确定。选定的控制量或控制信息及起爆门限决定了引信系统进行信息提取的技术特点和信号处理的物理结构。一般而言，引信信号处理可分为两大部分：一是带有传感器的前端信号处理，实现检测信号、抑制干扰的目的；二是提取目标信息的信号处理，识别有用信号，区分干扰信号。

2.1.2　无线电引信信息模型

无线电引信利用电磁波来获取目标信息，它与目标之间的信道通过电磁场建立。从信息论角度，对无线电引信来说，探测系统（引信自身或其他外部辐射源）发射的电磁波没有任何信息意义，然而却是必不可少的，可以认为是目标的激励输入（对被动式探测系统，目标的激励输入来自目标本身）。当电磁波照射到目标上，经目标二次辐射，目标自身的各种信息以信号参数和结构变化的形式加入信号之中。这个过程可以认为是目标对发射信号的调制过程，类似于通信系统中的信源编码。它将没有信息意义的发射信号转换为有意义的回波信号。

无线电引信的信号处理分为高频信号处理和低频信号处理两部分，分别对应于带有传感器的前端信号检测和提取目标信息的信号识别。

为不失一般性，无线电引信发射信号 $s(t)$ 可统一表示为式（2.1）：

$$s(t) = [a(t) + \Delta a(t)]\sin\left[\omega_0 t + \int_0^t k e_m(t)\mathrm{d}t + \varphi_0\right] \tag{2.1}$$

式中，$a(t)$ 为发射信号的幅度；$\Delta a(t)$ 为幅度调制信号；ω_0 为载波角频率；$\int_0^t k e_m(t)\mathrm{d}t$ 为角度调制信号，可以是频率调制或者相位调制信号，其中 k 为相位或频率调制器灵敏度，$e_m(t)$ 为调制信号振幅电压的时间函数；φ_0 为发射信号的初始相位。

点目标回波信号可表示为式（2.2）：

$$s(t - \tau) = [a(t - \tau) + \Delta a(t - \tau)]\sin\left[\omega_0(t - \tau) + \int_0^{t-\tau} k e_m(t - \tau)\mathrm{d}t + \varphi_m\right]$$

$$\tag{2.2}$$

式中，目标回波延迟时间 $\tau = \dfrac{2(R_0 - v_r t)}{c}$；$R_0$ 为弹目初始距离；v_r 为弹目相对速度；c 为光速；φ_m 为目标回波信号的初始相位。

则无线电引信接收信号 $x(t)$ 可表示为

$$x(t) = s(t - \tau) + n(t) \tag{2.3}$$

式中，$n(t)$ 为加性白噪声；$s(t)$ 与 $n(t)$ 相互独立。

由于 $s(t)$ 与 $n(t)$ 相互独立，则接收信号 $x(t)$ 与本振信号 $s_0(t)$ 进行相关处理后，得到的中频输出信号 $y(t)$ 可表示为

$$y(t) = \int_0^T x(t)s_0(t)\mathrm{d}t = \int_0^T s(t - \tau)s_0(t)\mathrm{d}t \tag{2.4}$$

式中，本振信号 $s_0(t) = A_0\sin(\omega_0 t)$，其中 A_0 为参考本振信号的振幅，这里为分析方便，且不失一般性，设本振信号的初始相位为 0；T 为相关处理时间。

由式（2.4）可知，对接收信号 $x(t)$ 进行相关处理（如图 2.4 所示）后，滤除了载频成分和信号噪声 $n(t)$，得到载有目标信息的中频输出信号 $y(t)$。

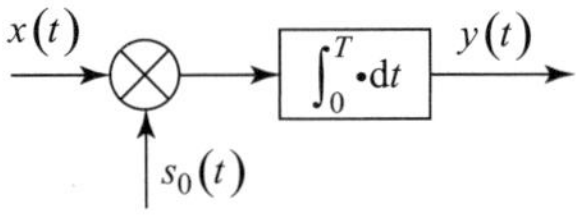

图 2.4　无线电引信高频信号处理

　　无线电引信的高频信号处理，仅是对回波信号在频域上进行了平移，并没有取出目标回波信号中的任何效用信息，其作用类似于通信系统中的译码。无线电引信"译码"后，将携带目标信息的信号输入给引信低频信号处理电路进行信号识别。因此，对于引信实现炸点控制这个根本目的来说，无线电引信的高频信号处理只是作为信息传递的通道，起到信道译码的作用。因此，可将无线电引信的高频信号处理作为其信息模型中信道的一部分。这样，无线电引信的信道由两部分构成：一部分是电磁场信道，另一部分是信号相关处理信道。

　　综上分析，建立如图2.5所示的无线电引信信息模型。在无线电引信信息模型中，目标信息经过电磁场和信号相关处理两层信道的传输，以及信号识别一层的变换被引信获取。无线电引信的信息模型反映了无线电引信利用电磁波获取目标信息，实施炸点控制的整个信息传递过程。

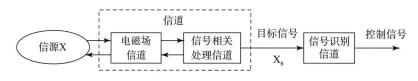

图2.5　无线电引信信息模型

　　无线电引信信号识别的本质是通过选定的控制量或控制信息来提取目标特征，从而实施起爆控制。因此，基于香农信息论建立的无线电引信信息模型，从引信发射电磁波遇目标反射回波到输出起爆控制信号的传输信道，本质上可概括为引信的电磁场信道、收发相关信道、信号识别信道三层信道。

2.2　无线电引信信道泄漏理论模型

2.2.1　无线电引信信道保护与信道泄漏基本概念

　　引信系统是一种信息控制系统，其信息来自目标的回波信号或与火控交联的信息等。引信接收机接收目标回波信号，从中提取有用信息用于控制引信的起爆。引信要利用目标信息来实施起爆控制，必须设置获取这些信息的探测信道。引信在设置这种信道时，一方面，要保证它能获取为实现起爆控制所需要的足够的信息；另一方面，又要为所设置的信道提供信道保护，以抑制信道上出现的干扰信号。无线电引信信道保护可以分为两种：一种是物理场保护，另一种是收发相关的信道保护。干扰机就是要利用引信所设置的信道来破坏引信正常工作，使之早炸或近炸失效。因此，引信的干扰与抗干扰理论可以从引信信道对抗层面进行研究与阐述。目前，引信干扰与抗干扰在信道上的对抗，已成为引信技术发展的一种推动力。

引信是通过引信与目标之间所存在的物理场建立起探测通道，干扰机要对引信实施干扰，首先必须建立起与此相应的干扰物理场。同时，干扰物理场须满足两个条件：一是能量条件，它必须具备引信探测信道正常工作时所需的能量；二是信息条件，干扰物理场的特性参数应与引信信道物理场的主要特性参数一致，如无线电引信的工作频率、极化等。无线电引信探测目标的物理场是电磁场，为引信的探测信道提供一定的保护能力，称之为电磁场信道保护；反之，引信干扰机满足了引信电磁场信道的能量条件与信息条件，突破了引信的电磁场信道保护，称之为引信的电磁场信道泄漏。引信探测目标，是建立在引信收发信号间存在某种相关的基础上。利用这种相关特性，一方面可以获取为实施起爆控制所需的目标信息，同时也对非目标信号予以制约，只有符合这种相关关系的信号，才能形成引信的发火控制信号。这样它就与通信系统中的编码、译码关系类似，可为引信的探测信道提供一种保护作用，称为引信的收发相关信道保护。引信收发信号之间的相关性越强、越隐蔽，信道保护能力越强，干扰机就越难对其实施干扰。为了加强这种相关性，在设计引信时，往往要进行特殊的波形设计，展宽信号的频谱来提供引信的收发相关信道保护。如随机码调相脉冲多普勒复合体制无线电引信，就是利用随机码良好的自相关性能，采用随机码对引信发射波形进行 $0/\pi$ 二相调制来改善引信的抗干扰性能。干扰机要干扰引信，除突破引信的物理场保护外，还必须突破引信收发相关的信道保护。与之对应，干扰机的干扰信号突破了引信收发相关的信道保护，则称为引信的收发相关信道泄漏。

为了从目标信号中获得有用信息，无线电引信在信号识别环节通过对选定的控制量或控制信息进行特征提取与识别，区分干扰信号，适时输出起爆控制信号。我们把引信为获得目标的距离、速度等信息，从引信接收信号的时域、频域或时频域等不同变换域所采取的各种信号处理与信号识别手段，称为引信的信号识别信道保护。但引信近程工作的特点与弹目交会姿态的多样性，使得引信设计时其起爆信号特征量空间具有比较大的宽容度。引信信号识别信道的这种"固有"不完善性，使干扰信号可以突破引信的信号识别信道保护，落入引信起爆控制空间，导致引信失效。这种干扰信号利用引信识别信道"固有"的不完善性，突破了引信信号识别层次的信道保护，称为引信的信号识别信道泄漏。

2.2.2　无线电引信信道泄漏模型

引信为获取目标信息实施起爆控制，必须设置获取这些信息的探测信道。亦然，这种信道的存在同时也为干扰机通过该信道对引信进行干扰提供了条件。引信接收系统所固有的一些特性，如引信自差机的牵引振荡、混频器的非线性等，使得引信的信道保护存在漏洞，即引信的信道保护不完全。这样，就可以利用无线电引信固有的"缺陷"，使干扰信号能够抛开与引信发射信号之间的相关性，仅利用自身的信号结构达到干扰引信的目的。这种干扰方法可以不采用精确模拟目标回波的方式，而只利用引信的信道保护不完全设计干扰信号。由此，干扰信号只要在引信的电磁场信道、收发相关信道和信号识别信道的任意一个环节上产生出与真实目标回波信号相同的效用信息，就能对引信成功地实施干扰。这就是引信信道泄漏的基本思想。

1. 自差式连续波多普勒引信信道泄漏模型

在以自差机作为收发设备的多普勒无线电引信中，存在两种信道保护不完全：一种是干扰信号载频落在引信牵引带宽内，使引信自差机处于牵引状态（主共振状态），此时当干扰信号具有相当甚至超过引信探测信道正常工作时所需的能量时，干扰信号可以在比多普勒频带宽得多的频带内使引信自差机处于牵引状态。利用自差机牵引振荡的振荡特性和频率特性，只要对干扰射频信号用类似引信工作的多普勒信号进行调幅或调频，就可以在自差机的输出端形成类似的多普勒信号，使引信产生早炸。另一种干扰机制是干扰信号与自差机的工作频率相差比较大，干扰信号不能使引信自差机处于牵引状态，干扰信号是利用接收机谐振回路的通带来接收。这时自差机的振荡回路中同时存在着干扰信号和本振信号，电路中也存在两种信号的差频信号，但这种差频频率比较大，在自差机的输出端不能形成多普勒信号，不能形成起爆控制信号。因此，当干扰信号使引信处于牵引状态时，如果在干扰信号中用类似的多普勒信号对幅度加以调制，则干扰信号被自差机的检波电路检波以后，就会形成类似于多普勒信号的起爆控制干扰信号。

连续波多普勒引信发射的单频等幅连续波信号可表示为

$$u_0(t) = U\cos(\omega_0 t + \varphi_0) \tag{2.5}$$

式中，U 为发射信号的振幅；ω_0 为发射信号的角频率；φ_0 为发射信号的初始相位。则目标回波信号函数表达式为

$$u_1(t) = U_1\cos[(\omega_0 + \omega_d)t + \varphi_1] \tag{2.6}$$

式中，U_1 为回波信号振幅；ω_d 为回波信号多普勒角频率；φ_1 为天线接收到的回波信号的初始相位。

混频器是一个非线性器件，人们一般使用它的偶次项，如果明确限定混频器的特性曲线为平方率，即

$$u_c = K(u_0 + u_1)^2 = K(u_0^2 + u_1^2 + 2u_0 u_1) \tag{2.7}$$

式中，K 表示混频器插损。以引信发射信号作为接收机进行混频的本振参考信号，将本振信号和回波信号带入上式可以发现，两个平方项的频率出现倍频项，无法通过后边的多普勒频率滤波器，乘积项才是真正的有效项，故混频器的输出可表示为

$$u_{cm}(t) = 2Ku_0 u_1 = U_{cm}\{\cos[(2\omega_0 + \omega_d)t + \varphi_0 + \varphi_1] + \cos(\omega_d t + \varphi_1 - \varphi_0)\}$$

式中，$U_{cm} = KUU_1$。

上式中的 $\cos[(2\omega_0 + \omega_d)t + \varphi_0 + \varphi_1]$ 是高频项，它也将被多普勒滤波器滤除，只剩

下多普勒频率项能够通过滤波器进入后面的信号处理电路控制引信起爆。因此，在混频器后，真正起作用的信号是 $U_{cm}\cos\omega_d t$ 项，即

$$u_{cm}(t) = U_{cm}\cos(\omega_d t + \varphi_1 - \varphi_0) \tag{2.8}$$

假设干扰信号为 u_j，由混频器的特性表达式（2.7）可以看出混频器件产生平方项，它具有检波特性，所以可以考虑利用混频器的非线性特性构造一个正弦调幅信号作为干扰信号。为能进入引信的天线并通过高频滤波器进入混频器，干扰信号的载波频率应与引信发射信号的中心频率相近，这实际上是为了突破引信电磁场的物理场保护。设干扰信号的函数表达式为

$$u_j = A\sin\varphi_x\cos\omega_j t \tag{2.9}$$

u_j 与发射信号 u_0 在混频器中的作用可写为

$$(u_0 + u_j)^2 = u_0^2 + u_j^2 + 2u_0 u_j \tag{2.10}$$

式中，u_0^2 为高频项，将被滤除掉，值得分析的是另外两项。在不影响分析结果的前提下，为简化起见，忽略各信号的初始相位，乘积项为

$$
\begin{aligned}
u_0 u_j &= A\sin\varphi_x\cos\omega_j t \cdot U\cos\omega_0 t \\
&= \frac{1}{2}AU\sin\varphi_x[\cos(\omega_0 + \omega_j)t + \cos(\omega_0 - \omega_j)t]
\end{aligned} \tag{2.11}
$$

ω_0 与 ω_j 接近，故上式中的低频项是

$$\frac{1}{2}AU\sin\varphi_x\cos(\omega_0 - \omega_j)t \tag{2.12}$$

其频率为

$$\frac{\mathrm{d}\varphi}{\mathrm{d}t} = \varphi_x' \pm (\omega_0 - \omega_j) \tag{2.13}$$

而另一项 u_j^2 为

$$
\begin{aligned}
u_j^2 &= (A\sin\varphi_x\cos\omega_j t)^2 \\
&= A^2\frac{1 - \cos2\varphi_x}{2} \cdot \frac{1 + \cos2\omega_j t}{2} \\
&= \frac{A^2}{4}(1 + \cos2\omega_j t - \cos2\varphi_x - \cos2\varphi_x\cos2\omega_j t)
\end{aligned} \tag{2.14}
$$

可以看出，u_j^2 项在引信接收机混频器中产生了直流项，以及 $2\varphi_x$、$2\omega_j$ 及其上下两个边频。而从上面的原理分析可以发现，多普勒项才是产生引信启动信号的有效项，对干扰信号的设计而言，可以考虑通过构造 $2\varphi_x$ 项获得有效信号，即令

$$2\frac{\mathrm{d}\varphi_x}{\mathrm{d}t} = \omega_d \tag{2.15}$$

则

$$\varphi_x = \frac{1}{2}\omega_d t \tag{2.16}$$

干扰信号可以表示为

$$u_j = A\sin\omega_d t\cos\omega_j t \tag{2.17}$$

由理论分析可知，只要对该信号的幅度和频率进行适当的调制，就可以突破无线电引信的信道保护，进而实施干扰。

可以从能量的角度简单比较一下模拟回波和基于信道保护不完全这两种干扰方法。真实回波在混频器后产生的多普勒有效信号的幅度为 $U_{cm} = KUU_1$，与本振信号和反射信号幅度成正比。当干扰机采用模拟回波载频的方法时，有效信号的幅度仍为 $U_{cm} = KUU_1$，只是这里 U_1 代表的是干扰信号的幅度。利用突破信道保护干扰引信时，混频后多普勒有效信号的幅度为 $\dfrac{A^2}{4}K$，混频器插损 K 是固定的，所以多普勒信号幅度只与干扰信号的设计有关，而与本振信号无关。可见，只要干扰信号幅度 A 设置适当，从能量角度看，利用突破信道保护的干扰方法具有一定的优势。

2. 调频引信信道泄漏模型

正弦波调频引信发射信号可表示为

$$u_{on} = U_{on}\cos\left(\omega_0 t + \frac{\Delta\omega}{\Omega_m}\sin\Omega_m t\right) \tag{2.18}$$

式中，U_{on} 为发射信号幅值；ω_0 为调频引信辐射信号载波角频率；$\Delta\omega$ 为最大频移；Ω_m 为调制信号频率。

若 $\tau = 2r/c$ 为对应弹目间距离 r 的延迟时间，则引信接收的回波信号为：

$$u_c(t) = U_c\cos\left[\omega_0(t-\tau) + \frac{\Delta\omega}{\Omega_m}\sin\Omega_m(t-\tau)\right] \tag{2.19}$$

式中，U_c 为回波信号幅值。

引信回波信号与本振信号混频：

$$u_{cm} = 2\beta U_{on}U_c\cos\left(\omega_0 t + \frac{\Delta\omega}{\Omega_m}\sin\Omega_m t\right)\cos\left[\omega_0(t-\tau) + \frac{\Delta\omega}{\Omega_m}\sin\Omega_m(t-\tau)\right] \tag{2.20}$$

式中，β 为混频器增益。

混频器将滤去平方项，则混频器输出为：

$$\begin{aligned}
u_{cm} &= \beta U_{on}U_c\cos\left\{\omega_0\tau + \frac{\Delta\omega}{\Omega_m}[\sin\Omega_m t - \sin\Omega_m(t-\tau)]\right\} \\
&= U_{cm}\cos\left[J_0\left(\frac{2\Delta\omega}{\Omega_m}\sin\frac{\Omega_m\tau}{2}\right)\cos\omega_0\tau + \right.\\
&\quad 2\cos\omega_0\tau\sum_{n=1}^{\infty}J_{2n}\left(\frac{2\Delta\omega}{\Omega_m}\sin\frac{\Omega_m\tau}{2}\right)(-1)^n\cos 2n\Omega_m\left(t-\frac{\tau}{2}\right) + \\
&\quad \left. 2\sin\omega_0\tau\sum_{n=1}^{\infty}J_{2n-1}\left(\frac{2\Delta\omega}{\Omega_m}\sin\frac{\Omega_m\tau}{2}\right)(-1)^n\cos(2n-1)\Omega_m\left(t-\frac{\tau}{2}\right)\right]
\end{aligned} \tag{2.21}$$

式中，$U_{cm} = \beta U_{on}U_c$；J_m 为第一类 m 阶贝塞尔函数。

显然，混频器输出信号是离散的，则 n 次谐波的幅值为：

$$U_n = 2U_{cm}J_n\left(\frac{2\Delta\omega}{\Omega_m}\sin\frac{\Omega_m\tau}{2}\right)_{\cos}^{\sin}\omega_0\tau \approx 2U_{cm}J_n\left(4\pi\frac{r}{\lambda_m}\right)_{\cos}^{\sin}\left(4\pi\frac{r}{\lambda}\right) \tag{2.22}$$

式中，$\lambda_m = 2\pi c/\Delta\omega$，称为调制波长。

由式（2.22）可知，不同的谐波幅度对应了不同的距离。比如，一次谐波的最大幅值对应的距离为 $r\approx0.17\lambda_m$，三次谐波的最大幅值对应的距离为 $r\approx0.34\lambda_m$，十五次谐波的最大幅值对应的距离为 $r\approx1.37\lambda_m$。因此，通过测量谐波的幅值引信，可以获得目标的距离信息。

由以上频域信号分析，回波信号作用时，正弦波调频引信混频器输出的有效中频信号为

$$u_{cm} = U_{cm}\cos\left[\cos\omega_0\tau + \frac{2\Delta\omega}{\Omega_m}\sin\frac{\Omega_m\tau}{2}\cos\Omega_m\left(t-\frac{\tau}{2}\right)\right] \tag{2.23}$$

其角频率为

$$\omega = \frac{d\varphi}{dt} = 2\Delta\omega\sin\frac{\Omega_m\tau}{2}\sin\Omega_m\left(t-\frac{\tau}{2}\right) \tag{2.24}$$

可见，ω 的最小值为 0，最大值 $\omega_{\max}$ 在 $\Delta\omega$ 和 Ω_m 确定的情况下主要由延迟时间 τ 决定。对于确定的探测距离，ω 的值从 0 到 $\omega_{\max}$ 之间周期变化。通常，有 $\frac{2\pi}{\Omega_m}\ll\frac{2v_r}{c}$，$v_r$ 是引信与目标的相对速度。因此，ω 的变化周期近似等于双调制周期 $T_m = 2\pi/\Omega_m$。调频引信接收机通过使用鉴频器设置频率界限，可以获得距离信息。当目标在引信设定的距离范围内出现时，引信混频器输出信号 u_{cm} 的频率在鉴频器的频率界限内，鉴频器输出信号的角频率为 $2\Omega_m$。通过对该信号进行处理，引信给出启动信号。

通过以上分析可知，干扰信号只要在引信接收机的任意一个环节上产生出与真实目标回波信号相同的效用信息，就能对引信成功地实施干扰。因此，根据引信信道泄漏理论，只要设计出在引信接收机某一环节与引信目标回波信号具有相同特征的干扰信号，就能够成功干扰引信，而无须严格模拟目标回波。

设干扰信号为 u_j，根据式（2.9）和式（2.10），调频引信本地参考信号 u_{on} 与 u_j 混频后，分析 $u_{on}u_j$ 和 u_j^2 项。

$$u_{on}u_j = AU\sin\varphi_x(t)\frac{1}{2}\left[\sin(2\omega_0 t+\varphi_0) - \sin\left(\frac{\Delta\omega}{\Omega_m}\sin\Omega_m t\right)\right] \tag{2.25}$$

式中，有效项为

$$\sin\varphi_x(t)\sin\left(\frac{\Delta\omega}{\Omega_m}\sin\Omega_m t\right) = -\frac{1}{2}\left[\cos\left(\varphi_x+\frac{\Delta\omega}{\Omega_m}\sin\Omega_m t\right) - \cos\left(\varphi_x-\frac{\Delta\omega}{\Omega_m}\sin\Omega_m t\right)\right]$$

$$\tag{2.26}$$

其频率为

$$\frac{\mathrm{d}\varphi}{\mathrm{d}t} = \varphi_x \pm \Delta\omega\cos\Omega_m t \tag{2.27}$$

通常，$\Delta\omega$ 的值比较大，则该信号无法有效通过引信鉴频器的有效带宽，从而无法满足引信定距的相关条件，无法使引信作用。现在分析 u_j^2 的频谱：

$$u_j^2 = (A\sin\varphi_x\cos\omega_0 t)^2 = \frac{A^2}{4}(1 + \cos2\omega_0 t - \cos2\varphi_x - \cos2\varphi_x\cos2\omega_0 t) \tag{2.28}$$

在 u_j^2 中，可以构造 $2\varphi_x$ 实现干扰波形的设计。假定

$$2\frac{\mathrm{d}\varphi_x}{\mathrm{d}t} = 2\Delta\omega\sin\frac{\Omega_m\tau}{2}\sin\Omega_m\left(t - \frac{\tau}{2}\right), \Omega_m\tau \ll 1 \tag{2.29}$$

则

$$2\frac{\mathrm{d}\varphi_x}{\mathrm{d}t} \approx \Delta\omega\Omega_m\tau\sin\Omega_m\left(t - \frac{\tau}{2}\right) \approx \Delta\omega\Omega_m\tau\left(\sin\Omega_m t - \frac{\Omega_m\tau}{2}\cos\Omega_m t\right) \tag{2.30}$$

式（2.30）中 $\frac{\Omega_m\tau}{2}\cos\Omega_m t$ 与 $\sin\Omega_m t$ 相比为极小值，则式（2.30）可简化为

$$\frac{\mathrm{d}\varphi_x}{\mathrm{d}t} \approx \frac{1}{2}\Delta\omega\Omega_m\tau\sin\Omega_m t \tag{2.31}$$

同理，由式（2.27），引信混频后中频输出结果为

$$\frac{\mathrm{d}\varphi}{\mathrm{d}t} = \frac{1}{2}\Delta\omega\Omega_m\tau\sin\Omega_m t \pm \Delta\omega\cos\Omega_m t \approx \pm \Delta\omega\cos\Omega_m t \tag{2.32}$$

与真实目标回波信号中的最高频率 $\Delta\omega\Omega_m\tau$ 对比，能够得到

$$\frac{\mathrm{d}\varphi}{\mathrm{d}t} - \Delta\omega\Omega_m\tau = \pm \Delta\omega\cos\Omega_m t - \Delta\omega\Omega_m\tau \tag{2.33}$$

如果引信探测距离确定，$\Delta\omega\Omega_m\tau$ 是一个定值。为便于比较，式（2.33）可写为

$$\frac{\mathrm{d}\varphi}{\mathrm{d}t} - \Delta\omega\Omega_m\tau = \Delta\omega\cos\Omega_m t - \Delta\omega\Omega_m\tau \tag{2.34}$$

在 $(0,2\pi)$ 区间内，$\sin\Omega_m t$ 是单调上升的，所以当 $\Omega_m t$ 很小时，有

$$\frac{\mathrm{d}\varphi}{\mathrm{d}t} - \Delta\omega\Omega_m\tau \approx \Delta\omega\Omega_m t - \Delta\omega\Omega_m\tau \tag{2.35}$$

显然，当 $t \gg \tau$ 时，式（2.35）输出结果远大于0。也就是说，当 $t \gg \tau$，u_0 和 u_j 混频后的中频信号频率会超出引信设置的中频放大器带宽。由于引信的近距离工作特性，延迟时间 τ 取值在 10^{-7}s 左右。

只有在接近于零的极短时间内，$u_0 u_j$ 的中频信号才能进入引信设置的中频放大器通频带。因此，干扰信号作用于引信中频放大器后，输出的为一组尖脉冲序列，而该脉冲序列容易被引信识别而不能干扰引信。由式（2.31），可得

$$\varphi_x = \frac{1}{2}(\Delta\omega\tau - \Delta\omega\tau\Omega_m t) \tag{2.36}$$

当引信作用距离设计确定后，$\Delta\omega\tau$ 是常数且表现为一个与干扰信号无关的初始相位值。因此，可设计干扰波形为

$$\varphi_x = \frac{1}{2}\Delta\omega\tau\Omega_m t \tag{2.37}$$

对于作用距离确定的典型引信，可通过预估 $\tau = 2r/c$ 设计干扰信号，但是引信最大频移 $\Delta\omega$ 和调制信号频率 Ω_m 需要通过侦测引信发射信号获取。

3. 脉冲多普勒引信信道泄漏模型

由脉冲多普勒引信工作原理可知，其发射脉冲时域表示式为

$$S_a(t) = A_0\cos\omega_0 t\left[P_{\tau_0/2}(t) * \sum_{-\infty}^{\infty}\delta(t - NT)\right] \tag{2.38}$$

式中，A_0 为脉冲幅度；ω_0 为脉冲多普勒引信辐射信号载波角频率；$P_{\tau_0/2}(t)$ 为宽度为 τ_0、幅度为 1 的脉冲；$\delta(t)$ 为狄拉克函数；N 为脉冲个数；T 为脉冲重复周期；$*$ 为卷积算子符号。

当发射信号遇到目标时，其回波信号则为

$$S_r(t) = k\cos\omega_0(t - \tau)\left[P_{\tau_0/2}(t - \tau) * \sum_{-\infty}^{\infty}\delta(t - NT)\right] \tag{2.39}$$

式中，k 为包括目标雷达截面、发射功率和雷达距离因子在内的加权系数；τ 为电磁波从引信到目标往返的延时。

考虑目标相对引信的运动，不考虑目标引入的初始相位，式（2.39）可改写为

$$S_r(t) = k\cos(\omega_0 + \omega_d)t\left[P_{\tau_0/2}(t - \tau) * \sum_{-\infty}^{\infty}\delta(t - NT)\right] \tag{2.40}$$

式中，ω_d 为由于目标运动产生的多普勒角频率。

式（2.40）信号经脉冲多普勒引信信号处理电路进行混频、视频放大和距离门选通后，输出波形为

$$S_{dR}(t) = K_2\cos\omega_d t\left\{P_{(\tau_0 - \Delta\tau)/2}\left[t - (\tau + \tau_i)/2\right] * \sum_{-\infty}^{\infty}\delta(t - NT)\right\} \tag{2.41}$$

由信道泄漏理论，可设脉冲多普勒引信的干扰信号为 $u_{jp}(t)$，它是一个抑制载波的双边带调幅信号，具体形式为：

$$u_{jp}(t) = U_j\cos\omega_d t\cos\omega_0 t \tag{2.42}$$

式中，U_j 为干扰信号幅度；ω_d 为多普勒频移；ω_0 为信号载频，与被干扰对象的载频一致。

$u_{jp}(t)$ 进入引信接收机后与本振信号混频，得到中频信号，可表示为

$$u_{jp1}(t) = U_{j1}(t)\cos\omega_d t \tag{2.43}$$

这是一个连续波信号，其中 U_{j1} 是混频器输出电流与负载回路对中频呈现的谐振电阻相乘后的输出电压振幅。信号经过视频放大器放大后进入距离门，输出可表示为

$$u_{jp2}(t) = U_{j2}(t)\cos\omega_d t\left[P_{(\tau_0 - \Delta\tau)/2}(t - \tau') * \sum_{-\infty}^{\infty}\delta(t - NT)\right] \tag{2.44}$$

将式（2.40）与式（2.44）相比较，可看出干扰信号在脉冲多普勒引信的距离门输出信号形式与回波脉冲延时 τ 等于距离门 τ' 时的目标回波在此环节上的输出完全一样。因此，只要适当选择多普勒信号，并用它对侦察到的脉冲多普勒引信的载频调幅，以构成干扰信号，完全可以对脉冲多普勒引信实施干扰。

4. 伪码调相引信信道泄漏模型

伪随机编码调相引信在正常工作时，各级信号如下：

（1）发射信号

数学表达式为：

$$U(t) = A_t \cos[\omega_0 t + \pi M(t)] \tag{2.45}$$

式中，A_t 为发射信号强度；$M(t)$ 为伪随机 m 序列，其值为 1 或 0；ω_0 为载波角频率。

（2）回波信号

回波和发射信号相比，有三点区别：一是频率叠加了一个多普勒频率，二是时域上有延迟，三是相位发生了变化。其数学表达式为：

$$U_r(t) = A_r \cos[(\omega_0 + \omega_d)t + \pi M(t - \tau)] \tag{2.46}$$

式中，A_r 为反射信号强度；τ 为反射信号延迟时间；ω_d 为多普勒信号角频率。

（3）混频器的输出信号

混频器的输出：

$$U_x' = A_x M'(t - \tau)\cos\omega_d t \tag{2.47}$$

式中，$A_x = \dfrac{1}{2}A_L A_r$，为混频后信号的幅度；$M'(t - \tau)$ 为伪随机 m 序列，其值为 1 或 -1。

（4）相关器的输出信号

相关器的输出信号是乘法器的输出信号和滤波器冲击响应函数的卷积。假定相关器是由乘法器和理想积分器组成，积分时间取一个码子的周期 pt_0，假定 $T_d \gg T_p$，即多普勒频率比码子的频率低得多。在一个码子周期内，多普勒信号的幅度维持不变，则多普勒信号可以移到积分符号外，相关器的输出为：

$$U_R(\tau) = R(\tau - Lt_0)\cos\omega_d t \tag{2.48}$$

相关器输出是伪随机 m 序列的自相关函数和多普勒信号之积。

（5）信号处理

假定信号处理由峰值检波器、数字信号处理算法和执行级组成。U_{com} 是归一化比较电平，其值为 $0 < U_{com} < 1$。

峰值检波器的输出 U_D 为：

$$U_D = |R(\tau - Lt_0)| \tag{2.49}$$

当检波器的输出信号幅度大于或等于比较电平，且信号符合其数字信号处理算法要求时，触发执行级产生引爆信号。

尽管伪随机码调相引信具有很强的抗干扰性能，但干扰信号采用的伪随机序列不需要和引信采用的伪随机序列完全一致也可以干扰引信。设干扰信号为：

$$U_j(t) = A_j\cos\left[(\omega_j + \omega_{dj})t + \pi M_j(t - \tau_j)\right] \qquad (2.50)$$

式中，A_j 为干扰信号的幅值；ω_j 为干扰信号载波角频率，为了突破引信的信道保护，ω_j 需与 ω_0 接近；ω_{dj} 为干扰机施加的多普勒欺骗调制；$M_j(t)$ 为干扰信号采用的伪随机 m 序列，其值为 1 或 0；τ_j 为干扰机的有意延时。

引信接收到干扰信号经混频输出信号为：

$$U'_{jx}(t) = A_{jx}M'_j(t - \tau_j)\cos\omega_{dj}t \qquad (2.51)$$

式中，A_{jx} 是混频后干扰信号的幅度；$M'_j(t - \tau_j)$ 为干扰信号采用的伪随机 m 序列，其值为 1 或 -1。

此时，相关器输出信号为：

$$U_R(\tau_j) = R_j(\tau_j - Lt_0)\cos\omega_{dj}t \qquad (2.52)$$

式中，$R_j(\tau_j - Lt_0)$ 为本地延迟 m 序列与干扰信号采用的序列的相关函数。

此时峰值检波器的输出为：

$$U_D = \left|R_j(\tau_j - Lt_0)\right| \qquad (2.53)$$

如果干扰信号采用的伪随机 m 序列与引信采用的完全相同，则当 $\tau_j = Lt_0$ 时，检波器输出最大值，此时可以干扰引信；如果 $\tau_j \neq Lt_0$，即本地延迟序列与干扰序列错位时，检波器输出的信号较小，不能使引信启动。可见，即使干扰信号采用的伪随机 m 序列与引信采用的并不完全相同，当 $\tau_j = Lt_0$ 时，也一样能干扰引信。所以，只要干扰信号的码元宽度与引信的码元宽度之间的误差在一定的范围内，即便是干扰信号的 m 序列不同于引信的 m 序列，干扰机仍然能够通过引信的信道泄漏成功干扰引信。

2.3　无线电引信信道保护的三个层次

2.3.1　无线电引信信道保护的三个层次

无线电引信必须利用目标信息来实施弹丸的炸点控制，而目标信息需要经过引信电磁场信道、信号收发相关信道及信号识别信道三个环节才能为引信所获取。为此，无线电引信一方面要保证它能获取为实现炸点控制所需要的足够的信息；另一方面，又要为信息所经过的环节提供保护，对干扰信号进行抑制。无线电引信抗干扰技术就是通过采取各种可能手段提高无线电引信在信息获取三个环节的抗干扰能力，以保证它能够可靠地提取目标的有用信息，目的是对这三个环节提供保护，抑制干扰信号。将这三个环节的抗干扰保护分别称为引信的电磁场保护、信号收发相关保护和信号识别保护。

　　无线电引信采用多种抗干扰技术设置了三层保护，即电磁场保护、信号收发相关保护和充分利用目标特征信息的信号识别保护。作为对立面的无线电引信干扰技术，则必须突破无线电引信这三层抗干扰保护，才能实现干扰引信的目的。首先，干扰技术需要突破引信的电磁场保护，使干扰信号能够进入引信的信道；其次，干扰技术需要突破引信的信号收发相关保护，使干扰信号转变为引信的"有用信号"，能够通过引信的检测；最后，干扰技术还必须突破引信的信号识别保护，使被引信检测出的"有用信号"能够提供引信所需的目标特征信息，达到欺骗引信的目的，完成干扰。

　　对应于无线电引信三层抗干扰保护，将无线电引信干扰技术归纳为三个层次：第一层突破无线电引信的电磁场保护；第二层突破无线电引信的信号收发相关保护；第三层突破无线电引信的信号识别保护。

　　根据上述无线电引信的共性信道泄漏理论模型，可将连续波多普勒、调频和脉冲多普勒体制引信存在的信道泄漏模式归结为上面提到的三个层次，分别如图2.6、图2.7和图2.8所示，但各自的内涵和具体表征方式有所区别，尤其是信号识别层次。

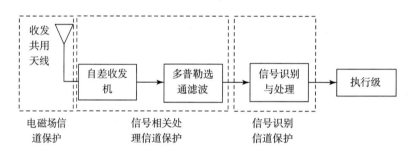

图 2.6　自差式连续波多普勒引信原理框图

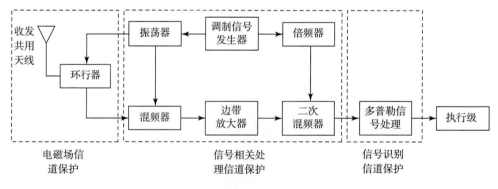

图 2.7　调频多普勒引信原理框图

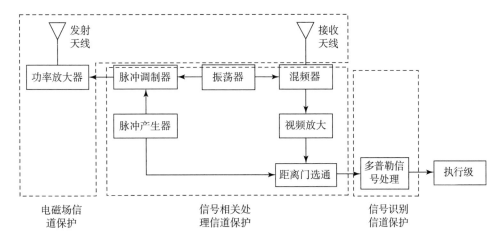

图 2.8　脉冲多普勒引信原理框图

2.3.2　干扰信号突破信道保护对引信实施干扰的条件

以连续波多普勒无线电引信为例,说明对无线电引信实施干扰的三个条件。连续波多普勒引信是利用弹目接近过程中电磁波的多普勒效应工作的无线电引信。多普勒效应的实质是在振荡源和接收机之间存在相对运动时,接收机所接收到的振荡频率与振荡源的振荡频率不同。连续波多普勒引信产生单频等幅正弦波信号,通过天线向周围空间辐射。当在引信辐射场内出现目标时,一部分电磁波被目标反射回来,并被引信天线所接收。由于弹丸与目标间的相对运动,回波信号与发射信号间将产生一个连续变化的相位差,即产生了多普勒频率,在引信高频电路输出端将出现一个多普勒信号。通过对多普勒信号特征的提取,满足一定条件后,输出点火脉冲引爆弹丸。

由于连续波多普勒引信受使用条件限制,不容易实现严密的电磁场保护。要突破它的电磁场保护,干扰信号必须满足两个条件:一是能量条件,它必须具备被干扰引信探测信道正常工作时所需要的能量;二是频率条件,干扰频率必须落在引信接收通带以内。以目前电子对抗的技术水平,干扰技术要满足这两个条件基本不存在困难。目前已有的干扰机,功率从几瓦到几百瓦,频段从广播波段直到毫米波,几乎覆盖了整个无线电频段。而上述两个条件仅是对连续波多普勒引信实施干扰的初步条件。

自差式多普勒无线电引信采用自差收发机(信号的发射和接收共用一个系统)作为探测装置,完成信号的发射和检测功能,检波输出多普勒信号。由于发射信号和回波信号之间的相关性,通常认为引信自差收发机与目标共同组成一个自动振荡系统。该系统包含随距离变化的参数,并由这些参数在系统中产生自动调制,同时把回波信号对自差收发机的作用归结为自激振荡器承受缓慢变化的小负载问题。当干扰信号作用于自差收发机时,由于干扰信号与引信发射信号不相干,所以,在干扰信号作用下的自差收发机是一个非自持系统。这时，干扰信号频率与自差收发机固有频率之间差异的大小导致自差收发机的工作状态不同。干扰信号要突破这层保护，必须满足自差收发机在不同工作状态的条件，这些条件主要体现在自差收发机的幅频响应特性上。

外差式多普勒引信的发射和接收系统相互独立，通过混频器功能性地耦合起来。混频器将目标反射信号与本振信号进行混频，滤波输出多普勒信号。由于混频通常依靠器件的非线性特性实现，为干扰信号突破这层保护提供了条件。

无论是自差式多普勒引信还是外差式多普勒引信，干扰信号要突破它的信号收发相关保护，都必须满足一定的条件。由于干扰信号满足这些条件仅是将干扰信号转变为引信的"有用信号"，实现顺利通过引信的检测环节，因此，将这些条件称为连续波多普勒引信实施干扰的基本条件。

目标信息经过引信电磁场信道和信号收发相关信道两层的传输，进入引信的信号识别环节。对于连续波多普勒引信，目标信息体现在从目标回波信号提取的多普勒信号之中。连续波多普勒引信通过对多普勒信号特征量的识别，在获取目标信息的同时，实现信号识别保护。为此，连续波多普勒引信采用多种信号处理技术来增加对多普勒信号特征量的识别，以提高它在这两方面的性能。这些特征量包括多普勒信号的幅值、幅值变化率、频率、频率变化率、作用出现时间、作用持续时间、信号波形等。干扰信号要突破这层信号识别保护，必须具备多普勒信号的这些特征量，满足连续波多普勒引信信号识别的条件。从目前对抗技术的发展来看，这是对抗双方较量的焦点。因此，多普勒引信的信号识别条件实质上是实施干扰的关键条件。

以上分析对其他体制无线电引信同样适用，所以，要突破引信的信道保护对无线电引信实施干扰，干扰信号必须满足三个条件，即引信电磁场信道保护初步条件、引信收发相关信道保护的基本条件和引信信号识别保护的关键条件。

2.4 无线电引信信道保护量化表征方法

无线电引信必须利用目标信息来实施弹丸的炸点控制，而目标信息在被引信识别前，需要经过电磁场信道、信号相关处理信道和信号识别信道三个环节。引信在获取炸点控制所需要的信息的同时，也要为信息所经过的环节提供保护，对干扰信号进行抑制。对应于无线电引信目标信息识别的三个环节，无线电引信抗干扰保护也可以分为三个层次，所以这里将无线电引信的信道泄漏模式归纳为三个层次：第一层，引信的电磁场信道泄漏；第二层，引信的信号收发相关信道泄漏；第三层，引信的信号识别信道泄漏。针对第一层引信电磁场信道和第二层信号收发相关信道，分别采用衰减函数和处理增益这两个表征参量来量化无线电引信在不同种类信息型干扰作用下的抗干扰性能；而针对第三层信号识别信道，采用相关系数作为表征参量来量化无线电引信在不同种类信息型干扰作用下的抗干扰性能。

2.4.1　引信电磁场信道保护表征参量

无线电引信的电磁场信道保护通常采用空间选择、极化选择、频率选择、时间选择和增大发射功率等多种方法实现。空间选择由天线或天线阵及其控制电路实现，例如，采用窄波束天线、调低天线副瓣电平和副瓣对消等技术；极化选择是利用有用信号与干扰信号在电波极化上的差异来抑制干扰；频率选择是以有用信号与干扰信号的频谱不同为基础，包括新频段开发、跳频、载频有意偏散和频率分集技术等。

这里采用衰减函数作为量化表征参量来表征引信电磁场信道的抗干扰能力。引信电磁场信道主要描述引信从发射天线发射电磁波，照射到目标后形成反射回波，再被引信接收天线接收的这一过程。考虑弹目交会姿态的多样性，影响引信电磁场信道抗干扰能力的主要涉及引信收发天线的方向函数 $F(\theta, \varphi)$、引信收发天线增益系数 G、天线有效接收面积 $A_e = \dfrac{\lambda^2}{4\pi} G$（$\lambda$ 为引信发射信号波长）及天线的频带宽度等。假设无线电引信发射信号功率为 P_t、目标等效散射面积为 σ，则引信接收的目标回波信号功率可以表示为

$$P_r = \frac{P_t G^2 F^4(\theta_T, \varphi_T) \lambda^2 \sigma}{(4\pi)^3 R^4} \tag{2.54}$$

式中，θ_T 和 φ_T 分别为弹目交会过程中目标位置相对于引信天线的子午角和方位角。

而对于引信干扰机来说，假定引信干扰机发射的干扰信号的频率正好落入引信天线的频带带宽内，引信干扰机发射的功率为 P_{tj}，引信接收干扰信号功率可表示为

$$P_{rj} = \frac{P_{tj} \lambda^2 G F^2(\theta_j, \varphi_j)}{(4\pi R_j)^2} \tag{2.55}$$

式中，R_j 为干扰机与引信间的距离；θ_j 和 φ_j 分别为引信干扰机的位置相对于引信天线的子午角和方位角。

得到引信接收到的目标回波功率和干扰信号功率的表达式后，可以定义衰减函数这个参量来表示引信电磁场信道的抗干扰能力。针对某一次确定的干扰状态，衰减函数定义为：引信接收的目标回波功率与干扰信号功率相等时所需要的引信发射功率和干扰机发射功率的比值。根据定义，由前面引信接收目标回波及干扰信号的功率表达式得

$$P_r = \frac{P_t G^2 F^4(\theta_T, \varphi_T) \lambda^2 \sigma}{(4\pi)^3 R^4} = P_{rj} = \frac{P_{tj} \lambda^2 G}{(4\pi R_j)^2} \tag{2.56}$$

则衰减函数 L 的计算表达式为

$$L = \frac{P_t}{P_{tj}} = \frac{4\pi R^4 F^2(\theta_j, \varphi_j)}{\sigma R_j^2 G F^4(\theta_T, \varphi_T)} \tag{2.57}$$

由衰减函数的表达式来看，衰减函数的值是跟某一次确定的目标和干扰状态有关的，衰减函数值越小，则表示该状态下抗干扰能力越强。由于目标的反射特性、引信同目标相对位置、引信同干扰机的相对位置是随机不可控的，为此，在引信针对电磁场信道保护设计中，主要对天线的方向函数及发射天线增益进行改进。如可以改变引信接收天线的方向函数，减小波束宽度，抑制旁瓣，使引信接收目标方位的方向函数远大于干扰机方位的方向函数，即 $F(\theta_T, \varphi_T) \gg F(\theta_j, \varphi_j)$，进而减小衰减函数的值。

此外，前面定义衰减函数时只考虑了干扰信号的频率落入引信天线频带带宽内的情况，因此可以对衰减函数进行改进，将引信天线的频带宽度特性也考虑进去。定义引信天线的频率响应函数 $\alpha(\omega)$ 来表示引信天线对不同频率作用下的归一化增益系数，若在天线有效带宽内 $\alpha(\omega_0) = 1$，则 $0 < \alpha(\omega) \leqslant 1$。

所以，考虑引信天线频率响应的情况下，引信接收的目标回波信号功率可以表示为

$$P_r = \frac{P_t G^2 F^4(\theta_T, \varphi_T) \lambda^2 \sigma}{(4\pi)^3 R^4} \alpha^2(\omega_0) \tag{2.58}$$

引信接收干扰信号功率可表示为

$$P_{rj} = \frac{P_{tj} \lambda^2 G F^2(\theta_j, \varphi_j)}{(4\pi R_j)^2} \alpha(\omega_j) \tag{2.59}$$

式中，ω_0 与 ω_j 分别为引信发射信号与干扰机发射信号的工作频率。因此，由

$$P_r = \frac{P_t G^2 F^4(\theta_T, \varphi_T) \lambda^2 \sigma}{(4\pi)^3 R^4} \alpha^2(\omega_0) = P_{rj} = \frac{P_{tj} \lambda^2 G}{(4\pi R_j)^2} \alpha(\omega_j) \tag{2.60}$$

得到考虑引信天线频率响应的衰减函数为

$$L = \frac{P_t}{P_{tj}} = \frac{4\pi R^4 F^2(\theta_j, \varphi_j) \alpha(\omega_j)}{\sigma R_j^2 G F^4(\theta_T, \varphi_T) \alpha^2(\omega_0)} \tag{2.61}$$

同等条件下引信电磁场信道的衰减函数值越小，该引信电磁场信道保护就越好，抗干扰能力也就越强。由考虑引信天线频率响应的衰减函数表达式可知，减小引信的频带宽度，开发新的工作频段，都可以有效地提高无线电引信的抗干扰能力。对于目前的连续波多普勒、调频和脉冲多普勒引信来说，决定无线电引信电磁场信道保护的环节主要是天线，影响引信电磁场信道保护效果的参数包括天线的方向性、波束及效率，所以使用衰减函数表征无线电引信的电磁场保护程度相对比较直观，其表征方法对于引信、雷达等信息系统来说是一致的，所以暂时不对此展开深入阐述。

2.4.2 引信收发相关信道保护表征参量

引信信号收发相关信道主要指引信接收到目标回波信号，经滤波放大，并同本地参考信号进行相关处理这一信息传输过程。信号收发相关信道主要根据引信发射信号

的特征进行设计，并利用发射信号与目标回波信号的相关性抑制干扰信号，而引信收发信号的相关性在物理上主要通过引信的收发机实现，因此该层信道集中体现了不同体制引信间的差异性。

无线电引信的第二层信号收发相关保护，是利用发射信号与回波信号之间的相关性抑制干扰信号。借鉴于雷达中处理增益的概念，它体现了系统对通过的噪声/干扰信号的抑制能力，所以本节以引信检波信号输出端的处理增益作为引信突破收发相关保护的表征参量，以定量推导和计算连续波多普勒、调频、脉冲多普勒体制引信在各种信息型干扰波形作用下的处理增益量化结果，来定量表征引信收发相关信道保护程度。其中，处理增益定义为系统的输出信干比 SJR_o 与输入信干比 SJR_i 的比值即

$$G = \frac{\mathrm{SJR}_o}{\mathrm{SJR}_i} \tag{2.62}$$

根据式（2.60）计算结果，如果在同等输入信噪比条件下引信对某种波形的信号处理增益越小，说明其对该种波形来说收发相关保护越好，其抗该种信息型干扰的能力越强。

2.4.3　引信信号识别信道保护表征参量

1. 目标函数和期望函数

由于引信第三层信号识别信道的输入信号是经过引信收发相关信道处理后的信号，因此这里讨论的输入信号是收发相关后获得的检波信号。无线电引信"译码"后，将携带目标信息的信号输入给引信低频信号处理电路进行信号识别，引信对目标信息的判别和干扰信号的识别也都是通过信号识别信道实现的。

在正常目标回波作用下，检波信号包含了引信识别目标所需的特征信息，因此，可将目标函数定义为目标信号作用下的检波信号，它包含了引信目标信号特征，是引信信号识别信道的设计依据。利用多普勒效应工作的引信的目标函数通常可以表示为

$$T(t) = A_T(t)\cos\omega_d t \tag{2.63}$$

通过对该函数的分析，可以获得引信目标信号识别所需的特征量，如幅度 $A_T(t)$、多普勒频率 ω_d 及由它们延伸出的幅度变化率 $A_T'(t)$ 等。因为弹目交会条件的多样性，目标回波的检波信号在一定基础上也是变动的，为保证各种弹目交会条件下目标回波的检波信号都可以被识别，每一种特征量都有一定的阈值空间，合在一起便构成了起爆特征量空间。因此，根据特征量的不同取值，所定义的目标函数实际是一簇目标函数。

定义引信的期望函数是指针对某种体制引信，根据其设计的信号识别信道预期的，可被识别为目标的信号，与数学期望无关。在设计引信的信号识别信道时，将目标函

数的特征信息提取得越充分，引信的期望函数与目标函数越接近，所设计的引信抗干扰能力也就越强。前面在理论的角度上说明了信号识别信道的设计思路，然而，对于现有的引信，获得检波信号后，不同型号的引信所提取的特征量不同，归纳起来主要有多普勒信号的幅度、幅度变化率、频率、信号持续时间等，其对应的信号识别方法为幅度判别、增幅速率选择、多普勒滤波、数波电路及逻辑时序判别等。

不同型号的引信对目标函数特征信息的提取程度不同，所构造的期望函数的准确程度不同。以连续波多普勒引信为例，某型号引信只关心检波信号的增幅速率下限和频率，而另一种连续波多普勒体制引信除了关心增幅速率下限和频率外，还关心检波信号的幅值、增幅速率上限和信号持续时间，因此两种引信所构造的期望函数的准确程度是不同的。图2.9（a）、（b）和（c）分别给出了不同种类引信所构造期望函数的示意图和目标函数的示意图。

目标函数给出了设计信号识别信道的理论依据，同时，将目标函数与引信的期望函数联系起来，可以直观地对比不同引信第三层信道抗干扰能力的强弱。基于此，将相关系数作为引信信号识别保护量化表征参量合理可行。

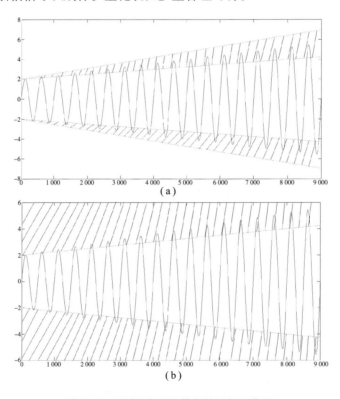

图2.9 不同种类引信的期望函数示意图

（a）某连续波多普勒引信所构造期望函数的示意图（虚线间阴影部分）；

（b）另一种连续波多普勒体制引信所构造期望函数的示意图（阴影部分）

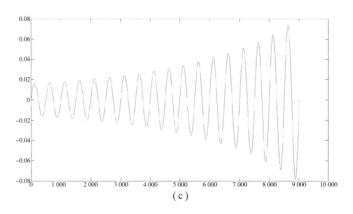

图 2.9　不同种类引信的期望函数示意图（续）

（c）目标函数示意图

2. 相关系数

假定 $f_1(t)$ 和 $f_2(t)$ 是能量型有限的实信号，传统相关系数的定义为

$$r_{12} = \frac{\langle f_1(t) \cdot f_2(t) \rangle}{\| f_1(t) \|_2 \| f_2(t) \|_2} \tag{2.64}$$

传统相关系数 r_{12} 从信号之间能量误差的角度描述了它们的相关特性，利用矢量空间的内积运算给出了定量说明。

提出目标函数和引信期望函数的概念后，实际上引信信号识别信道的任务就是比较引信检波输出信号与目标函数（期望函数）的相似程度，如果相似度满足一定的范围，则将该信号识别为目标回波信号，从而触发引信执行机构。因此，在定量衡量获得的检波信号与目标函数（期望函数）的相关性时，同样可以借用相关系数的定义。但对于信号识别信道来说，由于特征量的不同取值，目标函数（期望函数）作为参考信号，实际上是一组目标函数（期望函数）的相关系数，所以传统的相关系数并不能满足信号识别信道抗干扰能力量化表征参量的要求。为此，需要对传统的相关系数进行改进，假定 $S_o(t)$ 为实际检波输出信号，$T(t)$ 为目标函数（期望函数），改进的相关系数的定义为：

$$r_{max} = \max \left\{ \frac{\langle S_o(t) \cdot T(t) \rangle}{\| S_o(t) \|_2 \| T(t) \|_2} \right\}_{特征量} \tag{2.65}$$

对特征量的特征值空间取遍历，选取最大值作为相关系数的值。这样定义是有一定物理意义的，因为特征量区间的存在，引信检波信号只须满足其中一种，即落入特征量空间内，则被认为是目标函数，此时应会取得 r_{max}。

给出目标函数、期望函数及相关系数的概念后，便可以量化地比较不同种类信息干扰作用下引信信号识别信道的抗干扰能力了。首先，对真正目标回波的检波信号进行分析，从而确定目标函数（针对具体某种型号的引信的信号识别信道，反求出该引信的期望函数）；其次，获取不同种类信息型干扰作用下的引信检波输出信号；最后，以目标函数（期望函数）作为参考信号，计算引信检波输出信号与之的相关系数。某种信息型干扰作用下获得的相关系数的值越小，则引信信号识别信道的抗该种信息型干扰的能力越强；反之越弱。

若采用目标函数作为参考信号，则获得的相关系数表征量化了该体制引信信号识别信道抗此类信息型干扰能力的理论值；若采用某引信的期望函数作为参考信号，则获得的相关系数表征量化的是该具体型号的引信信号识别信道抗此类信息型干扰能力的实际值。此外，通过计算目标函数和某型引信的期望函数间的相关系数，可以量化该型引信对目标函数的利用率，进而可以评定该引信信号识别信道的抗干扰性能。

第3章 无线电引信信道保护抗干扰设计方法

3.1 引信信息型干扰概述

3.1.1 引信信息型干扰分类及其发展

无线电引信干扰技术自出现以来就得到了广泛的关注与研究，它与雷达、制导、通信干扰一并被称为电子对抗的四个主要领域。由前所述，按照作用途径和干扰效果的不同，可将无线电引信干扰（人为有源干扰）分为两类，即能量型干扰和信息型干扰。就干扰技术的发展现状来看，信息型干扰是各军事强国最早开始研究并一直着重发展的引信干扰类型，已得到了实战的检验，不管是在当前还是未来战场环境中，都将是无线电引信所面临的最主要也是最致命的威胁。

伴随着干扰技术的进步和干扰策略的革新，信息型干扰技术自出现至今，主要经历了四个阶段的发展，干扰方式涵盖早期的扫频式干扰、中期的瞄准式和引导式，以及现今应用较广的转发式干扰等多种干扰方法。然而，由于引信干扰技术处于高度保密的状态，世界各国引信干扰技术的发展状况极其不对等，现阶段无线电引信在战场环境中实际遇到的是多代引信干扰技术并存的情况。为了全面研究无线电引信抗信息型干扰的能力，本章从干扰信号的角度出发，对信息型干扰的内涵进一步分析研究。表3.1列出了当前战场环境中无线电引信可能遇到的常见信息型干扰信号，并根据它们的技术特点进行归纳划分。

表3.1 常见的信息型干扰信号分类

技术特征	引信干扰技术等级	干扰信号
噪声类的主动"压制式"干扰	第一代	射频噪声干扰信号
	第一代	噪声调幅干扰信号
	第一代	噪声调频干扰信号

续表

技术特征	引信干扰技术等级	干扰信号
模拟回波的"引导式"干扰	第二代	正弦波调幅等调幅干扰信号
	第二代	正弦波调频等调频干扰信号
	第二代	方波调相等调相干扰信号
基于DRFM技术的"转发式"干扰	第三代	引信发射信号的复制信号（窄带）
	第四代	引信发射信号的复制信号（宽带、精密）

从表3.1中可以看到，常见的信息型干扰信号从技术特征上主要可划分为噪声类的主动"压制式"干扰、模拟回波的"引导式"干扰及基于DRFM技术的"转发式"干扰三类。其中，噪声类的主动"压制式"干扰主要包括射频噪声、噪声调幅和噪声调频干扰信号，它们的特点是在时域具有随机性、在频域内能量分布均匀、与引信发射信号不相关，主要通过大功率信号突破引信的启动门限阈值，使引信产生误动作。模拟回波的"引导式"干扰包括非噪声类的多种调幅、调频及调相干扰信号，它的主要特征是在信号幅值变化、频率变化、多普勒频率等一个或多个方面模拟引信的回波信号特征，同引信发射信号部分相关，利用引信信道保护的漏洞使引信发生误动作。基于DRFM技术的"转发式"干扰主要指利用DRFM技术复制转发引信发射信号的干扰信号，它的核心特点是与引信发射信号具有完全相同的信号形式，只是进行了时间延迟和幅度调制，与引信发射信号强相关，可以轻易地突破目前引信设置的三层信道保护，以较小的功率代价收获较好的干扰效果。

3.1.2 国外第三、四代引信干扰技术

20世纪50-80年代，国外第一、二代无线电引信干扰机以引导式干扰为主，由于侦察接收机测频和引导精度的限制，难以非常精确地对引信进行频率瞄准，所以一般采用发射大功率干扰信号的方式，使干扰信号在引信信号通道对带外信号进行抑制的情况下，仍能够达到使引信启动的功率水平；此外，大功率的干扰信号还能够在引信探测器前端对振荡器产生频率牵引现象，使引信工作频率向干扰信号靠近，在此情况下更容易实现对引信的有效干扰。

随着引信技术的发展，引信工作带宽明显增加，并具备了良好的相关接收和相参信号处理技术，大大降低了噪声干扰的影响。因此，以阻塞式和瞄准式噪声干扰为主要技术特征的第一、二代引信干扰机已不能对现代主流无线电引信产生干扰效果。基于此，20世纪90年代开始，国外第三、四代引信干扰机采用了射频存储器技术（DRFM），基于这项技术的引信干扰机可以准确地存储、延迟和转发引信所发射的射频信号，完整、准确地复制和转发引信探测信号波形，实现干扰信号与引信本地信号的

相干性要求，使干扰信号可以在距离维和速度维实现对目标回波信号的准确模拟，对现代主流无线电引信构成了严重威胁。

DRFM 技术能够在一定的条件下长时间、完整、精确地获取和保存引信的当前工作波形，当需要进行干扰的时候，可迅速复制和再现保存引信的当前工作波形，同时，还可以根据干扰任务的需要，另外附加各种遮盖（含窄带扫频）干扰的复合调制，最终实现在频率、时间、空间及调制方式等多维信息域内对引信的最佳干扰。

综合分析国外引信干扰机的发展脉络和对应各阶段近炸引信所具备的特点，世界军事强国引信干扰机已由早期针对单一体制无线电引信的扫频压制式干扰发展为针对多体制无线电引信的回答欺骗式干扰。欧美军事强国的第三、四代引信干扰机发展已比较成熟，已具备干扰连续波多普勒、调频等体制无线电引信和炮弹多发齐射、连射能力，其在役的近炸引信已具备抗第三、四代引信干扰机的优良抗干扰性能。

1. 国外第三、四代干扰技术的特点

除工作频率范围、输出功率、干扰距离、防护区域等技术指标外，第三、四代无线电引信干扰技术的性能上主要体现在其 DRFM 的性能指标上。DRFM 采用高速采样和数字存储作为其技术基础，具有对射频和微波信号的存储和再现能力。在对引信实施电子干扰的过程中，实现对信号捕捉和保存的高速性、干扰技术的多样性和控制的灵活性。

对于引信干扰机来说，其干扰成功率（突破引信信道保护能力）主要由 DRFM 的瞬时带宽、最大存储时间、读写延时、相干性等指标决定。

针对连续波多普勒引信而言，DRFM 干扰技术必须在速度维上突破引信信道保护；针对谐波式调频引信而言，DRFM 干扰技术必须在距离维上突破引信信道保护；针对脉冲多普勒引信而言，DRFM 干扰技术必须在距离维和速度维上均突破引信信道保护才能达到良好的干扰效果。而 DRFM 技术在速度维上对引信信道保护的突破能力是由其多普勒频率分辨率和精度决定的，在距离维上对引信信道保护的突破能力是由其距离延迟分辨率和精度决定的。

2. DRFM 技术

（1）概念

数字射频存储器是一种微波信号存储系统，用于实现射频信号存储及转发功能。数字射频存储器通过对接收到的射频信号进行高速采样、存储、变换处理和重构，实现对信号捕获和保存的高速性、干扰技术的多样性和控制的灵活性。数字射频存储器已成为电子对抗系统中的关键组成部分。

21 世纪，随着 FPGA 技术的发展，DRFM 干扰机能力大幅度提升。2006 年左右，第二代 FPGA 技术的出现使 DRFM 干扰机具备大瞬时带宽和实时处理能力。自 2012 年起，第三代 28 nm 工艺 FPGA 具有可编程数据包流水线架构，I/O 数量增多，I/O 开关速度增快，允许直接将 FPGA 接入 ADC 和 DAC 之间的数据流。2014 年起，FPGA 开始趋于并行分组处理，使用 4 组 ADC 转换，DRFM（12 位）干扰机可以处理 1.6 GHz 瞬时带宽。目前商业化的 DRFM 系统可以处理 1.4 GHz 瞬时带宽。表 3.2 总结了第二代到第五代 DRFM 系统的主要性能参数。

表 3.2　第二代到第五代 DRFM 系统的主要性能参数

参数	具体性能			
	第二代 1999—2003	第三代 2004—2006	第四代 2007—2011	第五代 2012—2016
采样率/GPS	1	1.2	2	5
分辨率	8 位	10 位	ADC 10 位 DAC 10 位	ADC 10 位 DAC 12 位
瞬时带宽/MHz	400	500	800	2 000
距离延时精度	16 ns (2.4 m)	3.3~13.3 ns (0.5~2 m)	0.5 ns (75 mm)	0.2 ns (30 mm)
无杂散动态范围/dBc	−30	−36	−47	> −47
实时数字信号处理	否	否	是	是

大多数 DRFM 干扰机的参数都是严格保密的，仅有有限的资料可以调研。综合不同公司十一款 DRFM 产品数据手册，表 3.3 列出了目前 DRFM 干扰机主要的技术参数。

表 3.3　DRFM 典型参数范围

参数	值
频带范围	DC~40 GHz
目标个数	最多 16 个
瞬时带宽	100 MHz~1.4 GHz
位数	最多 12 位
动态范围/dB	45~100
无杂散动态范围/dBc	< −15 至 < −65
目标延时	90 ns~200 ms
延时精度/ns	<4.4 至 <0.5
多普勒范围	±200 kHz 至 ±700 MHz
多普勒精度/Hz	< 20 至 <0.05

其中，瞬时带宽、延时精度、目标延时、位数、无杂散动态范围是 DRFM 干扰机

的重要指标。最小延时主要由 A/D、D/A 转化速率和滤波器阶数决定，系统的信号处理周期也会限制最小延时。目前最小延时范围在百纳秒到微秒之间。DRFM 干扰机存储射频信号的形式（幅度、相位、I/Q）及 DRFM 干扰机的位数直接影响产生干扰信号与所侦收信号的逼真度。DRFM 干扰机无杂散动态范围决定被干扰设备分辨目标信号与干扰信号的难度，受系统有效位数、非线性器件和噪声影响。

目前，DRFM 干扰机主要发展方向是宽带 DRFM，主要受制于数字转化器技术，预计未来宽带 DRFM 的应用范围和数量将不断扩大。

（2）原理

DRFM 的工作过程是：将侦收到的无线电引信信号经过下变频器变频到 DRFM 可以处理的中频信号，由量化编码器对中频信号进行量化编码，并将经过编码的数字信号存入存储器中，根据干扰策略从存储器中读取数据，并进行干扰调制，经译码器将数字信号转换为模拟中频信号，最后经上变频器变为射频信号发射。

利用可编程数字器件，DRFM 可以对转发信号延时量、移频量进行精确控制，从而实现对无线电引信系统的有效干扰。选择适当的结构和量化类型、位数及高效的处理技术，DRFM 可以实现对信号的高保真重构，并且具有宽的瞬时带宽和很高的响应速度。

（3）主要性能指标

1）瞬时带宽。

瞬时带宽指同一时间系统工作覆盖的频带宽度，是 DRFM 最重要的指标之一，它决定 DRFM 处理多信号的能力，即决定了干扰系统在复杂信号环境下的生存能力。影响 DRFM 瞬时带宽的因素主要有采样频率、系统结构、量化类型、器件类型。对于宽带信号而言，若要保证信号的保真度，工程上采样频率应为被采信号的 4 倍以上。

幅度量化的采样频率和量化位数决定了重构信号的保真度。幅度量化将采样信号的幅度分为 2^N 个区间，然后对幅度进行编码并存储。其中 N 为量化位数（比特数），N 越高，信号保真度越高，寄生信号幅度越小，但此时要求的采样率越高。采样率越高，意味着信号的完整性就越高；采样比特数越大，意味着对输入信号的分辨率越高，能够存储的动态范围越大。但是模数转换器的采样率和量化位数是相互矛盾的，要想同时获得高分辨率和高带宽是不现实的。

幅度量化 DRFM 的同时保留了信号的幅度、相位信息，输出信号具有较高的信噪比，并且有一定的无模糊带宽，可以采集并处理同时到达信号，并为复杂干扰样式（调幅、调相等）的实施调制提供了可能。但是，在信号重构时，对重构信号进行相位调制比较困难，并且容易受到信号脉内幅度起伏的影响。当 DRFM 用于信号的脉内细微特征分析时，需要完整地存储信号的幅度、相位信息，这时要求幅度量化的采样率尽可能高、采样比特数尽可能大，采样率越高，意味着信号的完整性就越高；采样比特数越大，意味着对输入信号的分辨率越高，能够存储的动态范围就越大。但是模数转换器的采样率和量化位数是相互矛盾的，以现有的技术水平，要想同时获得高分辨率和高带宽，是不现实的。

2）最大存储时间。

引信干扰系统对 DRFM 的最大存储时间的要求是有足够的内存来储存至少超过一个引信重复周期的信号，因为这是引信干扰系统能够预测下一个信号出现时间的能力的前提。

因此，DRFM 的最大存储时间必须大于调频引信、脉冲多普勒引信的周期，才能实现对引信来波信号的预测，从而完成引导干扰时间的有效控制，保证干扰信号能够突破引信的距离波门和速度波门。

3）读写延时。

读写延时指的是从引信信号输入 DRFM 到复制干扰信号输出所经过的时间。读写延时构成了干扰系统引导干扰时间的一项。DRFM 的读写延时不能太大，引信 DRFM 中产生的干扰信号必须先于引信的真实目标回波信号进入引信的距离门，也就是说，读写延时必须小于干扰系统有效干扰距离对应的电磁波往返时间，才能产生欺骗干扰效果。

4）相干性。

由于 DRFM 技术不仅对相干脉冲信号可以长时间内相干复制，而且能够将引信信号的脉内调制特征无失真地复制下来。这是基于 DRFM 的引信干扰技术为干扰相干引信提供了技术保障。

①引信距离维欺骗干扰特性。

由于 DRFM 对输入信号经量化编码后存入了 RAM 中，可根据需要读取，因此，要实施距离欺骗干扰，只需对被干扰信号的存储地址反复读取并逐渐延时，利用引信工作信号的周期性特点，通过精确控制输出信号的脉宽和延时产生用于突破引信距离维信道保护的干扰信号。

对每个接收的引信发射信号，DRFM 通过对它反复地逐渐延时，可以直接产生用于进入引信距离门的输出。DRFM 可以存储任意长度的相干信号，并可光滑而精确地控制延时和输出脉宽。

②引信速度维欺骗干扰特性。

引信速度维欺骗干扰需要发射的信号频率相对于原信号有一定的频移，因此，可以通过改变上变频混频频率获得，或用 DDS 产生数字频率再进行混频，以获得多普勒频移量，形成不同速度的假目标。

3.2　信息型干扰信号对无线电引信的作用过程

由于引信干扰机技术处于高度保密的状态，世界各国引信干扰机的发展状况不对等，现阶段无线电引信在战场环境使用中遇到的极有可能是多代引信干扰机并存的情况，所面临的干扰信号包括早期噪声类的主动"压制式"干扰、中期模拟回波的"引导式"干扰及现今军事强国着力发展的基于 DRFM 技术的"转发式"干扰等多种类型。这势必大幅增加无线电引信的抗信息型干扰设计的难度，需要综合考虑，以应对各种类型的干扰信号。

3.2.1　引导式干扰对无线电引信作用过程

1. 扫频干扰信号频谱分析

干扰机在对引信进行干扰时，扫频带宽必须覆盖引信的工作频带，扫频信号的载频会在一定频率范围内按一定规律来回摆动。设干扰机的扫频起始频率为 f_{j0}，扫频终止频率为 f_{jN}，扫频步长为 Δf，第 n 个扫频点的干扰信号载频为 f_{jn}，扫频总点数为 $N+1$，则

$$f_{jn} = f_{j0} + n\Delta f, n = 0,1,\cdots,N \tag{3.1}$$

因为干扰机所发射的扫频干扰信号的载频是离散变化的，所以引信接收到的干扰信号表达式应该是一个分段函数，可以将其写成与门函数相乘的形式。引信所接收到的扫频式干扰信号可表示为

$$S_j(t) = (A_j + f(t))\cos(2\pi f_{jn}t + \varphi_{jn})g_n(t), n = 0,1,\cdots$$

$$g_n(t) = \begin{cases} 1, n\Delta t < t \leqslant (n+1)\Delta t, n = 0,1,\cdots \\ 0, 其他 \end{cases} \tag{3.2}$$

式中，A_j 为干扰信号载波幅值；φ_{jn} 为干扰信号起始相位，为不失一般性，可设 $\varphi_{jn} = 0$；$f(t)$ 为干扰调制信号波形，扫频式干扰调制信号波形有各种形式，如正弦波、三角波、方波等，本节以正弦波调幅扫频干扰信号为例进行干扰机理分析，正弦波调制信号可以表示为 $f(t) = A_{jM}\cos(2\pi f_{jM}t + \varphi_{jM})$，其中 A_{jM} 为调制信号幅值，f_{jM} 为调制频率，一般设置为弹目交会过程中可能出现的多普勒频率，即 $f_{jM} \approx f_d$，φ_{jM} 为调制信号起始相位，同样，为不失一般性，可设 $\varphi_{jM} = 0$；Δt 为干扰机在每个扫频点驻留的时间。正弦波调幅扫频式干扰信号的频谱如图 3.1 所示。

2. 扫频干扰信号作用下连续波多普勒引信响应特性

设连续波多普勒引信本振信号表达式为

$$s_L(t) = A_L\cos(\omega_L t + \varphi_L) \tag{3.3}$$

式中，A_L 为引信本振信号幅值；ω_L 为本振频率；φ_L 为本振信号起始相位，设 $\varphi_L = 0$。

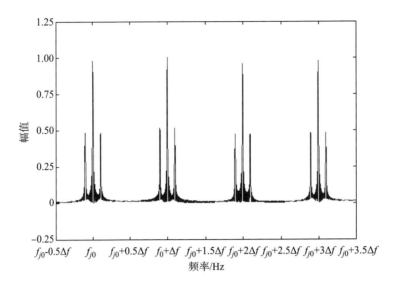

图 3.1　正弦波调幅扫频式干扰信号的频谱

引信的混频信号 $s_m(t)$ 是本振信号与接收信号差频后的中频信号，即混频信号表达式为

$$
\begin{aligned}
s_m(t) &= s_j(t)s_L(t) \\
&= s_{jr}(t)g_n(t)s_L(t) \\
&= (A_j + A_{jM}\cos\omega_{jM}t)\cos\omega_{jn}t \cdot A_L\cos\omega_L t \cdot g_n(t) \\
&= \frac{1}{2}A_L(A_j + A_{jM}\cos\omega_{jM}t) \cdot \left[\cos(\omega_{jn} - \omega_L)t + \cos(\omega_{jn} + \omega_L)t\right] \cdot g_n(t)
\end{aligned}
\tag{3.4}
$$

引信的检波输出信号是经过低通滤波器滤除 $(\omega_{jn} + \omega_L)$ 高频分量后的混频信号，但引信的低通滤波器一般不是理想低通滤波器，对多普勒频带内的信号衰减较小，随着信号频率升高，衰减越来越大，因此检波输出信号 $s_d(t)$ 的表达式为

$$
\begin{aligned}
s_d(t) &= A_n \cdot \frac{1}{2}A_L(A_j + A_{jM}\cos\omega_{jM}t) \cdot \cos(\omega_{jn} - \omega_L)t \cdot g_n'(t) \\
&= (A_{1n} + A_{2n}\cos\omega_{jM}t) \cdot \cos\omega_d t \cdot g_n'(t)
\end{aligned}
\tag{3.5}
$$

式中，A_n 为考虑低通滤波器对不同频率信号的衰减系数，$n = 0,1,\cdots,k$，$A_{1n} = \frac{1}{2}A_L \cdot A_j \cdot A_n$，$A_{2n} = \frac{1}{2}A_L \cdot A_{jM} \cdot A_n$；$\omega_d = \omega_{jn} - \omega_L$；$g_n'(t)$ 为经过低通滤波后的门函数表达式。

令

$$
s_d(t) = s(t)g_n'(t)
\tag{3.6}
$$

$$
\begin{aligned}
s(t) &= (A_{1n} + A_{2n}\cos\omega_{jM}t) \cdot \cos\omega_d t \\
&= A_{1n}\cos\omega_d t + A_{2n}\cos\omega_{jM}t \cdot \cos\omega_d t
\end{aligned}
$$

$$= A_{1n}\cos\omega_d t + \frac{1}{2}A_{2n}\cos(\omega_{jM} - \omega_d)t + \frac{1}{2}A_{2n}\cos(\omega_{jM} + \omega_d)t \quad (3.7)$$

对 $s(t)$ 进行傅里叶变换

$$S(\omega) = F[s(t)] = \pi A_{1n} \cdot [\delta(\omega + \omega_d) + \delta(\omega - \omega_d)] +$$

$$\frac{1}{2}\pi A_{2n} \cdot \{\delta[\omega + (\omega_{jM} - \omega_d)] + \delta[\omega - (\omega_{jM} - \omega_d)]\} +$$

$$\frac{1}{2}\pi A_{2n} \cdot \{\delta[\omega + (\omega_{jM} + \omega_d)] + \delta[\omega - (\omega_{jM} + \omega_d)]\} \quad (3.8)$$

对 $g_n(t)$ 进行傅里叶变换

$$G(\omega) = F[g_n(t)] = \Delta t \cdot Sa\left(\frac{\omega \cdot \Delta t}{2}\right) \cdot e^{-j\left(n + \frac{1}{2}\right)\Delta t}, n = 0, 1, \cdots, k \quad (3.9)$$

设经过低通滤波后的门函数 $g'_n(t)$ 的傅里叶变换为 $G'(\omega)$，则检波输出信号 $s_d(t)$ 的傅里叶变换为

$$S_d(\omega) = S(\omega)G'(\omega) \quad (3.10)$$

当干扰机第 k 个扫频点的干扰信号载波频率 ω_{jk} 与引信本振信号频率 ω_L 比较接近时，引信可能出现牵引震荡，产生多普勒信号或者解调出干扰信号中的调制信号，从而使引信启动。假设 $\omega_L = \omega_{jk} = \omega_{j0} + k \cdot \Delta\omega$，则

$$\omega_d = \omega_{jn} - \omega_L$$
$$= \omega_{j0} + n \cdot \Delta\omega - (\omega_{j0} + k \cdot \Delta\omega)$$
$$= (n - k) \cdot \Delta\omega$$
$$n = 0, 1, \cdots, k \quad (3.11)$$

将式（3.11）带入式（3.10）可以得到正弦调幅扫频干扰信号作用下引信检波输出信号的傅里叶幅值谱，如图 3.2 所示。

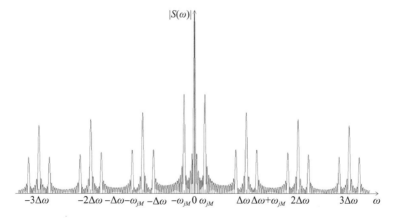

图 3.2　正弦调幅扫频干扰信号作用下检波输出信号的傅里叶幅值谱

由正弦调幅扫频干扰信号作用下引信检波输出信号傅里叶幅值谱可以发现，引信电路对扫频干扰信号进行解调后，会在多普勒频率处产生峰值点，只要干扰功率满足要求即可达到干扰效果。同时，在其他频率处（尤其是引信多普勒频带范围之外）还可能有许多峰值点，并且这些频率峰值点之间的幅值大致相等，只是由于非理想低通滤波器的作用，随着频率的升高，信号能量衰减会逐渐增大，直至低通滤波器的截止频率处衰减到零，对其他调制样式的调幅扫频干扰信号进行分析，也会得到与正弦调幅扫频干扰类似的结果；而理想的目标回波信号作用下引信检波输出信号的傅里叶幅值谱只会在多普勒频率处有一峰值点，在其他频率处则是一些由杂波或者噪声导致的幅值很小的峰值点，因此可以对引信检波输出信号的傅里叶幅值谱峰值点幅值进行分析，以提取目标信号和干扰信号的特征参量。

3. 扫频式干扰对调频多普勒引信的干扰机理

为了简化公式推导，可将引信发射信号 $S_t(t)$ 表示成傅里叶级数的形式：

$$S_t(t) = A\cos 2\pi f_c t \cdot \sum_{m=-\infty}^{+\infty} a_m e^{j2\pi mf_m t} \tag{3.12}$$

式中，$a_m = \left\{ \begin{array}{l} \cos\left[\dfrac{\pi(\mu+m)^2}{4\mu}\right][C(a)+C(b)] \\ -\sin\left[\dfrac{\pi(\mu+m)^2}{4\mu}\right][S(a)+S(b)] \end{array} \right\} \middle/ \sqrt{2\mu}$，是发射信号的傅里叶系数；

$\mu = \Delta F/f_m$，表示调频指数；$a = \dfrac{\mu-m}{\sqrt{2\mu}}; b = \dfrac{\mu+m}{\sqrt{2\mu}}$；$C(a)$、$C(b)$、$S(a)$、$S(b)$ 表示菲涅尔积分。

根据前面分析，扫频式干扰信号被引信接收后，首先要经过一次混频器，同耦合过来的发射信号进行混频，混频器的输出信号可以表示为

$$S_{j1}(t) = S_j(t) \cdot S_t(t)$$

$$= A\cos 2\pi f_c t \cdot (A_j + f(t))\cos 2\pi f_{jn} t \cdot g_n(t) \cdot \sum_{m=-\infty}^{+\infty} a_m e^{j2\pi mf_m t} \tag{3.13}$$

对上式进行化简，并通过低通滤波器滤掉高频信号，可得正弦波调幅扫频式干扰作用下引信中频信号输出为

$$S_{ji}(t) = \frac{1}{2}A(A_j + A_{jM}\cos 2\pi f_{jM} t) \cdot \cos 2\pi(f_{jn} - f_c)t \cdot g_n(t) \cdot \sum_M a_m e^{j2\pi mf_m t} \tag{3.14}$$

式中，M 是低通滤波器通带内的谐波数。

扫频式干扰信号在每个扫频点的驻留时间 Δt 通常为 ms 量级，远大于调制信号的周期，所以，在一个驻留时间 Δt 内，各次谐波 mf_m 都存在，即 $g_n(t)$ 对考虑当前驻留时间内中频信号特征影响并不大。

第一次混频之后，混频器输出的干扰信号进入选定 m 次谐波的带通滤波器，并与

倍频器产生的 m 次谐波 $\cos(2\pi m f_m t)$ 进行二次混频，并送入多普勒低通滤波器中提取多普勒信息。

设多普勒低通滤波器的截止频率为 F_d，正弦波调幅扫频式干扰信号通过选择参数，使得如下表达式成立，则可以保证有干扰信号进入多普勒信号处理电路中。扫频干扰参数所需的条件如下式所示：

$$m_0 f_m \leqslant \left| f_{jM} + f_{\Delta} + n \times \Delta f + m \times f_m \right| \leqslant m_0 f_m + F_d \qquad (3.15)$$

式中，$n = 0, 1, \cdots, N$；$m = 0, \pm 1, \pm 2, \cdots, \pm M$；$f_{jM}$ 为正弦波调幅扫频式干扰所采用的正弦波调制频率；Δf 为扫频步长；$f_{\Delta} = f_{j0} - f_c$，为初始频率差，一般 $f_{\Delta} \gg \Delta f > f_m \gg F_d \geqslant f_d \approx f_{jM}$；$m_0$ 为谐波定距调频多普勒引信所选取的定距谐波次数，对应多普勒滤波器输出信号为

$$S_{jd}(t) = \frac{1}{4} a_m A A_{jM} \cos\left[f_{jM} + f_{\Delta} + n\Delta f + (m - m_0)f_m \right] t \cdot g_n(t) \qquad (3.16)$$

当干扰信号的能量同时满足多普勒信号处理电路所要求的阈值门限时，便可以实现对引信的有效干扰。

实际上，调频引信预定炸高处的目标回波同发射信号混频，所获得的中频信号相当于把回波信号的 μ 个谐波分量的能量集中在所关注的 m_0 次谐波上；而对于扫频式干扰，所获中频信号相当于把干扰信号的能量分散到 μ 个谐波上。因而相同能量下，扫频式干扰的干扰效果会随着调频指数 μ 的增大而减弱。

此外，由于式（3.15）中 m 代表引信发射信号的谐波次数，与扫频式干扰信号的参数无关，因而若扫频干扰参数满足式（3.15）的条件，则一定满足：

$$(m_0 + l)f_m \leqslant \left| f_{jM} + f_{\Delta} + n \times \Delta f + m \times f_m \right| \leqslant (m_0 + l)f_m + F_d \qquad (3.17)$$

式中，$l = 0, \pm 1, \pm 2, \cdots$。由式（3.17）可见，扫频式干扰是同时进入引信各次谐波的滤波器通道的，其输出信号的幅值的差异取决于对应发射信号的傅里叶系数 a_m，并且根据式（3.12）可知，$a_m \approx a_{m+l}$。

可见，若扫频参数设置合理，干扰信号会同时进入引信的各次谐波通道中，当干扰信号能量满足多普勒信号处理电路所要求的阈值门限时，便可成功干扰引信。然而，正常目标回波作用下，随着弹目距离的接近，一定是高次谐波先到达，低次谐波后到达。因此，如果调频引信采用多次谐波联合定距，并在各谐波间增加严格的逻辑时序判决，则扫频式干扰在理论上干扰效果会变差。

4. 扫频式干扰对脉冲多普勒引信的干扰机理

因为干扰机所发射的扫频干扰信号的载频是离散变化的，所以脉冲多普勒引信接收到的进入混频器前的干扰信号表达式应该是一个分段函数，可以将其写成与门函数相乘的形式；一般干扰机距离引信较远，干扰信号在干扰期间可以认为是等幅的或接近于等幅的，因此假设引信接收到的干扰信号能量相同；若引信的工作频率在干扰机扫频范围内，则引信所接收到的混频前的干扰信号 $s_j(t)$ 的表达式为

$$s_j(t) = s_{jr}(t)g_n(t)$$

$$s_{jr}(t) = [A_j + f(t)]\cos(\omega_{jn}t + \varphi_{jn}), n = 0,1,\cdots,k \tag{3.18}$$

$$g_n(t) = \begin{cases} 1, n \cdot \Delta t < t \leqslant (n+1) \cdot \Delta t, n = 0,1,\cdots,k \\ 0, \text{其他} \end{cases}$$

式中，A_j 为干扰信号载波幅值；φ_{jn} 为干扰信号起始相位，设 $\varphi_{jn} = 0$；$f(t)$ 为干扰调制信号波形，扫频式干扰调制信号波形有各种形式，如三角波、正弦波、锯齿波和方波等，以常用的正弦波调幅扫频干扰信号为例进行分析，$f(t) = A_{jM}\cos(\omega_{jM}t + \varphi_{jM})$，其中 A_{jM} 为调制信号幅值，ω_{jM} 为调制频率，φ_{jM} 为调制信号起始相位，设 $\varphi_{jM} = 0$；Δt 为干扰机在每个扫频点的驻留时间；k 为扫频点数。

脉冲多普勒引信的本振可表示为经过脉冲调制的载波信号

$$U(t) = U_l A_l \cos(\omega_0 t + \varphi_0) \cdot R_{ect}\left[\frac{t - \tau_a}{\tau_0}\right] \tag{3.19}$$

式中，t 为时间；U_l 为本地载波信号幅值；A_l 为引信距离门选通信号幅值；ω_0 为载波信号角频率；τ_0 为脉冲信号宽度；φ_0 为载波信号初始相位，设 $\varphi_0 = 0$；$R_{ect}[*]$ 为矩形函数，其值为 $R_{ect}\left[\dfrac{t}{\tau_0}\right] = \begin{cases} 1, & qT_{rep} \leqslant t \leqslant qT_{rep} + \tau_0, \ q = 0,1,\cdots \\ 0, & \text{其他} \end{cases}$，$T_{rep}$ 为调制脉冲的重复周期；τ_a 为距离门设定延时。引信接收到扫频干扰信号后与本振混频，经过距离门选通后，输出信号为

$$
\begin{aligned}
U_{mj}(t) &= s_j(t)U(t)Q \\
&= (A_j + A_{jM}\cos\omega_{jM}t)\cos\omega_{jn}t \cdot U_l A_l \cos\omega_0 t \cdot R_{ect}\left[\frac{t - \tau_a}{\tau_0}\right] \cdot g_n(t) \\
&= \frac{1}{2}QU_l A_l (A_j + A_{jM}\cos\omega_{jM}t) \cdot \cos(\omega_{jn} - \omega_0)t \cdot R_{ect}\left[\frac{t - \tau_a}{\tau_0}\right] \cdot g_n(t) \\
&= \frac{1}{2}QU_l A_l \left[A_j\cos(\omega_{jn} - \omega_0)t + \frac{1}{2}A_{jM}\cos(\omega_{jM} - \omega_{jn} + \omega_0)t + \cdots + \right. \\
&\quad \left. \frac{1}{2}A_{jM}\cos(\omega_{jM} + \omega_{jn} - \omega_0)t \right] \cdot R_{ect}\left[\frac{t - \tau_a}{\tau_0}\right] \cdot g_n(t) \\
&= S(t) \cdot R_{ect}\left[\frac{t - \tau_a}{\tau_0}\right] \cdot g_n(t)
\end{aligned}
\tag{3.20}
$$

式中，Q 为混频器系数。对 $S(t)$ 进行傅里叶变换：

$$
\begin{aligned}
S(\omega) &= F[S(t)] \\
&= \frac{1}{2}QU_l A_l \{ \pi A_j [\delta(\omega + (\omega_{jn} - \omega_0)) + \delta(\omega - (\omega_{jn} - \omega_0))] + \\
&\quad \frac{1}{2}\pi A_{jM}[\delta(\omega + (\omega_{jM} - \omega_{jn} + \omega_0)) + \delta(\omega - (\omega_{jM} - \omega_{jn} + \omega_0))] + \cdots +
\end{aligned}
$$

$$\frac{1}{2}\pi A_{jM}\big[\delta(\omega+(\omega_{jM}+\omega_{jn}-\omega_0))+\delta(\omega-(\omega_{jM}+\omega_{jn}-\omega_0))\big]\big\} \quad (3.21)$$

可见，引信距离门选通输出信号包含三种频率成分，即

$$\begin{cases}\omega_{jn}-\omega_0\\[2pt]\omega_{jM}-\omega_{jn}+\omega_0\\[2pt]\omega_{jM}+\omega_{jn}-\omega_0\end{cases} \quad (3.22)$$

扫频干扰驻留时间为毫秒级，在脉冲多普勒引信一个收发周期内，可认为扫频干扰频点固定。由于 ω_{jM} 一般比引信基带滤波器截止频率要小，因此，当 ω_{jn} 和 ω_0 较为接近时，上述三种频率成分都有可能会落入引信基带滤波器带宽内，当以上三种频率中任意一组落入脉冲多普勒引信基带滤波器带宽内时，便可能会在通过基带滤波器后产生类似多普勒信号的输出，造成引信误启动。

3.2.2　转发式干扰对无线电引信作用过程

1. 基于 DRFM 的干扰技术对引信工作过程分析

随着电子对抗技术的发展，尤其是抗干扰技术的发展，使得传统的干扰技术效果大大降低。在此情况下，新的干扰技术也不断发展，其中 DRFM 技术能够适应复杂多变的电磁环境，使干扰信号与发射信号保持很强的相干性，产生良好的干扰效果，因此，DRFM 技术已经广泛应用于雷达对抗系统中。在引信对抗系统中，DRFM 技术也受到越来越高的重视。典型 DRFM 系统原理框图如图 3.3 所示。

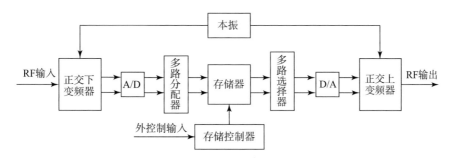

图 3.3　典型 DRFM 系统原理框图

为了精确地复制射频信号，DRFM 系统首先根据接收射频信号频率调谐本振，使正交下变频器的输出频率位于基带内，然后将下变频器所产生的基带同相（I）信号和正交（Q）信号进行量化存储。需要时再重构基带同相（I）信号和正交（Q）信号，经正交上变频器输出。详细工作过程如下：根据粗略测量的接收信号频率调谐本振，使下变频器的输出信号位于基带内，以便能够截获各种威胁信号；下变频器将射频信号和本振信号进行正交混频、滤波产生基带同相信号（I）和正交信号（Q）；基带 I、

Q 两路信号经 A/D（模数转换器）量化和采样转换为数字信号；将数字化的 I、Q 两路信号存储在存储器中；信号存储后，便可对信号进行分析、交换；需要使用存储器中的信号时，读出存储的 I、Q 两路信号用于重构，即对存储的数字信号进行 D/A（数模转换器）变换，将其转换为基带模拟信号；对基带 I、Q 信号正交上变频，重构 RF 信号，从而完成对原始信号的复制。为了保证精确复现原始信号，要求上变频与下变频使用同一本振。

为了满足电子对抗作战要求，通常对 DRFM 系统有以下性能要求：瞬时带宽、工作宽度、寄生信号抑制、动态范围、存储器容量与工作方式、读写延时、相干性。其中相干性尤其重要，是 DRFM 干扰系统的基础。DRFM 性能能够对信号进行长时间的相参复制，使它能够保持信号的相参性，方便进行距离和速度欺骗干扰。

以调频多普勒引信为例，研究 DRFM 干扰对引信的工作过程。DRFM 干扰的最大特点体现在复制转发的干扰信号与引信发射信号是相干信号。通常情况下，引信接收到的 DRFM 干扰信号 $\bar{s}_j(t)$ 可以表示为

$$\bar{s}_j(t) = \frac{\overline{A}_j}{A_t} s_t(t - \tau_j) \tag{3.23}$$

式中，$\overline{A}_j$ 表示 DRFM 干扰信号幅度；$s_t(t)$ 为引信发射信号；τ_j 表示总的 DRFM 干扰延迟时间。τ_j 这一延迟时间包括引信发射信号至 DRFM 干扰机的传输时间、干扰机的处理延迟和人为附加延迟 τ_j^c 及干扰信号从干扰机至引信的传输时间。设干扰距离为 R_j，则总的干扰延迟时间 τ_j 可以表示为

$$\tau_j = \frac{2R_j}{c} + \tau_j^c \tag{3.24}$$

由于干扰距离远远大于引信预定的起爆距离，使式（3.24）所示的干扰延时也远大于引信预定延时，虽然 DRFM 干扰信号形式也与引信信号一致，但正常情况下无法起到干扰效果。然而，引信发射信号 $s_t(t)$ 的周期性为这种干扰提供了可能。考虑到引信的周期性，干扰延迟时间还可以表示为

$$\tau_j = nT + \tau_j^d, \ n = 1, 2, \cdots \tag{3.25}$$

式中，T 为引信调频周期；τ_j^d 为对应于引信的预定延迟时间。对比式（3.24）与式（3.25），在引信调频周期 T 与实际干扰距离延时 $\frac{2R_j}{c}$ 确定的情况下，DRFM 干扰机很容易设定附加延迟 τ_j^c，使其满足

$$\tau_j = \frac{2R_j}{c} + \tau_j^c = nT + \tau_j^d, \ n = 1, 2, \cdots \tag{3.26}$$

将式（3.26）代入式（3.23）的 DRFM 干扰信号表达式，同时，由于信号 $s_t(t)$ 的周期性，可得

$$\overline{s}_j(t) = \frac{\overline{A}_j}{A_t}s_t(t - nT - \tau_j^d) = \frac{\overline{A}_j}{A_t}s_t(t - \tau_j^d) \tag{3.27}$$

在理论推导调频多普勒引信在 DRFM 干扰作用下引信的响应特性基础上，仿真分析调频多普勒引信在 DRFM 干扰作用下的响应情况。调频多普勒引信在 DRFM 干扰下的 Simulink 仿真模型如图 3.4 所示。

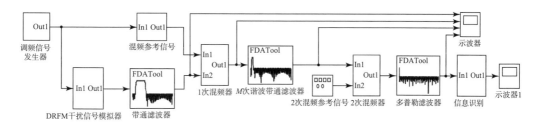

图 3.4　调频多普勒引信在 DRFM 干扰下 Simulink 仿真模型

仿真过程中，设干扰距离 $R_j = [800\ 700]$ m，引信预定起爆距离 $R_d = 5$ m，引信调频周期 $T = 6.7 \times 10^{-6}$ s。为了使干扰距离对应的延迟时间包含起爆距离对应的延迟时间，干扰机补偿的延迟时间可以设定为 $\tau_j^c = 2 \times 10^{-6}$ s。仿真结果如图 3.5 和图 3.6 所示。图 3.5 为调频多普勒引信在 DRFM 干扰下各级时域波形，从上至下依次为：DRFM 干扰信号、差频信号、M 次谐波带通滤波器输出信号和检波信号；图 3.6 则依次为这些信号的频域波形。图 3.5 和图 3.6 中调频多普勒引信在 DRFM 干扰下各级输出的时域和频域波形与目标回波作用下调频多普勒引信各级输出的时域和频域波形具有高度一致性，验证了理论推导的正确性。

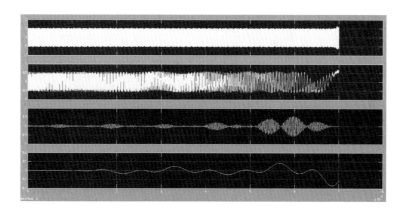

图 3.5　调频多普勒引信在 DRFM 干扰下各级时域波形

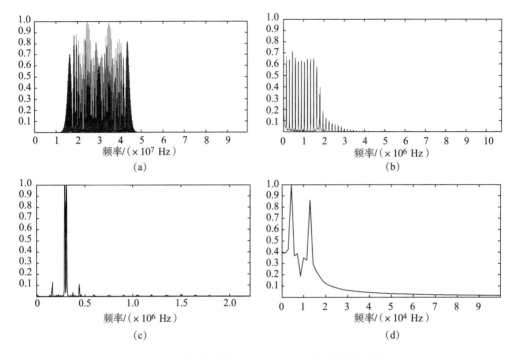

图 3.6 调频多普勒引信在 DRFM 干扰下各级频域波形

通过上面的分析可知，提高调频多普勒引信抗 DRFM 干扰性能的关键在于去除发射信号的周期性。

2. DRFM 干扰信号对连续波多普勒引信的作用过程

DRFM 干扰机对连续波多普勒引信的相互作用过程中，引信发射的信号经历从引信到干扰机的传播延迟 t_t、干扰机电路及存储转发延迟 t_d、干扰机到引信的传播延迟 t_r，被引信接收到的干扰信号已经包含了引信与干扰机间相对运动的多普勒信息及功率增幅信息。干扰信号与引信当前发射信号混频后，产生多普勒信号，若在上述延迟时间内，引信工作频率的变化不足以使干扰信号经混频后的多普勒信号落于引信多普勒通道之外，则干扰信号就能够突破引信的信号通道保护，诱使引信早炸。

DRFM 干扰信号若要对连续波多普勒引信实施有效干扰，必须满足两个条件：

①在速度维上突破连续波多普勒引信信道保护。

为适应不同的弹速和落角，同一型号连续波多普勒引信的多普勒通频带也比较宽，并且其基本不具备多普勒频率分辨能力。同时，干扰系统根据接收到的引信工作频率能够很容易估算出引信的多普勒通频带。而引信载频的漂移对转发引导时间仅有微秒级的 DRFM 系统来说，由于连续波多普勒引信的天线波束宽度较宽，所以引信载频的漂移不会对 DRFM 干扰效果造成影响。因此，基于 DRFM 的干扰信号在速度维上突破连续波多普勒引信的信道保护比较容易实现。

②干扰信号的幅度变化特性满足引信启动特性需求。

连续波多普勒引信是通过检测多普勒信号的幅度变化特性及多普勒信号的能量积累完成目标检测和起爆控制的，而为适应不同反射系数（对地）和不同落角的有效性，引信对其多普勒信号幅度变化率的检测门限也比较宽。而 DRFM 系统中 A/D 和 D/A 变换器的动态范围都较大，其输出信号能够较容易实现动态范围 60 dB、步进 1 dB 的技术指标，所以干扰信号的幅度变化特性也较易满足引信启动特性的需求。

3. DRFM 干扰信号对调频引信的干扰过程分析

（1）DRFM 干扰信号对调频引信的作用过程

DRFM 干扰机对调频多普勒引信的干扰与对连续波多普勒引信的作用过程基本相似，区别在于调频多普勒引信对弹目间距离具有一定的判断能力，能够利用近距离目标信号回波与自身发射信号的差频频率对弹目距离进行判断。

DRFM 干扰信号对调频引信距离信息的欺骗主要是通过对收到的引信照射信号进行延时调制和放大转发来实现的。设 R 为真实目标所在距离，R_f 为假目标（即干扰机）所在距离，则在引信接收机内，干扰脉冲包络相对于引信定时脉冲的延时应为

$$t_f = \frac{2R_f}{c} \tag{3.28}$$

通常，t_f 有两部分：

$$t_f = t_{f0} + \Delta t_f , \quad t_{f0} = t_t + t_r = \frac{2R_j}{c} \tag{3.29}$$

式中，t_{f0} 是由引信与干扰机之间距离 R_j 所引起的电波传播延迟；Δt_f 则是干扰机收到引信信号后的转发延迟。调频引信发射信号目标，回波信号与 DRFM 干扰信号的延时关系如图 3.7 所示。

调频引信近距离目标回波的延迟时间 τ 远小于调制信号周期，例如，调频多普勒引信距离地面 6 m 时，目标回波信号的延迟为 40 ns。DRFM 干扰机在远距离对引信进行干扰时，干扰信号需要经历引信到干扰机的传播延迟 t_t、干扰机电路和存储转发延迟 Δt_f、干扰机到引信的传播延迟 t_r，则 $t_{f0} = t_t + t_r$。由于 t_f 远大于实际预定的目标回波延迟时间 τ，并且由于引信在差频和多普勒频段的频率选择性，干扰信号在大于 τ 而小于调制周期的时间内回到引信无法通过引信的信道保护。在一般情况下，干扰机无法确定 R_j，所以 t_{f0} 是未知的，主要控制延迟 Δt_f，这就要求干扰机与被保护的目标之间具有良好的空间配合关系，将假目标的距离设置在合适的位置。

设引信差频通道中心频率所对应的弹目距离为 6 m，引信调制频率为 150 kHz，即周期为 6.667 μs，引信与干扰机间距离为 306 m，引信干扰机发射信号到达引信处所需要的空间传播时间为 1.02 μs。若干扰机能够接收并准确复制引信探测信号，经过 4.67 μs 的电路和存储转发延迟后，干扰机将存储的信号不加任何变化地作为干扰信号转发出

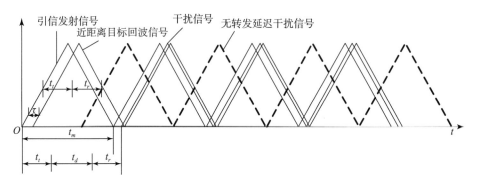

图 3.7　调频引信发射信号、回波信号与 DRFM 干扰信号的延时关系

去，此干扰信号到达引信的空间传播时间也为 1.02 μs，忽略引信前端的信号延时，引信所接收到的干扰信号正好是其在一个引信调制周期加 40 ns 即 6.707 μs 前所发射的信号，由于调频引信信号的周期重复特性，此干扰信号与 40 ns 前引信所发射的信号波形相同，只是在时间上延迟了 40 ns，干扰信号经混频器混频后的差频频率与引信预设的差频通道中心频率相吻合，且所携带的多普勒频率与引信－干扰机间的径向速度相吻合。可见，DRFM 干扰信号要突破调频引信距离维上的信道保护，应满足

$$\frac{2R_j}{C} + \tau = \frac{N}{f_m} \qquad (3.30)$$

式中，R_j 为引信与干扰机之间的距离；N 为正整数；τ 为引信发射信号与本地延迟的时差；f_m 为引信调制信号频率；T_m 为调制周期。则

$$t_f = NT_M + \tau \qquad (3.31)$$

对引信而言，相当于在距离引信 6 m 处出现了一个点目标。对干扰机而言，当引信出现在干扰机天线波束范围内向干扰机高速接近时，干扰机对引信的干扰相当于在干扰机与引信的连线上，距离干扰机天线 300 m 处放置了一个点目标。当引信具有两个以上的差频通道时，各通道中会随着与这个虚假点目标的接近，依次出现回波信号，而当在干扰机采取了发射信号幅度调制以模拟信号增幅的情况下，引信接收到的干扰信号将完全符合引信与真实目标交会的信号特征。

　　DRFM 的干扰机可以精确接收、存储并转发引信信号时，类似于一个很大的角反射器，干扰机调整存储转发延迟时间，可看作调整反射器与引信间的距离。引信在设计和工程实现过程中，常常采用角反射器等反射体对引信进行试验和标定，当引信接收到这类反射体运动产生的回波多普勒信号时，引信应当给出起爆信号。干扰的等效示意图如图 3.8 所示。在干扰机所采用的数字射频存储精度足够高的情况下，DRFM 干扰机所发射的干扰信号与反射体回波信号具有极高的相似性，可对引信的战场生存能力构成极为严重的威胁。

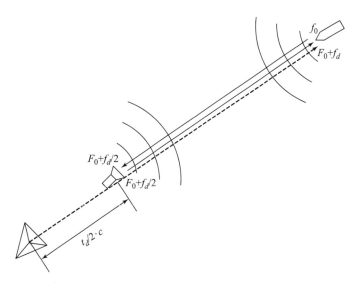

图 3.8　DRFM 干扰机对调频引信干扰的等效示意图

（2）DRFM 干扰信号对调频引信的干扰能力分析

DRFM 干扰信号若要对调频引信实施有效干扰，必须在距离维上突破调频引信的信道保护。

如上节所述，DRFM 干扰系统的转发引导干扰事件只要满足式（3.31），干扰信号就能够在距离维上突破调频引信的信道保护。可见，DRFM 干扰信号要突破调频引信的信道保护，必须能够实现与本地基准信号的相关，即干扰机的转发引导时间 t_f 和延迟时间精度 δt_f 必须满足

$$0 < \frac{t_f}{NT_M} < \tau, \text{且} \mid \delta t_f \mid \leqslant \frac{R_{\max} - R_{\min}}{2c} \tag{3.32}$$

式中，$R_{\max}$ 和 $R_{\min}$ 分别为引信最大和最小作用距离。只有满足式（3.32），DRFM 干扰信号才可能在距离维上对调频引信的距离维信道保护。

同时，如果调频引信具有较强的距离分辨能力，则 DRFM 干扰信号除了需满足式（3.32）外，其距离欺骗延迟分辨率（对应其延迟时间分辨率）$\Delta\tau_f$ 应优于调频引信的距离分辨率 $\Delta\tau$。由于调频引信的距离分辨率 $\Delta R = \frac{c}{8\Delta F}$，其中 ΔF 为最大频偏。那么，DRFM 干扰信号距离欺骗的延迟时间分辨率应满足

$$\Delta\tau_f \leqslant \Delta\tau = \frac{\Delta R}{c} = \frac{1}{8\Delta F} \tag{3.33}$$

可见，只有 DRFM 干扰信号同时满足式（3.32）和式（3.33），才能突破调频引信距离维的信道保护，其能力主要由 DRFM 干扰信号的距离延迟精度 δt_f 和距离分辨率 $\Delta\tau_f$ 决定。

4. DRFM 干扰信号对脉冲多普勒引信的干扰过程分析

(1) DRFM 干扰信号对脉冲多普勒引信的作用过程

脉冲多普勒引信具备脉冲引信和连续波多普勒引信两种体制的优点，具有脉冲引信所具有的距离鉴别特性和连续波多普勒引信所具有的速度鉴别特性，可抑制远距离回答式脉冲干扰和地空地面反射回波干扰，进行动目标选择和速度的选通。

DRFM 干扰机对脉冲多普勒引信的干扰必须同时突破其速度维和距离维的信道保护，脉冲多普勒速度维的信道保护主要是通过其多普勒滤波器实现的，而引信距离维的信道保护主要是通过其时域相关和距离门选通实现的。

DRFM 干扰机对脉冲多普勒引信的速度维信道保护突破原理与连续波多普勒引信类似。同样，脉冲多普勒引信为适应不同目标和不同弹道及交会角度的有效性，引信多普勒信号通频带通常都比较宽。此外，对无线电引信来说，通常都不需要对多普勒通频带内的目标速度进行精确分辨。所以，DRFM 干扰机只要能够估计脉冲多普勒引信的多普勒通频带，干扰信号在速度维上对脉冲多普勒引信形成假目标欺骗相对比较容易。

DRFM 干扰机对脉冲多普勒引信的距离维信道保护突破原理与调频引信的类似。脉冲多普勒引信距离信息的获取主要是通过其时域相关得到的，并且为了获取良好的距离截止特性，引信设置了固定距离门。

如图 3.9 所示，当脉冲多普勒引信发射信号脉冲确定时，发射信号与本地延迟（即相干基准信号）的时差 τ 就决定了引信探测距离，并且该延迟时间 τ 远小于调制信号周期，例如脉冲多普勒引信距离目标 6 m 时，目标回波信号的延迟 τ 为 40 ns。当引信目标回波信号与基准信号混频且通过多普勒滤波器后，得到幅度受多普勒信号调制的视频脉冲信号，也即实现了目标回波信号与相干基准信号的时域相关。目标回波作用下的视频脉冲信号距离门选通后，形成携带目标信息的多普勒信号，对多普勒信号处理即可提取目标信息并推动引信执行级。可见，只有当引信目标回波信号在 $\tau \sim \tau + \tau_M$ 时间段内出现时，才能和基准信号实现相干，并最终形成多普勒信号输出。

DRFM 干扰机在远距离对脉冲多普勒引信进行干扰时，信号需要经历从干扰机与引信之间 R_j 距离所引起的电波传播延时 t_{j0}、干扰机电路和存储转发延迟 Δt_f，这两项延迟时间之和将远大于实际预定的目标回波延迟时间 τ。由于脉冲多普勒信号的时域相关特性，干扰信号在大于 $\tau + \tau_M$，而小于调制周期 T_M 的时间内回到引信无法通过引信的信道保护。

对脉冲多普勒距离信息的欺骗主要是通过对收到的引信照射信号进行延时调制和放大转发来实现的。设 R 为真实目标的所在距离，经引信接收机输出的回波脉冲包络延时 $t_r = \dfrac{2R}{c}$，R_f 为假目标（即干扰机）所在距离，则在引信接收机内干扰脉冲包络相对于引信定时脉冲的延时应同式（3.28）。

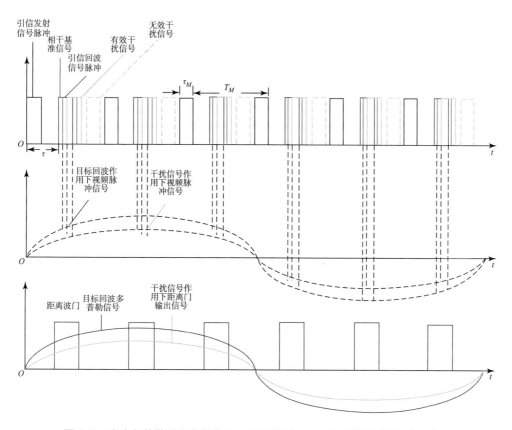

图 3.9　脉冲多普勒引信发射信号、回波信号与 DRFM 干扰信号的延时关系

t_f 通常包括两部分，表达式见式（3.29）。

在一般情况下，干扰机无法确定 R_j，所以 t_{f0} 是未知的，主要控制延迟 Δt_f，这就要求干扰机与被保护的目标之间具有良好的空间配合关系，将假目标的距离设置在合适的位置。

设脉冲引信设置的目标回波信号的延迟 τ 为 40 ns，即引信预设的作用距离为 6 m，引信调制频率 150 kHz，即周期为 $T_M = 6.667~\mu s$，引信与干扰机间距离为 306 m，引信干扰机发射信号到达引信处所需要的空间传播时间为 1.02 μs，若干扰机能够接收并准确复制引信探测信号，经过 4.67 μs 的电路和存储转发延迟后，干扰机将存储的信号不加任何变化地作为干扰信号转发出去，此干扰信号到达引信的空间传播时间也为 1.02 μs，忽略引信前端的信号延迟，引信所接收到的干扰信号正好是其在一个引信调制周期加 40 ns 即 6.707 μs 前所发射的信号，由于脉冲多普勒引信信号的周期重复特性，此干扰信号与 40 ns 前引信所发射的信号波形相同，只是在时间上延迟了 40 ns，此干扰信号能够与引信基准信号实现时域相关，并最终形成与 6 m 处目标处相同的多普勒信号输出。

可见，DRFM 干扰信号对脉冲多普勒引信的作用过程与其对调频引信的作用过程类似。

（2）DRFM 干扰信号对脉冲多普勒引信的干扰能力分析

①DRFM 干扰信号突破引信距离维信道保护能力分析。

DRFM 干扰信号要突破脉冲多普勒引信的信道保护，干扰信号必须能够实现与本地基准信号的相关，即干扰机的转发引导时间 t_f 和延迟时间精度 δt_f 必须满足式（3.32）。

只有满足式（3.32），DRFM 干扰信号才能突破脉冲多普勒引信的距离维信道保护。

同时，DRFM 干扰信号的距离延迟分辨率 $\Delta \tau_f$ 应优于脉冲多普勒引信的距离分辨率 $\Delta \tau$。而脉冲多普勒引信的距离分辨率 $\Delta R = \dfrac{c\tau}{2}$，所以 DRFM 干扰信号的距离欺骗分辨率 $\Delta \tau_f$ 应满足

$$\Delta \tau_f \leqslant \Delta \tau = \frac{\Delta R}{c} = \frac{\tau}{2} \tag{3.34}$$

可见，只有 DRFM 干扰信号同时满足式（3.32）和式（3.34），才能突破脉冲多普勒引信距离维的信道保护，其能力主要由 DRFM 干扰信号的距离延迟精度 δt_f 和距离分辨率 $\Delta \tau_f$ 决定。

②DRFM 干扰信号突破引信速度维信道保护能力分析。

脉冲多普勒引信通过多普勒滤波器对回波信号与相干基准信号混频输出进行滤波，实现时域相关，引信的频率分辨力由其多普勒滤波器组实现。DRFM 干扰信号调制的多普勒干扰频移 f_{df} 只要能够落在引信多普勒信号通频带内（由多普勒干扰频移精度 δf_{dj} 决定），就能形成有效的假目标，即

$$f_{d\min} \leqslant f_{df} \leqslant f_{d\max} \tag{3.35}$$

由于引信为适应不同目标和不同弹道及交会角度的有效性，引信多普勒信号通频带通常都比较宽，DRFM 干扰信号实现式（3.35）条件相对比较容易。

同时，如果脉冲多普勒引信具有较强的速度分辨能力（即较高的多普勒频率分辨率），则 DRFM 干扰信号除需满足式（3.35）外，假目标多普勒欺骗干扰信号的频率分辨率 Δf_{dj} 也必须优于引信的多普勒分辨率 Δf_{df}，即

$$\Delta f_{dj} \leqslant \Delta f_{df} \tag{3.36}$$

可见，只有 DRFM 干扰信号同时满足式（3.35）和式（3.36），才能突破脉冲多普勒引信速度维的信道保护，其能力主要由假目标的多普勒频移精度 δf_{dj} 和分辨率 Δf_{dj} 决定。

3.3　无线电引信信道保护抗干扰设计

3.3.1　无线电引信信息处理的空间表征

从信息论的角度来看，结合无线电引信的工作原理，信道解码和信源解码可以合并为具有多个处理环节的信号处理系统。因此，无线电引信信道保护的 3 个层次及干扰信号在整个引信系统的信息传输过程可用图 3.10 所示的框图表示。

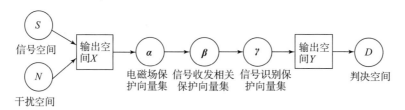

图 3.10　引信信号处理系统的空间表示法

图 3.10 给出了引信信号处理系统的空间表示法，引信的输入信号空间 X 包括回波信号空间 S 和干扰空间 N，其中干扰空间包括接收机本身的噪声 $n_r(t)$ 和人为干扰 $n_j(t)$。无线电引信输入信号处理系统的设计任务就是规定由输入空间 X 到输出空间 Y 的映射，记为 $Y=f(X)$。为了"最佳"实现从干扰背景中提取目标回波信号所携带的信息，引信设置了电磁场、信号收发相关和信号识别这三个层次的信道保护。最后，输出空间 Y 要根据目标信息做出是否输出引爆信号的决策，两种决策都属于判决空间 D。对引信进行干扰的目的就是要阻碍引信做出最佳判决，而非最佳判决的两个极端就是早炸或者瞎火，其产生原因如下：

设观测信号为 $x(t)$，不考虑引信自身干扰，则在观测时间 $[0,T]$ 内可表示为

$$x(t)=s(t;\ \boldsymbol{\alpha},\boldsymbol{\beta},\boldsymbol{\gamma})+n_j(t;\ \boldsymbol{\alpha}',\boldsymbol{\beta}',\boldsymbol{\gamma}') \tag{3.37}$$

其中，$s(t)$ 表示引信回波信号；$\boldsymbol{\alpha}=(\alpha_1,\alpha_2,\cdots,\alpha_k)^{\mathrm{T}}$，为 k 个表征引信用于电磁场保护所设置的向量集合，与之对应的引信信号（发射信号）特征参数包括天线波束、接收机带宽、极化形式、灵敏度、信号频率等；$\boldsymbol{\beta}=(\beta_1,\beta_2,\cdots,\beta_l)^{\mathrm{T}}$，为 l 个表征引信用于信号收发相关保护所设置的向量集合，与之对应的引信信号特征参数包括调制样式、脉冲重复频率、脉冲宽度、包含距离信息的脉冲到达时间 t_0、包含速度信息的多普勒频率 f_d、包含 DOA 信息的相位差等；$\boldsymbol{\gamma}=(\gamma_1,\gamma_2,\cdots,\gamma_m)^{\mathrm{T}}$，为 m 个表征引信用于信号识别保护所设置的向量集合，与之对应的引信信号特征参数包括多普勒通频带、门限比较、增幅速率选择、大信号闭锁、ECCM 通道、信号持续时间特征提取（数波、脉冲计数电路或逻辑电路）等；$n_j(t)$ 表示干扰信号；$\boldsymbol{\alpha}'=(\alpha_1',\alpha_2',\cdots,\alpha_k')^{\mathrm{T}}$，为 k 个表

征能够突破引信电磁场保护的干扰信号向量集合；$\boldsymbol{\beta}' = (\beta_1', \beta_2', \cdots, \beta_l')^T$，为 l 个表征能够突破引信信号收发相关保护的干扰信号向量集合；$\boldsymbol{\gamma}' = (\gamma_1', \gamma_2', \cdots, \gamma_m')^T$，为 m 个表征能够突破引信信号识别保护的向量集合。

可见，引信信道保护是否完全直接决定其抗干扰性能的优劣，而无线电引信信道保护是否完全取决于 $\boldsymbol{\alpha}$、$\boldsymbol{\beta}$、$\boldsymbol{\gamma}$ 向量集是否完善。实际上，早期的引信往往只根据待估参数中的一个进行决策，如连续波多普勒引信只依据多普勒频率给出引爆信号，所以其信道保护极不完全，存在较大漏洞，抗干扰性能较弱。随着信息技术的发展，同样体制的连续波多普勒引信在电磁场保护、收发相关保护和信号识别保护的各个层次上都进行了逐步的完善，所以其抗干扰性能也越来越好。

理论上，引信信号的特征越复杂、特征量越多，引信的信道保护就应该越完善，这就像设置的门锁越多，房间的防盗性就越好一样。但是，由于引信用于实现信道保护的多个方法（电路）并不是完全独立的，而是存在一些非线性，这就使得可能存在 $(\alpha_1', \alpha_2', \cdots, \alpha_k')^T \notin \boldsymbol{\alpha}$、$(\beta_1', \beta_2', \cdots, \beta_l')^T \notin \boldsymbol{\beta}$ 和 $(\gamma_1, \gamma_2, \cdots, \gamma_m)^T \notin \boldsymbol{\gamma}$ 特征的干扰信号能够通过引信的电磁场、收发信号相关和信号识别保护的信道而使引信的判决空间做出错误判决。当然，实际能够起作用的干扰信号的特征量往往有一部分是和引信发射信号的特征量相同的，即

$$\boldsymbol{\alpha}' = (\alpha_1, \alpha_2, \cdots, \alpha_n, \alpha_{n+1}', \cdots, \alpha_k')^T, n < k \tag{3.38}$$

$$\boldsymbol{\beta}' = (\beta_1, \beta_2, \cdots, \beta_n, \beta_{n+1}', \cdots, \beta_l')^T, n < l \tag{3.39}$$

$$\boldsymbol{\gamma}' = (\gamma_1, \gamma_2, \cdots, \gamma_n, \gamma_{n+1}', \cdots, \gamma_m')^T, n < m \tag{3.40}$$

结合具体无线电引信体制的工作原理，可分析其各层次信道保护的信号特征向量集。同时，分析具体引信采用的信道保护电路环节及其相互影响关系，确定出具体引信的信道泄漏量化参量表征方法。

无线电引信必须利用目标信息来实施弹丸的炸点控制，而目标信息在被引信识别前，需要经过电磁场信道、收发相关处理信道和信息识别信道三个环节，对应于无线电引信目标信息识别的三个环节。无线电引信抗干扰保护也可以分为三个层次，即电磁场信道保护、信号收发相关信道保护和目标信息识别信道保护。在建立引信三层信道泄漏模型的基础上，可用衰减函数、处理增益和干扰信号相似度分别作为表征参量，分别量化三层信道的抗信息型干扰性能，为无线电引信的电磁防护加固提供理论支撑和技术支持。

3.3.2 基于三层信道保护的无线电引信抗干扰设计原则

基于三层信道保护的无线电引信抗干扰设计原则覆盖了引信信息传递的全部环节，可根据每层信道各自的特点有针对性地进行引信抗干扰设计，同时，还可将现有的抗干扰措施分别纳入不同的信道保护层次，梳理综合，以提高引信的整体抗干扰性能。

1. 引信电磁场信道抗干扰设计原则

引信电磁场信道抗干扰设计的基本出发点就是减小衰减函数的值，从而在源头上隔绝或抑制干扰信号进入引信。根据衰减函数的定义可以看到，影响衰减函数取值的因素有很多，但针对引信自身的因素来说，主要体现在引信天线方向图、天线增益和天线频率响应等特性上。因此，引信电磁场信道抗干扰性能的提高，可以通过设计高增益窄波束天线，开发新的引信工作频段，并减小引信天线的无效频带带宽来实现。

采用衰减函数对常见的使用"苹果状"方向图和锥形方向图天线的引信电磁场信道的抗干扰能力进行了量化分析，可知减小引信的波瓣宽度可以有效减小引信的衰减函数，从而提高引信电磁场信道的抗干扰能力。

为进一步提高引信电磁场信道的抗干扰能力，降低引信衰减函数值，可采用具有"空心锥"方向图的引信天线，在保证引信正常探测需要的前提下，大幅提高引信电磁场信道的抗干扰能力。不同天线参数的"空心锥"方向图的示意图如图 3.11 所示，表3.4 给出了"空心锥"方向图天线对应衰减函数的计算结果。可见，"空心锥"方向图天线相比于其他天线对应的衰减函数值要低很多，从而可在电磁场信道有效抑制干扰信号的进入。

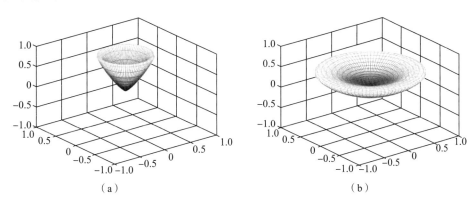

（a）　　　　　　　　　　　　　（b）

图 3.11　"空心锥"方向图的示意图

（a）主瓣宽度 9°，主瓣倾角 26.5°；（b）主瓣宽度 20°，主瓣倾角 60°

表 3.4　不同天线方向图对应的衰减函数计算结果

天线方向图类型	天线参数	衰减函数值/dB
"空心锥"天线	主瓣宽度 9°，倾角 20°	11.357
	主瓣宽度 9°，倾角 26.5°	11.284
	主瓣宽度 9°，倾角 60°	11.363
	主瓣宽度 20°，倾角 26.5°	14.499
	主瓣宽度 20°，倾角 60°	14.629

除对无线电引信的天线方向图进行设计外，引信电磁场信道保护能力还可以通过调整引信的工作频段来使其脱离敌方引信干扰机的频率覆盖范围、采用近目标接电技术来减少引信在敌方引信干扰机的暴露时间、加大引信的辐射功率来提高引信接收信号的信干比等多种抗干扰设计方法来提高。

引信的电磁场信道保护为目标信息传递提供了初步的信道保护，但因其可在源头有效抑制干扰信号的进入，往往能起到"事半功倍"的抗干扰效果。需要指出的是，由于引信的电磁场信道抗干扰措施具有较强的通用性和普适性，在引信的设计阶段，引信电磁场信道的抗干扰设计方法可统一适用于不同体制、不同型号的引信上，因此，有关脉冲多普勒电磁场信道抗干扰方法将不作为本书研究工作的重点。

2. 引信信号收发相关信道抗干扰设计原则

引信信号收发相关信道抗干扰设计的基本出发点是提高引信收发相关信道的处理增益，以获得具有高信干比的输出信号，从而对干扰信号起到有效抑制的作用。引信的处理增益主要取决于引信收发信号的相关性，收发信号的相关性越大，处理增益值越大。因此，为了提高引信收发相关信道的抗干扰能力，除了对引信的工作参数进行优化外，主要采用的办法就是进行引信发射波形优化设计。

实际上，由于引信收发相关信道集中体现了不同体制无线电引信的差异性，近年来，无线电引信体制的发展历程正是引信收发相关信道抗干扰能力不断提升的过程。早期的连续波多普勒引信只工作在单一频点，其收发相关信道的保护能力较差。同连续波多普勒引信相比，目前已大量装备的调频多普勒引信则对发射信号的频谱进行了展宽，大大增加了收发信号的相关特性，引信收发相关信道的保护能力得到了很大程度的提高。表3.5给出了不同信息型干扰作用下连续波多普勒引信和调频多普勒引信的处理增益对比情况。

表 3.5　不同信息型干扰作用下连续波多普勒引信和调频多普勒引信的处理增益对比表

干扰样式	连续波多普勒引信的处理增益/dB	调频多普勒引信的处理增益/dB
射频噪声干扰	3.98	24.92
噪声调幅干扰	0.12	13.73
噪声调频干扰	3.78	17.94
正弦波调幅干扰	−3.01	8.10
正弦波调频干扰	0	15.88
方波调幅干扰	−3.01	9.70

根据表3.5的对比情况可知，干扰信号作用下调频多普勒引信的处理增益明显高于连续多普勒引信，对发射波形进行优化，提出并设计具有较强收发相关特性的新体制引信，是无线电引信收发相关信道提高抗干扰能力的主要途径。

引信的收发相关信道保护为目标信息传递提供了基本的信道保护，该层信道的设计是以引信的发射信号波形为出发点的，其抗干扰能力受限于引信的体制。

综上所述，对无线电引信收发相关信道进行抗干扰设计，可优先考虑调整引信的工作参数，以提高收发相关信道的处理增益，但为进一步提高引信收发相关信道的抗干扰性能，则需要进行引信发射信号波形优化设计。

3. 引信信息识别信道抗干扰设计原则

引信信息识别信道抗干扰设计的基本出发点就是最大限度地提取引信目标回波的特征信息，本章所提出的引信目标函数可作为引信信息识别信道设计的理论依据。然而，受限于理论模型不完善、信息提取手段水平不高等客观因素，目前引信信息识别信道设计出的期望函数往往只是分割地关注了目标函数的某个或某几个特征，很难完全同目标函数一致。在这种情况下，进行引信信息识别信道的抗干扰设计主要可从以下两个方向努力：

①因为引信信息识别信道在对目标信息进行识别判决时，所面临的威胁主要来自干扰信号，所以，在进行该层信道抗干扰设计时，可结合干扰信号的特征统筹考虑。利用多种信号处理手段，寻找干扰信号和目标信号在某些特征参量上的差异性，并将这些特征量应用在信息识别判决中，是该层信道抗干扰设计的一个主要技术途径。目前，国内外文献中报道的绝大多数抗干扰方法研究工作是基于该思路开展的，即寻找干扰信号与目标信号的特征区别，常用来区分干扰信号与目标信号的特征参量有信号的幅值、频率、幅值变化率、频率变化率、调幅调频带宽、频谱峰值比等。

②引信信息识别通道的基本任务是识别满足炸高要求的目标信息。为实现该任务，常用的方法就是提取输入信号的特征参量，并设定相应的阈值，当输入信号的特征参量满足阈值条件时，则输出起爆控制信号。然而，为了保证各种交会条件的目标回波信号都能被正确识别，引信在设置特征量阈值空间时会适当放宽，使得期望信号空间明显大于目标信号空间，从而为接近目标回波特征但不同于目标回波特征的干扰信号成功干扰引信提供了可能性。因此，进行引信信息识别信道抗干扰设计的另一个技术途径则是要回归目标回波本身，通过充分提取目标回波特征，缩小期望信号空间，使得只有完全满足目标回波特征的信号才能被正确识别。

此外，引信在复杂战场环境中面临的干扰信号多种多样，引信的干扰技术也在不断发展，在抗干扰设计时，不可能把所有的干扰信号特征都考虑进去。因而，虽然第一种技术途径更易于获得一定的抗干扰效果，但从信息识别信道抗干扰设计的长远角度来说，第二种技术途径更能有效解决引信抗干扰问题，值得深入研究。

引信的信息识别信道保护为目标信息传递提供了关键的信道保护，该层信道的抗干扰性能的好坏直接决定了引信最终能否正常工作。最大限度地构建同目标信号空间一致的期望信号空间是提高引信信息识别信道抗干扰能力的根本途径。

　　无线电引信的三层信道保护是一个整体，引信的抗干扰性能是由三层信道共同决定的。基于三层信道保护的无线电引信电磁防护加固指导方法，系统地将无线电引信三层信道的抗干扰改造有机结合起来，依次递进，有效梳理，且各层之间的抗干扰改造方法可以组合，从而可大幅增加无线电引信的抗干扰性能。

　　需要指出的是，在引信设计阶段，引信电磁场信道的抗干扰设计方法可统一适用于不同体制、不同型号的引信上。

第4章　基于电磁场保护的引信抗干扰设计方法

4.1　引信电磁场信道抗干扰性能量化表征方法

引信电磁场信道主要描述引信从发射天线发射电磁波，照射到目标后形成反射回波，并被引信接收天线接收的这一过程。作为引信三层信道保护的第一层，引信电磁场信道的抗干扰能力虽然尚未引起广泛关注，但由于可从源头上隔绝干扰信号的进入，该层信道的抗干扰能力的好坏往往能起到"事半功倍"的效果。为深入研究引信电磁场信道的抗干扰能力，并为该层信道的抗干扰设计提供理论依据，可采用基于衰减函数的引信电磁场信道抗干扰性能量化表征方法。

1. 引信电磁场信道抗干扰性能量化表征方法

图4.1给出了引信、目标及引信干扰机的相对位置示意图，参照2.4.1节给出的衰减函数定义及计算方法可知，引信实际工作过程中，为达到较好的探测效果，一般需保证目标处于引信方向图的主瓣方向上。因而，在讨论衰减函数时，可采用归一化的方向函数，并假设目标处于引信天线增益最大的方向，即 $F(\theta_T, \varphi_T) = 1$，但对于引信干扰方来说，引信所面临的干扰信号可能来自任意方位。根据引信干扰机、目标、引

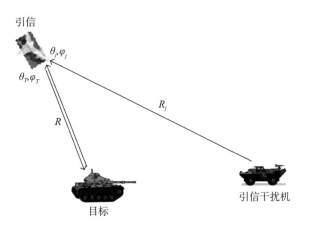

图4.1　引信、目标及干扰机相对位置示意图

信三者所处的相对位置分布不同，可将干扰分为远距离支援干扰、随队干扰、自卫干扰和近距离干扰等。在这几种干扰方式下，干扰机同引信的相对方向和距离各不相同，干扰信号进入引信的途径可能是引信天线方向图的任意角度。表4.1总结了不同干扰方式下的干扰情形。

表 4.1　不同干扰方式下的干扰情形

干扰方式	干扰机与目标关系	干扰机与引信的距离	干扰信号进入引信的途径
远距离支援干扰	远距离支援	远	旁瓣
随队干扰	在目标附近	近	旁瓣/主瓣
自卫干扰	目标自身	近	主瓣
近距离干扰	在目标之前	比目标更近	旁瓣/主瓣

根据定义，衰减函数是针对某一次确定干扰状态下引信电磁场信道抗干扰能力的量化参量，但从表4.1可以看出，无线电引信所面临的干扰状态是多种多样的。为了客观、准确地对无线电引信电磁场信道的抗干扰能力进行量化评估，需要综合考虑引信在各种干扰状态下的衰减函数值。此外，由于不同干扰状态下干扰源所处方位和距引信的距离各不相同且散布较广，为综合考虑多种干扰状态，可认为干扰源在引信周围一定区域内随机分布，分别计算不同干扰状态下的衰减函数值，并利用统计平均的办法来获得引信电磁场信道在面临各种干扰状态下的实际抗干扰性能。

综上所述，由于衰减函数是用来量化针对某次确定的干扰状态下引信电磁场信道的抗干扰能力的，为综合衡量引信电磁场信道的抗干扰性能，还需要对不同干扰状态下获得的衰减函数值进行统计平均。因此，引信电磁场信道抗干扰性能量化表征方法具体实现步骤如下：

①确定引信所面对干扰源的位置分布。根据表4.1，目前引信所面临的干扰源可能来自任意方位，为描述战场环境下干扰源的分布特性，可采用随机取点的方式来确定干扰源的位置，常采用的取点方法有两种：以引信位置为球心的球形区域均匀分布取点；以引信位置为中心点的正六面体区域正态分布取点。

②计算所选取的每种干扰状态下的衰减函数值。假设第 i 个干扰状态下，计算的衰减函数值 L_i 可表示为

$$L_i = \frac{4\pi R^4 F^2(\theta_{ji}, \varphi_{ji})\alpha(\omega_{ji})}{\sigma R_{ji}^2 G F^4(\theta_T, \varphi_T)\alpha^2(\omega_0)} \tag{4.1}$$

需要指出的是，为横向比较不同引信的电磁场信道抗干扰能力，式（4.1）中有关目标特性的参量取值一般相同。此外，步骤①中对干扰源位置分布特性的讨论是建立在引信与目标关系确定的情况下的，且假设目标处于引信天线方向图最大的方位。因此，在对比不同引信电磁场信道抗干扰能力时，为简化分析过程，σ、R、$F(\theta_T, \varphi_T)$

均可视为常数，其中 $F(\theta_T, \varphi_T) = 1$。

③计算衰减函数的平均值 $\overline{L}$，作为综合各种干扰状态下引信电磁场信道抗干扰性能的量化值，其值越小，表示该引信电磁场信道抗干扰性能越好。衰减函数的平均值 $\overline{L}$ 可表示为

$$\overline{L} = \frac{1}{N} \sum_{i=1}^{N} L_i \tag{4.2}$$

式中，N 为步骤①所选取的总点数。

衰减函数的平均值综合反映了不同干扰状态下引信电磁场信道的抗干扰能力，体现了引信天线方向图、增益系数、频域特性等多个参量对引信抗干扰性能的影响，为无线电引信电磁场信道的抗干扰设计提供了理论支撑。为简化书写，本书后面所提到的衰减函数，如无特别说明，指的都是综合考虑多种干扰状态下的衰减函数平均值。

2. 衰减函数的计算实例

本章选取常规弹药所常用的"苹果状"方向图天线和锥形方向图天线进行衰减函数的计算，以量化表征采用这两种天线的引信电磁场信道的抗干扰性能。根据主瓣宽度的不同，两种天线均选择了两种规格，其中"苹果状"方向图子午面为全向，赤道面的主瓣宽度分别为 127° 和 97°；锥形方向图的赤道面为全向，子午面的主瓣宽度分别为 52° 和 40°，图 4.2 给出了四种天线的方向图的示意图。

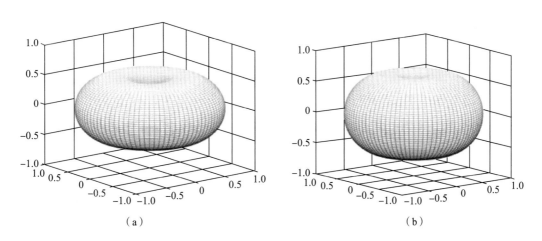

（a）　　　　　　　　　　　（b）

图 4.2　四种规格天线方向图的示意图

（a）苹果状方向图（127°）；（b）苹果状方向图（97°）

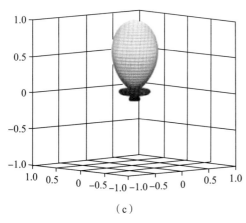 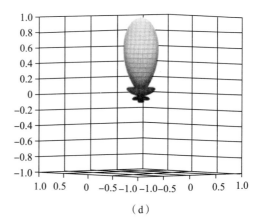

（c）　　　　　　　　　　　　　　　　（d）

图 4.2　四种规格天线方向图的示意图（续）

（c）锥形方向图（53°）；（d）锥形方向图（40°）

由于实际战场中引信的姿态多种多样，干扰源的位置也是随机出现的，为描述这一分布特性，本章首先利用 Matlab 构建了所选天线的方向图模型，然后以原点为球心，在半径为 100 m 的球面上随机取点 10 000 次模拟干扰源的位置分布。随后利用式（4.2）计算每种干扰状态下的衰减函数值 L_i。为了定量比较采用四种天线方向图引信的电磁场信道抗干扰能力，本着单一变量的原则，其他参数均设为相同，假设弹目距离 $R = 10$ m，目标雷达截面积 $\sigma = 0.01$ m^2，且始终处于引信天线的主瓣方向内，干扰机距离引信的距离 $R_{ji} = 100$ m，引信天线增益 $G = 15$ dB，干扰发射信号的频率均对准引信的工作频率，即 $\alpha(\omega_{ji}) = \alpha(\omega_0) = 1$。

获得每种干扰状态下的衰减函数值 L_i 后，利用式（4.2）计算衰减函数的平均值 $\overline{L}$，作为采用该天线的无线电引信抗干扰性能的量化值。表 4.2 给出了四种天线方向图对应的衰减函数计算结果。

表 4.2　不同天线方向图对应的衰减函数计算结果

天线方向图类型	天线参数	衰减函数值/dB
"苹果状"天线	子午面全向，赤道面主瓣宽度127°	21.734
	子午面全向，赤道面主瓣宽度97°	20.772
锥形天线	赤道面全向，子午面主瓣宽度53°	15.553
	赤道面全向，子午面主瓣宽度40°	12.409

从表 4.2 给出的衰减函数量化结果来看，采用锥形方向图天线的引信电磁场信道的抗干扰性能比"苹果状"方向图天线的要好，且主瓣宽度越窄，抗干扰性能越强，这与实际情况是一致的。

4.2　引信电磁场信道抗干扰设计方法

引信电磁场信道抗干扰设计的基本出发点就是减小衰减函数的值，从而在源头上隔绝或抑制干扰信号进入引信。根据衰减函数的定义可以看到，影响衰减函数取值的因素有很多种，但针对引信自身的因素来说，主要体现在引信天线方向图、天线增益和天线频率响应等特性上。因此，引信电磁场信道抗干扰性能的提高，可以通过设计高增益窄波束天线，开发新的引信工作频段，并减少引信天线的无效频带带宽来实现。

采用衰减函数对常见的使用"苹果状"方向图和锥形方向图天线的引信电磁场信道的抗干扰能力进行量化分析可知，减小引信的波瓣宽度可以有效减小引信的衰减函数，从而提高引信电磁场信道的抗干扰能力。

为进一步提高引信电磁场信道的抗干扰能力，降低引信衰减函数值，采用具有"空心锥"方向图的引信天线，在保证引信正常探测需要的前提下，可以大幅提高引信电磁场信道的抗干扰能力。不同天线参数的"空心锥"方向图的示意图如图 4.3 所示。取表 4.2 相同的参数，表 4.3 给出了"空心锥"方向图天线对应衰减函数的计算结果。对比表 4.2 和表 4.3 可以看到，"空心锥"方向图天线相比于其他天线对应的衰减函数值要低很多，从而可在电磁场信道有效抑制干扰信号的进入。

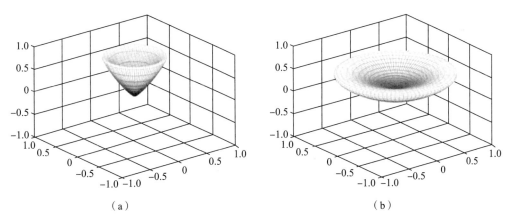

（a）　　　　　　　　　　　　（b）

图 4.3　"空心锥"方向图的示意图

（a）主瓣宽度 9°，主瓣倾角 26.5°；（b）主瓣宽度 20°，主瓣倾角 60°

表 4.3　"空心锥"方向图对应的衰减函数计算结果

天线方向图类型	天线参数	衰减函数值/dB
"空心锥"方向图	主瓣宽度 9°，倾角 20°	11.357
	主瓣宽度 9°，倾角 26.5°	11.284
	主瓣宽度 9°，倾角 60°	11.363

续表

天线方向图类型	天线参数	衰减函数值/dB
"空心锥"方向图	主瓣宽度20°，倾角26.5°	14.499
	主瓣宽度20°，倾角60°	14.629

除对无线电引信的天线方向图进行设计外，引信电磁场信道的保护能力还可以通过调整引信的工作频段使其脱离敌方引信干扰机的频率覆盖范围、采用近目标接电技术减少引信在敌方引信干扰机的暴露时间、加大引信的辐射功率、提高引信接收信号的信干比等多种抗干扰设计方法来提高。

引信的电磁场信道保护为目标信息传递提供了初步的信道保护，但因其可在源头有效抑制干扰信号的进入，往往能达到"事半功倍"的抗干扰效果。

4.2.1 基于引信发射功率与抗干扰能力关系的信道保护设计方法

地炮无线电引信用于对地定高，探测距离较近，通常为几米到十几米，由于成本、尺寸、功耗等方面的原因，地炮无线电引信一般发射连续波信号，多为连续波多普勒和调频多普勒体制，发射信号功率多为几毫瓦到几十毫瓦。相对于脉冲信号，连续波信号峰值功率较低而平均功率较高，对于抗引信干扰机侦收系统的信号截获是有利的。

传统的抗干扰理论认为，通过提高引信发射功率，从而相应地提高引信接收的检测门限，使外来干扰信号难以达到使引信启动的功率，是引信抗干扰的选项之一。然而，随着干扰机技术水平的不断发展，这种抗干扰方法已经很难起到理想效果。

从引信干扰机装备的发射功率水平及其与引信在弹道末端对抗的角度进行分析，根据传输方程

$$P_r = \frac{P_t G_t F(\theta,\phi) G_r F(\theta,\phi) \lambda^2}{(4\pi R)^2} \tag{4.3}$$

式中，P_r 为接收天线所接收到的功率；P_t 为发射功率；G_t 为发射天线增益；G_r 为干侦收天线增益；λ 为电磁波波长。引信接收天线所接收到的信号功率与收、发天线间的距离的平方成反比。假设干扰机发射天线增益为 10 dB，引信天线增益 7 dB，引信工作频率为 7 GHz。当干扰机在距离引信 1 000 m 发射干扰信号时，引信接收到的干扰信号功率随发射信号功率的变化情况如图 4.4 所示。

如果引信接收灵敏度为 -90 dBm，引信启动所需的回波功率为 -75 dBm，则在干扰信号与引信频率完全对准的情况下，干扰机仅需发射功率为瓦级的干扰信号，即可满足引信启动要求。

设引信发射功率为 10 mW，7 GHz 频段在距离地面 10 m 时，地面回波功率大约为 -75 dBm。假设希望通过提高引信发射功率的方法来提高抗干扰能力，使引信发射功

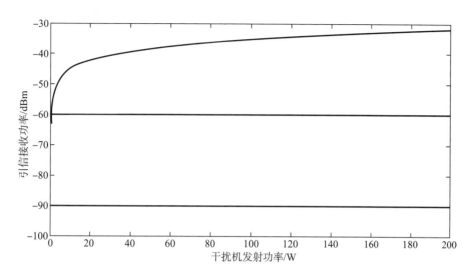

图 4.4　干扰机与引信距离 1 000 m 时引信接收到的干扰功率随干扰机发射功率变化

率提高 10 倍至 100 mW，则使引信启动的回波功率也可以提高 10 倍至 −65 dBm，此时干扰机在 1 000 m 外发射功率 10 W 即可达到引信地面回波功率水平。

从干扰机发展的角度来看，干扰机的测频精度越来越高，特别是国外引信干扰技术采用了数字射频存储转发技术，可以很精确地瞄准引信频率。当前较为先进的引信干扰机均不难做到 10 kHz 量级的测频精度，以对连续波多普勒引信的干扰为例，假设干扰信号偏离引信工作频率 100 kHz，而引信多普勒滤波器对 100 kHz 频率信号抑制达到 30 dB。若引信发射 100 mW 信号时，检测功率门限对应的回波功率为 −65 dBm，则引信接收到的干扰功率需要相应地提升 30 dB 至 −35 dBm 时才能与回波功率持平。设干扰机在 400 m 距离对引信进行干扰且波束方向对准，发射功率在 86 W 以上即可满足引信接收 −35 dBm 功率的要求（如图 4.5 所示）。当前引信干扰机的干扰功率普遍可达到数百瓦，在测频精度较高的情况下完全能够满足对引信的干扰需求。

通过提高引信发射功率的方法抗干扰，在过去干扰机的测频和引导精度相对较差的情况下是有效的，因为当干扰信号的频率偏离引信工作频率较远时，引信信号通道对干扰信号的抑制作用较为明显，使干扰信号出现在引信检测端时功率较低。从理论上讲，提高引信的发射功率，可以增加回波功率强度，从而可以提升引信的检测门限，在外来信号已经被引信信号通道大幅衰减的情况下，检测门限的提升，可以提高引信的抗干扰能力。然而，在当前引信干扰机普遍具有较高的测频和引导精度的条件下，引信通过提高发射功率从而提高回波功率检测门限的方法，已不能有效地提高引信的抗干扰能力。相反，可能使干扰机侦收系统更早发现引信来袭，并对引信进行较长时间的干扰，对引信抗干扰构成不利影响。

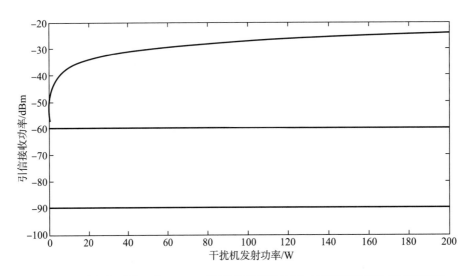

图 4.5   干扰机与引信距离 400 m 时引信接收到的干扰功率随干扰机发射功率变化

从另一个角度分析，即使提高引信发射功率具有一定的抗干扰价值，但在引信上实现需要付出极大的代价。由于引信低功耗、低成本、小尺寸的限制，无线电引信振荡器相位噪声通常不会很好。由于引信采用连续波体制工作，发射信号的同时接收信号，再加上空间尺寸等条件的限制，很难做到良好的收发隔离。引信通常具有较大的馈通信号功率，即发射信号通过电路耦合、天线反射、天线罩反射、弹体绕射等直接馈入引信接收端混频器射频端口的信号功率 P_{FT}，由馈通信号的相位噪声在引信多普勒通带内引起的噪声被称为泄漏噪声。泄漏信号在混频器射频端口与混频器本振端口的信号均来自引信的振荡器，可简化认为两信号波形完全相同，只是在时间上具有一个时间延迟 t_d，即馈通信号与本振信号是相关复现的，那么由馈通在引信多普勒通带内造成的等效泄漏信号边带功率 $P_{n\varphi}$ 为：

$$P_{n\varphi} = \int_{-\infty}^{+\infty} P_{FT}\ell(f)\,C_\varphi \,|\,H(f)\,|^2\mathrm{d}f \tag{4.4}$$

式中，$\ell(f)$ 是引信的单边带相位噪声功率谱密度；$H(f)$ 是归一化的引信多普勒滤波器传递函数；C_φ 反映了相干相位噪声功率谱的对消能力，当 $\omega t_d < 0.5$ rad 时，$C_\phi = \omega^2 t_d^2$。

在引信馈通引起的泄漏噪声远小于系统热噪声的情况下，增加引信的发射功率，可以提高引信的回波信噪比；但在泄漏噪声大于热噪声的情况下，即使不考虑引信功耗的限制，增加发射功率也会造成系统噪声的同步提高，不但难以提高引信回波的信噪比，反而可能由于馈通信号增大而造成接收电路器件的饱和，从而引起回波信噪比恶化。对炮弹无线电引信而言，除由于体积、成本、功耗限制造成的引信振荡器自身相噪特性不可能很好以外，弹体高速旋转、颤动、电源不稳等因素都会造成振荡器相位噪声进一步恶化。此外，在空间尺寸的限制下，引信的收发隔离不可能很好，馈通功率比较大，所以信号泄漏引起的引信多普勒通带内的噪声功率一般远大于系统热噪声功率。

综上所述，通过提高引信发射功率的办法，无法真正提高引信的综合抗干扰能力。首先，提高引信发射功率在引信上实现起来很困难；其次，在当前引信干扰机普遍具有很高的测频和引导精度的条件下，提高发射功率并不能提高引信抗干扰能力；再者，引信发射功率的提高反而有利于干扰机更早地侦收到引信信号，从而有更长的时间对引信进行干扰，降低引信的抗干扰能力。

4.2.2　基于引信天线波束形状与抗干扰能力关系的信道保护设计方法

在干扰机与引信的对抗过程中，干扰机首先需要对引信信号进行准确接收，并完成在杂波环境中的信号分选，测定引信的工作频率。理论上讲，引信采用窄波束天线时，干扰机与引信天线波束方向对准的概率减小，因而能使引信具有较高的抗干扰能力。

然而，在实际引信的设计当中，除了引信的抗干扰能力以外，还必须综合考虑抗干扰设计与引信系统性能的适配性问题。首先，引信在尺寸、功耗、成本等受到严格限制条件下，窄波束天线往往难以实现；其次，窄波束天线常常与引信使命所决定的探测性能要求相违背。

1. 引信天线波束与工作频率及天线尺寸的关系

天线的增益与波束宽度及天线口径的电尺寸有着明确的对应关系，在天线物理尺寸相同的条件下，引信的工作频率越高，天线电尺寸越大，则天线增益越高，波束越窄。在引信天线物理尺寸受到严格限制的条件下，要想获得窄天线波束，需要天线的电尺寸远大于波长，所以必须提高引信的工作频率。

2. 窄波束指向的选择

对非旋转对地炮弹而言，弹丸与地面交会时，弹径在哪一个方向朝向地面往往是不确定的，所以非旋转弹引信要采用窄波束天线，波束指向只能是弹体前进方向。

对于依靠弹体旋转稳定的炮弹，理论上可以选择窄波束指向偏离弹体轴线前方一定角度的方式，但在当弹丸与地面以小落角交会时，斜射的天线窄波束将会随弹体旋转而周期性地扫过地面，在每个旋转周期中，有相当长的时间里天线波束不能直接指向地面，回波功率从波束直接指向地面的最大点到极小点周期性的变化，造成引信回波平均功率的损失。此外，斜射的窄波束天线由于弹体的旋转，天线波束照射范围内地面与引信的径向距离周期性变化，将对引信的定高精度造成极为不利的影响，所以斜射的窄波束天线并不适用于自旋炮弹的对地定高引信。如果自旋稳定炮弹采用窄波束引信天线，只能够选择波束指向弹轴前方的前向窄波束天线。

3. 前向窄天线波束引信与探测性能

一般情况下，地面散射系数随入射角而变化，在入射角接近 0° 的正入射条件下，地面散射系数最大，而当入射角增大时，散射系数随之减小。在地面较为光滑的情况下，例如机场跑道、积水的混凝土地面等，等效散射系数随入射角的增大将会急剧下降。采用前向窄波束时，弹丸小落角条件下引信的回波功率大幅下降，对引信的探测能力造成极为不利的影响。

当弹丸以小落角与地面交会时，采用前向窄波束天线的引信的探测波束以斜入射方式照射地面，波束照射范围内的地面与引信间的距离大于引信对地面的高度，且这一距离随引信的落角而变化。所以，采用前向窄波束天线会对引信的定高精度造成不利的影响。

4. 采用空心锥形状的方向图

引信采用空心锥形状天线波束，是能够提高引信抗干扰能力且兼顾引信探测性能的措施。

4.2.3 引信工作频率与抗干扰能力关系的信道保护设计方法

提高引信的工作频率，可以使干扰机的侦收距离缩短，从而减少干扰机对引信的干扰时间，然而引信的工作频率与引信的系统性能有着密切的关系：

①引信采用连续波信号体制，在小尺寸空间的约束下，振荡器的相位噪声对引信的探测性能影响较大，一般来说，随着引信工作频率的提高，振荡器的相位噪声变差，要获得高质量的发射信号，需要付出更高的功耗、成本等代价。

②引信工作频率的提高，在交会速度给定的情况下，回波多普勒频率提高。在高频率情况下采用调频多普勒体制，需要相应地提高引信的调制信号频率，因此，调制周期变短，使引信的模糊距离变短。

角反射器的 RCS 与频率的平方成正比，所以，在较高的频率段，角反射器在尺寸较小的情况下也能具有很高的 RCS，小尺寸的角反射器比较便于携带和架设，很容易对模糊距离短、工作频率高的无线电引信构成有效的无源干扰，可对高频段引信的战场生存力构成直接的严重威胁。

设无线电引信工作于 3 mm 波段，定高高度为 30 m，落角 70°，弹速为 900 m/s，其对应的多普勒频率为 600 kHz，若选择调制频率为 1 MHz，则对应的模糊距离为 150 m。采用前向宽波束天线，增益为 10 dB，发射功率为 20 mW。

根据地面交会模型，可计算出在距离地面 30 m 高度，地面目标回波功率最大约为 −87.3 dBm，可在引信天线最大增益方向等效为散射截面积 $\sigma = 140$ m² 的点目标。

$$P_r = \frac{P_t G^2 \lambda^2 \sigma}{(4\pi)^3 R^4} \qquad (4.5)$$

根据雷达方程，在距离相同的引信探测器 180 m 处，若出现 RCS 为 181 140 m² 的目标，则其对引信探测器的反射功率即可达到 −87. 3 dBm。

根据引信设计中常用到的角反射器 RCS 计算公式，最大 RCS 与棱边长度的四次方成正比，与波长的平方成反比，在 3 mm 波段，角反射器的棱边长度为 0. 79 m 时，RCS 即可达到 181 282 m²，而当棱边长度为 1 m 时，RCS 为 465 421 m²。

由上述分析可知，在引信运动过程中，在距离引信 180 m 处的地面上若存在棱边长度大于 0. 79 m 的角反射器，其所反射的信号功率即超过引信探测器对地定高 30 m 时的地面回波功率；在距离引信 180 m 处的地面上，若存在棱边长度为 1 m 的角反射器时，其所反射的信号功率为引信探测器对地定高 30 m 时地面回波功率的 2. 6 倍，且回波差频、多普勒频率均吻合引信设计相关参数。

由上述分析可知，无线电引信工作于极高的频率且弹速较高的情况下，对抗有源干扰的能力提升，但容易受到地面无源干扰源的影响而造成早炸，所在抗干扰设计中，单纯希望通过提高引信工作频率来提高引信抗干扰能力是不恰当的。

4. 2. 4　引信工作频带展宽与频点稀布的信道保护设计方法

引信干扰机的工作过程包括对无线电引信发射信号的侦收、测频、信号参数估计、干扰信号产生、发射干扰信号等。对无线电引信信号的侦收能力与侦收系统体制、侦收灵敏度等性能指标及引信的频段、发射功率、天线增益等密切相关。若干扰机能够宽频带工作，且侦收天线有效孔径不变，随着引信工作频率升高，侦收天线增益随之增高，而天线波束宽度变窄，干扰机能够侦收到引信信号的空间张角变小。由于引信工作的瞬时性和突发性，采用侦收天线扫描的方式容易引起漏警，因而对其全方位防护造成困难，以至于不得不依赖雷达对来袭弹方向进行预警和定位，而在实际战场环境中，干扰机很难随时获得雷达等系统的支持。若采用宽波束侦收，天线增益必然减小，天线端接收信号功率低，使侦收机性能下降。为达到在一定距离范围内成功诱使引信早炸的目的，要求引信干扰机的侦收系统必须能够达到一定的侦收灵敏度和测频精度，所以，对侦察系统信道化接收机带宽要求较高。当无线电引信工作频率在宽频带范围内散布时，干扰机系统反应时间和侦收灵敏度之间的矛盾也难以得到妥善解决，将导致侦察接收系统结构急剧复杂化，甚至难以实现。

第5章 基于收发相关信道保护的引信抗干扰设计方法

5.1 无线电引信对抗引导式干扰的收发相关信道保护能力分析

5.1.1 连续波多普勒引信收发相关信道保护能力

连续波多普勒引信自差收发机通过收发共用天线向空间辐射电磁波,遇目标反射后经天线接收;受目标回波信号的影响,自差机电路中天线阻抗发生变化,从而使振荡器的振幅和频率相应发生了变化,最终使振荡器产生受多普勒信号影响的调频调幅振荡;该振荡信号经检波电路检波后输出多普勒信号;多普勒信号经由信号处理电路进行目标特征提取,从而实现炸高控制。

引信本振信号通过天线向目标方向发射信号为

$$S_t(t) = A_t\cos(2\pi f_0 t + \varphi_0) \tag{5.1}$$

式中,A_t 为发射信号幅值;f_0 为载频频率。

引信接收到的回波信号为

$$S_r(t) = \lambda A_t\cos[2\pi f_0(t - \tau) + \varphi_0] \tag{5.2}$$

同本振信号进行混频,得到混频输出信号如下:

$$S_m(t) = kS_t(t)S_r(t) = \frac{1}{2}k\lambda A_t^2\{\cos[2\pi(2f_0 - f_d)t + 2\varphi_0] + \cos 2\pi f_d t\} \tag{5.3}$$

式中,λ 为空间传播损耗因子;τ 为回波信号相对发射信号的延迟时间;k 为混频系数。

混频信号经由多普勒带通滤波器,高频分量被滤除,得到目标的多普勒信号

$$S_d(t) = \frac{1}{2}k\lambda A_t^2 A_L\cos 2\pi f_d t \tag{5.4}$$

式中,A_L 是滤波器增益系数。

令 $A_x(t) = k\lambda A_t^2/2$,在点目标镜像反射的条件下,混频器输出信号的振幅 $A_x(t)$ 与引信炸高 $h(t)$ 有以下关系:

$$A_x(t) = k\lambda A_t^2/2 = \frac{K}{h(t)} \tag{5.5}$$

式中，K 是与载波波长、天线方向性函数、地面反射系数、天线增益等有关的常量。则多普勒信号可表示为

$$S_d(t) = \frac{K}{h(t)}A_L\cos2\pi f_d t = \frac{K}{h_0 - v_r t}A_L\cos2\pi f_d t \tag{5.6}$$

该式即为引信检波输出信号，其增幅速率取决于 K 值。

带通放大信号经全波整流及包络检波后的输出信号理论模型可简化为

$$S_M(t) = \frac{K}{h(t)}A_L \tag{5.7}$$

对上式信号进行瞬时求导，获取其增幅速率，并设定增幅速率门限值，即可构建其信号层面系统级仿真模型。

1. 射频噪声干扰

由式（5.2）引信接收到的回波信号表达式，可计算出引信接收到的有用信号功率为 $P_{Si} = \dfrac{(\lambda A_t)^2}{2}$。设引信接收端的高斯白噪声功率密度为 N_0，引信高频振荡电路通带宽带为 B_H，则引信实际接收到的噪声可视为高斯窄带噪声，时域表示为

$$J(t) = U_n(t)\cos[2\pi f_j t + \phi(t)] \tag{5.8}$$

设高斯噪声 $U_n(t)$ 的功率谱密度为 N_0，带宽为 F_n，如图 5.1 所示，则高斯噪声的平均功率为 $P_n = 2F_n N_0$。

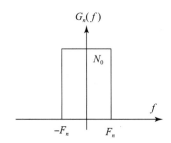

图 5.1　高斯噪声平均功率

引信实际接收到的噪声功率为 $P_{Ji} = 2B_H N_0$，功率谱如图 5.2 所示。

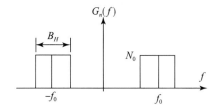

图 5.2　引信接收噪声功率谱

引信输入信干比

$$\mathrm{SJR}_i = \frac{P_{Si}}{P_{Ji}} = \frac{(\lambda A_t)^2}{4N_0 B_H} \qquad (5.9)$$

引信接收的回波信号 $S_r(t)$ 与本振信号 $S_t(t)$ 混频后，输出为

$$S_m(t) = kS_t(t)S_r(t) = \frac{1}{2}k\lambda A_t^2 \left\{ \cos\left[2\pi(2f_0 - f_d)t + 2\varphi_0\right] + \cos 2\pi f_d t \right\} \quad (5.10)$$

混频输出信号经低通滤波滤除高频项后，得到多普勒信号

$$S_d(t) = \frac{1}{2}k\lambda A_t^2 A_L \cos 2\pi f_d t \qquad (5.11)$$

其平均功率为 $P_{So} = \dfrac{(k\lambda A_t^2 A_L)^2}{8}$。

引信接收的噪声同本振信号进行混频，从频谱来看，相当于对噪声谱在相差一个常数 $\dfrac{k^2 A_t^2}{4}$ 左右搬移 f_0，如图 5.3 所示。

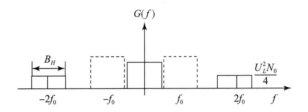

图 5.3　引信接收的噪声混频后功率谱

混频后经通带为 B_S 的低通滤波滤除高频分量后（如图 5.4 所示），干扰信号的功率为

$$P_{Jo} = \frac{N_0 k^2 A_t^2 A_L^2}{2} \times 2B_S = N_0 k^2 A_t^2 A_L^2 B_S \qquad (5.12)$$

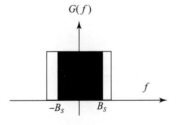

图 5.4　噪声混频滤波后功率谱

引信输出信干比为

$$\mathrm{SJR}_o = \frac{P_{So}}{P_{Jo}} = \frac{(\lambda A_t)^2}{8N_0 B_S} \qquad (5.13)$$

引信射频噪声干扰处理增益为

$$G = \frac{\text{SJR}_o}{\text{SJR}_i} = \frac{(\lambda A_t)^2}{8N_0 B_S} \Big/ \left[\frac{(\lambda A_t)^2}{4N_0 B_H} \right] = \frac{B_H}{2B_S} \tag{5.14}$$

2. 噪声调幅干扰

噪声调幅信号一般可以表示为如下表达式：

$$J(t) = [U_j + U_n(t)] \cos(2\pi f_j t + \varphi_n) \tag{5.15}$$

其中，U_j 为干扰信号载波幅度；$U_n(t)$ 为调制噪声，一般为零均值、方差为 σ_n^2 的高斯过程。

从干扰信号 $J(t)$ 表达式中可以看出，噪声调幅干扰信号的功率谱相当于对噪声功率谱在相差一个常数 $\frac{1}{4}$ 的情况下搬移 f_0，同时，在 $\pm f_0$ 处有一个冲击，如图 5.5 所示。

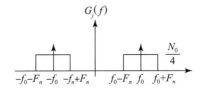

图 5.5　噪声调幅信号功率谱

于是干扰信号的平均功率为 $P_J = \frac{1}{2}U_j^2 + 4F_n \frac{N_0}{4} = \frac{1}{2}U_j^2 + F_n N_0$。设引信高频振荡电路带宽为 B_H，如图 5.6 所示，则引信接收到的干扰信号的功率为

$$P_{Ji} = \frac{1}{2}U_j^2 + F_n N_0 \frac{2B_H}{4F_n} = \frac{1}{2}U_j^2 + \frac{N_0 B_H}{2} \tag{5.16}$$

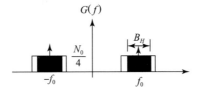

图 5.6　干扰信号进入引信高频电路的功率谱

引信输入信干比为

$$\text{SJR}_i = \frac{P_{Si}}{P_{Ji}} = \frac{(\lambda A_t)^2}{2} \Big/ \left(\frac{1}{2}U_j^2 + \frac{N_0 B_H}{2} \right) = \frac{(\lambda A_t)^2}{U_j^2 + N_0 B_H} \tag{5.17}$$

引信接收到的干扰信号同本振信号进行混频，从功率谱上看，相当于对干扰信号的功率谱在相差一个常数 $\frac{k^2 A_t^2}{4}$ 左右搬移 f_0，如图 5.7 所示。

混频输出信号经过带宽为 B_s 的低通滤波器（图 5.8 所示）后的输出信号功率为

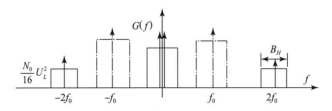

图 5.7　干扰信号混频后的功率谱

$$P_{Jo} = \frac{U_j^2}{8}(kA_tA_L)^2 + 2B_S\frac{N_0(kA_tA_L)^2}{8} = \frac{1}{8}(kA_tA_L)^2(U_j^2 + 2N_0B_S) \qquad (5.18)$$

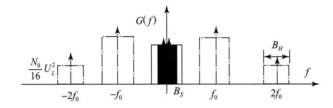

图 5.8　干扰信号混频滤波后的功率谱

引信输出信干比为

$$\mathrm{SJR}_o = \frac{P_{So}}{P_{Jo}} = \frac{1}{8}(\lambda kA_t^2A_L)^2 \Big/ \left[\frac{1}{8}(kA_tA_L)^2(U_j^2 + 2N_0B_S)\right] = \frac{(\lambda A_t)^2}{U_j^2 + 2N_0B_S}$$
$$(5.19)$$

则引信噪声调幅干扰下的处理增益为

$$G = \frac{\mathrm{SJR}_o}{\mathrm{SJR}_i} = \frac{(\lambda A_t)^2}{U_j^2 + 2N_0B_S} \Big/ \left[\frac{(\lambda A_t)^2}{U_j^2 + N_0B_H}\right] = \frac{U_j^2 + N_0B_H}{U_j^2 + 2N_0B_S} \qquad (5.20)$$

3. 噪声调频干扰

一般地，噪声调频干扰信号可表示为如下平稳随机过程：

$$J(t) = U_j\cos\left(2\pi f_j t + 2\pi K_{FM}\int_0^t u_n(t')\mathrm{d}t' + \varphi_n\right) \qquad (5.21)$$

式中，U_j 为干扰信号幅度；$u_n(t)$ 为调制噪声，一般为零均值、方差为 σ_n^2 的高斯过程；φ_n 为服从 $[0, 2\pi]$ 均匀分布的与 $u_n(t)$ 相互独立的随机变量；K_{FM} 为调频斜率。

为方便起见，记

$$\begin{cases} e(t) = 2\pi K_{FM}\int_0^t u_n(t')\mathrm{d}t' \\ \theta(t) = 2\pi f_j t + e(t) \end{cases} \qquad (5.22)$$

噪声调频干扰信号均值

$$E\{J(t)\} = U_jE\{\cos[\theta(t) + \varphi_n]\} = 0 \qquad (5.23)$$

噪声调频干扰信号相关函数

$$R_J(\tau) = E\{J(t)J(t+\tau)\}$$

$$= \frac{U_j^2}{2}\left[\cos 2\pi f_j\tau \cdot E\cos(e(t+\tau)-e(t)) - \sin(2\pi f_j\tau) \cdot E\sin(e(t+\tau)-e(t))\right]$$

$$(5.24)$$

零均值的高斯过程 $u_n(t)$ 的积分 $e(t) = 2\pi K_{FM}\int_0^t u(t')\mathrm{d}t'$ 也是均值为零的高斯过程，所以，上述自相关函数中的第二项为零，于是有

$$R_J(\tau) = \frac{U_j^2}{2}\cos(2\pi f_j\tau) \cdot E\left[\cos(e(t+\tau)-e(t))\right] = \frac{U_j^2}{2\pi}\mathrm{e}^{-\frac{\sigma^2(\tau)}{2}}\cos(2\pi f_j\tau)$$

$$(5.25)$$

其中，$R_e(\tau)$ 为高斯过程 $e(t)$ 的自相关函数。若设调制噪声 $u_n(t)$ 具有如下带限均匀谱：

$$G_n(f) = \begin{cases} \dfrac{\sigma_n^2}{\Delta F_n}, & 0 \leqslant f \leqslant \Delta F_n \\ 0, & \text{其他} \end{cases} \tag{5.26}$$

则 $e(t)$ 的功率谱为

$$G_e(f) = \frac{K_{FM}^2}{f^2}G_n(f) \tag{5.27}$$

并且有

$$\sigma^2(\tau) = 2\left[R_e(0) - R_e(\tau)\right] = 4m_{fe}^2\Delta\Omega_n\int_0^{\Delta\Omega_n}\frac{1-\cos\Omega\tau}{\Omega^2}\mathrm{d}\Omega \tag{5.28}$$

式中，$\Delta\Omega_n = 2\pi\Delta F_n$；$m_{fe} = \dfrac{K_{FM}\sigma_n}{\Delta F_n} = \dfrac{f_{de}}{\Delta F_n}$，而 f_{de}、m_{fe} 分别为有效调频带宽和有效调制指数。当 $m_{fe} \gg 1$ 时，噪声调频干扰功率谱为

$$G_J(f) = \frac{U_j^2}{2}\frac{1}{\sqrt{2\pi}f_{de}}\mathrm{e}^{-\frac{(f-f_j)^2}{2f_{de}^2}} \tag{5.29}$$

则引信实际接收到的干扰功率为

$$P_{Ji} = \int_{f_L}^{f_H}G_J(f)\mathrm{d}f = \int_{f_L}^{f_H}\frac{U_j^2}{2}\frac{1}{\sqrt{2\pi}f_{de}}\mathrm{e}^{-\frac{(f-f_j)^2}{2f_{de}^2}}\mathrm{d}f = \frac{U_j^2}{2}\left[\Phi\left(\frac{f_H-f_j}{f_{de}}\right) - \Phi\left(\frac{f_L-f_j}{f_{de}}\right)\right]$$

$$(5.30)$$

式中，$\Phi(x)$ 表示标准正态分布随机变量的分布函数。所以，引信的输入信干比

$$\mathrm{SJR}_i = \frac{P_{Si}}{P_{Ji}} = \frac{(\lambda A_t)^2}{U_j^2\left[\Phi\left(\dfrac{f_H-f_j}{f_{de}}\right) - \Phi\left(\dfrac{f_L-f_j}{f_{de}}\right)\right]} \tag{5.31}$$

引信接收到的噪声调幅干扰信号同引信本振信号混频，并考虑到频率引导干扰（即 $f_j = f_0$），则引信混频输出为

$$J_m(t) = \frac{kA_t U_j}{2}\left[\cos(4\pi f_0 t + e(t) + \varphi_n + \varphi_0) + \cos(e(t) + \varphi_n - \varphi_0)\right] \quad (5.32)$$

滤除混频输出的高频成分后，得到

$$J_o(t) = \frac{kA_t U_j A_L}{2}\cos(e(t) + \varphi_n - \varphi_0) \quad (5.33)$$

从功率谱来看，其功率谱在相差一个系数情况下相当于对噪声调频干扰信号功率谱的搬移。设多普勒低通滤波器的通带截止频率为 f_{lp} ，则引信实际输出的干扰信号的总平均功率为

$$P_{Jo} = \left(\frac{kA_t A_L}{2}\right)^2 \frac{U_j^2}{2}\int_{-f_{lp}}^{f_{lp}} \frac{1}{\sqrt{2\pi}f_{de}}e^{-\frac{f^2}{2f_{de}^2}}df = \frac{(kA_t U_j A_L)^2}{4}\left[\Phi\left(\frac{f_{lp}}{f_{de}}\right) - \Phi(0)\right] \quad (5.34)$$

于是引信输出信干比

$$SJR_o = \frac{P_{So}}{P_{Jo}} = \frac{(\lambda A_t)^2}{2U_j^2\left[\Phi\left(\frac{f_{lp}}{f_{de}}\right) - \Phi(0)\right]} \quad (5.35)$$

引信噪声调频干扰下电路信干比处理增益为

$$G = \frac{SJR_o}{SJR_i} = \frac{\Phi\left(\frac{f_H - f_j}{f_{de}}\right) - \Phi\left(\frac{f_L - f_j}{f_{de}}\right)}{2\left[\Phi\left(\frac{f_p}{f_{de}}\right) - \Phi(0)\right]} \quad (5.36)$$

4. 方波调幅干扰

将方波信号表示为

$$\text{rect}(t/T_j) = \begin{cases} 1, & nT_j \leqslant t \leqslant nT_j + T_j/2 \\ -1, & nT_j + T_j/2 \leqslant t \leqslant (n+1)T_j \end{cases} \quad (5.37)$$

式中，$T_j = 1/f_{dj}$ ，f_{dj} 为调制信号频率。则方波调幅干扰信号可表示为

$$\begin{aligned} J(t) &= A_j[1 + m_a \cdot \text{rect}(t/T_j)] \cdot \cos(2\pi f_j t + \varphi_j) \\ &= \begin{cases} A_j(1 + m_a)\cos(2\pi f_j t + \varphi_j), & nT_j \leqslant t \leqslant nT_j + T_j/2 \\ A_j(1 - m_a)\cos(2\pi f_j t + \varphi_j), & nT_j + T_j/2 \leqslant t \leqslant (n+1)T_j \end{cases} \end{aligned} \quad (5.38)$$

式中，A_j 为干扰信号幅值；m_a 为调制深度（$0 \leqslant m_a \leqslant 1$）；$f_j$ 为干扰信号载波的频率；φ_j 为干扰信号相位。根据上式可得输入干扰信号功率为

$$P_{Ji} = \frac{1}{2}(1 + m_a^2)A_j^2 \quad (5.39)$$

所以，引信的输入信干比为

$$SJR_i = \frac{P_{Si}}{P_{Ji}} = \frac{\frac{1}{2}(\lambda A_t)^2}{\frac{1}{2}(1 + m_a^2)A_j^2} = \frac{(\lambda A_t)^2}{(1 + m_a^2)A_j^2} \quad (5.40)$$

干扰信号与本振信号混频并进行多普勒低通滤波，可得输出为

$$J_o(t) = \begin{cases} \dfrac{1}{2}kA_tA_jA_L(1 + m_a)\cos(\varphi_j - \varphi_0), nT_j \leqslant t \leqslant nT_j + T_j/2 \\ \dfrac{1}{2}kA_tA_jA_L(1 - m_a)\cos(\varphi_j - \varphi_0), nT_j + T_j/2 \leqslant t \leqslant (n+1)T_j \end{cases} \tag{5.41}$$

则干扰输出的平均功率为：

$$P_{Jo} = \frac{1}{4}(1 + m_a^2)[A_tA_jA_L\cos(\varphi_j - \varphi_0)]^2 \tag{5.42}$$

于是引信的输出信干比为

$$\mathrm{SJR}_o = \frac{P_{So}}{P_{Jo}} = \frac{(\lambda A_t)^2}{2(1 + m_a^2)[A_j\cos(\varphi_j - \varphi_0)]^2} \tag{5.43}$$

则方波调幅干扰下引信信干比处理增益为

$$G = \frac{\mathrm{SJR}_o}{\mathrm{SJR}_i} = \frac{1}{2\cos^2(\varphi_j - \varphi_0)} \tag{5.44}$$

5. 正弦波调幅干扰

正弦波调幅干扰信号可表示为

$$J(t) = A_j[1 + m_a\cos(2\pi f_{dj}t)]\cos(2\pi f_jt + \varphi_j) \tag{5.45}$$

式中，A_j 为干扰信号幅值；m_a 为调制深度（$0 \leqslant m_a \leqslant 1$）；$f_{dj}$ 为调制信号频率；f_j 为干扰信号载波的频率；φ_j 为干扰信号相位。所以，干扰信号的输入功率为

$$P_{Ji} = \frac{1}{2}\left(1 + \frac{m_a^2}{2}\right)A_j^2 \tag{5.46}$$

则输入信干比为

$$\mathrm{SJR}_i = \frac{P_{Si}}{P_{Ji}} = \frac{\dfrac{1}{2}(\lambda A_t)^2}{\dfrac{1}{2}\left(1 + \dfrac{m_a^2}{2}\right)A_j^2} = \frac{(\lambda A_t)^2}{\left(1 + \dfrac{m_a^2}{2}\right)A_j^2} \tag{5.47}$$

正弦波调幅干扰信号与引信本振信号混频，并经过多普勒低通滤波，可得输出信号为

$$J_o(t) = \frac{1}{2}kA_tA_jA_L[1 + m_a\cos(2\pi f_{dj}t)]\cos(\varphi_j - \varphi_0) \tag{5.48}$$

所以，干扰信号输出功率为

$$P_{Jo} = \frac{1}{4}\left(1 + \frac{m_a^2}{2}\right)[kA_tA_jA_L\cos(\varphi_j - \varphi_0)]^2 \tag{5.49}$$

输出信干比为

$$\mathrm{SJR}_o = \frac{P_{So}}{P_{Jo}} = \frac{(\lambda A_t)^2}{2\left(1 + \dfrac{m_a^2}{2}\right)[A_j\cos(\varphi_j - \varphi_0)]^2} \tag{5.50}$$

则正弦波调幅干扰下引信信干比处理增益为

$$G = \frac{\mathrm{SJR}_o}{\mathrm{SJR}_i} = \frac{1}{2\cos^2(\varphi_j - \varphi_0)} \tag{5.51}$$

6. 正弦波调频干扰

正弦波调频干扰可以表示为

$$J(t) = A_j \sum_{n=-\infty}^{+\infty} J_n(m_F) \cos\left[2\pi(f_j + nf_{dj})t + \varphi_j\right] \tag{5.52}$$

式中，A_j 为干扰信号幅值；m_F 为调频指数；f_j 为干扰信号载波的频率；f_{dj} 为调制信号频率；φ_j 为干扰信号相位；$J_n(m_F)$ 为 n 阶贝塞尔函数。由贝塞尔函数的性质可知，干扰信号的输入功率为

$$P_{Ji} = \frac{1}{2}A_j^2 \sum_{n=-\infty}^{+\infty} J_n^2(m_F) = \frac{1}{2}A_j^2 \tag{5.53}$$

所以，输入信干比为

$$\mathrm{SJR}_i = \frac{P_{Si}}{P_{Ji}} = \frac{\frac{1}{2}(\lambda A_t)^2}{\frac{1}{2}A_j^2} = \frac{(\lambda A_t)^2}{A_j^2} \tag{5.54}$$

正弦波调频干扰信号与引信本振信号混频，并经过多普勒低通滤波，可得输出信号为

$$J_o(t) = \frac{1}{2}kA_tA_jA_L \sum_{n=-f_L/f_{dj}}^{f_L/f_{dj}} J_n(m_F) \cdot \cos(2\pi nf_{dj}t + \varphi_j - \varphi_0) \tag{5.55}$$

则干扰信号输出功率为

$$P_{Jo} = \frac{1}{8}(kA_tA_jA_L)^2 \sum_{n=-f_L/f_{dj}}^{f_L/f_{dj}} J_n^2(m_F) \tag{5.56}$$

所以，输出信干比为

$$\mathrm{SJR}_o = \frac{P_{So}}{P_{Jo}} = \frac{(\lambda A_t)^2}{A_j^2 \sum\limits_{n=-f_L/f_{dj}}^{f_L/f_{dj}} J_n^2(m_F)} \tag{5.57}$$

则正弦波调频干扰作用下引信处理增益为

$$G = \frac{\mathrm{SJR}_o}{\mathrm{SJR}_i} = \frac{(\lambda A_t)^2}{A_j^2 \sum\limits_{n=-f_L/f_{dj}}^{f_L/f_{dj}} J_n^2(m_F)} \Bigg/ \left[\frac{(\lambda A_t)^2}{A_j^2}\right] = \frac{1}{\sum\limits_{n=-f_L/f_{dj}}^{f_L/f_{dj}} J_n^2(m_F)} \tag{5.58}$$

上述理论推导获取的不同干扰信号作用下连续波多普勒引信处理增益见表5.1。

表 5.1　不同干扰信号作用下连续波多普勒引信处理增益

波形样式	输入信干比	输出信干比	处理增益
射频噪声	$\dfrac{(\lambda A_t)^2}{4N_0 B_H}$	$\dfrac{(\lambda A_t)^2}{8N_0 B_S}$	$\dfrac{B_H}{2B_S}$
噪声调幅	$\dfrac{(\lambda A_t)^2}{U_j^2 + N_0 B_H}$	$\dfrac{(\lambda A_t)^2}{U_j^2 + 2N_0 B_S}$	$\dfrac{U_j^2 + N_0 B_H}{U_j^2 + 2N_0 B_S}$
噪声调频	$\dfrac{(\lambda A_t)^2}{U_j^2\left[\Phi\left(\frac{f_H - f_j}{f_{de}}\right) - \Phi\left(\frac{f_L - f_j}{f_{de}}\right)\right]}$	$\dfrac{(\lambda A_t)^2}{2U_j^2\left[\Phi\left(\frac{f_{lp}}{f_{de}}\right) - \Phi(0)\right]}$	$\dfrac{\Phi\left(\frac{f_H - f_j}{f_{de}}\right) - \Phi\left(\frac{f_L - f_j}{f_{de}}\right)}{2\left[\Phi\left(\frac{f_p}{f_{de}}\right) - \Phi(0)\right]}$
方波调幅	$\dfrac{(\lambda A_t)^2}{(1 + m_a^2)A_j^2}$	$\dfrac{(\lambda A_t)^2}{2(1 + m_a^2)\cdot[A_j\cos(\varphi_j - \varphi_0)]^2}$	$\dfrac{1}{2\cos^2(\varphi_j - \varphi_0)}$
正弦调幅	$\dfrac{(\lambda A_t)^2}{\left(1 + \frac{m_a^2}{2}\right)A_j^2}$	$\dfrac{(\lambda A_t)^2}{2\left(1 + \frac{m_a^2}{2}\right)\cdot[A_j\cos(\varphi_j - \varphi_0)]^2}$	$\dfrac{1}{2\cos^2(\varphi_j - \varphi_0)}$
正弦调频	$\dfrac{(\lambda A_t)^2}{A_j^2}$	$\dfrac{(\lambda A_t)^2}{A_j^2 \sum\limits_{n=-f_L/f_{dj}}^{f_L/f_{dj}} J_n^2(m_F)}$	$\dfrac{1}{\sum\limits_{n=-f_L/f_{dj}}^{f_L/f_{dj}} J_n^2(m_F)}$

5.1.2　调频引信收发相关信道保护能力

1. 连续波调频体制引信工作原理

典型调频无线电引信是利用三次混频后的谐波实现精确定距的。系统工作过程为经过三角波线性频率调制的发射信号经目标反射后由收发共用天线接收，回波信号经过前置带通滤波器后与本地信号混频后输出包含目标距离信息的差频信号；差频信号经过不同的带通滤波器，分别滤出包含第 n 次谐波的中频信号；而后分别与预定的频率为 nf_m 的参考信号进行二次混频和多普勒滤波；输出的多普勒信号再经后期信号识别与逻辑判断输出起爆信号。

以三角波作为调制信号，则调频引信的发射信号可以表示为

$$S_t(t) = \begin{cases} A_t\cos\{2\pi[f_0 + (4n + 1)\Delta F]t - \pi\beta t^2\},\ nT \leqslant t \leqslant nT + \dfrac{T}{2} \\[2mm] A_t\cos\{2\pi[f_0 - (4n + 3)\Delta F]t + \pi\beta t^2\},\ nT + \dfrac{T}{2} \leqslant t \leqslant (n + 1)T \end{cases}$$

(5.59)

式中，A_t 表示发射信号幅度；f_0 表示信号载频；ΔF 表示信号单边调频带宽；T 表示调制信号周期；T 的倒数是调制信号频率 f_m；$\beta = 4\Delta F/T = 4\Delta F f_m$，表示信号调频率。因为很容易选取参数使得 ΔFT 为整数，所以相位项中含有 ΔFT 的项已经省略不计。

引信接收的目标回波信号可以表示为 $S_r(t) = \lambda S_t(t-\tau)$，它仍然是一个调频信号，由于信号的载频很大，所以可以认为是一频率缓变信号，则它的平均功率为

$$P_{Si} = \frac{(\lambda A_t)^2}{2} \tag{5.60}$$

目标回波信号被引信接收后，首先要通过带通滤波器，这个前置的带通滤波器要保证目标信号成分全部通过，假设其通带带宽为 $2\Delta F$，通带增益为系数 A_{BP1}，则目标回波信号通过带通滤波器的输出信号

$$S_{BP1}(t) = \lambda A_{BP1} S_t(t-\tau) \tag{5.61}$$

带通滤波后的目标信号与本地信号（与发射信号同源同步的信号，即 $S_t(t)$）在混频器 1 中混频，经过低通滤波（截止频率为 f_0，通带增益系数为 A_{LP1}）后输出的差频信号（因为在近炸引信中，$\tau \ll T$，所以忽略间隔为 τ 的两段）为

$$S_b(t) = \begin{cases} \dfrac{\lambda A_t^2 A_{BP1} A_{LP1}}{2} \cos\{2\pi\beta\tau t - 2\pi[f_0 + (4n+1)\Delta F]\tau - \pi\beta\tau^2\}, nT + \tau \leqslant t < nT + \dfrac{T}{2} \\[4mm] \dfrac{\lambda A_t^2 A_{BP1} A_{LP1}}{2} \cos\{2\pi\beta t + 2\pi[f_0 - (4n+3)\Delta F]\tau - \pi\beta\tau^2\}, nT + \dfrac{T}{2} + \tau \leqslant t < (n+1)T \end{cases} \tag{5.62}$$

考虑运动过程中多普勒频率的影响，$S_b(t)$ 的频谱表达式为

$$F_{sb}(f,\tau) = \frac{1}{2}\lambda A_t^2 A_{BP1} A_{LP1} \sum k(n,\tau)\delta(2\pi f - 2\pi n f_m \pm 2\pi f_d) \tag{5.63}$$

式中，f_d 表示多普勒频率。谐波系数 $k(n,\tau)$ 的表达式为

$$k(n,\tau) = \begin{cases} \left(1 - \dfrac{2\tau}{T}\right)\left|\left\{ \mathrm{sinc}\left[(2\pi\beta\tau - 2\pi n f_m)\left(\dfrac{T}{4} - \dfrac{\tau}{2}\right)\right] + \mathrm{sinc}\left[(2\pi\beta\tau + 2\pi n f_m)\left(\dfrac{T}{4} - \dfrac{\tau}{2}\right)\right]\right\}\cos 2\pi f_c\tau\right|, n\ \text{是偶数} \\[6mm] \left(1 - \dfrac{2\tau}{T}\right)\left|\left\{ \mathrm{sinc}\left[(2\pi\beta\tau - 2\pi n f_m)\left(\dfrac{T}{4} - \dfrac{\tau}{2}\right)\right] - \mathrm{sinc}\left[(2\pi\beta\tau + 2\pi n f_m)\left(\dfrac{T}{4} - \dfrac{\tau}{2}\right)\right]\right\}\sin 2\pi f_c\tau\right|, n\ \text{是奇数} \end{cases} \tag{5.64}$$

差频信号 $S_b(t)$ 通过 N 次谐波带通滤波器（通带带宽为 $2f_m$，通带增益系数为 A_{BP2}）后的输出信号为

$$S_{BP2}(t) = \frac{1}{2}\lambda A_t^2 A_{BP1} A_{LP1} A_{BP2} k(N,\tau)\cos(2\pi N f_m \pm 2\pi f_d)t \tag{5.65}$$

$S_{BP2}(t)$ 与参考信号 $x(t) = \cos 2\pi N f_m t$ 在混频器 2 中混频，对混频后的信号进行多普勒低通滤波（截止频率 $f_{d\max}$，通带增益系数 A_{LP2}），可得输出

$$S_d(t) = \frac{1}{4}\lambda A_t^2 A_{BP1} A_{LP1} A_{BP2} A_{LP2} k(N,\tau)\cos 2\pi f_d t \qquad (5.66)$$

所以，输出信号功率为

$$P_{So} = \frac{(\lambda A_t^2 A_{BP1} A_{LP1} A_{BP2} A_{LP2})^2}{32}\overrightarrow{k^2(N,\tau)} \qquad (5.67)$$

由于动态过程中 τ 是一个变量，所以 $\overrightarrow{k^2(N,\tau)}$ 表示对取 τ 平均。

2. 射频噪声干扰

射频噪声干扰是一种窄带广义平稳的高斯过程，其表达式见式（5.8）。

通常假设这种窄带噪声具有矩形功率谱，可以表示为

$$P_J(f) = \begin{cases} \dfrac{\sigma_n^2}{2\Delta F_j} = \dfrac{N_0}{2}, & |f \pm f_j| \leqslant \dfrac{\Delta F_j}{2} \\ 0, & \text{其他} \end{cases} \qquad (5.68)$$

所以，干扰信号的输入功率为

$$P_{Ji} = \sigma_n^2 \qquad (5.69)$$

则输入信干比为

$$\mathrm{SJR}_i = \frac{P_{Si}}{P_{Ji}} = \frac{(\lambda A_t)^2}{2\sigma_n^2} \qquad (5.70)$$

假设干扰信号完全覆盖了引信带通滤波器通带，那么干扰信号通过带通滤波器后，仍然是窄带过程，表达式为

$$J_{BP1}(t) = A_{BP1} U'_n(t)\cos[2\pi f_0 t + \varphi'(t)] \qquad (5.71)$$

其功率谱是与带通滤波器通带相同的矩形：

$$P_{JBP1}(f) = \begin{cases} \dfrac{(A_{BP1}\sigma_n)^2}{2\Delta F_j}, & |f \pm f_c| \leqslant \Delta F \\ 0, & \text{其他} \end{cases} \qquad (5.72)$$

经过带通滤波之后，干扰信号与本地信号 $S_t(t)$ 在混频器 1 中进行混频，经过低通滤波后输出的信号为

$$J_b(t) = LP[J_{BP1}(t)S_t(t)] \qquad (5.73)$$

式中，LP 表示低通滤波算子，那么 $J_b(t)$ 的自相关函数为

$$R_b(t,t+\tau) = E[J_b(t)J_b(t+\tau)] = (A_t A_{BP1} A_{LP1})^2 LP[R_{JBP1}(\tau)\cdot R_{st}(\tau)] \qquad (5.74)$$

功率谱密度函数是自相关函数的傅里叶变换，根据卷积定理，可知混频器 1 输出的干扰信号的功率谱等于 $J_{BP1}(t)$ 与 $S_t(t)$ 功率谱的卷积。

$S_t(t)$ 的功率谱可以表示为

$$P_{st}(\omega) = \frac{A_t^2}{4\mu}\sum_{-\infty}^{+\infty}\{\cos[\pi(\mu+m)^2/(4\mu)][C(a)+C(b)]+$$

$$\sin\left[\pi(\mu + m)^2/(4\mu)\right]\left[S(a) + S(b)\right]\} \cdot$$
$$\left[\delta(\omega_c - m\omega_m) + \delta(-\omega_c - m\omega_m)\right] \tag{5.75}$$

其中，$\omega_c = 2\pi f_c$；$\omega_m = 2\pi f_m$；$\mu = \dfrac{\Delta F}{f_m}$；$a = \dfrac{\mu - m}{\sqrt{2\mu}}$；$b = \dfrac{\mu + m}{\sqrt{2\mu}}$；$C(a)$，$C(b)$，$S(a)$，$S(b)$ 表示菲涅尔积分。结合菲涅尔积分的性质，可将 $S_t(t)$ 的功率谱函数近似为宽度为 $2\Delta F$，间隔为 f_m 的离散门函数。同时，$J_{BP1}(t)$ 的功率谱函数是连续门函数，所以它们的卷积函数即混频器 1 输出的干扰信号功率谱是一阶梯函数。对这一输出的干扰信号进行低通滤波和后续的 N 次谐波带通滤波，可以得到 N 次谐波带通滤波的输出信号的功率为

$$P_{JBP2} \approx \frac{100\sigma_n^2}{\Delta F \Delta F_j}f_m^2(A_t A_{BP1} A_{LP1} A_{BP2})^2 \tag{5.76}$$

由于 N 次谐波带通滤波输出信号功率谱的宽度远远小于 N 次谐波带通滤波输入信号的功率谱，所以可以近似为一常数，即 N 次谐波带通滤波输出信号的功率谱可以近似为矩形。那么根据随机过程理论，其时域表达式可以表示为窄带噪声模式，所以 N 次谐波带通滤波输出信号的时域表达式和功率谱分别为

$$J_{BP2}(t) = \frac{A_t A_{BP1} A_{LP1} A_{BP2}}{2}U_n''(t)\cos\left[2\pi N f_m t + \varphi''(t)\right] \tag{5.77}$$

$$P_{JBP2}(f) = \begin{cases} \dfrac{100\sigma_n^2}{\Delta F \Delta F_j}f_m(A_t A_{BP1} A_{LP1} A_{BP2})^2, & |f \pm N f_m| \leqslant f_m \\ 0, & \text{其他} \end{cases} \tag{5.78}$$

$J_{BP2}(t)$ 与参考信号 $x(t) = \cos 2\pi N f_m t$ 在混频器 2 中混频，并进行低通滤波，输出干扰信号可以表示为

$$J_{\text{out}}(t) = \frac{A_t A_{BP1} A_{LP1} A_{BP2} A_{LP2}}{4}U_n''(t)\cos\left[\varphi''(t)\right] \tag{5.79}$$

混频器 2 只是将 $J_{BP2}(t)$ 的功率谱由 $N f_m$ 位置处搬移到了零频处，并不影响其形状；低通滤波的作用相当于将矩形的功率谱变窄，所以输出干扰信号的功率为

$$P_{Jo} = A_{LP2}^2\frac{P_{JBP2}}{2}\frac{f_{d\max}}{2f_m} = (A_t A_{BP1} A_{LP1} A_{BP2} A_{LP2})^2\frac{25\sigma_n^2 f_{d\max}f_m}{\Delta F \Delta F_j} \tag{5.80}$$

则输出信干比为

$$\text{SJR}_o = \frac{P_{So}}{P_{Jo}} = \frac{(\lambda A_t)^2\Delta F \Delta F_j\overrightarrow{k^2(N,\tau)}}{800\sigma_n^2 f_{d\max}f_m} \tag{5.81}$$

所以，射频噪声作用下调频引信的处理增益为

$$G = \frac{\text{SJR}_o}{\text{SJR}_i} = \frac{\Delta F \Delta F_j\overrightarrow{k^2(N,\tau)}}{400 f_{d\max}f_m} \tag{5.82}$$

3. 噪声调幅干扰

噪声调幅干扰是一个广义平稳随机过程，其表示式见式（5.15）。

根据噪声调幅定理，可得在噪声调幅干扰信号作用下，引信的输入干扰信号功率为

$$P_{Ji} = \frac{U_j^2 + \sigma_n^2}{2} \tag{5.83}$$

所以，输入信干比为

$$\text{SJR}_i = \frac{P_{Si}}{P_{Ji}} = \frac{(\lambda A_t)^2}{U_j^2 + \sigma_n^2} \tag{5.84}$$

由噪声调幅信号表达式可知，它是一个随机相位的载频信号与一个射频噪声信号的和信号，所以可以将其分解成两部分分别进行分析。对于射频噪声部分，假设其带宽包含了带通滤波器带宽，那么其作用过程与射频噪声干扰是相同的。对于随机相位的载频信号，如果其载频处于滤波器带宽内（通常敌方释放的干扰都能满足此条件），那么其通过带通滤波器后可以表示为

$$J_{BP1}(t) = A_{BP1}U_j\cos(2\pi f_j t + \varphi_n) \tag{5.85}$$

$J_{BP1}(t)$ 与本地信号在混频器 1 中混频并经过低通滤波后，输出的干扰信号为

$$J_b(t) = \begin{cases} \frac{1}{2}A_t A_{BP1} A_{LP1} U_j\cos\{2\pi[f_0 - f_j + (4n+1)\Delta F]t - \pi\beta t^2 - \varphi_n\}, nT \leqslant t \leqslant nT + \frac{T}{2} \\ \frac{1}{2}A_t A_{BP1} A_{LP1} U_j\cos\{2\pi[f_0 - f_j - (4n+3)\Delta F]t + \pi\beta t^2 - \varphi_n\}, nT + \frac{T}{2} \leqslant t \leqslant (n+1)T \end{cases} \tag{5.86}$$

它仍然是一调频信号，只是载频变成了 $f_0 - f_j$，根据上文对调频信号频谱特性的分析，可得该信号通过 N 次谐波带通滤波器后的输出为

$$J_{BP2}(t) = \frac{1}{2}A_{BP1}A_{LP1}A_{BP2}A_t U_j K_N\cos 2\pi(Nf_m + f_0 - f_j)t \tag{5.87}$$

其中，K_N 是 $J_b(t)$ 的 N 次谐波系数。

$J_{BP2}(t)$ 与参考信号 $x(t) = \cos(2\pi Nf_m t)$ 在混频器 2 中混频并进行多普勒低通滤波，输出信号为

$$J_{out1}(t) = \frac{1}{4}A_{BP1}A_{LP1}A_{BP2}A_{LP2}A_t U_j K_N\cos 2\pi(f_0 - f_j)t \tag{5.88}$$

该信号的功率 $P_{o1} = \frac{1}{32}(A_{BP1}A_{LP1}A_{BP2}A_{LP2}A_t U_j K_N)^2$，所以噪声调幅干扰条件下调频引信输出的总干扰功率为

$$P_{Jo} = \frac{(A_{BP1}A_{LP1}A_{BP2}A_{LP2}A_t)^2}{32}\left[(U_j K_N)^2 + \frac{25\sigma_n^2 f_{dmax}f_m}{\Delta F\Delta F_j}\right] \tag{5.89}$$

则输出信干比为

$$\text{SJR}_o = \frac{P_{So}}{P_{Jo}} = \frac{(\lambda A_t)^2 \overline{k^2(N,\tau)}}{(U_j K_N)^2 + \dfrac{25\sigma_n^2 f_{dmax}f_m}{\Delta F\Delta F_j}} \tag{5.90}$$

所以，噪声调幅干扰作用下引信的处理增益为

$$G = \frac{(U_j^2 + \sigma_n^2) \overrightarrow{k^2(N, \tau)} \Delta F \Delta F_j}{(U_j K_N)^2 \Delta F \Delta F_j + 25\sigma_n^2 f_{d\max} f_m} \tag{5.91}$$

4. 噪声调频干扰

噪声调频干扰同样是一种广义平稳随机过程，表达式见式（5.21）。

通常情况下，噪声调频信号功率谱密度可以近似为高斯分布

$$P_J(f) = \frac{U_j^2}{2\sqrt{2\pi}K_{FM}\sigma_n} e^{-\frac{(f-f_j)^2}{2(K_{FM}\sigma_n)^2}} \tag{5.92}$$

所以干扰信号的输入功率为

$$P_{Ji} = \frac{U_j^2}{2} \tag{5.93}$$

则输入信干比为

$$\mathrm{SJR}_i = \frac{P_{Si}}{P_{Ji}} = \frac{(\lambda A_t)^2}{U_j^2} \tag{5.94}$$

高斯分布的干扰信号通过带通滤波器之后，是一带限信号，并且相比于载频频率，其带宽是很小的。所以可以将带通滤波输出的信号近似为一窄带噪声信号：

$$J_{BP1}(t) = A_{BP1}U_j U'_n(t)\cos[2\pi f_0 t + \varphi'(t)] \tag{5.95}$$

它的平均功率为

$$P_{BP1} = A_{BP1}^2 \int_{f_0-\Delta F}^{f_0+\Delta F} P_J(f)\,\mathrm{d}f = \frac{(A_{BP1}U_j)^2}{2}\left[\Phi\left(\frac{f_0+\Delta F-f_j}{K_{FM}\sigma_n}\right) - \Phi\left(\frac{f_0-\Delta F-f_j}{K_{FM}\sigma_n}\right)\right] \tag{5.96}$$

那么其等效矩形功率谱密度可以表示为

$$P_{BP1}(f) = \begin{cases} \dfrac{(A_{BP1}U_j)^2}{2}\left[\Phi\left(\dfrac{f_0+\Delta F-f_j}{K_{FM}\sigma_n}\right) - \Phi\left(\dfrac{f_0-\Delta F-f_j}{K_{FM}\sigma_n}\right)\right] \bigg/ (4\Delta F), \ |f \pm f_0| \leqslant \Delta F \\ 0, \text{其他} \end{cases} \tag{5.97}$$

由于通过带通滤波器后的信号与射频噪声信号通过带通滤波器后形式相同，都为窄带噪声信号，所以根据上文对射频噪声干扰的推导，可得输出信号时域表达式和功率谱分别为

$$J_{\mathrm{out}}(t) = \frac{A_{BP1}A_{LP1}A_{BP2}A_{LP2}A_t U_j}{4} U''_n(t)\cos[\varphi''(t)] \tag{5.98}$$

$$P_{Jo} = (A_{BP1}A_{LP1}A_{BP2}A_{LP2}A_t U_j)^2 \frac{25 f_{d\max} f_m}{4\Delta F^2}\left[\Phi\left(\frac{f_0+\Delta F-f_j}{K_{FM}\sigma_n}\right) - \Phi\left(\frac{f_0-\Delta F-f_j}{K_{FM}\sigma_n}\right)\right] \tag{5.99}$$

则输出信干比为

$$\mathrm{SJR}_o = \frac{P_{So}}{P_{Jo}} = \frac{(\lambda A_t)^2 \Delta F^2 \overrightarrow{k^2(N,\tau)}}{200 U_j^2 f_{d\max} f_m \left[\Phi\left(\frac{f_0 + \Delta F - f_j}{K_{FM}\sigma_n}\right) - \Phi\left(\frac{f_0 - \Delta F - f_j}{K_{FM}\sigma_n}\right) \right]} \tag{5.100}$$

所以，噪声调频干扰作用下引信的处理增益

$$G = \frac{\Delta F^2 \overrightarrow{k^2(N,\tau)}}{200 f_{d\max} f_m \left[\Phi\left(\frac{f_0 + \Delta F - f_j}{K_{FM}\sigma_n}\right) - \Phi\left(\frac{f_0 - \Delta F - f_j}{K_{FM}\sigma_n}\right) \right]} \tag{5.101}$$

5. 方波调幅干扰

根据方波调幅干扰信号表达式（5.38），可将其表示成傅里叶级数形式

$$J(t) = A_j\cos(2\pi f_j t + \varphi_j) + A_j m_a \cos(2\pi f_j t + \varphi_j) \sum_{n=-\infty}^{+\infty} a_n^J \mathrm{e}^{\mathrm{j}2\pi n f_d t} \tag{5.102}$$

式中，$a_n^J = \begin{cases} \dfrac{2i}{\pi k}, & n \text{ 为奇数} \\ 0, & n \text{ 为偶数} \end{cases}$。则干扰信号输入功率为

$$P_{Ji} = \frac{1}{2}(1 + m_a^2)A_j^2 \tag{5.103}$$

输入信干比为

$$\mathrm{SJR}_i = \frac{P_{Si}}{P_{Ji}} = \frac{(\lambda A_t)^2}{(1 + m_a^2)A_j^2} \tag{5.104}$$

假设 $f_j \approx f_c$，$f_{dj} \approx f_d$，则干扰信号通过带通滤波输出为

$$J_{BP1}(t) = A_{BP1}A_j\cos(2\pi f_j t + \varphi_j) + A_{BP1}A_j m_a \cos(2\pi f_j t + \varphi_j)\sum_n a_n^J \mathrm{e}^{\mathrm{j}2\pi n f_d t} \tag{5.105}$$

$J_{BP1}(t)$ 与本地信号在混频器 1 中混频，经过低通滤波后输出的信号为

$$J_b(t) = \frac{1}{2}A_t A_{BP1} A_{LP1} A_j \cdot$$

$$\left\{ \cos\left[2\pi(f_j - f_0)t + \varphi_j\right] + m_a\cos\left[2\pi(f_j - f_0)t + \varphi_j\right]\sum_n a_n^J \mathrm{e}^{\mathrm{j}2\pi n f_d t} \right\}\sum_m a_m \mathrm{e}^{\mathrm{j}2\pi m f_m t}$$

$$\tag{5.106}$$

对 $J_b(t)$ 进行 N 次谐波处的带通滤波，输出的信号为

$$J_{BP2}(t) = A_t A_{BP1} A_{LP1} A_{BP2} A_j a_N \cdot$$

$$\left\{ \cos\left[2\pi(f_j - f_0)t + \varphi_j\right] + m_a\cos\left[2\pi(f_j - f_0)t + \varphi_j\right]\sum_n a_n^J \mathrm{e}^{\mathrm{j}2\pi n f_d t} \right\}\cos 2\pi N f_m t$$

$$\tag{5.107}$$

$J_{BP2}(t)$ 与参考信号 $\cos(2\pi N f_m t)$ 混频并经过多普勒低通滤波，可得输出信号为

$$J_{\mathrm{out}}(t) = \frac{1}{2}A_t A_{BP1} A_{LP1} A_{BP2} A_{LP2} A_j a_N \cdot$$

$$\left\{\cos\left[2\pi(f_j - f_0)t + \varphi_j\right] + m_a\cos\left[2\pi(f_j - f_0)t + \varphi_j\right]\sum_n a_n^J e^{j2\pi n f_{dj}t}\right\} \quad (5.108)$$

式中，n 为 $\left[-f_{dmax}/f_{dj},\ f_{dmax}/f_{dj}\right]$ 范围内的整数。

所以输出干扰信号功率为

$$P_{Jo} = \left[1 + \sum_n (a_n^J m_a)^2\right]\frac{(A_t A_{BP1} A_{LP1} A_{BP2} A_{LP2} A_j a_N)^2}{8} \quad (5.109)$$

则输出信干比为

$$\text{SJR}_o = \frac{P_{So}}{P_{Jo}} = \frac{(\lambda A_t)^2 \overrightarrow{k^2(N,\tau)}}{4(A_j a_N)^2\left[1 + \sum_n (a_n^J m_a)^2\right]} \quad (5.110)$$

所以，方波调幅干扰作用下引信处理增益为

$$G = \frac{\text{SJR}_o}{\text{SJR}_i} = \frac{(1 + m_a^2)\overrightarrow{k^2(N,\tau)}}{4a_N^2\left[1 + \sum_n (a_n^J m_a)^2\right]} \quad (5.111)$$

6. 正弦波调幅干扰

正弦调幅干扰信号可表示见式（5.45），则干扰信号的输入功率为

$$P_{Ji} = \frac{1}{2}\left(1 + \frac{m_a^2}{2}\right)A_j^2 \quad (5.112)$$

所以，输入信干比为

$$\text{SJR}_i = \frac{P_{Si}}{P_{Ji}} = \frac{(\lambda A_t)^2}{\left(1 + \dfrac{m_a^2}{2}\right)A_j^2} \quad (5.113)$$

假设 $f_j \approx f_c$，$f_{dj} \approx f_d$，则干扰信号通过带通滤波器后输出信号为

$$J_{BP1}(t) = A_{BP1} A_j\left[1 + m_a\cos(2\pi f_{dj}t)\right]\cos(2\pi f_j t + \varphi_j) \quad (5.114)$$

将本地信号表示成傅里叶级数形式：

$$S_t(t) = A_t\cos 2\pi f_0 t \sum_{m=-\infty}^{+\infty} a_m e^{j2\pi m f_m t} \quad (5.115)$$

式中，

$$a_m = \left\{\cos\left[\frac{\pi(\mu+m)^2}{4\mu}\right]\left[C(a) + C(b)\right] - \sin\left[\frac{\pi(\mu+m)^2}{4\mu}\right]\left[S(a) + S(b)\right]\right\}\Big/\sqrt{2\mu}$$

式中，$\mu = \dfrac{\Delta F}{f_m}$ 为调频指数；$a = \dfrac{\mu - m}{\sqrt{2\mu}}$；$b = \dfrac{\mu + m}{\sqrt{2\mu}}$；$C(a)$，$C(b)$，$S(a)$，$S(b)$ 为菲涅尔积分。

那么 $J_{BP1}(t)$ 与本地信号在混频器 1 混频并经低通滤波的输出信号为

$$J_b(t) = \frac{1}{2}A_t A_{BP1} A_{LP1} A_j \cdot$$

$$\left\{\cos\left[2\pi\left(f_j - f_0\right)t + \varphi_j\right] + \frac{m_a}{2}\cos\left[2\pi\left(f_j - f_0 \pm f_{dj}\right)t + \varphi_j\right]\right\}\sum_m a_m e^{j2\pi n f_m t}$$

$$\tag{5.116}$$

对信号 $J_b(t)$ 进行 N 次谐波处的带通滤波，可得输出信号为

$$J_{BP2}(t) = A_t A_{BP1} A_{LP1} A_{BP2} A_j a_N \cdot$$

$$\left\{\cos\left[2\pi\left(f_j - f_0\right)t + \varphi_j\right] + \frac{m_a}{2}\cos\left[2\pi\left(f_j - f_0 \pm f_{dj}\right)t + \varphi_j\right]\right\}\cos 2\pi N f_m t \tag{5.117}$$

$J_{BP2}(t)$ 与参考信号 $\cos 2\pi N f_m t$ 混频并进行多普勒低通滤波，可得输出信号为

$$J_{\text{out}}(t) = \frac{1}{2}A_t A_{BP1} A_{LP1} A_{BP2} A_{LP2} A_j a_N \cdot$$

$$\left\{\cos\left[2\pi\left(f_j - f_0\right)t + \varphi_j\right] + \frac{m_a}{2}\cos\left[2\pi\left(f_j - f_0 \pm f_{dj}\right)t + \varphi_j\right]\right\} \tag{5.118}$$

所以，干扰信号的输出功率为

$$P_{Jo} = \left(1 + \frac{m_a^2}{2}\right)\frac{\left(A_t A_{BP1} A_{LP1} A_{BP2} A_{LP2} A_j a_N\right)^2}{8} \tag{5.119}$$

则输出信干比为

$$\text{SJR}_o = \frac{P_{So}}{P_{Jo}} = \frac{\left(\lambda A_t\right)^2 \overrightarrow{k^2\left(N, \tau\right)}}{4\left(A_j a_N\right)^2\left(1 + \frac{m_a^2}{2}\right)} \tag{5.120}$$

所以，正弦波调幅干扰作用下引信处理增益为

$$G = \frac{\overrightarrow{k^2\left(N, \tau\right)}}{4a_N^2} \tag{5.121}$$

7. 正弦波调频干扰

根据正弦调频干扰信号表达式（5.52），将其表示成傅里叶级数形式：

$$J(t) = A_j \cos 2\pi f_j t \sum_{n=-\infty}^{+\infty} a_n^J e^{j2\pi n f_d t} \tag{5.122}$$

式中，$a_n^J = J_n(\mu)$ 是 n 阶贝塞尔函数；$\mu = \dfrac{\Delta F_j}{f_{dj}}$，表示调频指数。所以，干扰信号输入功率为

$$P_{Ji} = \frac{A_j^2}{2} \tag{5.123}$$

则输入信干比为

$$\text{SJR}_i = \frac{P_{Si}}{P_{Ji}} = \frac{\left(\lambda A_t\right)^2}{A_j^2} \tag{5.124}$$

假设 $f_j \approx f_c$，$f_{dj} \approx f_d$，则干扰信号通过带通滤波器后的输出信号可以表示为

$$J_{BP1}(t) = A_{BP1} A_j \cos 2\pi f_j t \sum_n a_n^J e^{j2\pi n f_d t} \tag{5.125}$$

$J_{BP1}(t)$ 与本地信号混频并进行低通滤波后的信号可以表示为

$$J_b(t) = \frac{1}{2}A_t A_{BP1}A_{LP1}A_j\cos2\pi(f_j - f_0)t \cdot \sum_{n,m}\left(\sum_{n,m}a_n^J a_m\right)e^{j2\pi(nf_{dj}+mf_m)t} \qquad (5.126)$$

对信号 $J_b(t)$ 进行 N 次谐波处的带通滤波，输出的信号为

$$J_{BP2}(t) = \frac{1}{2}A_t A_{BP1}A_{LP1}A_{BP2}A_j\cos2\pi(f_j - f_0)t \cdot \sum_{n,m}\left(\sum_{n,m}a_n^J a_m\right)e^{j2\pi(nf_{dj}+mf_m)t} \qquad (5.127)$$

$J_{BP2}(t)$ 与参考信号 $\cos(2\pi Nf_m t)$ 混频，并进行多普勒低通滤波，可得输出信号为

$$J_{\text{out}}(t) = \frac{1}{2}A_t A_{BP1}A_{LP1}A_{BP2}A_{LP2}A_j \cdot$$

$$\cos[2\pi(f_j - f_0)t]\sum_{n,m}\left(\sum_{n,m}a_n^J a_m\right)\cos2\pi(nf_{dj} + mf_m - Nf_m)t \qquad (5.128)$$

所以，干扰信号的输出功率为

$$P_{Jo} = \frac{(A_t A_{BP1}A_{LP1}A_{BP2}A_{LP2}A_j)^2}{16}\sum_{n,m}\left(\sum_{n,m}a_n^J a_m\right)^2 \qquad (5.129)$$

则输出信干比为

$$\text{SJR}_o = \frac{P_{So}}{P_{Jo}} = \frac{(\lambda A_t)^2\,\overrightarrow{k^2(N,\tau)}}{2A_j^2\sum_{n,m}\left(\sum_{n,m}a_n^J a_m\right)^2} \qquad (5.130)$$

所以，正弦波调频干扰作用下引信处理增益为

$$G = \frac{\overrightarrow{k^2(N,\tau)}}{2\sum_{n,m}\left(\sum_{n,m}a_n^J a_m\right)^2} \qquad (5.131)$$

上述理论推导获取的不同干扰信号作用下调频引信的处理增益见表5.2。

5.1.3 脉冲多普勒引信收发相关信道保护能力

1. 脉冲多普勒体制引信工作原理

脉冲多普勒引信是利用距离波门定距，综合了脉冲体制和多普勒体制引信的特点，可以测速，也能定距。由于是脉冲体制，只在脉冲期间发射信号，功率较小，具有较强的抗干扰能力，工作原理框图如2.8所示。

2. 射频噪声干扰

（1）发射信号

①脉冲发生器产生的脉冲串信号为

$$S_0(t) = A_0 P_{\frac{\tau_0}{2}}(t)\otimes\sum_{-\infty}^{+\infty}\delta(t - NT_r) \qquad (5.132)$$

式中，A_0 为脉冲幅度；$P_{\frac{\tau_0}{2}}$ 为宽度为 τ、幅度为 1 的脉冲；T_r 为脉冲重复周期。

②高频振荡器的输出信号为

表 5.2　不同干扰信号作用下调频引信的处理增益

波形样式	输入信干比	输出信干比	处理增益
射频噪声	$\dfrac{(\lambda A_t)^2}{2\sigma_n^2}$	$\dfrac{(\lambda A_t)^2 \Delta F \Delta F_j \overrightarrow{k^2(N,\tau)}}{800\sigma_n^2 f_{d\max} f_m}$	$\dfrac{\Delta F \Delta F_j \overrightarrow{k^2(N,\tau)}}{400 f_{d\max} f_m}$
噪声调幅	$\dfrac{(\lambda A_t)^2}{U_j^2 + \sigma_n^2}$	$\dfrac{(\lambda A_t)^2 \overrightarrow{k^2(N,\tau)}}{(U_j K_N)^2 + \dfrac{25\sigma_n^2 f_{d\max} f_m}{\Delta F \Delta F_j}}$	$\dfrac{(U_j^2 + \sigma_n^2) \overrightarrow{k^2(N,\tau)} \Delta F \Delta F_j}{(U_j K_N)^2 \Delta F \Delta F_j + 25\sigma_n^2 f_{d\max} f_m}$
噪声调频	$\dfrac{(\lambda A_t)^2}{U_j^2}$	$\dfrac{(\lambda A_t)^2 \Delta F^2 \overrightarrow{k^2(N,\tau)}}{200 U_j^2 f_{d\max} f_m \left[\Phi\left(\dfrac{f_0+\Delta F-f_j}{K_{FM}\sigma_n}\right) - \Phi\left(\dfrac{f_0-\Delta F-f_j}{K_{FM}\sigma_n}\right)\right]}$	$\dfrac{\Delta F^2 \overrightarrow{k^2(N,\tau)}}{200 f_{d\max} f_m \left[\Phi\left(\dfrac{f_0+\Delta F-f_j}{K_{FM}\sigma_n}\right) - \Phi\left(\dfrac{f_0-\Delta F-f_j}{K_{FM}\sigma_n}\right)\right]}$
方波调幅	$\dfrac{(\lambda A_t)^2}{(1+m_a^2)A_j^2}$	$\dfrac{(\lambda A_t)^2 \overrightarrow{k^2(N,\tau)}}{4(A_j a_N)^2 \left[1 + \sum\limits_n (a_n^J m_a)^2\right]}$	$\dfrac{(1+m_a^2)\overrightarrow{k^2(N,\tau)}}{4 a_N^2 \left[1 + \sum\limits_n (a_n^J m_a)^2\right]}$
正弦调幅	$\dfrac{(\lambda A_t)^2}{\left(1+\dfrac{m_a^2}{2}\right)A_j^2}$	$\dfrac{(\lambda A_t)^2 \overrightarrow{k^2(N,\tau)}}{4(A_j a_N)^2 \left(1+\dfrac{m_a^2}{2}\right)}$	$\dfrac{\overrightarrow{k^2(N,\tau)}}{4 a_N^2}$
正弦调频	$\dfrac{(\lambda A_t)^2}{A_j^2}$	$\dfrac{(\lambda A_t)^2 \overrightarrow{k^2(N,\tau)}}{2A_j^2 \sum\limits_{n,m}\left(\sum\limits_{n,m} a_n^J a_m\right)^2}$	$\dfrac{\overrightarrow{k^2(N,\tau)}}{2\sum\limits_{n,m}\left(\sum\limits_{n,m} a_n^J a_m\right)^2}$

$$U_0(t) = U_0 \cos(\omega_0 t + \varphi_0) \tag{5.133}$$

式中，U_0 为振荡器信号振幅；ω_0 为振荡器角频率；φ_0 为初始相位。

③发射脉冲：

$$S_r(t) = A_t \cos\left[(\omega_0 t + \varphi_0)\right] \left[P_{\frac{\tau_0}{2}}(t) \otimes \sum_{-\infty}^{\infty} \delta(t - NT_r)\right] \tag{5.134}$$

式中，A_t 为射频脉冲幅度。

（2）接收回波

考虑动态过程中多普勒频率的影响，目标回波信号可以表示为

$$S_r(t) = \lambda A_t \cos\left[(\omega_0 + \omega_d)t + \varphi_r\right] \left[P_{\frac{\tau_0}{2}}(t - \tau(t)) \otimes \sum_{-\infty}^{\infty} \delta(t - NT_r)\right] \tag{5.135}$$

式中，$\tau(t) = \dfrac{2(R_0 - v_r t)}{C}$ 为目标回波延迟时间，R_0 为探测器开始工作时的弹目距离，v_r 为弹目相对速度；$A_r = \lambda A_t$ 为回波的幅度（A_r 为时变量，与弹目距离、天线方向图、目标 σ、方向增益有关）；ω_d 为多普勒频率；φ_r 为回波相位。目标回波平均功率为

$$P_{Si} = \lim_{T \to \infty} \frac{1}{T} \int_{-\frac{T}{2}}^{\frac{T}{2}} S_r^2(t)\,\mathrm{d}t = \frac{\lambda^2 A_t^2 \tau_0}{2T_r} \tag{5.136}$$

射频噪声干扰信号可以表示为式（5.18），则射频噪声的功率谱经常采用瞄准引信信号频率的矩形功率谱表示

$$P_{Ji}(w) = \begin{cases} \dfrac{N_0}{2}, & |\omega \pm \omega_j| \leqslant \pi \Delta F_n \\ 0, & \text{其他} \end{cases} \tag{5.137}$$

式中，$\dfrac{N_0}{2}$ 为射频噪声的双边功率谱密度；ΔF_n 为单边等效带宽，所以输入射频噪声功率为

$$P_{Ji} = \frac{1}{2\pi} \int_{-\infty}^{\infty} \frac{N_0}{2} \cdot 2\pi \cdot 2\Delta F_n \mathrm{d}\omega = N_0 \Delta F_n \tag{5.138}$$

所以，输入信噪比为

$$\mathrm{SJR}_i = \frac{P_{Si}}{P_{Ji}} = \frac{A_r^2 \tau_0}{2N_0 \Delta F_n T_r} = \frac{\lambda^2 A_t^2 \tau_0}{2N_0 \Delta F_n T_r} \tag{5.139}$$

（3）带通滤波器

回波由接收天线接收后，首先会通过一个中心频率为载频 ω_0 的带通滤波器，用以滤除通带外的噪声。所以，目标信号通过带通滤波器后保持不变，而射频噪声 $J(t)$ 经过带通滤波器后变为窄带噪声 $J_1(t)$，其单边带等效带宽约为 $1/\tau_0$，功率谱为

$$P_{J1}(\omega) = \begin{cases} \dfrac{N_0}{2}, & |\omega \pm \omega_0| \leqslant \dfrac{2\pi}{\tau_0} \\ 0, & \text{其他} \end{cases} \tag{5.140}$$

（4）混频器

带通滤波后的回波信号 $S_1(t)$ 或者干扰信号 $J_1(t)$ 经过混频器后的输出信号分别为

$$S_d(t) = \frac{1}{2}KA_rU_0\cos(\omega_d t + \varphi_r - \omega_0)\left[P_{\frac{\tau_0}{2}}(t - \tau(t)) \otimes \sum_{-\infty}^{\infty}\delta(t - NT_r)\right]$$

(5.141)

$$J_d(t) = \frac{1}{2}KU_0\left[n_c(t)\cos\varphi_0 + n_s(t)\sin\varphi_0\right]$$ (5.142)

式中，K 为混频器系数；U_0 为高频本振的振幅；$n_c(t)$ 与 $n_s(t)$ 为窄带噪声的同相分量与异相分量，其二阶矩与 $J(t)$ 的相同。

由随机过程理论可得 $J_d(t)$ 的功率谱

$$P_{J_d}(\omega) = \begin{cases} \frac{1}{2}K^2U_0^2 \cdot \frac{N_0}{2}, & |\omega| \leqslant \frac{2\pi}{\tau_0} \\ 0, & \text{其他} \end{cases}$$

(5.143)

（5）距离门选通

脉冲多普勒引信距离门选通工作波形如图 5.9 所示。

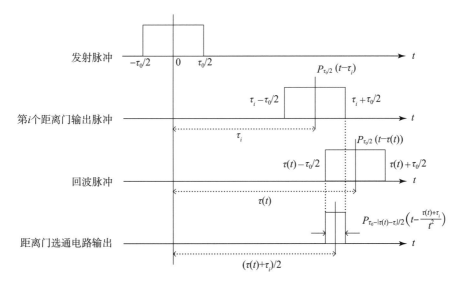

图 5.9　脉冲多普勒引信距离门选通波形

回波信号经距离门选通后，输出为

$$S_{dR}(t) = S_d(t) \cdot S_R(t)$$ (5.144)

式中，$S_R(t)$ 为脉冲延迟后形成的距离门信号

$$S_R(t) = A_0 P_{\frac{\tau_0}{2}}(t - \tau_i) \otimes \sum_{-\infty}^{\infty}\delta(t - NT_r)$$ (5.145)

式中，τ_i 为距离门固定延迟。由之前的时频域分析距离门输出信号的时域表达式

$$S_{dR}(t) = \begin{cases} \dfrac{1}{2}KA_0U_0[n_c(t)\cos\varphi_0 + n_s(t)\sin\varphi_0] \cdot \left[P_{\frac{\tau_0}{2}}(t-\tau_i) \otimes \sum_{-\infty}^{\infty}\delta(t-NT_r) \right], \\[2mm] \tau(t) > \tau_i + \tau_0, t < \dfrac{R_0}{V_r} - \dfrac{C\tau_i}{2V_r} - \dfrac{C_0}{2V_r} \\[3mm] \dfrac{1}{2}KA_rA_0U_0\cos(\omega_d t + \varphi_r - \varphi_0) \cdot \left[P_{\frac{\tau_0-|\tau(t)-\tau_i|}{2}}\left(t - \dfrac{\tau(t)+\tau_i}{2}\right) \otimes \sum_{-\infty}^{\infty}\delta(t-NT_r) \right], \\[2mm] \tau_i - \tau_0 \leq \tau(t) \leq \tau_i + \tau_0 \\[3mm] \dfrac{1}{2}KA_0U_0[n_c(t)\cos\varphi_0 + n_s(t)\sin\varphi_0] \cdot \left[P_{\frac{\tau_0}{2}}(t-\tau_i) \otimes \sum_{-\infty}^{\infty}\delta(t-NT_r) \right], \\[2mm] \dfrac{R_0}{V_r} - \dfrac{C\tau_i}{2V_r} - \dfrac{C\tau_0}{2V_r} \leq t \leq \dfrac{R_0}{V_r} - \dfrac{C\tau_i}{2V_r} + \dfrac{C\tau_0}{2V_r} \\[3mm] \dfrac{1}{2}KA_0U_0[n_c(t)\cos\varphi_0 + n_s(t)\sin\varphi_0] \cdot \left[P_{\frac{\tau_0}{2}}(t-\tau_i) \otimes \sum_{-\infty}^{\infty}\delta(t-NT_r) \right], \\[2mm] \tau(t) < \tau_i - \tau_0, t > \dfrac{R_0}{V_r} - \dfrac{C\tau_i}{2V_r} + \dfrac{C\tau_0}{2V_r} \end{cases}$$

$$(5.146)$$

干扰信号通过距离门之后的输出信号为

$$J_{dR}(t) = J_d(t) \cdot A_0 \left[P_{\frac{\tau_0}{2}}(t-\tau_i) \otimes \sum_{n=-\infty}^{\infty}\delta(t-NT_r) \right] = J_d(t) \cdot S_R(t) \quad (5.147)$$

$S_R(t)$ 的傅里叶级数可表示为

$$S_R(t) = A_0 \cdot \left[\frac{\tau_0}{T_r} + \frac{2\tau_0}{T_r} \cdot \sum_{n=1}^{\infty}\text{sinc}\left(\frac{n\pi\tau_0}{T_r}\right)\cos\left(\frac{2n\pi t}{T_r}\right) \right] \quad (5.148)$$

由随机过程理论可知，设 $R(\tau)$ 为 $n(t)$ 的相关函数，$P(\omega)$ 为 $n(t)$ 的功率谱。对于 $n'(t) = n(t) \cdot A \cdot \cos\omega_0 t$，其功率谱 $P'(\omega) = \dfrac{A^2}{4}[P(\omega+\omega_0) + P(\omega-\omega_0)]$。所以根据上述讨论及关系式

$$J_{dR}(t) = J_d(t) \cdot S_R(t) = \frac{A_0\tau_0}{T_r} \cdot J_d(t) + \frac{2A_0\tau_0}{T_r}\sum_{n=1}^{\infty}\text{sinc}\left(\frac{n\pi\tau_0}{T_r}\right)\cos\left(\frac{2n\pi t}{T_r}\right) \cdot J_d(t)$$

$$(5.149)$$

可知 $J_{dR}(t)$ 的功率谱为

$$P_{J_{dR}}(\omega) = \frac{A_0^2 \cdot \tau_0^2}{T_r^2}P_{Jd}(\omega) + \frac{1}{4}\left(\frac{2A_0 \cdot \tau_0}{T_r}\right)^2\sum_{n=1}^{\infty}\text{sinc}^2\left(\frac{n\pi\tau_0}{T_r}\right)\left[P_{Jd}\left(\omega + \frac{2n\pi}{T_r}\right) + P_{Jd}\left(\omega - \frac{2n\pi}{T_r}\right) \right]$$

$$(5.150)$$

所以，距离门选通后的射频噪声干扰的功率谱为

$$P_{J_{dR}}(\omega) = \frac{K^2 \cdot U_0^2 \cdot A_0^2 \cdot \tau_0^2 \cdot N_0}{4T_r^2}h(\omega) +$$

$$\frac{K^2 \cdot U_0^2 \cdot A_0^2 \cdot \tau_0^2 \cdot N_0}{4T_r^2}\sum_{n=1}^{\infty}\mathrm{sinc}^2\left(\frac{n\pi\tau_0}{T_r}\right)\left[h\left(\omega+\frac{2n\pi}{T_r}\right)+h\left(\omega-\frac{2n\pi}{T_r}\right)\right]$$

$$(5.151)$$

（6）多普勒滤波器

目标回波信号或者干扰信号经过距离门之后，再通过多普勒滤波器进行低通滤波，即可获得基带多普勒输出信号。目标回波信号输出的基带多普勒信号可以表示为

$$S_o(t) = \frac{KA_rA_0U_0(\tau_0-|\Delta\tau|)}{2T_r} \cdot \cos(\omega_dt+\varphi_r-\varphi_0)\binom{|\Delta\tau|=|\tau_{(t)}-\tau_i|\leqslant\tau_0}{\tau_i-\tau_0\leqslant\tau_{(t)}\leqslant\tau_i+\tau_0}$$

$$(5.152)$$

当 $\tau_{(t)}=\tau_i$ 时，即距离门信号与回波信号完全相关时，达到峰值功率，此时 $\Delta\tau=\tau_{(t)}-\tau_i=0$，$S_{o\max}(t)=\dfrac{KA_rA_0U_0\tau_0}{2T_r} \cdot \cos(\omega_dt+\varphi_r-\varphi_0)$。

所以信号处理基带多普勒滤波器后有用信号的峰值功率为（$A_r=\lambda \cdot A_t$）

$$P_{So} = R_{o\max}(0) = \frac{K^2A_r^2A_0^2U_0^2\tau_0^2}{8T_r^2} = \frac{\lambda^2K^2A_t^2A_0^2U_0^2\tau_0^2}{8T_r^2}$$

$$(5.153)$$

干扰信号输出的基带信号可以表示为

$$J_o(t) = \frac{KA_0U_0\pi\tau_0}{T_r} \cdot \left[\sum_{N=-T_r/\tau_0}^{T_r/\tau_0}\mathrm{sinc}\left(\frac{N\Omega_r\tau_0}{2}\right)\mathrm{e}^{-\mathrm{j}N\Omega_r\tau_i}\right] \cdot n'(t)$$

$$(5.154)$$

距离门选通后的射频噪声 $J_{dR}(t)$ 经过基带多普勒滤波器（LPF），功率谱发生变化，只有处于 $[-\omega_d,\omega_d]$ 内的功率谱得到保留。但由于 $h(\omega)$ 的带宽 $\dfrac{4\pi}{\tau_0}\gg\Omega_r=\dfrac{2\pi}{T_r}$，$P_{J_{dR}}(\omega)$ 在 $[-\omega_d,\omega_d]$ 上是多个 $h\left(\omega-\dfrac{2n\pi}{T_r}\right)$ 的叠加$\left(其中|n|<\dfrac{2\pi/\tau_0}{2\pi/T_r}=\dfrac{T_r}{\tau_0}=\dfrac{1}{\alpha}\right)$。所以基带多普勒滤波器输出的噪声功率谱

$$P_{Jo}(\omega) \approx \frac{K^2U_0^2A_0^2\tau_0^2N_0}{4T_r^2} \cdot \left[\sum_{n=-T_r/\tau_0}^{T_r/\tau_0}\mathrm{sinc}^2\left(\frac{n\pi\tau_0}{T_r}\right) \cdot\right]h'(\omega)$$

$$(5.155)$$

式中，$h'(\omega)=\begin{cases}1,|\omega|\leqslant\omega_d\\0,其他\end{cases}$。所以基带多普勒滤波器输出的噪声功率

$$P_{Jo} = \frac{1}{2\pi}\int_{-\infty}^{\infty}P_{Jo}(\omega)\mathrm{d}\omega = \frac{K^2U_0^2A_0^2\tau_0^2N_0F_d}{T_r^2} \cdot \left[\frac{1}{2}+\sum_{n=1}^{T_r/\tau_0}\mathrm{sinc}^2\left(\frac{n\pi\tau_0}{T_r}\right)\right] \quad (5.156)$$

则输出信干比为

$$\mathrm{SJR}_o = \frac{P_{So}}{P_{Jo}} = \frac{\lambda^2 A_t^2}{8N_0 F_d \left[\frac{1}{2} + \sum_{n=1}^{T_r/\tau_0} \mathrm{sinc}^2 \left(\frac{n\pi\tau_0}{T_r} \right) \right]} \tag{5.157}$$

所以，射频噪声干扰信号作用下引信的处理增益为

$$G = \frac{\mathrm{SJR}_o}{\mathrm{SJR}_i} = \frac{\Delta F_n}{4\alpha F_d \left[\frac{1}{2} + \sum_{n=1}^{T_r/\tau_0} \mathrm{sinc}^2 \left(\frac{n\pi\tau_0}{T_r} \right) \right]} \tag{5.158}$$

由上述表达式可以看出，处理增益与脉冲的占空比系数 $\alpha = \frac{\tau_0}{T_r}$ 有关，α 越小，处理增益越大，且与距离门的固定延迟 τ_j 也有关系，当 $\omega_j = k\pi$ 时，G 最大。

3. 噪声调幅干扰

噪声调幅干扰信号可以表示为式（5.15），则噪声调幅干扰信号的功率谱为

$$P_{Ji}(\omega) = \frac{1}{4} \left[U_j^2 2\pi\delta(\omega - \omega_j) + U_j^2 2\pi\delta(\omega + \omega_j) + G_n(\omega - \omega_j) + G_n(\omega + \omega_j) \right] \tag{5.159}$$

式中，$\sigma_n(\omega) = \int_{-\infty}^{\infty} R_n(\tau) \mathrm{e}^{-\mathrm{j}\omega\tau} \mathrm{d}\tau$，$G_n(\omega) = \begin{cases} \dfrac{\sigma_n^2}{2\Delta F_n}, |\omega| \leqslant \Delta F_n \cdot 2\pi \\ 0, 其他 \end{cases}$，$\Delta F_n$ 为调制噪声的单边等效带宽。设调制噪声的功率谱密度为 $\dfrac{N_0}{2}$，则 $\dfrac{N_0}{2} = \dfrac{\sigma_n^2}{2\Delta F_n}$。则噪声调幅干扰信号的功率 $P_{Ji} = \dfrac{1}{2}(U_j^2 + \sigma_n^2)$。所以，输入信干比为

$$\mathrm{SJR}_i = \frac{P_{Si}}{P_{Ji}} = \frac{A_r^2 \tau_0}{(U_j^2 + \sigma_n^2) T_r} = \frac{\lambda^2 A_t^2 \tau_0}{(U_j^2 + \sigma_n^2) T_r} \tag{5.160}$$

噪声调幅信号经过带通滤波器后，信号形式不变，只是宽带的噪声变为窄带噪声，单边带等效带宽为 $\dfrac{1}{\tau_0}$。

$$J_{N1}(t) = (U_j + U_n{}'(t))\cos(\omega_j t + \varphi_n) \tag{5.161}$$

此时干扰信号功率谱为

$$P_{J_{N1}}(\omega) = \frac{1}{4} \left[U_j^2 2\pi\delta(\omega - \omega_j) + U_j^2 2\pi\delta(\omega + \omega_j) + G_n{}'(\omega - \omega_j) + G_n{}'(\omega + \omega_j) \right] \tag{5.162}$$

式中，$G_n{}'(\omega) = \begin{cases} \dfrac{\sigma_n^2}{2\Delta F_n}, |\omega| \leqslant \dfrac{2\pi}{\tau_0} \\ 0, 其他 \end{cases}$。

干扰信号经过带通滤波器后进入混频器并经过低通滤波，可得输出信号的表达

式为

$$J_{Nd}(t) = \frac{1}{2}KU_0(U_j + U_n{'}(t))\cos(\varphi_n - \varphi_0) \tag{5.163}$$

由随机过程理论，$J_{Nd}(t)$ 的自相关函数为

$$R_{J_{Nd}}(\tau) = \frac{1}{4}K^2U_0^2U_{jN}{}^2 + \frac{1}{4}K^2U_0^2R_n{'}(\tau) \tag{5.164}$$

所以 $J_{Nd}(t)$ 的功率谱为

$$P_{J_{Nd}}(\omega) = F[R_{J_{Nd}}(\tau)] = \frac{1}{4}K^2U_0^2[U_j^2 \cdot 2\pi\delta(\omega) + G_n{'}(\omega)] \tag{5.165}$$

式中，$G_n{'}(\omega) = \begin{cases} \dfrac{\sigma_n^2}{2\Delta F_n}, & |\omega| \leqslant \dfrac{2\pi}{\tau_0} \\ 0, & \text{其他} \end{cases}$ 。

干扰信号 $J_{Nd}(t)$ 经距离门输出信号的功率谱为

$$
P_{J_{NdR}}(\omega) = \frac{A_0^2\tau_0^2}{T_r^2}P_{J_{Nd}}(\omega) +
$$
$$
\frac{1}{4}\left(\frac{2A_0\tau_0}{T_r}\right)^2\sum_{n=1}^{\infty}\text{sinc}^2\left(\frac{n\pi\tau_0}{T_r}\right)\left[P_{J_{Nd}}\left(\omega + \frac{2n\pi}{T_r}\right) + P_{J_{Nd}}\left(X\omega - \frac{2n\pi}{T_r}\right)\right]
$$
$$\tag{5.166}$$

设 $h(\omega) = \begin{cases} 1, & |\omega| \leqslant \dfrac{2\pi}{\tau_0} \\ 0, & \text{其他} \end{cases}$ ，则

$$
P_{J_{NdR}}(\omega) = \frac{K^2U_0^2A_0^2\tau_0^2}{4T_r^2}\left[U_j^2 \cdot 2\pi\delta(\omega) + \frac{N_0}{2}h(\omega)\right] +
$$
$$
\frac{K^2U_0^2A_0^2\tau_0^2}{4T_r^2}\sum_{n=1}^{\infty}\text{sinc}^2\left(\frac{n\pi\tau_0}{T_r}\right)\left[U_j^2 \cdot 2\pi\delta\left(\omega + \frac{2n\pi}{T_r}\right) + U_j^2 \cdot 2\pi\delta\left(\omega - \frac{2n\pi}{T_r}\right) + \right.
$$
$$
\left. \frac{N_0}{2}h\left(\omega + \frac{2n\pi}{T_r}\right) + \frac{N_0}{2}h\left(\omega - \frac{2n\pi}{T_r}\right)\right] \tag{5.167}
$$

信号 $J_{NdR}(t)$ 经过基带多普勒滤波器的输出信号表示为 $J_o(t)$ ，功率谱为

$$P_{Jo}(\omega) = |H_L(\omega)|^2 \cdot P_{J_{NdR}}(\omega) \tag{5.168}$$

因为 $h(\omega)$ 的带宽 $\dfrac{4\pi}{\tau_0} \gg \dfrac{2\pi}{T_r}$ ，所以 $P_{J_{NdR}}(\omega)$ 在 $[-\omega_d, \omega_d]$ 上是多个 $h\left(\omega - \dfrac{2n\pi}{T_r}\right)$

的叠加（其中，$|n| < \dfrac{\frac{2\pi}{\tau_0}}{\frac{2\pi}{T_r}} = \dfrac{T_r}{\tau_0} = \dfrac{1}{\alpha}$ ，α 为占空比）。又因为基带多普勒滤波器的通带宽

度 $4\pi f_d < \dfrac{2\pi}{T_r}$ ，所以 $\delta\left(\omega - \dfrac{2n\pi}{T_r}\right)(n \neq 0)$ 的功率谱成分不能通过基带多普勒滤波器。结

合以上讨论，噪声调幅干扰信号经过基带多普勒滤波器的输出信号 $J_o(t)$ 的功率谱为

$$P_{Jo}(\omega) \approx \frac{K^2 U_0^2 A_0^2 \tau_0^2}{4T_r^2} U_{jN}^2 \cdot 2\pi\delta(\omega) + \frac{K^2 U_0^2 A_0^2 \tau_0^2}{4T_r^2}\Big[\sum_{n=-T_r/\tau_0}^{T_r/\tau_0} \text{sinc}^2\Big(\frac{n\pi\tau_0}{T_r}\Big)\Big] \cdot \frac{N_0}{2} \cdot h'(\omega)$$

(5.169)

式中，$h'(\omega) = \begin{cases} 1, & |\omega| \leqslant 2\pi \cdot F_d \\ 0, & \text{其他} \end{cases}$。所以，噪声调幅干扰信号经过基带多普勒滤波器后

输出的平均功率为

$$P_{Jo} = \frac{1}{2\pi}\int_{-\infty}^{\infty} P_{Jo}(\omega)\mathrm{d}\omega = \frac{K^2 U_0^2 A_0^2 \tau_0^2}{2T_r^2} \cdot \Big\{\frac{1}{2}U_j^2 + N_0 F_d \cdot \Big[\frac{1}{2} + \sum_{n=1}^{T_r/\tau_0} \text{sinc}^2\Big(\frac{n\pi\tau_0}{T_r}\Big)\Big]\Big\}$$

(5.170)

则输出信干比为

$$\text{SJR}_o = \frac{P_{So}}{P_{Jo}} = \frac{\lambda^2 A_t^2}{2U_j^2 + 4N_0 F_d \cdot \Big[\frac{1}{2} + \sum_{n=1}^{T_r/\tau_0} \text{sinc}^2\Big(\frac{n\pi\tau_0}{T_r}\Big)\Big]}$$

(5.171)

所以，噪声调幅干扰作用下，引信的峰值信干比处理增益为

$$G = \frac{\text{SJR}_o}{\text{SJR}_i} = \frac{U_j^2 + \sigma_n^2}{2\alpha \cdot \Big\{U_j^2 + 2\frac{\sigma_n^2 \cdot F_d}{\Delta F_n} \cdot \Big[\frac{1}{2} + \sum_{n=1}^{T_r/\tau_0} \text{sinc}^2(n\pi\alpha)\Big]\Big\}}$$

(5.172)

式中，$\alpha = \frac{\tau_0}{T_r}$，为脉冲的占空比系数。对于噪声调幅干扰，其峰值信干比处理增益与占空比 α 及带通滤波器带宽有关：α 越小，G_N 越大，引信干扰效果越好。

4. 噪声调频干扰

噪声调频干扰信号可表示为（5.21），设 $G_n(f) = \begin{cases} \dfrac{\sigma_n^2}{2\Delta F_n}, & -\Delta F_n \leqslant f \leqslant \Delta F_n \\ 0, & \text{其他} \end{cases}$ 为调

频噪声的功率谱密度。由噪声调频干扰信号统计量的推导过程，噪声调频干扰信号的自相关函数可表示为

$$R_{J_i}(\tau) = \frac{U_j^2}{2\pi}\cos\omega_j\tau \cdot \mathrm{e}^{-\frac{2K_{FM}^2 \cdot \sigma_n^2}{\Delta F_n^2}\Delta\Omega_n\int_0^{\Delta\Omega_n}\frac{1-\cos\Omega\tau}{\Omega^2}\mathrm{d}\Omega}$$

(5.173)

令 $f_{de} = K_{FM} \cdot \sigma_n$ 为有效调频带宽，$m_{fe} = \dfrac{K_{FM} \cdot \sigma_n}{\Delta F_n}$ 为有效调频指数，$\Delta\Omega_n = 2\pi F_n$，

则 $R_{J_i}(\tau) = \dfrac{U_j^2}{2\pi}\cos\omega_j\tau \cdot \exp\Big\{-2m_{fe}^2 \cdot \Delta\Omega_n\int_0^{\Delta\Omega_n}\dfrac{1-\cos\Omega\tau}{\Omega^2}\mathrm{d}\Omega\Big\}$。因为 $m_{fe} = \dfrac{K_{FM} \cdot \sigma_n}{\Delta F_n} \gg 1$，

而对于噪声调频干扰恒成立。噪声调频干扰信号的功率谱为

$$P_{Ji}(f) = \frac{U_j^2}{2} \cdot \frac{1}{\sqrt{2\pi} \cdot f_{de}} \cdot e^{-\frac{(f-f_j)^2}{2f_{de}^2}} \tag{5.174}$$

式中，$f_{de} = K_{FM} \cdot \sigma_n$ 为有效带宽。由功率谱表达式可得噪声调频干扰信号的功率 $P_{Ji} = \int_{-\infty}^{\infty} G_{J_{NF}}(f)\,\mathrm{d}f = \frac{U_j^2}{2}$。

则输入信号的信干比为

$$\mathrm{SJR}_i = \frac{P_{Si}}{P_{Ji}} = \frac{\lambda^2 A_t^2 \tau_0}{U_j^2 T_r} \tag{5.175}$$

噪声调频干扰信号的瞬时频率按照调制噪声电压变化，经过中心频率为 ω_0 的带通滤波器，只有频率处于 $\omega_0 \pm \dfrac{2\pi}{\tau_0}$（即带通滤波器带宽）内的干扰信号可以通过。当调频带宽大于带通滤波器带宽时，带通滤波器的输出信号是一系列随机间隔、随机宽度、幅度起伏的脉冲串，其统计特性与调制噪声的分布和谱宽有密切关系。

所以，经过带通滤波器后，噪声调频干扰信号变为

$$J_{NF1}(t) = U_j \cos\left(\omega_0 t + 2\pi K_{FM} \int_0^t u'_n(t')\,\mathrm{d}t' + \varphi_n\right) \tag{5.176}$$

此时干扰信号的功率谱变为

$$P_{J_{NF1}}(f) = \begin{cases} \dfrac{U_j^2}{2} \cdot \dfrac{1}{\sqrt{2\pi} \cdot f_{de}} \cdot e^{-\frac{(f-f_0)^2}{2f_{de}^2}}, & |f-f_0| < \dfrac{1}{\tau_0} \\ 0, & \text{其他} \end{cases} \tag{5.177}$$

$J_{NF1}(t)$ 经混频器和低通滤波器后的输出信号为

$$J_{NFd}(t) = \frac{1}{2} K U_0 U_j \cos\left(2\pi K_{FM} \int_0^t u_n'(t')\,\mathrm{d}t' + \varphi_n - \varphi_0\right) \tag{5.178}$$

它的功率谱为

$$P_{J_{NFd}}(f) = \begin{cases} \dfrac{1}{8} \cdot K^2 \cdot U_0^2 \cdot U_j^2 \cdot \dfrac{1}{\sqrt{2\pi} \cdot f_{de}} \cdot e^{-\frac{f^2}{2f_{de}^2}}, & |f| < \dfrac{1}{\tau_0} \\ 0, & \text{其他} \end{cases} \tag{5.179}$$

距离门解析表达为 $S_R(t) = A_0 \cdot \left[P_{\frac{\tau_0}{2}}(t - \tau_i) \otimes \sum_{N=-\infty}^{\infty} \delta(t - NT_r) \right]$，则 $J_{NFd}(t)$ 经距离门选通后的输出信号的功率谱可以表示为

$$P_{J_{NFdR}}(\omega) = \frac{K^2 U_0^2 A_0^2 \tau_0^2 U_j^2}{8 T_r^2} \sum_{n=-\infty}^{\infty} \mathrm{sinc}^2\left(\frac{n\pi\tau_0}{T_r}\right) h\left(\omega - \frac{2n\pi}{T_r}\right) \tag{5.180}$$

$J_{NFdR}(t)$ 经过多普勒基带滤波器输出基带多普勒信号 $J_o(t)$，它的功率谱为 $P_{J_o}(\omega) = |H_L(\omega)|^2 \cdot P_{J_{NFdR}}(\omega)$，其中基带多普勒滤波器的传递函数 $H_L(\omega) = \begin{cases} 1, & |\omega| \leqslant 2\pi F_d, \\ o, & \text{其他} \end{cases}$，

所以可得 $J_{NFdRL}(t)$ 的功率谱

$$P_{Jo}(\omega) = |H_L(\omega)|^2 \cdot P_{J_{NFdR}}(\omega) \approx \frac{K^2 U_0^2 A_0^2 \tau_0^2 U_j^2}{8 T_r^2} \cdot \left[\sum_{n=-T_r/\tau_0}^{T_r/\tau_0} \text{sinc}^2\left(\frac{n\pi\tau_0}{T_r}\right) \cdot h_n(\omega) \right]$$

$$= \frac{K^2 U_0^2 A_0^2 \tau_0^2 U_j^2}{8 T_r^2} \cdot \left[\sum_{n=-T_r/\tau_0}^{T_r/\tau_0} \text{sinc}^2\left(\frac{n\pi\tau_0}{T_r}\right) \cdot \frac{1}{\sqrt{2\pi} f_{de}} \cdot e^{-\frac{n^2}{2(T_r f_{de})^2}} \right] \cdot H_L(\omega) \tag{5.181}$$

所以噪声调频干扰信号经过基带多普勒滤波器后的平均功率为

$$P_{Jo} = \frac{1}{2\pi} \int_{-\infty}^{\infty} P_{Jo}(\omega) \, d\omega = \frac{K^2 U_0^2 A_0^2 \tau_0^2 U_j^2 F_d}{4 T_r^2} \left[\sum_{n=-T_r/\tau_0}^{T_r/\tau_0} \text{sinc}^2\left(\frac{n\pi\tau_0}{T_r}\right) \cdot \frac{1}{\sqrt{2\pi} f_{de}} \cdot e^{-\frac{n^2}{2 \cdot (T_r \cdot f_{de})^2}} \right] \tag{5.182}$$

其中，$f_{de} = K_{FM} \cdot \sigma_n$ 为有效调频带宽。则输出信干比为

$$\text{SJR}_o = \frac{P_{So}}{P_{Jo}} = \frac{\lambda^2 A_t^2}{2 U_j^2 F_d \cdot \left[\sum\limits_{n=-T_r/\tau_0}^{T_r/\tau_0} \text{sinc}^2\left(\frac{n\pi\tau_0}{T_r}\right) \cdot \frac{1}{\sqrt{2\pi} f_{de}} \cdot e^{-\frac{n^2}{2 \cdot (T_r \cdot f_{de})^2}} \right]} \tag{5.183}$$

所以，脉冲多普勒引信对于噪声调频干扰的峰值信干比处理增益为

$$G = \frac{\text{SJR}_o}{\text{SJR}_i} = \frac{1}{2\alpha F_d \left[\sum\limits_{n=-1/\alpha}^{1/\alpha} \text{sinc}^2(n\pi\alpha) \cdot \frac{1}{\sqrt{2\pi} f_{de}} \cdot e^{-\frac{n^2}{2 \cdot (T_r \cdot f_{de})^2}} \right]} \tag{5.184}$$

其中，$\alpha = \dfrac{\tau_0}{T_r}$ 为脉冲占空比；$\varPhi\left(\dfrac{1}{\tau_0 \cdot f_{de}}\right) = \dfrac{2}{\sqrt{2\pi}} \int_0^{\frac{1}{\tau_0 \cdot f_{de}}} e^{-\frac{x^2}{2}} dx$；$f_{de} = KFM\delta_n$，为有效调频带宽。

5. 方波调幅干扰

方波信号可表示为式 (5.31)。由方波调幅干扰信号表达式 (5.38)，可求得引信输入端干扰信号的功率为 $P_{Ji} = \dfrac{1}{2}(1+m^2) A_j^2$。所以，输入信干比为

$$\text{SJR}_i = \frac{P_{Si}}{P_{Ji}} = \frac{\lambda^2 A_t^2 \tau_0}{(1+m^2) A_j^2 T_r} \tag{5.185}$$

带通滤波器的单边等效带宽为 $\left[\omega_0 - \dfrac{2\pi}{\tau_0}, \ \omega_0 + \dfrac{2\pi}{\tau_0} \right]$，以 f_{dj} 为方波重复频率的方波调幅干扰信号可以认为全部通过，所以带通滤波后，方波调幅干扰信号不变，为

$$J_{S1}(t) = A_j [1 + m \cdot \text{rect}(t/T_j)] \cdot \cos(2\pi f_j t + \varphi_j) \tag{5.186}$$

$J_{S1}(t)$ 经过混频器和低通滤波器，输出信号 $J_{Sd}(t)$ 可以表示为

$$J_{Sd}(t) = \frac{1}{2} K A_j U_0 \cos(\varphi_j - \varphi_0) [1 + m\text{rect}(t/T_j)] \tag{5.187}$$

$J_{Sd}(t)$ 经距离门输出为

$$J_{SdR}(t) = \frac{1}{2}KA_jA_0U_0\cos(\varphi_j - \varphi_0)\left[1 + m\text{rect}(t/T_j)\right] \cdot$$

$$\left[P_{\frac{\tau_0}{2}}(t - \tau_i) \otimes \sum_{N=-\infty}^{\infty}\delta(t - NT_r)\right] \tag{5.188}$$

$J_{SdR}(t)$ 的傅里叶变换为

$$J_{SdR}(\omega) = \frac{KA_jA_0U_0\pi\cos(\varphi_j - \varphi_0)\tau_0}{T_r} \cdot$$

$$\left\{\left[m\sum_{N=-\infty}^{\infty}\text{sinc}\left(\frac{N\pi}{2}\right)\cdot\delta(\omega - N\cdot 2\pi f_{dj}) + (1-m)\delta(\omega)\right]\otimes$$

$$\left[\sum_{N=-\infty}^{\infty}\text{sinc}\left(\frac{N\pi\tau_0}{T_r}\right)\cdot e^{-jN\frac{2\pi}{T_r}\cdot\tau_i}\delta\left(\omega - N\cdot\frac{2\pi}{T_r}\right)\right]\right\} \tag{5.189}$$

$S_1(\omega) \otimes S_2(\omega)$ 这两个离散的服从 sinc 函数包络的频谱做卷积，相当于对其中一个反转、移位，并与另一个相乘、累加求和。$S_1(\omega)$ 第一个 0 点出现在第 2 条谱线上，而 $S_2(\omega)$ 第一条谱线出现在 $\frac{T_r}{\tau_0} = 200$（第 200 条）谱线上。又因为 $S_1(\omega)$ 和 $S_2(\omega)$ 都是关于 0 点对称的，所以反转后不影响。将 $S_1(\omega)$ 反转后，移位至 ω_d 处，由于 sinc 函数包络在旁瓣，幅值非常小，可忽略，所以距离门选通后，经过低通滤波器后，只取 ω_d 处的信号幅值，即

$$\frac{|S_1(\omega) \otimes S_2(\omega)|}{\omega = \omega_d} \approx S_2(\omega = 0) \cdot S_1(\omega = \omega_d) = 1 \cdot m\text{sinc}\left(\frac{\pi}{2}\right) \tag{5.190}$$

根据 $J_{SdR}(t)$ 的频谱表达式，可知 $J_{SdR}(t)$ 经过多普勒基带滤波器后输出的基带信号为

$$J_o(t) \approx \frac{KA_jA_0U_0\tau_0\cos(\varphi_j - \varphi_0)}{2T_r} + \frac{KA_jA_0U_0\tau_0\cos(\varphi_j - \varphi_0)\cdot m\text{sinc}\left(\frac{\pi}{2}\right)}{T_r}\cdot\cos 2\pi f_d t \tag{5.191}$$

因此，方波调幅干扰信号经过基带多普勒滤波器输出信号 $J_o(t)$ 的平均功率为

$$P_{Jo} = \lim_{T\to\infty}\frac{1}{T}\int_{-\frac{T}{2}}^{\frac{T}{2}}J_o^2(t)\,dt = \frac{K^2A_j^2A_0^2U_0^2\tau_0^2\cos^2(\varphi_j - \varphi_0)}{4T_r^2}\left[1 + 2m^2\text{sinc}^2\left(\frac{\pi}{2}\right)\right] \tag{5.192}$$

则输出信干比为

$$\text{SJR}_o = \frac{P_{So}}{P_{Jo}} = \frac{\lambda^2A_t^2}{2A_j^2\cos^2(\varphi_j - \varphi_0)\cdot\left[1 + 2m^2\text{sinc}^2\left(\frac{\pi}{2}\right)\right]} \tag{5.193}$$

所以，方波调幅干扰作用下引信的处理增益为

$$G = \frac{\text{SJR}_o}{\text{SJR}_i} = \frac{1 + m^2}{2\alpha\left[1 + 2m^2\text{sinc}^2\left(\frac{\pi}{2}\right)\right]\cos^2(\varphi_j - \varphi_0)} \tag{5.194}$$

式中，脉冲的占空比 $\alpha = \dfrac{\tau_0}{T_r}$，可见处理增益与脉冲占空比 α 有关，α 越小，G_N 越大，引信抗干扰效果越好。

6. 正弦波调幅干扰

正弦波调幅干扰信号表达式为（5.45），则正弦波调幅干扰信号的自相关函数为

$$R_{J_i}(\tau) = E[J_i(t) \cdot J_i(t + \tau)]$$

$$= \lim_{T \to \infty} \frac{1}{T} \int_{-\frac{T}{2}}^{\frac{T}{2}} A_j^2 (1 + m\cos\omega_{dj}t) \cdot [1 + m\cos\omega_{dj}(t + \tau)] \cdot$$

$$\cos(\omega_j t + \varphi_j) \cdot \cos[\omega_j(t + \tau) + \varphi_j]dt$$

$$= \lim_{T \to \infty} \frac{A_j^2}{T} \int_{-\frac{T}{2}}^{\frac{T}{2}} \left[1 + m\cos\omega_{dj}t + m\cos\omega_{dj}(t + \tau) + \frac{m^2}{2}\cos\omega_{dj}\tau + \frac{m^2}{2}\cos(2\omega_{dj}t + \omega_{dj}\tau)\right] \cdot$$

$$\left[\frac{1}{2}\cos\omega_j\tau + \frac{1}{2}\cos(2\omega_j t + \omega_j\tau + 2\varphi_j)\right]dt \tag{5.195}$$

又因为 $\omega_{dj} \ll \omega_j$，所以

$$R_{J_i}(\tau) = \lim_{T \to \infty} \frac{A_j^2}{T} \int_{-\frac{T}{2}}^{\frac{T}{2}} \left(\frac{1}{2}\cos\omega_j\tau + \frac{m^2}{4}\cos\omega_{dj}\tau \cdot \cos\omega_j\tau\right)dt + 0$$

$$= \frac{A_j^2}{2}\cos\omega_j\tau + \frac{m^2 A_j^2}{4}\cos\omega_{dj}\tau \cdot \cos\omega_j\tau \tag{5.196}$$

正弦调幅干扰信号的功率谱为

$$P_{J_i}(\omega) = \frac{A_j^2}{4}[2\pi\delta(\omega - \omega_j) + 2\pi\delta(\omega + \omega_j)] +$$

$$\frac{m^2 A_j^2}{16} \cdot 2\pi\delta[(\omega - \omega_j - \omega_{dj}) + (\omega - \omega_j + \omega_{dj}) + (\omega + \omega_j - \omega_{dj}) + (\omega + \omega_j + \omega_{dj})]$$

$$\tag{5.197}$$

所以正弦波调幅干扰信号的平均功率为

$$P_{J_i} = \frac{A_j^2}{2}\left(1 + \frac{m^2}{2}\right) \tag{5.198}$$

则输入信干比为

$$\mathrm{SJR}_i = \frac{P_{Si}}{P_{Ji}} = \frac{\lambda^2 A_i^2 \tau_0}{A_j^2\left(1 + \frac{m^2}{2}\right)T_r} \tag{5.199}$$

带通滤波器的单边等效带宽为 $\left[\omega_0 - \dfrac{2\pi}{\tau_0}, \omega_0 + \dfrac{2\pi}{\tau_0}\right]$，又因为 $\omega_j = \omega_0$（可通过侦收设定），$\omega_j \pm \omega_{dj}(\omega_{dj} = \omega_d)$，$\omega_{dj} \ll \dfrac{2\pi}{\tau_0}$，所以以 ω_d 为调制正弦波频率的正弦波调幅信号可以全部通过带通滤波器，即

$$J_{S1}(t) = J_S(t) = A_j(1 + m\cos\omega_{dj}t)\cos(\omega_j t + \varphi_j) \tag{5.200}$$

$J_{S1}(t)$ 通过混频器和低通滤波器，输出的信号为

$$J_{Sd}(t) = \frac{1}{2}KA_j U_0(1 + m\cos\omega_{dj}t)\cos(\varphi_j - \varphi_0) \tag{5.201}$$

$J_{Sd}(t)$ 通过距离门的输出信号为

$$J_{SdR}(t) = J_{Sd}(t) \cdot S_R(t)$$

$$= \frac{1}{2}KA_j A_0 U_0(1 + m\cos\omega_{dj}t)\cos(\varphi_j - \varphi_0) \cdot P_{\frac{\tau_0}{2}}(t - \tau_i) \otimes \sum_{N=-\infty}^{\infty}\delta(t - NT_r) \tag{5.202}$$

它的傅里叶变换如下

$$J_{SdR}(\omega) = \frac{KA_j A_0 U_0 \pi \tau_0 \cos(\varphi_j - \varphi_0)}{2T_r} \cdot \left\{ \sum_{N=-\infty}^{\infty}\mathrm{sinc}\left(\frac{N\pi\tau_0}{T_r}\right) \cdot \mathrm{e}^{-jN\frac{2\pi\tau_i}{T_r}} \times \right.$$

$$\left. \left[2\delta\left(\omega - N\frac{2\pi}{T_r}\right) + m\delta\left(\omega - N\frac{2\pi}{T_r} - \omega_{dj}\right) + m\delta\left(\omega - N\frac{2\pi}{T_r} + \omega_{dj}\right)\right]\right\} \tag{5.203}$$

根据上述频谱表达式，可得 $J_{SdR}(t)$ 经过基带多普勒滤波器输出的基带多普勒信号为

$$J_o(t) = \frac{KA_j A_0 U_0 \tau_0 \cos(\varphi_j - \varphi_0)}{2T_r} \cdot (1 + m\cos\omega_{dj}t) \tag{5.204}$$

它的平均功率为

$$P_{Jo} = \lim_{T \to \infty}\frac{1}{T}\int_{-\frac{T}{2}}^{\frac{T}{2}}J_o^2(t)\mathrm{d}t = \frac{K^2 A_j^2 A_0^2 U_0^2 \tau_0^2 \cos^2(\varphi_j - \varphi_0)}{4T_r^2} \cdot \left(1 + \frac{1}{2}m^2\right) \tag{5.205}$$

则输出信干比为

$$\mathrm{SJR}_o = \frac{P_{So}}{P_{Jo}} = \frac{\lambda^2 A_t^2}{2A_j^2 \cos^2(\varphi_j - \varphi_0) \cdot \left(1 + \frac{1}{2}m^2\right)} \tag{5.206}$$

所以，正弦波调幅干扰作用下引信的处理增益为

$$G = \frac{\mathrm{SJR}_o}{\mathrm{SJR}_i} = \frac{1}{2\alpha\cos^2(\varphi_j - \varphi_0)} \tag{5.207}$$

7. 正弦波调频干扰

正弦波调频干扰信号表达式为（5.52），它的功率谱可表示为贝塞尔函数形式

$$P_{Ji}(\omega) = \frac{A_j^2}{2}\sum_{n=-\infty}^{\infty}J_n^2(m_F)\left[\pi\delta(\omega - \omega_j - n\omega_{dj}) + \pi\delta(\omega + \omega_j + n\omega_{dj})\right] \tag{5.208}$$

所以它的平均功率

$$P_{Ji} = R_{Ji}(0) = \frac{A_j^2}{2}\sum_{n=-\infty}^{\infty}J_n^2(m_F) = \frac{A_j^2}{2} \tag{5.209}$$

则输入信干比为

$$\text{SJR}_i = \frac{P_{Si}}{P_{Ji}} = \frac{\lambda^2 A_t^2 \tau_0}{A_j^2 T_r} \qquad (5.210)$$

带通滤波器的单边等效带宽为 $\left[\omega_0 - \dfrac{2\pi}{\tau_0},\ \omega_0 + \dfrac{2\pi}{\tau_0}\right]$，因为 $\omega_j \approx \omega_0$，$K_{FM} < \dfrac{2\pi}{\tau_0}$，干扰信号的频率 $\omega = \omega_j + K_{FM}\cos\omega_{dj}t \in \left[\omega_0 - \dfrac{2\pi}{\tau_0},\ \omega_0 + \dfrac{2\pi}{\tau_0}\right]$，所以正弦波调频干扰信号可以全部通过带通滤波器，即

$$J_{SF1}^{'}(t) = J_{SF}(t) = A_j \cos(\omega_j t + m_F \sin\omega_{dj}t) \qquad (5.211)$$

$J_{SF1}(t)$ 经混频器和低通滤波器后的输出信号为

$$J_{SFd}(t) = \frac{1}{2}KU_0 A_j \cos(m_F \sin\omega_{dj}t) = \frac{1}{2}KU_0 A_j \sum_{n=-\infty}^{\infty} J_n(m_F)\cos(n\omega_{dj}t) \qquad (5.212)$$

它的频谱为

$$J_{SFd}(\omega) = \frac{1}{2}KA_j U_0 \sum_{n=-\infty}^{\infty} J_n(m_F)\left[\pi\delta(\omega - n\omega_{dj}) + \pi\delta(\omega + n\omega_{dj})\right] \qquad (5.213)$$

$J_{SFd}(t)$ 通过距离门的输出信号的频谱为

$$J_{SFdR}(\omega) = \frac{KA_j A_0 U_0 \pi\tau_0}{T_r} \cdot \left\{ \sum_{N=-\infty}^{\infty} \text{sinc}\left(\frac{N\pi\tau_0}{T_r}\right) \cdot e^{-jN\frac{2\pi\tau_i}{T_r}} \cdot \left[\sum_{n=-\infty}^{\infty} J_{2n}(m_F)\delta\left(\omega - N\frac{2\pi}{T_r} - 2n\omega_{dj}\right)\right]\right\}$$
$$(5.214)$$

根据上述频谱表达式，可知 $J_{SFdR}(t)$ 经过基带多普勒滤波器输出的基带信号可以表示为

$$J_o(t) = \frac{KA_j A_0 U_0 \tau_0}{2T_r} \cdot \left[J_0(m_F) + 2\sum_{i=1}^{k} \text{sinc}\left(\frac{N_i \pi\tau_0}{T_r}\right) J_{2ni}(m_F)\cos\left(N_i\frac{2\pi}{T_r} - 2n_i\omega_{dj}\right)t\right]$$
$$(5.215)$$

$J_o(t)$ 的平均功率为

$$P_{Jo} = \lim_{T\to\infty} \frac{1}{T}\int_{-\frac{T}{2}}^{\frac{T}{2}} J_o^2(t)\,\mathrm{d}t = \frac{K^2 A_j^2 A_0^2 U_0^2 \tau_0^2}{4T_r^2} \cdot \left[J_0^2(m_F) + 2\sum_{i=1}^{k} \text{sinc}^2\left(\frac{N_i \pi\tau_0}{T_r}\right) J_{2ni}^2(m_F)\right]$$
$$(5.216)$$

则输出信干比为

$$\text{SJR}_o = \frac{P_{So}}{P_{Jo}} = \frac{\lambda^2 A_t^2}{2A_j^2\left[J_0^2(m_F) + 2\sum_{i=1}^{k} \text{sinc}^2\left(\dfrac{N_i \pi\tau_0}{T_r}\right) J_{2ni}^2(m_F)\right]} \qquad (5.217)$$

所以，正弦波调频干扰作用下脉冲多普勒引信的处理增益为

$$G = \frac{\text{SJR}_o}{\text{SJR}_i} = \frac{1}{2\alpha\left[J_0^2(m_F) + 2\sum_{i=1}^{k} \text{sinc}^2\left(\dfrac{N_i \pi\tau_0}{T_r}\right) J_{2ni}^2(m_F)\right]} \qquad (5.218)$$

上述理论推导获取的不同干扰作用下脉冲多普勒引信的处理增益见表 5.3。

表 5.3 不同干扰信号作用下脉冲多普勒引信处理增益

波形样式	输入信干比	输出信干比	处理增益
射频噪声	$\dfrac{\lambda^2 A_t^2 \tau_0}{2 N_0 \Delta F T_r}$	$\dfrac{\lambda^2 A_t^2}{8 N_0 F_d \left[\dfrac{1}{2} + \sum\limits_{n=1}^{T_r/\tau_0} \mathrm{sinc}^2 \left(\dfrac{n\pi\tau_0}{T_r} \right) \right]}$	$\dfrac{\Delta F_n}{4\alpha F_d \left[\dfrac{1}{2} + \sum\limits_{n=1}^{T_r/\tau_0} \mathrm{sinc}^2 \left(\dfrac{n\pi\tau_0}{T_r} \right) \right]}$
噪声调幅	$\dfrac{\lambda^2 A_t^2 \tau_0}{(U_j^2 + \sigma_n^2) T_r}$	$\dfrac{\lambda^2 A_t^2}{2U_j^2 + 4N_0 F_d \left(\dfrac{1}{2} + \sum\limits_{n=1}^{T_r/\tau_0} \mathrm{sinc}^2 \left(\dfrac{n\pi\tau_0}{T_r} \right) \right)}$	$\dfrac{U_j^2 + \sigma_n^2}{2\alpha \left[U_j^2 + 2 \dfrac{\sigma_n^2 F_d}{\Delta F_n} \left(\dfrac{1}{2} + \sum\limits_{n=1}^{T_r/\tau_0} \mathrm{sinc}^2 (n\pi\alpha) \right) \right]}$
噪声调频	$\dfrac{\lambda^2 A_t^2 \tau_0}{U_j^2 T_r}$	$\dfrac{\lambda^2 A_t^2}{2U_j^2 F_d \left[\sum\limits_{n=-\frac{T_r}{\tau_0}}^{T_r/\tau_0} \mathrm{sinc}^2 \left(\dfrac{n\pi\tau_0}{T_r} \right) \cdot \dfrac{1}{\sqrt{2\pi} f_{de}} \cdot e^{-\frac{n^2}{2\cdot(T_r \cdot f_{de})^2}} \right]}$	$\dfrac{1}{2\alpha F_d \left[\sum\limits_{n=-1/\alpha}^{1/\alpha} \mathrm{sinc}^2 (n\pi\alpha) \cdot \dfrac{1}{\sqrt{2\pi} f_{de}} \cdot e^{-\frac{n^2}{2\cdot(T_r \cdot f_{de})^2}} \right]}$
方波调幅	$\dfrac{\lambda^2 A_t^2 \tau_0}{(1+m^2) A_j^2 T_r}$	$\dfrac{\lambda^2 A_t^2}{2A_j^2 \cos^2(\varphi_j - \varphi_0) \cdot \left[1 + 2m^2 \mathrm{sinc}^2 \left(\dfrac{\pi}{2} \right) \right]}$	$\dfrac{1+m^2}{2\alpha \left[1 + 2m^2 \mathrm{sinc}^2 \left(\dfrac{\pi}{2} \right) \right] \cos^2(\varphi_j - \varphi_0)}$
正弦调幅	$\dfrac{\lambda^2 A_t^2 \tau_0}{A_j^2 \left(1 + \dfrac{m^2}{2}\right) T_r}$	$\dfrac{\lambda^2 A_t^2}{2A_j^2 \cos^2(\varphi_j - \varphi_0) \cdot \left(1 + \dfrac{1}{2} m^2 \right)}$	$\dfrac{1}{2\alpha \cos^2(\varphi_j - \varphi_0)}$
正弦调频	$\dfrac{\lambda^2 A_t^2 \tau_0}{A_j^2 T_r}$	$\dfrac{\lambda^2 A_t^2}{2A_j^2 \left[J_0^2(m_F) + 2 \sum\limits_{i=1}^{k} \mathrm{sinc}^2 \left(\dfrac{N_i \pi \tau_0}{T_r} \right) J_{2ni}^2 (m_F) \right]}$	$\dfrac{1}{2\alpha \left[J_0^2(m_F) + 2 \sum\limits_{i=1}^{k} \mathrm{sinc}^2 \left(\dfrac{N_i \pi \tau_0}{T_r} \right) J_{2ni}^2 (m_F) \right]}$

5.2　无线电引信对抗引导式干扰的收发相关信道保护能力仿真

5.2.1　连续波多普勒引信信道泄漏参量仿真

1. 连续波多普勒引信的系统模型

某连续波多普勒无线电引信的工作原理框图如图 5.10 所示。引信自差收发机通过收发共用天线向空间辐射电磁波，遇目标反射后经天线接收；受目标回波信号的影响，自差机电路中天线阻抗发生变化，从而使振荡器的振幅和频率相应发生了变化，最终使振荡器产生受多普勒信号影响的调频调幅振荡；该振荡信号经检波电路检波后输出多普勒信号；多普勒信号经由信号处理电路进行目标特征提取，从而实现炸高控制。

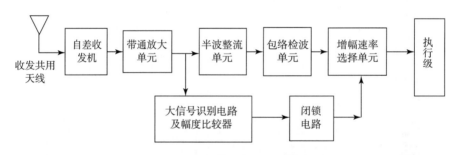

图 5.10　某连续波多普勒引信原理框图

该引信信号处理电路由主通道电路和抗干扰支路通道构成。主通道由二级带通放大处理单元、半波整流单元、包络检波单元、增幅速率选择单元构成，完成目标信号特征识别与炸点控制；另一路为抗干扰处理支路，由远距离接电控制电路、抗干扰惯性电路、低压闭锁电路与抗电源波动电路构成，能够使引信抗大脉冲信号的干扰。远距离电路采用弹道峰值检测电路，在过弹道顶点后，给出解除保险控制信号。

由连续波多普勒引信各级信号传输表达式，基于 Matlab 构建该连续波多普勒引信系统仿真模型，如图 5.11 所示。其信号处理电路模型由带通放大单元、半波整流单元、包络检波单元与增幅速率选择单元构成。设定弹目相对距离从 18 m 到 0 m 逐渐接近，则目标回波信号作用下引信各级输出波形如图 5.12 所示。

基于如图 5.11 所示的引信仿真模型，可仿真压制式干扰与欺骗式干扰多种干扰样式作用下引信启动情况，获取了不同干扰样式下使引信启动的最小干扰功率，见表 5.4。

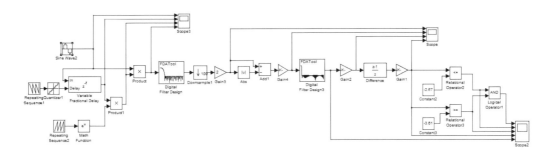

图 5.11   基于 Matlab 的多普勒引信系统仿真模块图

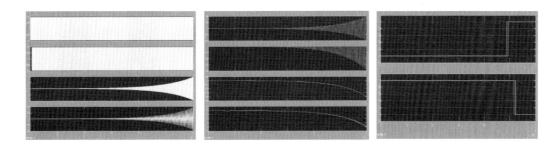

图 5.12   目标回波信号作用下连续波多普勒引信的各级输出波形

表 5.4   不同干扰波形作用下连续波多普勒引信启动的最小干扰功率仿真结果

干扰波形样式	引信启动的最小干扰功率仿真值/dBm	干扰波形参数	仿真参数设置
噪声调频	−3	调制频偏：500 kHz	
噪声调幅	−6	调制深度：100%	
方波调频	−30		
三角波调频	−33	调制频偏：500 kHz 调制频率：400 Hz	
锯齿波调频	−35		弹目相对距离：18 ~ 0 m 弹目相对速度：150 m/s 弹目交会时间：0.12 s
正弦波调频	−37		
锯齿波调幅	−33		
三角波调幅	−38	调制深度：100% 调制频率：400 Hz 方波占空比：1:1	
正弦波调幅	−39		
方波调幅	−44		

由表 5.4 仿真结果可知，对连续波多普勒引信干扰有效的敏感波形样式规律为调幅干扰优于调频类干扰，周期调制类干扰波形优于噪声调制类干扰波形；在调幅类干

扰波形中，正弦波调幅与方波调幅干扰波形为连续波多普勒的敏感调制波形。

2. 连续波多普勒引信抗射频噪声干扰处理增益

设引信接收到的噪声频带为 3.5～8.5 MHz，$B_H = 5$ MHz，并且假设 $B_S = 1$，则理论分析得到射频噪声干扰处理增益 $G = 2.5$。图 5.13 所示为引信接收端接收到的噪声的功率谱，图 5.14 所示为噪声信号同本振信号进行混频后得到的混频输出信号的功率谱，图 5.15 所示为混频输出信号经低通滤波后的输出信号功率谱。

在以上设定参数下，仿真计算结果得到的射频噪声干扰处理增益 $\overline{G} = 2.1446$。

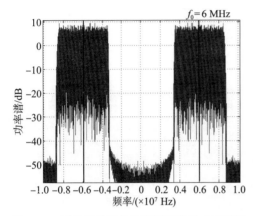

图 5.13　引信接收端接收到的噪声的功率谱图

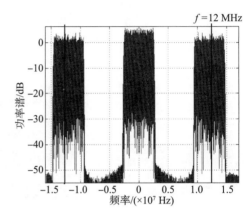

图 5.14　噪声信号同本振信号进行混频后得到的混频输出信号的功率谱

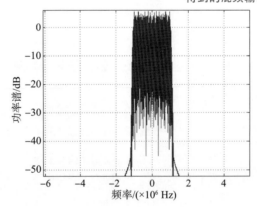

图 5.15　混频输出信号经低通滤波后的输出信号功率谱

3. 连续波多普勒引信抗噪声调幅干扰处理增益

设噪声频带为 $F_n = 5$ MHz，$B_H = 5$ MHz，并且假设 $B_S = 1$ MHz，则理论分析得到噪声调幅干扰处理增益 $G = 1.029$。仿真结果的处理增益 $\overline{G} = 0.819$，相应的功率谱如图 5.16～图 5.18 所示。

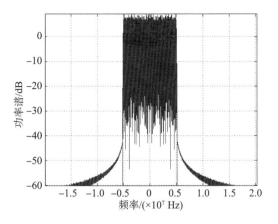

图 5.16　引信接收端接收到的噪声的功率谱图

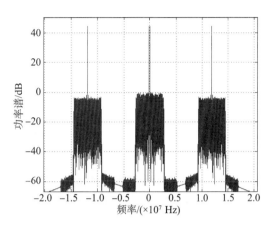

图 5.17　噪声信号同本振信号进行混频后得到的混频输出信号的功率谱

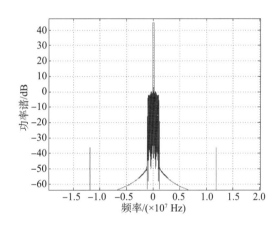

图 5.18　混频输出信号经低通滤波后的输出信号功率谱

4. 连续波多普勒引信抗噪声调频干扰处理增益

设定噪声的调频干扰参数 $\Delta F_n = 1$ MHz，$B_H = 5$ MHz，$f_p = 1$ MHz，$K_{FM} = 20$ MHz，则理论计算的处理增益 $G \approx 2.386\ 9$，而仿真计算的处理增益 $\overline{G} = 2.005\ 9$。图 5.19 所示为噪声调频干扰信号的单边功率谱图，图 5.20 所示为引信实际接收到的干扰信号的功率谱图。

5. 连续波多普勒引信抗方波调幅干扰处理增益

方波调幅干扰下的引信仿真模型如图 5.21 所示，方波调幅作用下的各级响应输出波形如图 5.22 所示。设脉冲重复周期 $T_j = \dfrac{1}{700}$，占空比 $\beta = 0.5$，则仿真计算 $\overline{G} = 0.502\ 0$。

将仿真中设置的引信参数代入表 5.1，可理论计算获取连续波多普勒引信的处理增益值，同时，将其与仿真获取的各种干扰信号作用下连续波多普勒引信处理增益结果对比，见表5.5。

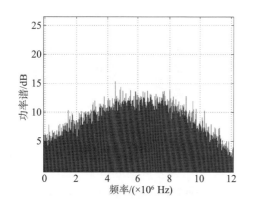

图 5.19 调频干扰信号的单边功率谱图

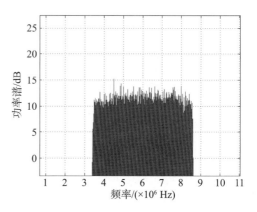

图 5.20 引信实际接收到的干扰信号的功率谱图

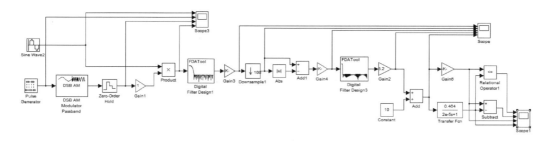

图 5.21 方波调幅干扰信号

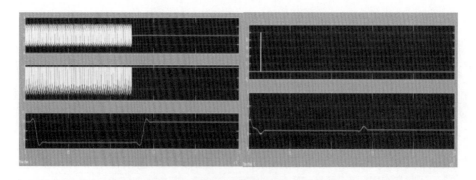

图 5.22 方波调幅干扰下连续波多普勒引信基于信号模型的各级响应输出

表 5.5　不同干扰信号作用下连续波多普勒引信处理增益计算和仿真值对比

干扰样式	处理增益计算/dB	处理增益仿真/dB	参数取值
噪声干扰	$G = 2.5$	$\overline{G} = 2.144\,6$	$B_H = 5$ MHz，$B_S = 1$ MHz
噪声调幅	$G = 1.029$	$\overline{G} = 0.819$	$B_H = 5$ MHz，$B_S = 1$ MHz，$F_n = 5$ MHz，$U_j = 1$ V
噪声调频	$G \approx 2.386\,9$	$\overline{G} = 2.005\,9$	$K_{FM} = 20$，$\Delta F = 1$ MHz，$B_H = 5$ MHz，$f_p = 1$ MHz
正弦波调幅	$G = 0.5$	$\overline{G} = 0.500\,4$	$f_c = 6$ MHz，$f_j = 6$ MHz，$f_{dj} = 700$ Hz，$A = 1$ V，$A_j = 0.816\,5$ V，$K = 0.5$，$m_a = 100\%$，$\varphi_j = \varphi_0 = 0$
正弦波调频	$G = 1$	$\overline{G} = 1.068\,8$	$f_c = 6$ MHz，$f_j = 6$ MHz，$f_L = 1$ MHz，$f_{dj} = 700$ Hz，$k_m = 1$ MHz，$A = A_j = 1$ V，$K = 0.5$，$\varphi_j = \varphi_0 = 0$
方波调幅	$G = 0.5$	$\overline{G} = 0.500\,6$	$f_c = f_j = 6$ MHz，$f_{dj} = 700$ Hz，$A = 1$ V，$A_j = 0.707$ V，$K = 0.5$，$A_L = 1$，$m_a = 100\%$，$\varphi_j = \varphi_0 = 0$
三角波调幅	$G = 0.5$	$\overline{G} = 0.501$	

由上表可知，针对连续波多普勒引信开展的不同干扰信号作用下处理增益计算和仿真基本结果一致，证明了解析表达式的正确性。对于连续波多普勒引信来说，理论计算和虚拟仿真得到的引信对调频类干扰信号的抑制能力优于调幅类干扰信号，引信对干扰信号抑制能力由强到弱依次为射频噪声干扰信号、噪声调频干扰信号、正弦波调频干扰信号、噪声调幅干扰信号、方波调幅干扰信号、三角波调幅、正弦波调幅干扰和方波调幅信号。

5.2.2　调频引信信道泄漏参量仿真

1. 调频引信的系统模型

调频多普勒引信的原理如图 5.23 所示。系统工作过程为经过三角波线性频率调制的发射信号经目标反射后，由收发共用天线接收，回波信号与参考调频信号混频后，输出包含目标距离信息的差频信号，差频信号经过不同的带通滤波器，分别滤出包含第 $2n$ 和 $2n+2$ 次谐波的中频信号，而后分别与预定的频率为 nf_m 的参考信号进行二次混频和多普勒滤波，输出的多普勒信号再经信号识别与逻辑判断输出起爆信号。

根据调频引信信号传输解析模型，基于 Matlab/Simulink 构建了三角波调频引信系统仿真模型，如图 5.24 所示。其信号处理电路模型由带通放大单元、2 次与 4 次谐波双通道二次混频及滤波模块、多普勒信号处理单元组成。模拟目标回波信号作用下调频引信各级输出波形如图 5.25 所示。

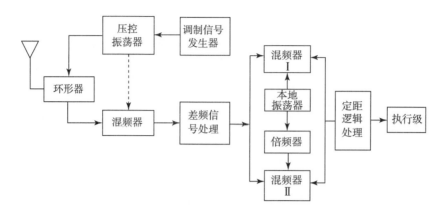

图 5.23　调频多普勒引信工作原理框图

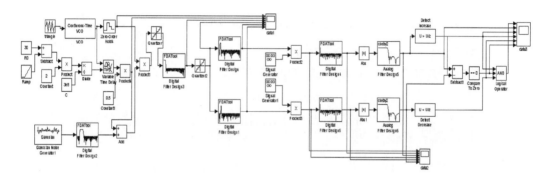

图 5.24　调频引信基于信号层面的仿真模型

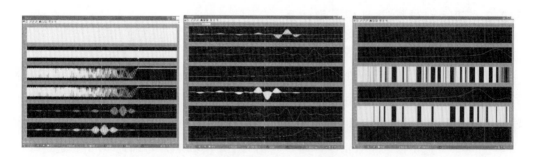

图 5.25　模拟目标回波信号作用下调频引信各级响应输出

基于图 5.24 的调频引信信号级的仿真模型，可进行调频引信在各种干扰波形作用下的处理增益仿真。

2. 调频引信抗射频噪声干扰处理增益

取仿真参数如下：$A = 1$ V，$K = 0.5$，$f_d = 10$ kHz，$f_{d\max} = 15$ kHz，$f_s = 300$ MHz，$\sigma_n^2 f_d = 0.01$，各级滤波器增益 $A_{B1} = A_{L1} = A_{L2} = A_{B2} = 1$。

带入参数，理论计算得：$P_{Sin} = 0.125$，$P_{Jin} = 0.01$，$P_{Sout}(n = 2) = 9.694 \times 10^{-4}$，$P_{Sout}(n = 4) = 9.786\ 2 \times 10^{-4}$，$P_{Jout}(n = 2) = 2.5 \times 10^{-7}$，$P_{Jout}(n = 4) = 2.5 \times 10^{-7}$。

所以理论计算得到的处理增益为 $G(n = 2) = 10\lg 310.208 = 24.916\ 6$（dB），$G(n = 4) = 10\lg 313.158\ 4 = 24.957\ 7$（dB）。

仿真所得的结果为 $P_{Sin} = 0.119\ 7$，$P_{Jin} = 0.011$，$P_{Sout}(n = 2) = 8.118\ 8 \times 10^{-4}$，$P_{Sout}(n = 4) = 0.001\ 1$，$P_{Jout}(n = 2) = 2.623\ 3 \times 10^{-7}$，$P_{Jout}(n = 4) = 2.440\ 3 \times 10^{-7}$。

所以仿真所得处理增益 $G(n = 2) = 10\lg 284.408\ 4 = 24.539\ 4$（dB），$G(n = 4) = 10\lg 414.236\ 2 = 26.172\ 5$（dB），取平均得 $G = 25.356$ dB。

图 5.26 为射频噪声干扰下调频引信信号层仿真模型，图 5.27 为射频噪声干扰下调频引信各级时域输出波形。

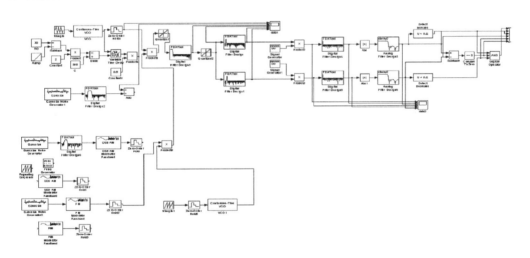

图 5.26　射频噪声干扰下调频引信信号层仿真模型

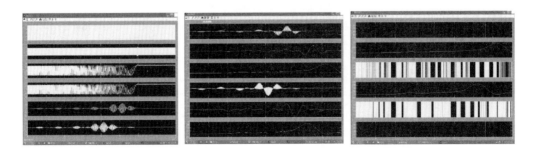

图 5.27　射频噪声干扰下调频引信各级时域输出波形

3. 调频引信抗噪声调幅干扰处理增益

取仿真参数如下：$A = U_0 = 1$ V，$K = 0.5$，$f_d = 10$ kHz，$f_{d\max} = 15$ kHz，$f_s = 300$ MHz，$\sigma_n^2 = 0.01$，各级滤波器增益 $A_{B1} = A_{L1} = A_{L2} = A_{B2} = 1$。

带入参数，理论计算得：$P_{\text{Sin}} = 0.125$，$P_{\text{Jin}} = 0.505\,0$，$P_{\text{Sout}}(n = 2) = 9.694 \times 10^{-4}$，$P_{\text{Sout}}(n = 4) = 9.786\,2 \times 10^{-4}$，$P_{\text{Jout}}(n = 2) = 1.658\,8 \times 10^{-4}$，$P_{\text{Jout}}(n = 4) = 1.94 \times 10^{-4}$。

所以理论计算得到的处理增益为 $G(n = 2) = 10\lg 23.609\,7 = 13.730\,9$（dB），$G(n = 4) = 10\lg 20.379\,5 = 13.092\,0$（dB）。

仿真所得的结果为 $P_{\text{Sin}} = 0.120\,9$，$P_{\text{Jin}} = 0.505\,4$，$P_{\text{Sout}}(n = 2) = 8.197\,7 \times 10^{-4}$，$P_{\text{Sout}}(n = 4) = 0.001\,1$，$P_{\text{Jout}}(n = 2) = 1.307\,0 \times 10^{-4}$，$P_{\text{Jout}}(n = 4) = 1.994\,0 \times 10^{-4}$。

所以仿真所得处理增益 $G(n = 2) = 10\lg 20.659\,5 = 13.151\,2$（dB），$G(n = 4) = 10\lg 23.702\,8 = 13.748$（dB），取平均得 $G = 13.449\,6$ dB。

图 5.28 为噪声调幅干扰下调频引信信号层仿真模型，图 5.29 为噪声调幅干扰下调频引信各级时域输出波形。

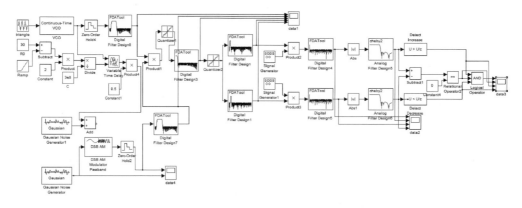

图 5.28　噪声调幅干扰下调频引信信号层仿真模型

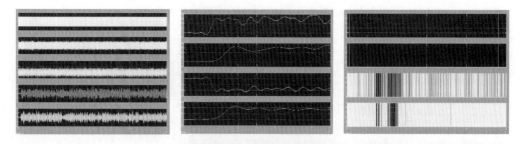

图 5.29　噪声调幅干扰下调频引信各级时域输出波形

4. 调频引信抗噪声调频干扰处理增益

取仿真参数如下：$\Delta F = 15$ MHz，$f_m = 1/T = 150$ kHz，$A = U_0 = 1$ V，$K = 0.5$，$f_d = 10$ kHz，$f_{d\max} = 15$ kHz，$\sigma_n^2 = 0.01$，$K_{FM} = 50$ MHz，各级滤波器增益 $A_{B1} = A_{L1} = A_{L2} = A_{B2} = 1$。

带入参数，理论计算得：$P_{Sin} = 0.125$，$P_{Jin} = 0.5$，$P_{Sout}(n=2) = 9.694 \times 10^{-4}$，$P_{Sout}(n=4) = 9.786\,2 \times 10^{-4}$，$P_{Jout}(n=2) = 6.233\,7 \times 10^{-5}$，$P_{Jout}(n=4) = 6.233\,7 \times 10^{-5}$。

所以理论计算得到的处理增益为 $G(n=2) = 10\lg 62.203\,8 = 17.938\,2$（dB），$G(n=4) = 10\lg 62.795\,5 = 17.979\,3$（dB）。

仿真所得的结果为 $P_{Sin} = 0.120\,9$，$P_{Jin} = 0.500\,2$，$P_{Sout}(n=2) = 8.199\,6 \times 10^{-4}$，$P_{Sout}(n=4) = 0.001\,1$，$P_{Jout}(n=2) = 6.120\,6 \times 10^{-5}$，$P_{Jout}(n=4) = 7.695\,1 \times 10^{-5}$。

所以仿真所得处理增益 $G(n=2) = 10\lg 55.416\,9 = 17.436\,4$（dB），$G(n=4) = 10\lg 60.608\,8 = 18.325\,4$（dB），取平均得 $G = 17.880\,9$ dB。

图 5.30 为噪声调频干扰下调频引信信号层仿真模型，图 5.31 为噪声调频干扰下调频引信各级时域输出波形。

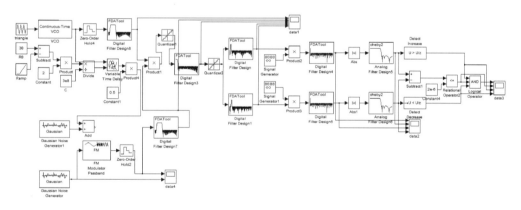

图 5.30　噪声调频干扰下调频引信信号层仿真模型

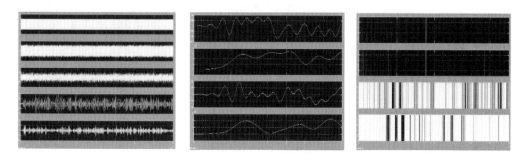

图 5.31　噪声调频干扰下调频引信各级时域输出波形

5. 调频引信抗欺骗式干扰处理增益

取仿真参数 $\Delta F = 15$ MHz，$f_m = 1/T = 150$ kHz，$A = U_j = 1$ V，$K = 0.5$，$f_d = 10$ kHz，$\tau_0 = 1/15 \times 10^6$ s，各级滤波器增益 $A_{B1} = A_{L1} = A_{L2} = A_{B2} = 1$。

带入参数，理论计算得：$P_{Sin} = 0.125$，$P_{Jin} = 0.25$，$P_{Sout}(n=2) = 9.694 \times 10^{-4}$，$P_{Sout}(n=4) = 9.786\,2 \times 10^{-4}$，$P_{Jout}(n=2) = 4.975\,0 \times 10^{-5}$，$P_{Jout}(n=4) = 0.028\,8$。

所以理论计算得到的处理增益为 $G(n=2) = 10\lg 38.970\,9 = 15.907\,4$（dB），$G(n=4) = 10\lg 0.068\,0 = -11.677\,5$（dB）。

仿真所得的结果为 $P_{Sin} = 0.119\,7$，$P_{Jin} = 0.252\,1$，$P_{Sout}(n=2) = 8.118\,8 \times 10^{-4}$，$P_{Sout}(n=4) = 0.001\,1$，$P_{Jout}(n=2) = 8.218\,6 \times 10^{-5}$，$P_{Jout}(n=4) = 0.026\,2$。

所以仿真所得处理增益 $G(n=2) = 10\lg 20.815\,8 = 13.184$ dB，$G(n=4) = 10\lg 0.090\,9 = -10.413\,8$（dB），取平均得 $G = 1.385\,1$ dB。

图 5.32 为三角波调频多普勒调幅干扰下调频引信信号层仿真模型，图 5.33 为三角波调频干扰下调频引信各级时域输出波形。

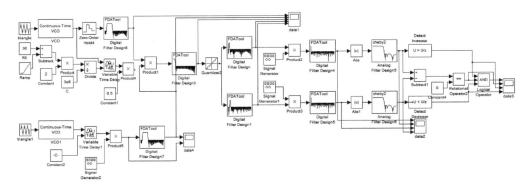

图 5.32　三角波调频多普勒调幅干扰下调频引信信号层仿真模型

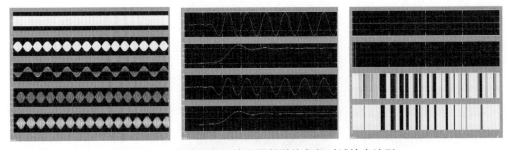

图 5.33　三角波调频干扰下调频引信各级时域输出波形

将参数代入表 5.2 所示的调频引信处理增益表达式，可得理论计算结果。不同信号作用下典型调频引信处理增益理论值与基于信号层的仿真值对比结果见表 5.6。

表 5.6　不同干扰信号作用下调频引信处理增益计算和仿真值对比

干扰信号样式	干扰信号功率/W	干扰波形参数	仿真所得处理增益/dB	理论计算处理增益/dB	引信仿真工作参数
射频噪声	0.5	方差：0.5；噪声带宽：300 MHz	12.27	12.46	
噪声调频	0.5	载波频率：30 MHz；载波幅度：1 V；噪声方差：0.01；调制频偏：50 MHz	8.72	8.97	
噪声调幅	0.5	载波频率：30 MHz；载波幅度：1 V；噪声方差：0.01；噪声带宽：300 MHz	6.58	6.87	调制样式：三角波，多普勒频率：10 kHz，采样率：300 MHz，回波损耗因子：0.5，发射信号幅度：1 V
方波调幅	0.5	载波频率：30 Hz；载波幅度：0.71 V；调制频率：10 kHz	8.88	9.70	
正弦调幅	0.5	载波频率：30 Hz；载波幅度：0.82 V；调制频率：10 kHz	7.82	8.09	
正弦调频	0.5	载波频率：30 Hz；载波幅度：1 V；调制频率：10 kHz	15.79	15.88	
三角波调频 + 多普勒调幅	0.5	三角波调频参数与引信工作参数相同，信号幅度：1.414 V，多普勒频率：10 kHz，延迟时间：$1/15 \times 10^6$	1.385 1	2.115	

　　由上表可知，针对调频引信开展的不同干扰信号作用下处理增益计算和仿真基本结果一致，证明了解析表达式的正确性。由上述结果可知，基于双通道谐波定距的调频引信对典型干扰信号的抑制能力由强到弱依次为正弦波调频、射频噪声、方波调幅、噪声调频、正弦调幅、噪声调幅、多普勒调幅的三角波调频干扰信号。

5.2.3　脉冲多普勒引信信道泄漏参量仿真

1. 脉冲多普勒引信的系统模型

脉冲多普勒引信是利用距离波门定距，综合了脉冲体制和多普勒体制引信的特点，定距的同时也能完成测速功能。由于是脉冲体制，只在脉冲期间发射信号，功率较小，具有较强的抗干扰能力，工作原理如图 5.34 所示。当目标回波信号与经过预订延迟的脉冲信号相关时，则输出多普勒信号，经后期多普勒处理后，在预定距离处输出起爆信号。

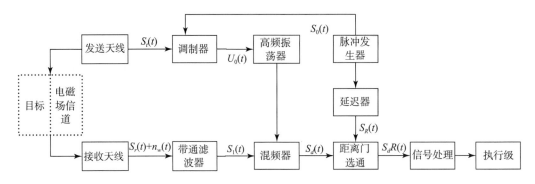

图 5.34 脉冲多普勒无线电引信工作原理框图

根据推导的脉冲多普勒引信各级信号传输表达式，基于 MATLAB 构建脉冲多普勒无线电引信系统仿真模型，如图 5.35 所示。其信号处理电路模型由距离门相关检测、包络检波、幅度比较等单元构成。目标回波信号作用下引信各级输出波形如图 5.36 所示。其中，脉冲重复周期 $T_r = 4\,000$ ns；脉冲宽度 $\tau_0 = 20$ ns；脉冲占空比 $\alpha = \dfrac{\tau_0}{T_r} = 0.5\%$；仿真初始距离 $R_0 = 30$ m；预定炸高设为 15 m，对应距离门固定延迟 $\tau_i = 100$ ns；目标回波幅值 $A_r = 1$ V；高频振荡器输出信号幅值 $U_0 = 1$ V；脉冲发生器产生的脉冲幅值 $A_0 = 1$ V；混频器系数 $K = 1$；带通滤波器通带带宽为 $\left[f_0 - \dfrac{1}{\tau_0},\ f_0 + \dfrac{1}{\tau_0} \right]$。

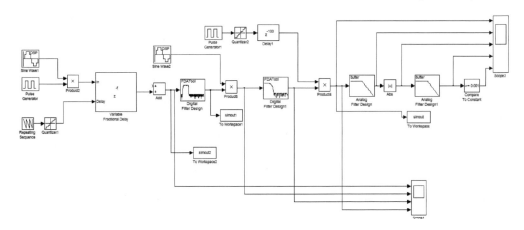

图 5.35 脉冲多普勒无线电引信系统仿真模型

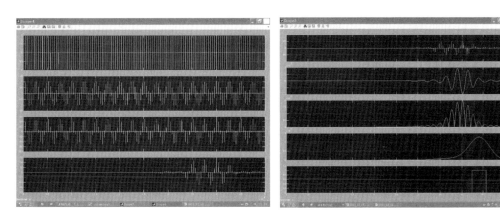

图 5.36　目标回波作用下脉冲多普勒无线电引信各级时域波形输出

基于图 5.35 建立的脉冲多普勒引信虚拟样机，可仿真计算典型干扰信号作用下调频引信的处理增益。

2. 脉冲多普勒引信抗射频噪声干扰处理增益

射频噪声方差 $\sigma_n^2 = 1$ W，采样频率 $f_z = 1$ GHz，所以噪声功率谱密度 $\dfrac{N_0}{2} = \dfrac{\sigma_n^2}{f_s} = 10^{-9}$ W/Hz。仿真参数如下：目标回波功率 $CP_r = 0.002\ 3$ W；目标回波距离门选通后输出的峰值功率 $CP_{dR_1\max} = 0.001\ 25$ W；白噪声的输入功率 $CS_N = 0.214$ W。白噪声距离门选通后输出的峰值功率 $P_{ndR} = 2.516\ 7 \times 10^{-4}$ W；输入信噪比值 $\mathrm{CSNR}_i = 0.010\ 75$。则输出信噪比 $\mathrm{CSNR}_o = 4.966\ 8$。

脉冲多普勒引信回波接收到距离门选通的峰值处理增益实测值 $CG = 462.028$，$(CG)_{\mathrm{dB}} = 26.646\ 7$ dB。

图 5.37 为射频噪声干扰下脉冲多普勒引信信号层仿真模型。射频噪声干扰和目标

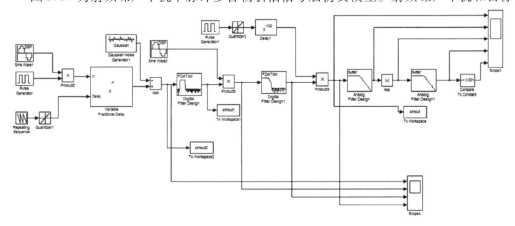

图 5.37　射频噪声干扰下脉冲多普勒引信信号层仿真模型

回波同时存在时各级仿真波形如图 5.38 所示，颇后的信号、混频后低通滤波后的信号、距离门选通后的信号、多普勒滤波器得到的信号、全波整流、包络检波输出信号和启动信号。

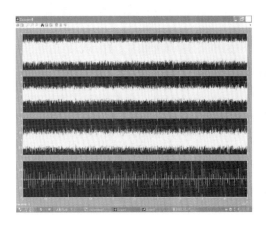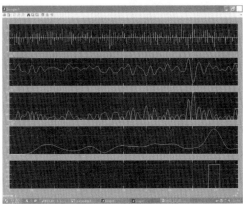

图 5.38　射频噪声干扰下脉冲多普勒引信各级输出时域波形

3. 脉冲多普勒引信抗噪声调幅干扰处理增益

调制噪声方差 $\sigma_n^2 = 1$ W，采样频率 $f_s = 1$ GHz，所以噪声功率谱密度 $\dfrac{N_0}{2} = \dfrac{\sigma_n^2}{f_s} = 10^{-9}$ W/Hz。仿真参数如下：目标回波功率 $CP_r = 0.002\,3$ W；目标回波距离门选通后，输出的峰值功率 $CP_{dR_1\max} = 0.001\,25$ W；噪声调幅干扰信号的输入功率 $CS_N = 1.004\,0$ W。噪声调幅干扰信号距离门选通后，输出的峰值功率 $P_{ndR} = 1.2 \times 10^{-3}$ W；输入信干比 $C\left(\dfrac{S}{jN}\right)_i = 0.0023$；输出信干比 $C\left(\dfrac{S}{J_N}\right)_{dR} = 1.041\,7$。

脉冲多普勒引信对于噪声调幅干扰的信干比处理增益实测值 $CG_N = 452.913$，$(CG_N)_{dB} = 26.560$ dB。

图 5.39 为噪声调幅干扰下脉冲多普勒引信仿真模型。噪声调幅干扰下各级仿真波形如图 5.40 所示，图中信号分别为目标回波信号、混频后的信号、混频后低通滤波后的信号、距离门选通后的信号、多普勒滤波器得到的信号、全波整流、包络检波输出信号和启动信号。

4. 脉冲多普勒引信抗噪声调频干扰处理增益

噪声调频干扰信号载波幅值 $U_j = 1$ V；调制频率 $K_{FM} = 50$ MHz；调制噪声方差 $\sigma_n^2 = 0.216$ W，噪声带宽 $[-\Delta F_n,\ \Delta F] = [-100\ \text{MHz},\ 100\ \text{MHz}]$，所以噪声功率谱密度 $\dfrac{N_0}{2} = \dfrac{\sigma_n^2}{2\Delta F_n} = 1.08 \times 10^{-9}$；有效调频带宽 $f_{de} = K_{FM} \cdot \sigma_n = 23.237\,9$ MHz。

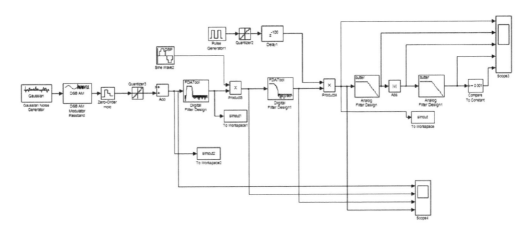

图 5.39 噪声调幅干扰下脉冲多普勒引信仿真模型

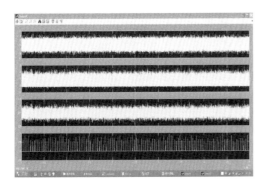 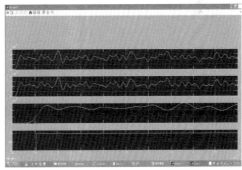

图 5.40 噪声调幅干扰下脉冲多普勒引信各级输出时域波形

根据以上参数可计算出目标回波理论输入功率：$P_r = \dfrac{A_r^2 \cdot \tau_0}{2T_r} = 0.002\ 5$ W；目标回波实测输入功率 $CP_r = 0.002\ 3$ W；目标回波距离门选通后，理论输出的峰值功率 $P_{dR_1\max} = 0.001\ 25$ W；目标回波距离门选通后，实测输出的峰值功率 $CP_{dR_1\max} = 0.001\ 25$ W；噪声调频干扰信号的理论输入功率 $P_{JNF} = 0.5$ W；噪声调频干扰信号的实测输入功率 $CP_{JNF} = 0.5$ W；噪声调频干扰信号距离门选通后，理论输出的峰值功率 $P_{JNFdR} = 6.052\ 5 \times 10^{-4}$ W；噪声调频干扰信号距离门选通后，实测输出的峰值功率 $CP_{JNFdR} = 5.512\ 6 \times 10^{-4}$ W；输入信干比理论值 $\left(\dfrac{S}{J_{NF}}\right)_i = 0.005$；输入信干比实测值 $C\left(\dfrac{S}{J_{NF}}\right)_i = 0.004\ 6$；输出信干比理论值 $\left(\dfrac{S}{J_{NF}}\right)_{dR} = 2.065\ 3$；输出信干比实测值 $C\left(\dfrac{S}{J_{NF}}\right)_{dR} = 2.265\ 7$。

脉冲多普勒引信对于噪声调频干扰回波接收到距离门选通的峰值信干比处理增益理论值 $G_{NF} = 413.052$，$(G_{NF})_{dB} = 26.16$ dB。

脉冲多普勒引信对于噪声调频干扰回波接收到距离门选通的峰值信干比处理增益

实测值 $CG_{NF} = 492.935$，$(G_{NF})_{dB} = 26.928$ dB。

图 5.41 为噪声调频干扰下脉冲多普勒引信仿真模型。噪声调频干扰下各级仿真波形如图 5.42 所示（噪声方差设为 1 W，载波幅值为 1 V），图中信号分别为目标回波信号、混频后的信号、混频后低通滤波后的信号、距离门选通后的信号、多普勒滤波器得到的信号、全波整流、包络检波输出信号和启动信号。

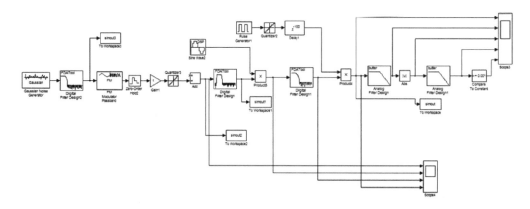

图 5.41　噪声调频干扰下脉冲多普勒引信仿真模型

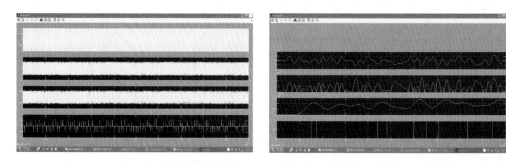

图 5.42　噪声调频干扰下脉冲多普勒引信各级输出时域波形

5. 脉冲多普勒引信抗方波调幅干扰处理增益

方波幅值 $A_j = 1$ V；方波重复周期 $T_j = 250\,00$ ns，这样方波的重复频率 $f_j = f_d = 40$ kHz；方波占空比 $\beta = 0.5$；仿真取干扰信号相位与高频振荡器输出信号相位相同，即 $\varphi_j = \varphi_0 = 0$；方波调幅干扰的载频频率与引信载频相同。

仿真参数如下：目标回波输入功率 $CP_r = 0.002\,3$ W；目标回波距离门选通后，输出的峰值功率 $CP_{dR_1 max} = 0.001\,25$ W；方波调幅干扰信号的输入功率 $CP_{JS} = 0.25$ W。方波调幅干扰信号距离门选通后，输出的峰值功率 $CP_{J_{SdR}} = 5.619\,1 \times 10^{-4}$ W；输入信干比 $C\left(\dfrac{S}{J_S}\right)_i = 0.009\,2$；输出信干比 $C\left(\dfrac{S}{J_S}\right)_{dR} = 2.224\,6$。

脉冲多普勒引信对于方波调幅干扰回波接收到距离门选通的峰值信干比处理增益

理论值 $G_S = 200$，$\left(G_{NF} \right)_{dB} = 23.01$ dB。

脉冲多普勒引信对于噪声调幅干扰回波接收到距离门选通的峰值信干比处理增益实测值 $CG_S = 241.804$，$\left(CG_{NF} \right)_{dB} = 23.835$ dB。

图 5.43 为方波调幅干扰下脉冲多普勒引信仿真模型。方波调幅干扰下各级仿真波形如图 5.44 所示，图中信号分别为目标回波信号、混频后的信号、混频后低通滤波后的信号、距离门选通后的信号、多普勒滤波器得到的信号、全波整流、包络检波输出信号和启动信号络检波输出信号和启动信号。

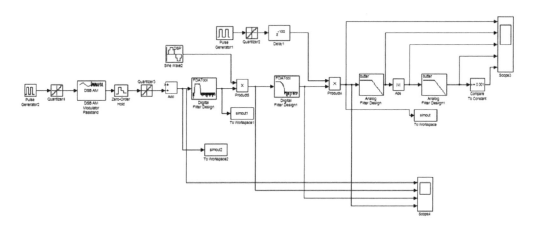

图 5.43　方波调幅干扰下脉冲多普勒引信仿真模型

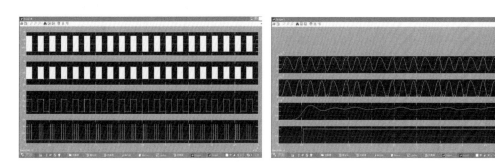

图 5.44　方波调幅干扰下脉冲多普勒引信各级输出时域波形

将参数代入表 5.3 所示的脉冲多普勒引信处理增益表达式，可得到理论计算结果。不同信号作用下脉冲多普勒引信处理增益理论值与基于信号层的仿真值对比结果见表 5.7。

表 5.7 不同干扰信号作用下脉冲多普勒引信处理增益计算和仿真值对比

干扰信号样式	干扰功率/W	目标回波信号功率/W	干扰波形参数	仿真处理增益/dB	理论计算所得处理增益/dB	脉冲多普勒引信仿真参数
射频噪声干扰	0.5	0.002 5	方差：0.5；噪声带宽：[−500 MHz，500 MHz]	36.201	36.182	脉冲调制周期：4 000 ns，脉冲宽度：20 ns，脉冲占空比：0.005，多普勒频率：40 kHz，仿真距离：30 m，预定炸高：15 m，距离门延迟：100 ns，采样率：1 GHz，信号幅值：1 V，信号处理各级系数：1
噪声调频干扰	0.5	0.002 5	载波频率：100 MHz；载波幅度：1 V；噪声方差：0.02；噪声带宽：[−100 MHz，100 MHz]；调制频偏：50 MHz	25.288	26.011	
噪声调幅干扰	0.51	0.002 5	载波频率：100 MHz；载波幅度：1 V；噪声方差：0.02；噪声带宽：[−100 MHz，100 MHz]	19.371	20.076	
方波调幅干扰	0.49	0.002 5	载波频率：100 MHz；载波幅值：0.7 V；调制深度：100%；调制正弦波频率：40 kHz	19.308	20.48	
正弦波调幅干扰	0.48	0.002 5	载波频率：100 MHz；载波幅值：0.8 V；调制深度：100%；调制正弦波频率：40 kHz	19.296	20	
正弦波调频干扰	0.5	0.002 5	载波频率：100 MHz；载波幅值：1 V；最大频偏：$2\pi \times 1$ MHz；调制正弦波频率：40 kHz；调频指数：25	23.51	25.216	

由上表可知，针对脉冲多普勒引信开展的不同干扰信号作用下处理增益计算和仿真结果基本一致，证明了解析表达式的正确性。

5.3 无线电引信收发相关信道抗干扰设计方法

收发相关信道指引信从接收到回波信号至检波输出过程中所设计的信息传输通道，主要包含引信为了从载波中分离信息所进行的一系列相关处理电路。由于收发相关信道仅对引信接收信号在时频域上进行搬移和相关处理，不涉及对目标信息的识别，因而对该层信道进行抗干扰设计的基本出发点是提高收发相关信道的处理增益，以获得具有高信干比的输出信号，从而对干扰信号起到有效的抑制作用。根据前文结论，引信收发相关信道的处理增益除了受引信工作参数影响外，本质上由引信收发信号的相关特性决定，收发信号的相关性越大，处理增益越大。

5.3.1　调频引信收发相关信道抗干扰设计方法

1. 基于捷变频的调频多普勒收发相关处理抗干扰设计方法

图 5.45 给出了捷变频调频多普勒引信的原理框图，捷变频调频多普勒引信是在传统调频多普勒引信压控振荡器（VCO）输入的控制电压端额外附加了一个电压控制支路，该电压支路即为捷变频控制电压。可见这种捷变频调频多普勒引信与传统调频多普勒引信一样，具有工程易实现的优点。

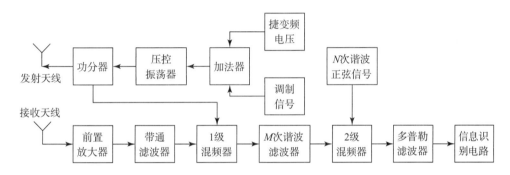

图 5.45　捷变频调频多普勒引信原理框图

设捷变频电压为图 5.46 所示的阶梯形式，反映到引信发射信号上，表现为载频按图 5.47 所示形状做周期阶梯捷变，则此捷变频调频多普勒引信的发射信号瞬时频率按图 5.48 所示规律进行变化。

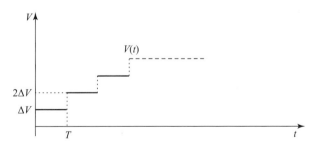

图 5.46　阶梯状捷变频电压

根据上面分析，目标回波信号与发射信号处于同一周期内，而 DRFM 干扰信号与发射信号周期不同，假设相差一个周期，那么图 5.48（a）和图 5.48（b）所示分别为目标回波和 DRFM 干扰信号作用下捷变频调频多普勒引信差频信号的瞬时频率。

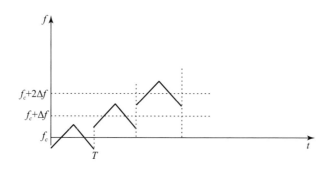

图 5.47 基于捷变频电磁加固的调频多普勒引信发射信号瞬时频率

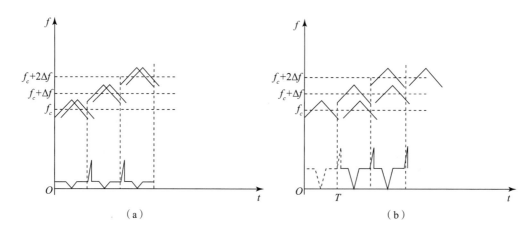

（a）　　　　　　　　　　　（b）

图 5.48 目标回波和 DRFM 干扰信号作用下差频信号瞬时频率

（a）目标回波信号下差频信号瞬时频率；（b）DRFM 干扰下差频信号瞬时频率

由图 5.48 可知，目标回波和 DRFM 干扰信号作用下捷变频调频多普勒引信的差频信号频率差别明显，通过选择合适的捷变频步长 Δf，可以使 DRFM 干扰作用下的检波信号处于多普勒滤波器带外，即干扰信息空间无法覆盖目标信息空间，达到抗干扰的目的。

为了验证捷变频调频多普勒引信，仿真研究其在目标回波与 DRFM 干扰作用下的响应特性。仿真过程中，参数设定为：引信载频 $f_c = 30$ MHz，调制频率 $f_m = 150$ kHz，单边调制频偏 $\Delta F = 15$ MHz，总带宽 $B = 30$ MHz，仿真目标距离 $R = [30\ 2]$ m，仿真干扰机距离 $R_j = [800\ 772]$ m（与目标信号作用时仿真时间相同），目标回波与干扰信号幅度均归一化为 1 V，预定炸高 10 m。为了使干扰距离对应的延迟时间包含起爆距离对应的延迟时间，干扰机补偿的延迟时间可以设定为 $\tau_j^c = 1.53 \times 10^{-6}$ s。

图 5.49 和图 5.50 分别为目标回波与 DRFM 干扰作用下捷变频调频多普勒引信各级输出的时域和频域波形，其中图 5.49（a）和图 5.50（a）为各级时域波形，从上至

下依次为目标回波信号（DRFM 干扰信号）、差频信号、4 次谐波信号和检波信号。通过图 5.49 和图 5.50 可以发现，目标信号作用下，调频多普勒引信的各级输出与传统调频多普勒引信在目标信号作用下的输出相似；而 DRFM 干扰作用下，信号频谱明显出现了偏移，偏移量与 Δf 一致，当 Δf 大于调频多普勒引信滤波器截止频率时，该信号被滤掉，无检波信号输出（检波信号幅值相比于目标信号作用下的检波信号幅值有数量级的差距），与图 5.50（a）中的检波信号一致（幅度极小），图 5.50（e）的检波信号频谱也验证了这一点。仿真结果证明，基于捷变频的调频多普勒引信能够对抗 DRFM 干扰。

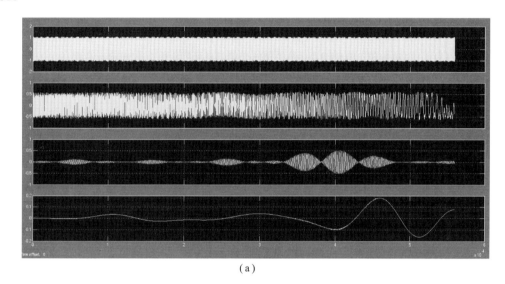

（a）

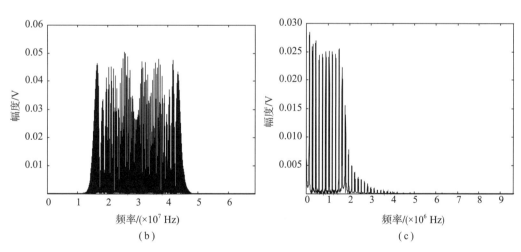

（b）　　　　　　　　　　　　　　　　（c）

图 5.49　目标回波作用下捷变频调频多普勒引信仿真结果

（a）目标回波下各级时域波形；（b）目标回波信号频谱；（c）差频信号频谱

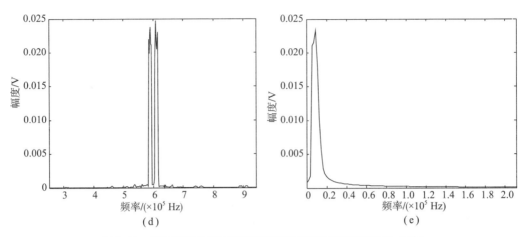

图 5.49 目标回波作用下捷变频调频多普勒引信仿真结果（续）

（d）4 次谐波信号频谱；（e）检波信号频谱

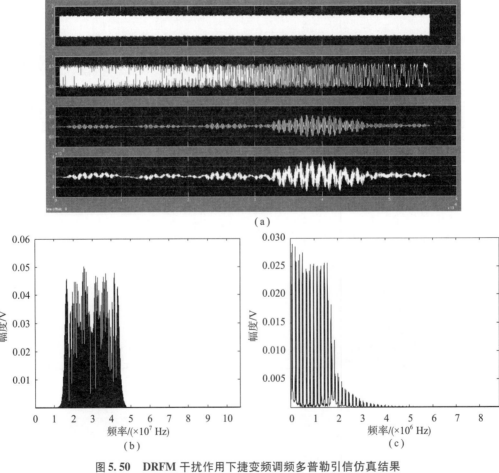

图 5.50 DRFM 干扰作用下捷变频调频多普勒引信仿真结果

（a）DRFM 干扰下各级时域波形；（b）干扰信号频谱；（c）差频信号频谱

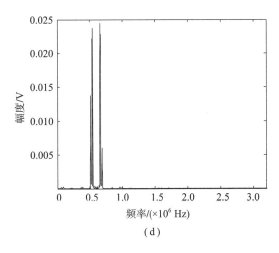 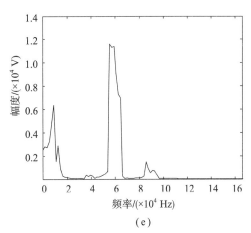

（d）　　　　　　　　　　　　　　　　　（e）

图 5.50　DRFM 干扰作用下捷变频调频多普勒引信仿真结果（续）

（d）4 次谐波信号频谱；（e）检波信号频谱

综上所述，由于引信收发相关处理信道体现的是不同体制间引信的差异性，该层信道抗干扰性能的好坏很大程度上取决于引信的发射波形特征，因此，优化引信发射波形是针对引信收发相关处理信道抗干扰设计最直接有效的方法，提高引信收发相关信道的固有抗干扰能力（在干扰信号作用下系统本身处理增益的提高）。

2. 基于变调频率分数阶域的调频引信信道保护设计方法

针对去除发射波形周期性的问题，学者们在雷达抗干扰领域提出了脉冲多样性（Pulse Diversity）的概念，并进行了详细的论述。

假设雷达发射信号 $x(t)$ 具有脉冲多样性，其发射集可以表示为 $\{x_1(t)\quad x_2(t)\quad \cdots\quad x_m(t)\}$，它们具有相互正交性，即

$$\begin{cases} \dfrac{1}{T}\displaystyle\int_T x_m(t)x_n(t)\,\mathrm{d}t = 1, m = n \\[4mm] \dfrac{1}{T}\displaystyle\int_T x_m(t)x_n(t)\,\mathrm{d}t = 0, m \neq n \end{cases} \qquad (5.219)$$

那么第 m 周期的发射信号可以表示为 $x(t) = x_m(t)$，则该周期内接收到的目标回波信号可以表示为

$$x^r(t) = x_m(t - \tau^r) \qquad (5.220)$$

式中，τ^r 表示延迟时间。而该周期内接收到的 DRFM 干扰信号可以表示为

$$x^j(t) = x_{m-k}(t - \tau^j) \qquad (5.221)$$

式中，$k \geqslant 1$，τ^j 与 τ^r 相当，不大于信号周期 T。

显然，进行脉冲压缩时，目标回波信号作用下的输出信号是当前周期内信号的自相关信号；而 DRFM 干扰信号作用下的输出信号则为当前周期内信号与其他周期信号

的互相关信号。根据不同周期信号的正交性，可知目标回波与干扰信号作用下输出差异显著，达到了抗干扰的目的。

1. 分数阶傅里叶变换

分数阶傅里叶变换（Fractional Fourier Transform，FRFT）作为一种基于 chirp 基的正交分解算法，在处理连续波线性调频信号方面具有天生的优势，国内外很多学者也展开了分数阶傅里叶变换在处理 chirp 信号方面的研究，并取得了显著成果。利用将分数阶傅里叶变换在处理线性调频信号中的优势，将其引入调频测距引信，来提高调频测距引信的抗干扰性能。

假设信号 $f(t)$ 的 α 角度分数阶傅里叶变换表示为 $F_\alpha(u)$，则分数阶傅里叶变换的定义式为

$$\begin{aligned} F_\alpha(u) &= \int_{-\infty}^{+\infty} f(t) K_\alpha(t,u)\,\mathrm{d}t \\ f(t) &= \int_{-\infty}^{+\infty} F_\alpha(u) K_\alpha^*(t,u)\,\mathrm{d}u \end{aligned} \tag{5.222}$$

它的变换核函数为

$$K_\alpha(t,u) = \sqrt{\frac{1-\mathrm{j}\cot\alpha}{2\pi}}\exp\left(\mathrm{j}\frac{t^2+u^2}{2}\cot\alpha - jtu\csc\alpha\right) \tag{5.223}$$

式中，u 表示分数阶域坐标；j 表示虚数单位；变换角度 α 与分数阶傅里叶变换阶数 p 的关系为 $p=\dfrac{2\alpha}{\pi}$，所以 F_α 也可以写为 F^p。另外，参数 α 也可以表示为信号的 Wigner 分布在时间 – 频率平面上投影的顺时针旋转角度，如图 5.51 所示。如果角度 α 或者 $\alpha + \pi$ 是 2π 的整数倍，那么核函数 $K_\alpha(t,u)$ 将会分别退化为 $\delta(t-u)$ 或者 $\delta(t+u)$，此时分数阶傅里叶变换等效于傅里叶变换或者傅里叶逆变换。

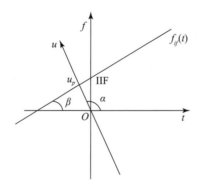

图 5.51　定义在时频平面上的分数阶傅里叶变换

图 5.51 中，坐标轴 u 表示相应的分数阶域坐标轴；$f_{if}(t)$ 表示线性调频信号的瞬时频率曲线；IIF 表示 $f_{if}(t)$ 在零时刻的值，即线性调频信号初始频率；u_p 表示线性调

频信号的分数阶傅里叶变换在分数阶域的聚集的坐标。根据分数阶傅里叶变换的性质，假设需要处理的 chirp 信号与某一 chirp 基吻合，即在图 5.51 中变换角度 $\alpha = \beta + \dfrac{\pi}{2}$，其分数阶傅里叶变换的结果必定为 u 轴上的一个有限冲激，且其分数阶域坐标为 u_p。

为了便于工程上实现，分数阶傅里叶变换必须具有快速的离散算法。各国学者对离散分数阶傅里叶变换算法的研究已经取得了较多成果，提出了很多可行的算法。尤其是 H. M. Ozaktas 的采样型算法以速度快、精度高、具有与 FFT 比拟的计算复杂度而受到广泛采用，其算法可以表示为：

$$F_\alpha\left(\frac{m}{2\Delta x}\right) = \frac{A_\alpha}{2\Delta x}\sum_{n=-N}^{N}\exp\left[\mathrm{j}\pi\gamma\left(\frac{m}{2\Delta x}\right)^2 - \mathrm{j}2\pi\beta\frac{mn}{(2\Delta x)^2} + \mathrm{j}\pi\gamma\left(\frac{n}{2\Delta x}\right)^2\right]f\left(\frac{n}{2\Delta x}\right)$$

$$(5.224)$$

式中，$A_\alpha = \dfrac{\exp(-\mathrm{j}\pi\mathrm{sgn}(\sin\alpha)/4 + \mathrm{j}\alpha/2)}{|\sin\alpha|^{1/2}}$；$\beta = \csc\alpha$；$\gamma = \cot\alpha$；$\dfrac{1}{2\Delta x}$ 表示时频域归一化采样间隔。该离散算法可由以下 3 个步骤实现：

第一步：将待变换的时域信号乘以一 chirp 信号；

第二步：将第一步所得的信号进行 FFT 变换；

第三步：将第二步所得的信号再乘以 chirp 信号，即可获得原时域信号的分数阶域信号。

分数阶傅里叶变换的性质如下。

性质 1　线性：$F^p\left[\sum_n c_n x_n(u)\right] = \sum_n c_n\left[F^p x_n(u)\right]$。

该性质表明，分数阶傅里叶变换是线性变换，它满足叠加原理。

性质 2　阶数为整数时：$F^n = (F)^n$。

该性质表明，当 p 等于整数 n 时，p 阶分数阶傅里叶变换相当于普通傅里叶变换的 n 次幂，即重复进行傅里叶变换 n 次。

性质 3　逆：$(F^p)^{-1} = F^{-p}$。

该性质把正阶数的前向变换与负阶数的反向变换联系起来。表明具有角度 $\alpha = p\pi/2$ 的分数阶傅里叶变换的逆变换就是具有角度 $\alpha = -p\pi/2$ 的分数阶傅里叶变换。

性质 4　酉性：$(F^p)^{-1} = (F^p)^H$。

该性质可以同样地从变换核的角度表述为 $K_p^{-1}(u,u') = K_p^*(u',u)$，结合前一个性质时，有 $(F^p)^H = F^{-p}$ 或者 $K_{-p}(u,u') = K_p^*(u',u) = K_p^H(u,u')$。

性质 5　阶数、叠加性：$F^{p_1}F^{p_2} = F^{p_1+p_2}$。

该性质又称作分数阶傅里叶变换的旋转相加性。从变换核的角度表述为：

$$K_{p_2+p_1}(u,u') = \int K_{p_2}(u,u'')K_{p_1}(u'',u')\,\mathrm{d}u''。$$

性质6 交换性：$F^{p_1}F^{p_2} = F^{p_2}F^{p_1}$。

该性质可由性质5直接导出。

性质7 结合性：$(F^{p_1}F^{p_2})F^{p_3} = F^{p_1}(F^{p_2}F^{p_3})$。

该性质对所有标准线性变换都成立。

上述这些性质建立起分数阶傅里叶变换与时频分布间的直接联系，并且为分数阶傅里叶域理解为一种统一的时频变换域奠定了理论基础，同时也为分数阶傅里叶变换在信号处理领域中的应用提供了有利条件。

2. 分数阶域"准正交"线性调频信号

可以依据脉冲多样性设计正交波形来消除调频测距引信信号的"空间模糊"，改善干信比增益来对抗DRFM干扰。然而这种方法虽然效果明显，但正交波形的设计与实现都存在较大困难。为了避免这一矛盾，可依据分数阶傅里叶变换对线性调频信号能量聚集性与调频率一一对应的关系，研究分数阶域"准正交"线性调频信号。这里的分数阶域"准正交"线性调频信号是指不同调频率的线性调频信号按照其中一个信号的调频率进行最优阶数的分数阶傅里叶变换，只有该信号在分数阶域具有能量聚集性，而其他信号因为不满足能量聚集性，导致其在分数阶域的最大值远小于有能量聚集性的信号。

假设存在两个调频率不同但相差不大的线性调频信号，它们的调频周期 T 相同，可以将它们表示为

$$s_1(t) = \exp[j\pi(\mu_0 + \mu_1)t^2]$$
$$s_2(t) = \exp[j\pi(\mu_0 + \mu_2)t^2]$$

(5.225)

式中，μ_0 表示基本调频率；μ_1 和 μ_2 分别表示两个信号在基本调频率基础上变化的部分，且 $\mu_1 \neq \mu_2$。根据调频率、调制带宽与调制周期的关系，有

$$\mu_0 = \frac{B_0}{T}$$
$$\mu_0 + \mu_1 = \frac{B_1}{T} = \frac{B_0 + \Delta B_1}{T}$$
$$\mu_0 + \mu_2 = \frac{B_2}{T} = \frac{B_0 + \Delta B_2}{T}$$

(5.226)

式中，B_1 和 B_2 分别为两个调频信号的调频带宽；B_0 为基本调频带宽；ΔB_1 和 ΔB_2 分别为两个调频信号各个调频带宽变化。

对这两个调频信号同时进行与调频率 $\mu_0 + \mu_1$ 相对应旋转角度 α_1（即阶数 $p_1 = \frac{2\alpha_1}{\pi}$）的分数阶傅里叶变换，结果可以表达为

$$|F_1(\alpha_1, u)| = |\text{sinc}(\pi u B_1)| \sqrt{1 + \cot^2\alpha}$$

$$|F_2(\alpha_1, u)| = \begin{cases} \dfrac{\sqrt{1 + \cot^2\alpha}}{2\sqrt{|\mu_1 - \mu_2|T}}, & a \leqslant u \leqslant b \\ 0, & \text{其他} \end{cases} \tag{5.227}$$

则 $|F_1(\alpha_1, u)|$ 和 $|F_2(\alpha_1, u)|$ 的最大值分别为

$$|F_1(\alpha_1, u)|_{\max} = \sqrt{1 + \cot^2\alpha}$$

$$|F_2(\alpha_1, u)|_{\max} = \frac{\sqrt{1 + \cot^2\alpha}}{2\sqrt{|\mu_1 - \mu_2|T}} \tag{5.228}$$

取二者的比值，可得

$$\frac{|F_1(\alpha_1, u)|_{\max}}{|F_2(\alpha_1, u)|_{\max}} = 2\sqrt{|\mu_1 - \mu_2|T} \tag{5.229}$$

将式（5.225）代入式（5.229）可得

$$\frac{|F_1(\alpha_1, u)|_{\max}}{|F_2(\alpha_1, u)|_{\max}} = 2\sqrt{|\Delta B_1 - \Delta B_2|} \tag{5.230}$$

由上式可知，只需 ΔB_1 与 ΔB_2 的差距达到千赫兹以上，$|F_1(\alpha_1, u)|_{\max}$ 就会远远大于 $|F_2(\alpha_1, u)|_{\max}$，它们在分数阶域幅度差别明显。

对三个调频率的线性调频信号（分别命名为 s_1、s_2、s_3）进行仿真，同时，按照信号 s_1 的调频率进行最优阶数的分数阶傅里叶变换，获得三个信号分数阶傅里叶变换，结果如图 5.52（a）所示。由图 5.52 可知，对调频率和分数阶傅里叶变换阶数不一致的线性调频信号，分数阶傅里叶变换在幅度上具有明显的区分度，且调频率相差越大，区分度越高。图 5.52 所示的仿真结果证明了利用分数阶域"准正交"线性调频信号对抗 DRFM 干扰的可行性。

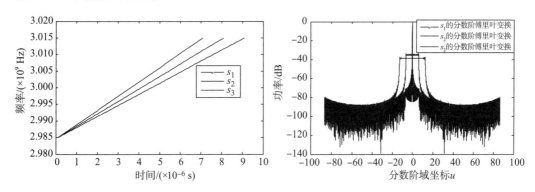

图 5.52　调频率不同的线性调频信号的分数阶傅里叶变换

3. 变调频率分数阶域调频测距引信实现方案

为了利用不同调频率的线性调频信号在分数阶域的"准正交性"来对抗 DRFM 干扰，可采用变调频率分数阶域调频测距引信，原理框图如图 5.53 所示。它通过发射变调频率的线性调频信号和采用分数阶域的信号处理方法来抑制 DRFM 干扰，达到抗干扰的目的。

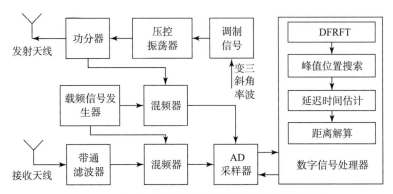

图 5.53　变调频率分数阶域调频测距引信原理框图

为了验证上述方法，建立如图 5.54 所示的 Matlab 仿真模型。利用该仿真模型分别仿真获得了目标回波信号、DRFM 干扰信号和周期调制干扰信号作用下的接收支路中频信号，图 5.55 所示为它们的时域波形（仿真时将回波信号、DRFM 干扰模型和正弦调幅干扰信号模型依次输入系统中）。将这些中频信号保存到"WORKSPACE"，在命令窗口调用相应函数进行后续的瞬时频率估计、延迟时间估计和距离估计。图 5.56 所示的距离估计结果表明，目标回波作用下能够有效估计弹目距离，而 DRFM 干扰和周期调制干扰作用下无距离估计输出（图中为了观察方便，分别将结果赋值为 1 和 2）。

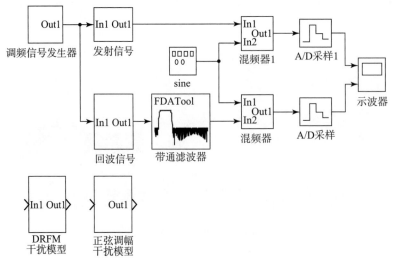

图 5.54　变调频率分数阶域调频测距引信仿真模型

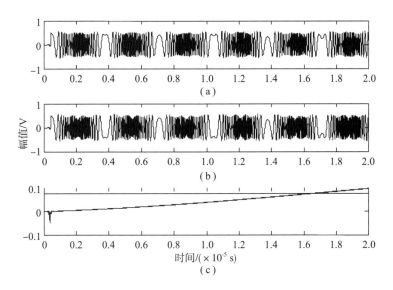

图 5.55　变调频率分数阶域调频测距引信接收支路中频信号时域波形

（a）目标回波作用下接收支路中频信号；（b）DRFM 干扰作用下接收支路中频信号；
（c）周期调制干扰作用下接收支路中频信号

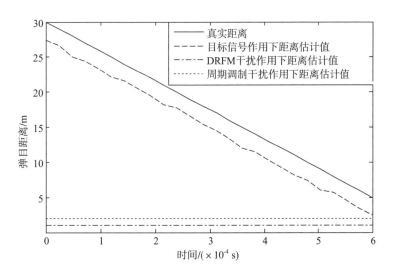

图 5.56　变调频率分数阶域调频测距引信距离估计结果

　　仿真结果证明，这种方法能够使调频测距引信有效对抗 DRFM 干扰，对周期调制干扰同样具有抗干扰效果。因此，可以将变调频率分数阶域调频测距引信作为综合抗干扰方案，以达到同时提高调频测距引信抗周期调制干扰和 DRFM 干扰的目的。

5.3.2 脉冲多普勒引信收发相关信道抗干扰设计方法

5.3.2.1 基于 M 序列伪码调相的脉冲多普勒引信抗干扰方法

传统脉冲多普勒引信由于具有距离门选通电路和基带多普勒滤波器，从而对噪声类主动"压制式"干扰和模拟回波"引导式"干扰信号均具有一定的抗干扰能力。由脉冲多普勒引信的原理可知，降低占空比 α，减小多普勒滤波器带宽 F_d，是脉冲多普勒引信提高抗信息型干扰能力的两个重要途径。但为保证脉冲多普勒引信正常的定距功能，同时受限于硬件条件，占空比 α 和多普勒滤波器带宽 F_d 不可能无限制地减小，仅依靠上述两个途径，对脉冲多普勒引信的处理增益提高帮助非常有限。为此，为进一步提高脉冲多普勒引信在大功率干扰机下的抗干扰能力，需要对引信发射信号进行脉冲波形编码，提高脉冲多普勒引信收发信号的相关特性。

针对引信的发射脉冲波形编码技术，目前广泛采用的是基于 m 序列的伪码调相的脉冲多普勒引信。得益于 m 序列优异的自相关特性，这种引信一方面可大幅提高引信收发相关信道的处理增益，增强抗大功率干扰的能力；另一方面可以提高引信的距离分辨力，扩展引信最大不模糊距离。

然而，伴随着基于 m 序列伪码调相的脉冲多普勒引信的广泛应用，专门针对该种引信的干扰技术在近年来引起了引信对抗领域专家的重视和研究。早在 20 世纪 90 年代末，国外有关学者在研究直接序列扩频信号（DS/SS signals）检测与表征时，就提出了可采用高阶自相关函数准确估计 m 序列的本源多项式。近两年，国内从事引信对抗领域的专家学者甚至提出了基于码元重构的伪码调相脉冲多普勒引信干扰信号设计方法，该干扰方法首先根据伪码脉冲多普勒引信发射信号的频谱分布特性获得引信所采用 m 序列的码长 P，然后利用三阶自相关函数获得所选 m 序列的本源多项式，最后采用码元重构的办法构造出同引信发射信号相关的干扰信号，从而实现对基于 m 序列伪码调相脉冲多普勒引信的有效干扰。

综上所述，m 序列虽然具有优异的自相关特性和互相关特性，但存在线性结构简单、码长固定情况下伪随机序列可选择范围小、易被敌方干扰机破解等问题。为克服上述问题，可基于 M 序列伪码调相的脉冲多普勒引信抗干扰方法，将用来调相的伪随机码序列由 m 序列换为 M 序列（de Brujin 序列）。与 m 序列相比，M 序列是利用非线性移位寄存器产生的，尽管其序列长度只比同等数目移位寄存器所产生的 m 序列多一位，但同等数目移位寄存器可构造的 M 序列的数目远超于 m 序列，使得 M 序列自身的保密性特别强。此外，M 序列的反馈函数还可确保不被三阶自相关函数等参数估计方法估计，从而大大降低了被敌方干扰机破解的风险。

1. M 序列（de Brujin 序列）

（1）M 序列的定义

图 5.57 所示的是一个 n 级非线性反馈移位寄存器，称布尔函数 $f_1(x_0, x_1, \cdots, x_{n-1})$ 为表示 n 级移位寄存器的反馈函数。其中，$(x_0, x_1, \cdots, x_{n-1})$ 表示该反馈移位寄存器的状态，x_0 和 x_{n-1} 分别表示移位寄存器的输出位和输入位，则其下一个状态可表示为 $(x_1, x_2, \cdots, x_{n-1}, f_1(x_0, x_1, \cdots, x_{n-1}))$。

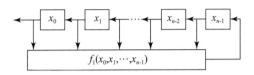

图 5.57　n 级移位寄存器结构

令 $f(x_0, x_1, \cdots, x_n) = f_1(x_0, x_1, \cdots, x_{n-1}) + x_n$，则称 $f(x_0, x_1, \cdots, x_n)$ 为该非线性反馈移位寄存器的特征函数。记其输出的全体序列集合为 $G(f)$，则当且仅当反馈函数 $f_1(x_0, x_1, \cdots, x_{n-1})$ 是非奇异的，即 $f_1(x_0, x_1, \cdots, x_{n-1}) = x_0 + f_0(x_1, x_2, \cdots, x_{n-1})$ 时，$G(f)$ 中序列才是周期序列。

M 序列正是由这类非线性反馈移位寄存器产生的。由 n 位非线性反馈移位寄存器产生的周期为 2^n 的移位寄存器序列，叫做最长 n 级移位寄存器序列，简称 M 序列，也称为 de Bruijn 序列。

（2）M 序列的构造

M 序列的数量极其庞大，n 级移位寄存器可产生的 M 序列条数为 $2^{2^{n-1}-n}$，是 m 序列难以比拟的，且随着 n 的增加，序列数量的增加速度是非常惊人的，如 $n = 6$ 的六级移位寄存器只产生 6 条 m 序列，而 M 序列多达 2^{26} 条。但自发现 M 序列半个多世纪以来，由于缺乏系统的研究工具，导致 M 序列的研究进展十分缓慢，关于它的生成方法及性能尚无完整的理论分析。目前，关于 M 序列的生成方法主要有生成树法、剪接法、算子法、并圈法、从 m 序列添加小项的方法构成 M 序列等，但这些生成方法产生的 M 序列只有有限条，均不能构成全部 M 序列。近年来，随着计算机处理速度的提高与存储容量的不断扩大，用计算机搜索法构造 M 序列已成为快速、大量、准确产生 M 序列的常用方法。生成一条 M 序列必须遍历 n 级移位寄存器的所有可能状态一次，这些状态构成一条 Hamilton 回路，从零状态始到末状态止。每一次状态转移溢出的一位码，经顺序组合，即可形成一条 M 序列。这种计算机搜索法可以穷尽所有码周期为 2^n 的 M 序列。对比上述 M 序列构成方法，结合引信的具体需求，选择计算机搜索方法来生成满足要求的 M 序列。

（3）M 序列的性质

除了序列的周期和数量外，M 序列的游程分布和相关特性也是其能否应用在伪码调相脉冲多普勒引信中的关键指标。

M 序列的游程分布十分理想，符合伪随机序列的特性：

①任意一个 n 级 M 序列的一周期内，0 和 1 的个数各半，即各有 2^{n-1} 个；

②任意一个 n 级 M 序列中，各种长度的 0 游程和 1 游程的个数相等，短游程的个数比长游程的个数多，而游程的总数是 2^{n-1}。

M 序列的自相关特性是多值函数，对任意给定的 n 级 M 序列，其自相关函数 $R(\tau)$ 为

$$R(\tau) = \begin{cases} 2^n, \tau = 0 \\ 0, \tau = \pm 1, \pm 2, \cdots, \pm(n-1) \\ 2^n - 4w(f_0), |\tau| \geqslant n \end{cases} \tag{5.231}$$

式中，$w(f_0)$ 是产生 M 序列的反馈函数 $f_1(x_0, x_1, \cdots, x_{n-1}) = x_0 + f_0(x_1, x_2, \cdots, x_{n-1})$ 中 $f_0(x_1, x_2, \cdots, x_{n-1})$ 的 Hamming 重量。

目前尚无计算 $R(\tau)$ 的一般公式，只能根据具体序列通过移位比较计算其自相关函数值。相关文献分别列出了 5 级和 6 级 M 序列关于重量 $w(f_0)$ 的具体统计数据，其中，$\min\{|2^n - 4w(f_0)|\} = 4$，且满足 $|2^n - 4w(f_0)| = 4$ 的 M 序列条数最多。由此可见，M 序列的自相关特性虽然没有 m 序列有优势，但数量庞大，通过选择合适的 M 序列可将 M 序列的自相关旁瓣控制在可接受的范围内。另外，由于 M 序列的自相关函数在 $\tau = \pm 1, \pm 2, \cdots, \pm(n-1)$ 处的取值为 0，经合理设置工作参数，可使引信一直工作在无旁瓣的距离范围内，从而进一步提高引信的抗干扰能力。

2. 基于 M 序列伪码调相的脉冲多普勒引信

（1）基于 M 序列伪码调相的脉冲多普勒引信工作原理

基于 M 序列的伪码调相的脉冲多普勒引信原理框图如图 5.58 所示，其工作原理为：用伪随机码（M 序列）对载波进行 $0/\pi$ 调相，然后在脉冲调制器中对调相信号进行脉冲取样，复合调制后的信号经过发射天线向预定空间辐射。回波信号经过带通滤波器，滤掉带外噪声，进入混频器，与载波混频，获得受多普勒信号调制的双极性视频伪码信号；经视频放大后，进入距离门，只有满足一定距离延迟的回波信号可以通过；距离门选通后，进入伪码相关器，同本地延迟的伪码进行相关；相关器输出的多

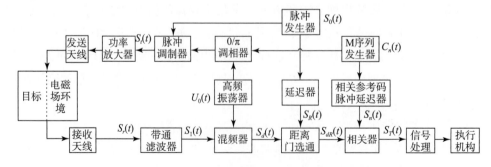

图 5.58 基于 M 序列伪码调相的脉冲多普勒引信原理框图

普勒信号，经信号处理，获取目标特征信息和弹目交会信息，若满足起爆条件，则产生启动信号，触发执行机构。基于 M 序列伪码调相的脉冲多普勒引信对回波信号进行距离门选通和与本地码相关检测两次处理，当回波信号满足固定的距离延迟，与本地延迟的伪码完全相关时，相关器输出的多普勒信号幅值最大。

基于 M 序列伪码调相的脉冲多普勒引信发射的伪码调相脉冲信号为

$$S_t(t) = A_t M(t) \cos(\omega_0 t) \left[P_{\frac{\tau_0}{2}}(t) \otimes \sum_{-\infty}^{\infty} \delta(t - N T_r) \right] \tag{5.232}$$

式中，A_t 为射频脉冲幅度；ω_0 为载波角频率；$P_{\frac{\tau_0}{2}}$ 是宽度为 τ_0、幅度为 1 的脉冲；T_r 为脉冲重复周期；定义 $\alpha = \dfrac{\tau_0}{T_r}$ 为脉冲占空比；$M(t) = \pm 1$，为 M 序列对应的双极性码，码元宽度为 T_r，与脉冲重复周期相同，伪码长度 $P = 2^n$，其中 n 为所选 M 序列对应非线性移位寄存器的级数。

引信发射信号遇到目标，经散射和反射后，回波信号被引信接收机接收，基于 M 序列伪码调相脉冲多普勒引信的目标回波信号可表示为

$$S_r(t) = A_r M(t - \tau_{(t)}) \cos(\omega_0 t + \omega_d t) \left[P_{\frac{\tau_0}{2}}(t - \tau_{(t)}) \otimes \sum_{-\infty}^{\infty} \delta(t - N T_r) \right]$$

$$\tag{5.233}$$

式中，A_r 为回波幅度，且 $A_r = \eta_r A_t$，η_r 为幅度调制因子；$\tau_{(t)} = \dfrac{2(R_0 - v_r t)}{c}$，为目标回波延迟时间，$R_0$ 为弹目初始距离，v_r 为弹目相对速度；ω_d 为多普勒频率，且 $\omega_d = \dfrac{2 v_r}{c} \cdot \omega_0$。

回波信号由引信接收天线接收后，首先通过一个中心频率为载频 ω_0 的带通滤波器，用以滤除带外噪声。随后进入混频器，同高频振荡器产生的本振信号 $U_0(t)$ 进行混频，经低通滤波后，获得输出信号为

$$S_d(t) = \frac{1}{2} K A_r U_0 M(t - \tau_{(t)}) \cos(\omega_d t) \left[P_{\frac{\tau_0}{2}}(t - \tau_{(t)}) \otimes \sum_{-\infty}^{\infty} \delta(t - N T_r) \right]$$

$$\tag{5.234}$$

式中，K 为混频器系数；U_0 为载波幅度。

距离门选通脉冲信号 $S_R(t)$ 是由脉冲发生器产生的脉冲信号作预定延迟 τ_A 生成的。回波信号经混频器输出后进入距离门，在距离门选通脉冲信号 $S_R(t)$ 的作用下，输出信号为

$$S_{dR}(t) = \frac{1}{2} K A_r U_0 M(t - \tau_{(t)}) \cos(\omega_d t) \cdot$$

$$\left\{ \left[P_{\frac{\tau_0}{2}}(t - \tau_{(t)}) \otimes \sum_{-\infty}^{\infty} \delta(t - N T_r) \right] \cdot \left[P_{\frac{\tau_0}{2}}(t - \tau_A) \otimes \sum_{-\infty}^{\infty} \delta(t - N T_r) \right] \right\}$$

$$\tag{5.235}$$

回波信号经过距离门选通后进入相关器，相关器的本地相关参考码 $S_n(t)$ 是由 M 序列发生器产生的 M 序列作预定时间延迟 τ_i 而得的。为保证伪码与距离门的相关峰值一致，距离门预定延迟 τ_A 与 M 序列预定延迟 τ_i 满足如下关系：$\tau_i = \tau_A + kT_r$，$k = 0,1$，$\cdots$，$P-1$。回波信号同本地相关参考码 $S_n(t)$ 进行相关检测，得到相关输出信号为

$$S_T(t) = \frac{1}{PT_r}\int_0^{PT_r} KA_r U_0 \cos(\omega_d t)\left[M(t-\tau_{(t)})\cdot M(t-\tau_i)\right]\cdot$$

$$\left\{\left[P_{\frac{\tau_0}{2}}(t-\tau_{(t)})\otimes\sum_{-\infty}^{\infty}\delta(t-NT_r)\right]\cdot\left[P_{\frac{\tau_0}{2}}(t-\tau_A)\otimes\sum_{-\infty}^{\infty}\delta(t-NT_r)\right]\right\}\mathrm{d}t$$

$$(5.236)$$

忽略多普勒容限的情况下，目标回波相关器输出信号的时域表达式可近似为

$$S_T(t)\approx\begin{cases}\frac{1}{2}KA_rA_0U_0\cos(\omega_d t)\alpha\left(1-\frac{P+1}{P\tau_0}\mid\tau_{(t)}-\tau_i-kPT_r\mid\right),\\[2mm]0\leqslant\mid\tau_{(t)}-\tau_i-kPT_r\mid\leqslant\tau_0\\[2mm]\frac{1}{2}KA_rA_0U_0\cos(\omega_d t)\alpha(P-4w(f_0))\left(\frac{1}{P}-\frac{1}{P\tau_0}\mid\tau_{(t)}-\tau_A-(k+n)T_r\mid\right),\\[2mm]0\leqslant\mid\tau_{(t)}-\tau_A-(k+n)T_r\mid\leqslant\tau_0\\[2mm]0,\text{其他}\\[2mm]k=0,1,2,\cdots\end{cases}$$

$$(5.237)$$

式中，$w(f_0)$ 为所选 M 序列的反馈函数 $f_1(x_0,x_1,\cdots,x_{n-1}) = x_0 + f_0(x_1,x_2,\cdots,x_{n-1})$ 中 $f_0(x_1,x_2,\cdots,x_{n-1})$ 的 Hamming 重量。相关器输出信号的幅值会随弹目距离的接近而发生变化，当 $\tau_{(t)} = \tau_i + kPT_r$ 时，目标回波的相关器输出幅值达到最大；当 $\tau_{(t)} = \tau_A + (k+n)T_r$ 时，输出信号会出现旁瓣峰值。

（2）仿真验证

根据图 5.58 所示的基于 M 序列伪码调相的脉冲多普勒引信工作原理框图，本节建立如图 5.59 所示的基于 M 序列伪码调相脉冲多普勒引信的 Simulink 仿真模型。

仿真工作参数设置如下：引信工作载频 $f_0 = 100$ MHz；脉冲重复周期 $T_r = 100$ ns；脉冲宽度 $\tau_0 = 20$ ns；脉冲占空比 $\alpha = 0.2$；M 序列长度 $P = 32$，对应非线性移位寄存器的级数为 $n = 5$，所选 M 序列为 "00000100110010101101000111011111"，其反馈函数的重量 $w(f_0) = 7$，最大旁瓣峰值为 $\mid 2^n - 4w(f_0)\mid = 4$；多普勒滤波器截止带宽 $F_d = 66.7$ kHz；为避免失真，仿真采样率 $f_s = 1$ GHz；由于 M 序列的自相关函数在 $\tau = \pm 1, \pm 2$，$\cdots, \pm(n-1)$ 处的取值为 0，为方便对比相关峰主瓣峰值和旁瓣峰值，仿真目标距离特意改为 R：120 m→0 m；为保证弹目交会所产生的多普勒频率 $f_d = 10$ kHz 不变，提高弹目交会速度由 100 m/s 变为 10 000 m/s；预定炸高 24 m；相关码延迟 $\tau_i = 160$ ns，距

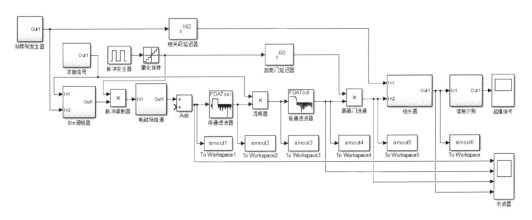

图 5.59　基于 M 序列伪码调相的脉冲多普勒引信的 Simulink 仿真模型

离门延迟 $\tau_A = \tau_i - kT_r = 60$ ns；信号幅值归一化为 1 V。

图 5.60 给出了目标回波作用下基于 M 序列伪码调相的脉冲多普勒引信各级响应输出信号的时域波形。自上而下依次为引信接收的目标回波信号、混频器输出信号、距离门选通输出信号和相关器输出信号。从中可以看到：

①相关器输出信号在 $\tau_{(t)} = \tau_i$ 处出现了明显的相关峰值；

②在 $\tau_{(t)} = \tau_i \pm kT_r$，$k = 1, 2, \cdots, n-1$ 处，距离门有输出信号，但相关器输出一直为 0；

③在 $\tau_{(t)} = \tau_i \pm kT_r, k = n, n+1, \cdots$ 处，相关器输出了旁瓣峰值，但幅值同 $\tau_{(t)} = \tau_i$ 处出现的相关峰值相比已经很小了，只有 1/8。

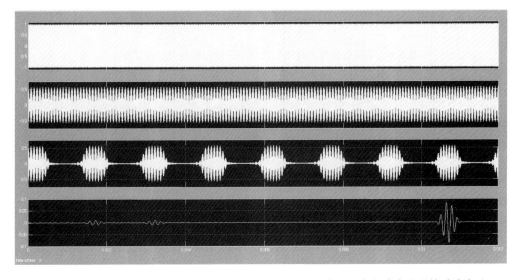

图 5.60　目标回波作用下基于 M 序列伪码调相脉冲多普勒引信各级响应信号的时域波形

这同前面理论分析结果是一致的，Simulink 仿真模型和理论分析结论得到了互相验证。此外，为便于比较相关峰主峰与旁瓣峰值的大小，图 5.60 所示的仿真结果并没有考虑随弹目距离接近引起的目标回波信号幅值的变化。实际上，由于采用 M 序列作为伪码调相信号，可保证在弹目距离为 $\left[\frac{1}{2}c\tau_i + \frac{1}{2}c(nT_r - \tau_0) \to 0 \text{ m}\right]$ 接近过程内只有一个相关峰，即炸高 $\frac{1}{2}c\tau_i$ 处；而旁瓣峰值出现在弹目距离 $\frac{1}{2}c\tau_i + \frac{1}{2}c(nT_r - \tau_0)$ 之外，引信接收的目标回波信号幅值本身已比炸高处的回波信号幅值小很多，故可以忽略旁瓣相关峰对引信定距的影响。

通过以上仿真分析可知，基于 M 序列伪码调相的脉冲多普勒引信完全可以满足引信正常的定距功能，甚至可通过合理设置工作参数（选择合适的 M 序列（旁瓣峰值小）、非线性移位寄存器的级数、码元宽度等），得到比基于 m 序列伪码调相脉冲多普勒引信更优异的定距性能。

为进一步验证基于 M 序列伪码调相的脉冲多普勒引信相对于传统脉冲多普勒引信收发相关信道抗干扰性能的提升效果，采用理论推导和仿真分析的手段获取了不同信息型干扰作用下基于 M 序列伪码调相的脉冲多普勒引信的处理增益。表 5.8 汇总了典型信息型干扰信号作用下基于 M 序列伪码调相脉冲多普勒引信、基于 m 序列伪码调相脉冲多普勒引信及传统脉冲多普勒引信收发相关信道处理增益的对比情况。为体现基于 M 序列调相的脉冲波形编码技术对引信抗信息型干扰能力的提高，本着单一变量的原则，表中 3 种引信的工作参数相同，占空比均设为 $\alpha = 0.02$，在保证脉冲宽度 $\tau_0 = 20$ ns 不变的情况下，脉冲重复周期（M 序列码元宽度）设为 $T_r = 1\,000$ ns，所选移位寄存器数目 $n = 5$，对应 M 序列的长度为 $P = 32$，m 序列的长度为 31。

表 5.8 不同信息型干扰信号作用下 3 种引信处理增益汇总表

技术特征	干扰信号	干扰波形参数	传统脉冲多普勒引信的处理增益/dB	基于 m 序列调相的脉冲多普勒引信的处理增益/dB	基于 M 序列调相的脉冲多普勒引信的处理增益/dB
噪声类主动压制式干扰	射频噪声干扰	噪声方差：0.5；带宽：$[-500\text{ MHz}, 500\text{ MHz}]$	35.639	40.132	38.291
	噪声调幅干扰	载波幅值：0.7 V；噪声方差：0.5；带宽：$[-100\text{ MHz}, 100\text{ MHz}]$	16.160	36.177	37.379
	噪声调频干扰	载波幅值：1 V；噪声方差：0.5；调制频偏：50 MHz；带宽：$[-100\text{ MHz}, 100\text{ MHz}]$	27.112	32.421	32.647

续表

技术特征	干扰信号	干扰波形参数	传统脉冲多普勒引信的处理增益/dB	基于 m 序列调相的脉冲多普勒引信的处理增益/dB	基于 M 序列调相的脉冲多普勒引信的处理增益/dB
模拟回波的引导式干扰	正弦波调幅干扰	载波幅值：0.8 V；调制深度：1；调制正弦波频率：40 kHz	13.858	33.520	40.305
	正弦波调频干扰	载波幅值：1 V；调制频偏：1 MHz；调制正弦波频率：40 kHz；调频指数：25	18.335	29.385	30.650
	方波调幅干扰	载波幅值：0.7 V；调制深度：1；调制方波频率：40 kHz	13.870	31.033	35.132
	方波调频干扰	载波幅值：1 V；调制频偏：1 MHz；调制方波频率：40 kHz；调频指数：25	17.081	27.691	32.047
	三角波调幅干扰	载波幅值：0.86 V；调制深度：1；调制三角波频率：40 kHz	13.863	34.493	41.398
	码元重构干扰	利用三阶自相关函数估计伪随机码的本源多项式，并以此生成同引信发射信号一致的干扰信号	—	0	9.855
转发式干扰	DRFM 干扰	针对脉冲多普勒引信：附加延时时间：16.8 μs；干扰机距离：500 m→470 m；针对伪码脉冲多普勒引信：附加延时时间：28.9 μs；干扰机距离：500 m→470 m	0	0	0

从表5.8 所汇总的处理增益对比情况中可以看出：

①基于 M 序列伪码调相的脉冲波形编码技术，大幅增加了引信信号收发相关信道的处理增益，从而有效提高了脉冲多普勒引信抗噪声类主动压制式干扰和模拟回波引导式干扰的能力。

②由于所选 M 码的游程分布均匀，具有比 m 序列更优异的伪随机特性，因而，相同干扰条件下，基于 M 序列伪码调相的脉冲多普勒引信的处理增益高于基于 m 序列伪码调相的脉冲多普勒引信。

③基于 M 序列调相的脉冲多普勒引信可有效对抗码元重构干扰，而基于 m 序列调相的脉冲多普勒引信在面对码元重构干扰时容易被侦破。

综上分析，基于 M 序列伪码调相的脉冲多普勒引信抗干扰方法借助 M 序列较好的伪随机性和自相关特性，大幅提高了脉冲多普勒引信收发相关信道的抗干扰能力，甚至在一定程度上具有比基于 m 序列伪码调相脉冲多普勒引信更好的定距性能和抗干扰性能；此外，M 序列非线性结构复杂、数量巨大的特点，克服了 m 序列易被侦破的弱点，从而使基于 M 序列伪码调相的脉冲多普勒引信本身具有非常好的对抗基于码元重构干扰信号的能力。

5.3.2.2 基于正交编码的脉冲多普勒引信抗干扰方法

根据信息型干扰作用下脉冲多普勒引信的失效规律，传统脉冲多普勒引信对基于 DRFM 技术的"转发式"干扰几乎没有抗干扰能力。这是由于基于 DRFM 技术的转发式干扰信号同引信发射信号高度相干，在脉冲多普勒引信发射周期性信号的情况下，通过合理设置参数可产生同目标回波一致的 DRFM 干扰信号，使脉冲多普勒收发相关信道保护完全失效。同时，在 DRFM 干扰信号作用下，收发相关信道的输出信号同引信的目标函数相似度为 1，使得以目标函数为理论依据设计的脉冲多普勒引信信息识别信道也无法对抗 DRFM 干扰。理论上，传统脉冲多普勒引信在不改变引信工作原理的前提下无法对该类干扰进行有效区分。上节给出了基于 M 序列伪码调相的脉冲多普勒引信抗干扰方法，虽然大幅提高了引信抗噪声类主动"压制式"干扰和模拟回波的"引导式"干扰的性能，但这种引信发射的是周期性信号，在理论上仍无法有效对抗 DRFM 干扰。为了解决脉冲多普勒引信抗 DRFM 干扰的问题，在分析失效规律的基础上，分析了引信基于脉冲多样性的抗 DRFM 干扰方法的可行性，并结合引信自身的特点，提出了基于正交编码的脉冲多普勒引信抗干扰方法，通过对引信发射脉冲进行正交分组编码，在一定程度上消除引信发射脉冲的周期性，利用引信目标信号和 DRFM 干扰信号在时间延迟上的本质区别来对抗 DRFM 干扰。

1. 基于脉冲多样性的抗 DRFM 干扰方法

由对 DRFM 干扰信号的分析可知，DRFM 干扰机对侦收到的引信发射信号进行存储，并附加延迟时间后进行转发。在这个过程中，因为干扰机距离远远大于引信预定的起爆距离 R_i，即 $R_{j0} \gg R_i$，所以无论干扰机系统响应时间如何快速，人为附加延迟时间怎样设置，干扰信号的总延迟时间 $\tau_{j(t)}$ 都远大于引信预定延迟时间 τ_i。此外，一般情况下脉冲重复周期 T_r 相对于 DRFM 干扰信号的延迟时间来讲较小，假定 DRFM 干扰机产生的干扰信号相对于当前引信发射信号至少滞后 m 个脉冲周期 mT_r，m 值可由先验知识确定，即当引信发射第 $N+m$ 个脉冲波形时，干扰机复制转发的还是第 N 个脉冲波形。

对于传统脉冲多普勒引信来说，DRFM 干扰信号在相对于正常目标回波信号滞后时间很长的情况下，仍能同目标信号作用下引信各级输出信号保持高度一致，其原因就是利用了引信发射脉冲信号的周期性，即 $S_t(t) = S_t(t - mT_r)$。因而去除发射信号的周期性，使得 $S_t(t) \neq S_t(t - mT_r)$，是提高脉冲多普勒引信抗 DRFM 干扰的能力的关键所在。

针对去除发射波形周期性的问题，雷达领域的有关专家提出了脉冲多样性的概念，构造正交的发射脉冲信号集，使得不同脉冲重复周期内发射的脉冲波形完全不相关，即

$$\begin{cases} \dfrac{1}{T}\displaystyle\int_T S_t(t - kT_r) \cdot S_t^*(t - lT_r)\,\mathrm{d}t = 1, k = l \\ \dfrac{1}{T}\displaystyle\int_T S_t(t - kT_r) \cdot S_t^*(t - lT_r)\,\mathrm{d}t = 0, \forall\, k \neq l \end{cases} \tag{5.238}$$

若发射脉冲波形具有脉冲多样性，进行脉冲压缩时，目标回波信号的脉冲波形始终与当前发射脉冲波形相同，对应系统的输出信号是当前周期内信号的自相关信号，具有相关增益；而 DRFM 干扰信号至少滞后当前发射脉冲 m 个脉冲周期的时长，即 mT_r，$m \geqslant 1$，对应系统输出信号则是当前脉冲波形与其他周期内脉冲波形的互相关信号，在发射脉冲集是正交集的情况下，互相关信号近乎为 0。这样，借助不同脉冲重复周期内发射脉冲的正交性，可确保目标回波与 DRFM 干扰信号作用下的系统输出信号有明显的差异性，从而达到了抗 DRFM 干扰的目的。

脉冲多样性去除了发射脉冲信号的周期性，从根本上隔绝了 DRFM 干扰进入引信的通道，为脉冲多普勒引信抗 DRFM 干扰设计提供了理论依据。但脉冲多样性在实际应用过程中会遇到一些需要解决的问题：

首先，构造完全正交的发射脉冲集本身较复杂，不容易实现；

其次，不管是雷达还是引信，均需要不间断地发射脉冲信号，这就要求满足脉冲多样性的发射脉冲集中脉冲波形的数目足够多；

最后，一些复杂程度高或者参数精确过高的信号虽然有明确的信号表达式，但在工程实现中很难生成。

基于以上考虑，在借鉴脉冲多样性的思想的基础上，结合引信的具体应用情况，提出了基于正交分组编码的脉冲多普勒引信抗干扰方法，将引信有效工作时间内发射脉冲进行分组编码，其中每组包含 m 个脉冲周期（假设 DRFM 干扰信号至少滞后 m 个脉冲重复周期），这样既可以保证 DRFM 干扰与真实目标回波的脉冲波形不在一组编码周期内，又可有效地减少脉冲波形编码的数目，具有较好的可实现性。

2. 基于正交分组编码的脉冲多普勒引信

（1）基于正交分组编码的脉冲多普勒引信工作原理

根据前面分析，针对去除发射波形周期性的问题，进行发射脉冲波形多样性设计实质上就是构造正交的发射脉冲信号集。由于引信具有小体积、近程工作、一次作用

的特点，复杂的正交发射脉冲信号集从工程实现的角度来说并不适用于引信。为此，选取工程上较易实现的完备正交集 $[1, \mathrm{e}^{-\mathrm{j}\omega_b t}, \mathrm{e}^{-\mathrm{j}2\omega_b t}, \mathrm{e}^{-\mathrm{j}3\omega_b t}, \cdots]$ 作为引信正交分组编码集。图 5.61 给出了基于正交分组编码的脉冲多普勒引信原理框图。对比传统脉冲多普勒引信原理框图可以发现，基于正交分组编码的脉冲多普勒引信在高频振荡器产生的本振信号基础上正交调制了一个正交分组编码信号。

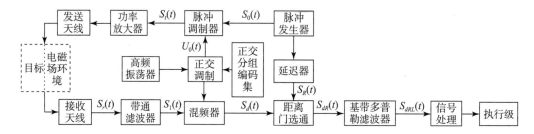

图 5.61　基于正交分组编码的脉冲多普勒引信原理框图

忽略初始相位的影响，基于正交分组编码的脉冲多普勒引信发射信号可以表示为

$$S_t(t) = A_t \cos(\omega_0 t - k\omega_b t)\left[P_{\frac{\tau_0}{2}}(t) \otimes \sum_{N=0}^{m-1} \delta(t - kmT_r - NT_r) \right]$$

(5.239)

$$k = 0, 1, 2, 3, \cdots$$

式中，A_t 为射频信号幅度；ω_0 为载波角频率；$P_{\frac{\tau_0}{2}}$ 是宽度为 τ_0、幅度为 1 的脉冲；T_r 为脉冲重复周期；m 为每个分组包含的脉冲重复周期数，其值大小取决于 DRFM 干扰机至少滞后引信当前发射信号的重复周期数，可由先验知识获得；k 为当前引信发射信号的分组数；ω_b 为正弦波正交分组编码集的基频。

由式（5.239），正交分组编码脉冲多普勒引信的目标回波信号可表示为

$$S_r(t) = A_r \cos\left[(\omega_0 - k\omega_b + \omega_d - k\omega_{bd})t\right]\left[P_{\frac{\tau_0}{2}}(t - \tau_{(t)}) \otimes \sum_{N=0}^{m-1} \delta(t - kmT_r - NT_r) \right]$$

$$k = 0, 1, 2, 3, \cdots$$

(5.240)

式中，A_r 为回波幅度，且 $A_r = \eta_r A_t$，η_r 为幅度调制因子；$\tau_{(t)} = \dfrac{2(R_0 - v_r t)}{c} \in [0, T_r)$，为目标回波延迟时间，$R_0$ 为弹目初始距离，v_r 为弹目相对速度；ω_d 为多普勒频率，且 $\omega_d = \dfrac{2v_r}{c} \cdot \omega_0$；$k\omega_{bd}$ 为正交分组编码所带来的额外多普勒频率，一般情况下，$k\omega_{bd} = \dfrac{2v_r}{c} \cdot k\omega_b \ll \omega_d$，可忽略不计。故引信接收的目标回波可化简为

$$S_r(t) = A_r \cos\left[(\omega_0 - k\omega_b t + \omega_d)t\right]\left[P_{\frac{\tau_0}{2}}(t - \tau_{(t)}) \otimes \sum_{N=0}^{m-1} \delta(t - kmT_r - NT_r) \right]$$

$$k = 0, 1, 2, 3, \cdots$$

(5.241)

而对于 DRFM 干扰机来说，假定复制转发的 DRFM 干扰信号相对于当前引信发射信号滞后了 m 个脉冲周期 mT_r，则引信接收的 DRFM 干扰信号可表示为

$$J_D(t) = A_j\cos\left\{\left[\omega_0 - (k-1)\omega_b + \omega_{dj}\right]t\right\}\left[P_{\frac{\tau_0}{2}}(t - \tau_{j(t)}) \otimes \sum_{N=0}^{m-1}\delta(t - (k-1)mT_r - NT_r)\right]$$
$$k = 0,1,2,3,\cdots$$
(5.242)

式中，$\tau_{j(t)}$ 为 DRFM 干扰信号的总延迟时间，$\tau_{j(t)} = \tilde{\tau}_{j(t)} + mT_r$，且 $\tilde{\tau}_{j(t)} \in [0, T_r)$，故式 (5.242) 可进一步化简为

$$J_D(t) = A_j\cos\left\{\left[\omega_0 - (k-1)\omega_b + \omega_{dj}\right]t\right\}\left[P_{\frac{\tau_0}{2}}(t - \tilde{\tau}_{j(t)}) \otimes \sum_{N=0}^{m-1}\delta(t - (k-1)mT_r - NT_r)\right]$$
$$k = 0,1,2,3,\cdots$$
(5.243)

目标信号作用下基于正交分组编码的脉冲多普勒引信的距离门输出信号可表示为

$$S_{dR}(t) = \frac{1}{2}KA_rA_0U_0\cos(\omega_d t)\left[P_{\frac{\tau_0 - |\tau_{(t)} - \tau_i|}{2}}\left(t - \frac{\tau_{(t)} + \tau_i}{2}\right) \otimes \sum_{-\infty}^{\infty}\delta(t - NT_r)\right]$$
$$\tau_i - \tau_0 \leqslant \tau_{(t)} \leqslant \tau_i + \tau_0$$
(5.244)

对输出脉冲信号 $S_{dR}(t)$ 进行傅里叶变换，得到距离门输出信号的频谱 $S_{dR}(\omega)$ 为

$$S_{dR}(\omega) = \frac{KA_rA_0U_0\pi(\tau_0 - |\tau_{(t)} - \tau_i|)}{2T_r} \cdot$$
$$\sum_{N=-\infty}^{\infty}\left\{\text{sinc}\left[N\frac{\pi(\tau_0 - |\tau_{(t)} - \tau_i|)}{T_r}\right]e^{-jN\frac{\pi}{T_r}(\tau_i + \tau_{(t)})} \cdot\right.$$
$$\left.\left[\delta\left(\omega - N\frac{2\pi}{T_r} + \omega_d\right) + \delta\left(\omega - N\frac{2\pi}{T_r} - \omega_d\right)\right]\right\}$$
(5.245)

而 DRFM 干扰信号作用下基带正交分组编码的脉冲多普勒引信的距离门输出信号可表示为

$$J_{DdR}(t) = \frac{1}{2}KA_jA_0U_0\cos\left[(\omega_{dj} + \omega_b)t\right]\left[P_{\frac{\tau_0 - |\tilde{\tau}_{j(t)} - \tau_i|}{2}}\left(t - \frac{\tilde{\tau}_{j(t)} + \tau_i}{2}\right) \otimes \sum_{-\infty}^{\infty}\delta(t - NT_r)\right]$$
$$\tau_i - \tau_0 \leqslant \tilde{\tau}_{j(t)} \leqslant \tau_i + \tau_0$$
(5.246)

对上式进行傅里叶变换，得到 DRFM 干扰信号作用下距离门输出信号的频谱 $J_{DdR}(\omega)$ 为

$$J_{DdR}(\omega) = \frac{KA_rA_0U_0\pi(\tau_0 - |\tilde{\tau}_{j(t)} - \tau_i|)}{2T_r} \cdot$$

$$\sum_{N=-\infty}^{\infty}\left\{\operatorname{sinc}\left[N\frac{\pi(\tau_0-|\tilde{\tau}_{j(t)}-\tau_i|)}{T_r}\right]e^{-jN\frac{\pi}{T_r}(\tau_i+\tilde{\tau}_{j(t)})}\times\right.$$

$$\left.\left[\delta\left(\omega-N\frac{2\pi}{T_r}+\omega_d+\omega_b\right)+\delta\left(\omega-N\frac{2\pi}{T_r}-\omega_d-\omega_b\right)\right]\right\}\tag{5.247}$$

图 5.62 所示的是目标回波和 DRFM 干扰信号分别作用下，距离门输出信号幅度谱示意图，其中实线为目标回波作用下的幅度谱，虚线为 DRFM 干扰信号作用下的幅度谱。

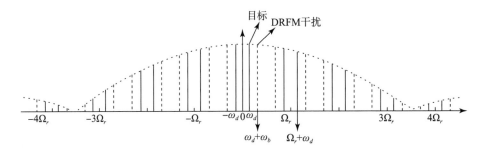

图 5.62　目标回波和 DRFM 干扰信号作用下脉冲多普勒引信距离门输出信号幅度谱

从图 5.62 中可以看到，DRFM 作用下基于正交编码的脉冲多普勒引信距离门的频谱已与目标回波不同。在设计正交编码信号集时，基频 ω_b 一般情况下要略大于基带多普勒滤波器的截止频率，因而，DRFM 干扰信号作用下基于正交编码脉冲多普勒引信距离门输出信号的基频信号 $\delta(\omega+\omega_d+\omega_b)+\delta(\omega-\omega_d-\omega_b)$ 会被基带多普勒滤波器滤掉，而目标回波信号的基频信号则可以顺利通过，于是，两种信号作用下引信的基带多普勒滤波器的输出信号已有明显区别。基于正交分组编码的脉冲多普勒引信通过对发射的射频脉冲信号进行正交分组编码，在一定程度上去除了发射脉冲信号的周期性，使 DRFM 干扰信号不再具有与目标回波信号相同的相关处理增益，从而在收发相关信道有效对抗了 DRFM 干扰。

（2）仿真验证

为进一步验证基于正交分组编码的脉冲多普勒抗干扰方法的有效性，基于 Matlab 构建了基于正交分组编码的脉冲多普勒引信 Simulink 模型，并仿真了目标回波与 DRFM 干扰信号作用下引信的响应特性。仿真工作参数设置如下：引信工作载频 $f_0=100$ MHz；脉冲调制周期 $T_r=4\ 000$ ns；脉冲宽度 $\tau_0=20$ ns；脉冲占空比 $\alpha=0.02$；多普勒滤波器截止带宽 $F_d=66.7$ kHz；正交分组编码集的基频 $\omega_b=100$ kHz；每个正交分组包含的脉冲重复周期数为 $m=5$；为避免失真，仿真采样率 $f_s=1$ GHz；预定炸高 15 m；距离门延迟 $\tau_i=100$ ns；信号幅值归一化为 1 V。仿真目标距离 R：30 m→0 m；为保证弹目交会所产生的多普勒频率 $f_d=40$ kHz 不变，提高弹目交会速度由 600 m/s 变为 60 000 m/s。仿真干扰机距离 R_j：500 m→470 m（与目标信号作用时仿真时间相同）。DRFM 干扰机在获取干扰初始距离 R_{j0} 的基础上，为使仿真过程中满足 $|\tilde{\tau}_{j(t)}-\tau_i|\leqslant\tau_0$，干扰机响应和

附加延时总时间为 $\tau_{j0} = 16.8~\mu s$。

图 5.63 ~ 图 5.66 分别给出了目标回波和 DRFM 干扰信号作用下基于正交编码脉冲多普勒引信的时频响应图。其中，图 5.63 所示为目标回波作用下正交分组编码脉冲多普勒引信的各级响应输出信号的时域波形，自上而下依次为引信接收的目标回波信号、混频器输出信号、距离门选通输出信号和基带多普勒滤波器输出信号。图 5.64 给出了目标回波作用下引信的各级输出信号对应的频谱图。图 5.65 给出了 DRFM 干扰信号作用下正交分组编码脉冲多普勒引信各级输出信号的时域波形，自上而下依次为引信接收到的 DRFM 干扰输入信号、混频器输出信号、距离门选通输出信号和基带多普勒滤波器输出信号。图 5.66 所示为 DRFM 干扰信号作用下引信各级响应输出信号的频谱图。

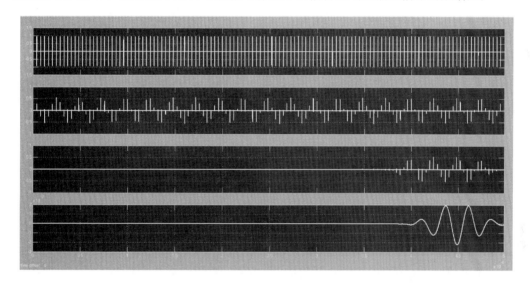

图 5.63　目标回波作用下正交分组编码脉冲多普勒引信的各级响应输出信号的时域波形

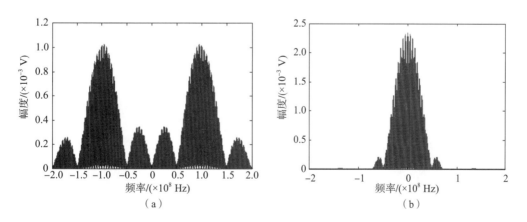

图 5.64　目标回波作用下正交分组编码脉冲多普勒引信各级响应输出信号的频谱
（a）目标回波信号频谱；（b）混频器输出信号频谱

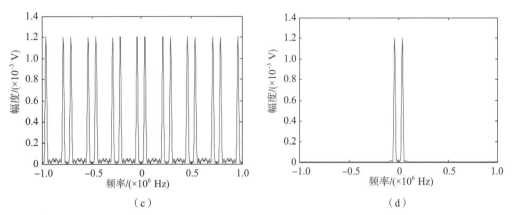

（c）   （d）

图 5.64　目标回波作用下正交分组编码脉冲多普勒引信各级响应输出信号的频谱（续）

（c）距离门选通输出信号频谱；（d）基带多普勒滤波输出信号频谱

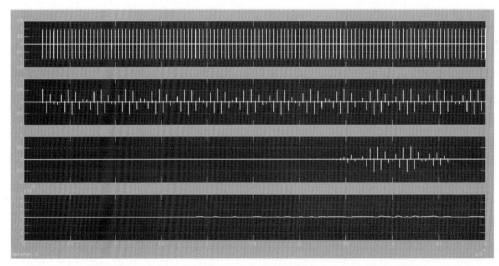

图 5.65　DRFM 干扰作用下正交分组编码脉冲多普勒引信的各级响应输出信号的时域波形

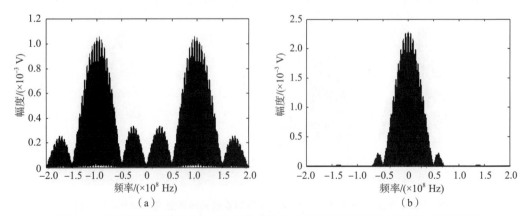

（a）   （b）

图 5.66　DRFM 干扰作用下正交分组编码脉冲多普勒引信各级响应输出信号的频谱

（a）DRFM 干扰信号频谱；（b）混频器输出信号频谱

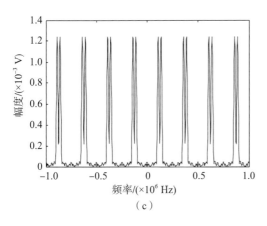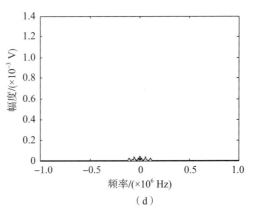

图 5.66 DRFM 干扰作用下正交分组编码脉冲多普勒引信各级响应输出信号的频谱（续）

（c）距离门选通输出信号频谱；（d）基带多普勒滤波输出信号频谱

通过对比以上图形可发现：

①虽然基于正交分组编码脉冲多普勒引信的目标回波频谱与传统脉冲多普勒引信不同，但经过混频器之后的，基于正交分组编码脉冲多普勒引信的各级输出时域波形和对应频谱图均与传统脉冲多普勒引信一致，可见基于正交分组编码脉冲多普勒引信具有传统脉冲多普勒引信相同的定距和测速效果。

②DRFM 干扰信号作用下，正交分组编码脉冲多普勒引信的距离门输出信号的频谱与目标信号有明显的差别，每次谐波 $\dfrac{2\pi}{T_r}$ 对应的多普勒频率都在原基础上出现了偏移，偏移量的大小与正交集的基频 ω_b 一致。

③通过合理设置正交集的基频 ω_b 大小，使其满足

$$F_d < \omega_{dj} + \omega_b < \frac{2\pi}{T_r} - F_d \tag{5.248}$$

则可保证 DRFM 干扰信号作用下的距离门输出信号能成功被引信基带多普勒滤波器滤掉。仿真中，$f_b = \dfrac{\omega_b}{2\pi} = 100\ \text{kHz}$，$f_{dj} = 40\ \text{kHz}$，$F_d = 66.7\ \text{kHz}$，$\dfrac{1}{T_r} = 250\ \text{kHz}$，满足式（5.248）的条件，故图 5.65 中，DRFM 干扰信号作用下引信基带多普勒滤波器没有信号输出。

④仿真结果表明，基于正交分组编码脉冲多普勒引信，通过对发射的射频脉冲信号进行正交分组编码，能有效对抗 DRFM 干扰信号，同前面的理论分析结果一致，仿真模型和理论推导得到了相互验证。

需说明的是，本节仅讨论了三角函数正交集作为分组编码集的情况，理论上其他满足正交条件且易实现的正交集都可用来消除发射脉冲波形的周期性，从而在收发相关信道实现脉冲多普勒引信抗 DRFM 干扰。

5.3.2.3 基于最优脉冲波形设计的脉冲多普勒引信抗干扰方法

尽管以上抗干扰方法在对抗各自适用的干扰信号类型时都具有非常好的抗干扰能力，但对其他类型干扰的抗干扰能力相对有限。例如，基于正交分组编码的脉冲多普勒引信虽可有效对抗 DRFM 干扰信号，但其抗噪声类干扰和模拟回波引导式干扰的能力相对传统脉冲多普勒引信而言提升有限。

然而，现阶段脉冲多普勒引信在战场环境中遇到的极有可能是多种类型信息型干扰并存的情况，这就需要脉冲多普勒引信具有抗多种类型信息型干扰的能力。为解决脉冲多普勒引信抗多类型信息型干扰的问题，结合脉冲波形编码技术的发展现状和引信的实际工程应用需求，提出适用于无线电引信的最优脉冲波形设计算法（PWCIA 算法），并在该算法的基础上，构建基于最优脉冲波形设计的脉冲多普勒引信抗干扰方法。这里设计的最优脉冲波形不再采用 $0/\pi$ 二相位调制，而是根据硬件条件采用任意相位调制或者有限相位调制，一方面具有非常好的自相关特性，可使脉冲多普勒引信收发相关信道的处理增益提高，从而能够有效对抗噪声类干扰和模拟回波的引导式干扰；另一方面，所设计的脉冲波形编码长度可根据需求任意调整，大幅增加了引信的最大不模糊距离，给 DRFM 转发式干扰的实现带来很大困难，进而使所设计的引信同时具有较好的抗 DRFM 干扰能力。

1. 最优脉冲波形设计方法

脉冲波形编码技术是雷达、通信及无线电引信等领域常用的一种增强系统性能的技术手段，该技术的关键在于设计和生成合适的脉冲波形编码序列。到目前为止，工程上应用最广泛的脉冲波形编码序列是伪随机二相码序列，如 m 序列、Gold 序列及混沌序列等，借助二相移键控，这些伪随机二相码序列作为调制序列在硬件中实现相对简单，但存在相关特性不够好、易被干扰机破解的风险。近年来，一种具有极低自相关旁瓣且长度可调的任意相位幺模编码序列，因既能有效对抗多种类型的干扰，又能大幅提高探测信号的距离分辨力和最大不模糊距离，从而引起广泛关注。针对这种幺模脉冲波形编码序列的设计生成问题，一直都是研究的热点和难点，相关领域的学者做出了大量尝试和努力，提出了很多有效的算法，其中以 CAN 和 MISL 各自为代表的两个系列的生成算法因在有效性和收敛性方面的明显优势而备受瞩目。

然而，所有的脉冲波形编码技术都有各自的适用环境，目前公布的绝大部分脉冲波形编码序列设计和生成算法均是针对雷达系统的，并不完全适用于脉冲多普勒引信。这主要有两方面的原因：一是引信一次作用、小体积、高过载的特点，限制了任意相位调制的幺模脉冲波形编码序列在引信上的应用；二是引信近程、实时工作的特点，使引信多采用脉间调制方式，我们关心的是脉冲波形序列的周期相关特性，但大部分算法关心的是序列的非周期相关特性，所生成的脉冲波形序列主要用于脉冲压缩雷达。

为解决上述问题，根据引信的工作特点，提出了一种新的适用于无线电引信的最优脉冲波形设计算法——PWCIA 算法。PWCIA 算法（Periodic - correlation Weighted Cyclic Iteration Algorithm）利用循环迭代的办法，可同时用来生成任意长度的具有极低周期自相关旁瓣的任意相位幺模脉冲波形编码序列和有限相位幺模脉冲波形编码序列，从而满足引信脉冲波形编码的实际工程需求。

（1）发射脉冲波形优化问题的数学模型

根据前文分析，对发射脉冲波形优化，关键就是设计具有极低自相关旁瓣的幺模脉冲波形编码序列。假定 $\{x(n)\}_{n=1}^{N}$ 为要设计的幺模脉冲波形编码序列（即要求 $|x(n)| = 1$, $n = 1, 2, \cdots, N$），如无特别说明，后面简称幺模序列，则对于序列中的任意码元 $x(n)$，都可表示为

$$x(n) = \exp\{\mathrm{j}\varphi(n)\} \tag{5.249}$$

式中，$\varphi(n)$ 表示对应码元 $x(n)$ 的相位，定义 $\boldsymbol{\Phi} = [\varphi(1), \varphi(2), \cdots, \varphi(N)]^{\mathrm{T}}$ 为幺模序列的相位矢量。对于任意相位的幺模序列来说，$\varphi(n)$ 的取值可以是区间 $[0, 2\pi)$ 内的任意实数；对于有限相位来说，$\varphi(n)$ 是离散值，其取值范围为 $\varphi(n) \in \left[0, \dfrac{2\pi}{q}, \dfrac{4\pi}{q}, \cdots, \dfrac{2\pi}{q}(q-1)\right]$，其中 q 为有限相位个数。

根据优化目的，作者重点关注幺模序列的自相关特性，根据定义的不同，自相关可以分为周期自相关和非周期自相关。对于幺模序列 x 来说，周期自相关函数 $r(k)$ 和非周期自相关函数 $\hat{r}(k)$ 分别可表示为

$$r(k) = \sum_{n=1}^{N} x(n)x^*(n+k)(\mathrm{mod}N) = r^*(-k), k = 0, \cdots, N-1 \tag{5.250}$$

$$\hat{r}(k) = \sum_{n=1}^{N-k} x(n)x^*(n+k) = \hat{r}^*(-k), k = 0, \cdots, N-1 \tag{5.251}$$

在序列优化理论中，积分旁瓣电平（Intergrated Sidelobe Level，ISL）常被用来衡量所设计幺模序列的自相关特性的好坏，ISL 的定义式为

$$\mathrm{ISL} = \sum_{k=-N+1, k\neq0}^{N} |r(k)|^2 = 2\sum_{k=1}^{N-1} |r(k)|^2 \tag{5.252}$$

其值越小，则表明所设计幺模序列的自相关特性越好。由于作者根据引信的实际工程需要，主要关心幺模序列的周期相关特性，故式（5.263）只给出了周期相关 ISL 的定义式，有关非周期相关 ISL 的定义式可参考获得。需要指出的是，ISL 作为衡量序列自相关特性好坏的指标，同另一个非常重要的量化指标——品质因数（Merit Factor，MF）是等价的，两者的关系如下：

$$\mathrm{MF} = \frac{|r_0|^2}{2\sum_{k=1}^{N-1} |r(k)|^2} = \frac{N^2}{2\mathrm{ISL}} \tag{5.253}$$

对应地，所设计幺模序列的品质因数（MF）越大，说明自相关特性越好。

此外，为了迎合某种特定的需求，加权重的积分旁瓣电平（Weighted Intergrated Sidelobe Level，WISL）被定义为

$$\text{WISL} = \sum_{k=-N+1, k\neq 0}^{N} w_k |r(k)|^2 = 2\sum_{k=1}^{N-1} w_k |r(k)|^2 \tag{5.254}$$

式中，$w_k \geq 0$，$k = 1, \cdots, N-1$ 表示不同延迟 k 对应的自相关函数值的权重。通过设定 $\{w_k\}_{k=1}^{N-1}$ 的取值，可以对不同延时的边带大小进行任意调整，从而满足不同的实际需求（如压制某特定距离范围内的干扰信号）。特别地，ISL 可视为 WISL 的一个特例，其对应 $\{w_k\}_{k=1}^{N-1}$ 的取值为 $w_k = 1$，$k = 1, \cdots, N-1$。

这样，进行发射脉冲波形最优化设计，从数学角度来说，就变成了寻找 WISL 的最小化问题的最优解，即

$$\begin{aligned} &\underset{x(n)}{\text{Minimize}} && \text{WISL} \\ &\text{s.t.} && |x(n)| = 1, n = 1, 2, \cdots, N \end{aligned} \tag{5.255}$$

由式（5.255）可以看到，若想设计具有极低自相关旁瓣的幺模序列，需要对序列的每个码元都进行优化，本质上是一个 N 维优化问题，无法直接获取最优解。

目前，针对非周期自相关特性幺模序列的研究工作已经开展较多，国内外绝大多数公开的幺模序列设计算法都是针对非周期相关特性的，针对引信关注的周期自相关特性幺模序列的研究工作开展较少，国内外研究成型的算法仅有 PeCAN（Periodic-correlation Cyclic Algorithm – New）算法。经仿真验证，PeCAN 算法可生成具有极低周期相关 ISL 的幺模序列，但该算法只能用来生成任意相位的幺模序列，并且不能处理式（5.255）中加权重的 WISL 优化问题，因而 PeCAN 算法并不能完全满足引信脉冲波形编码的实际工程需求。

为此，本节针对式（5.255）的最小化问题，结合引信的工程应用需求，推导并提出了一种新的幺模序列优化设计算法（PWCIA 算法），该算法可同时生成具有低周期相关 WISL 的任意相位幺模序列和有限相位幺模序列，从而可完全满足引信的实际工程应用。

（2）PWCIA 算法（Periodic – correlation Weighted Cyclic Iteration Algorithm）

设 $\Delta\varphi$ 为幺模序列 $\{x(n)\}_{n=1}^{N}$ 第 n 个码元的任意相位增量，借助 $\Delta\varphi$ 定义一个新的幺模序列 $\tilde{\boldsymbol{x}}$，其码元为

$$\begin{aligned} \tilde{\boldsymbol{x}}(k) &= \begin{cases} x(k), & k \neq n \\ x(k)\exp\{j\Delta\varphi\}, & k = n \end{cases} \\ &= \begin{cases} \exp\{j\varphi(k)\}, & k \neq n \\ \exp\{j\varphi(k) + j\Delta\varphi\}, & k = n \end{cases} \end{aligned} \tag{5.256}$$

定义 $\boldsymbol{A}$ 为原幺模序列 $\boldsymbol{x}$ 的自相关矩阵，其表达式为

$$A = xx^H = \begin{bmatrix} x(1)x^*(1) & x(1)x^*(2) & \cdots & x(1)x^*(N) \\ x(2)x^*(1) & x(2)x^*(2) & \cdots & x(2)x^*(N) \\ \vdots & \vdots & & \vdots \\ x(N)x^*(1) & x(N)x^*(2) & \cdots & x(N)x^*(N) \end{bmatrix} \quad (5.257)$$

借助自相关矩阵 A，式（5.257）所示的周期自相关函数 $r(k)$ 可改写为

$$r(k) = r^*(-k) = \sum_{j=1}^{N-k} A(j+k,j) + \sum_{j=1}^{k} A(j,j+N-k), k = 0,\cdots,N-1 \quad (5.258)$$

易发现，与原幺模序列 x 的自相关矩阵 A 相比，新的幺模序列 $\tilde{x}$ 的自相关矩阵 $\tilde{A} = \tilde{x}\tilde{x}^H$ 实际上只有第 n 行和第 n 列的元素发生了变化，且变换的行向量 $q_{r,n}$ 和列向量 $q_{c,n}$ 分别为

$$q_{r,n} = x(n)[x^*(n-1),x^*(n-2),\cdots,x^*(1),x^*(N),x^*(N-1),\cdots,x^*(n+1)]^T \quad (5.259)$$

$$q_{c,n} = x^*(n)[x(n+1),x(n+2),\cdots,x(N),x(1),x(2),\cdots,x(n-1)]^T \quad (5.260)$$

在这里需要说明的一点是，本节提出自相关矩阵 A 的目的是仅仅展示原序列周期自相关函数 $r(k)$ 和新序列周期自相关函数 $\tilde{r}_n(k)$ 的内在关系。在实际工程上，可以借助 FFT 来快速获得序列的周期自相关函数 $r(k)$。设 $f = Fx$ 为原始序列 x 的傅里叶变换结果，则根据相关定理，周期自相关函数 r 可由下式获得

$$r = F^H |f|^2 \quad (5.261)$$

根据式（5.261），借助 FFT 的蝶形运算，算法的计算速度得到了大幅提升。在获得原序列的周期自相关函数 r 和变换向量后，新序列 $\tilde{x}$ 的周期自相关函数可表示为

$$\tilde{r}_n(k) = r(k) - (q_{r,n}(k) + q_{c,n}(k)) + (q_{r,n}(k)\exp(j\Delta\varphi) + q_{c,n}(k)\exp(-j\Delta\varphi)),$$
$$k = 1,\cdots,N-1 \quad (5.262)$$

设 $g_n(k) = r(k) - q_{r,n}(k) - q_{c,n}(k)$，则 $|\tilde{r}_n(k)|^2$ 可表示为

$$|\tilde{r}_n(k)|^2 = \{\mathrm{Re}\{\tilde{r}_n(k)\}\}^2 + \{\mathrm{Im}\{\tilde{r}_n(k)\}\}^2 \quad (5.263)$$

式中

$$\mathrm{Re}\{\tilde{r}_n(k)\} = \mathrm{Re}\{g_n(k)\} + \mathrm{Re}\{q_{r,n}(k)\}\cos\Delta\varphi - \mathrm{Im}\{q_{r,n}(k)\}\sin\Delta\varphi +$$
$$\mathrm{Re}\{q_{c,n}(k)\}\cos\Delta\varphi + \mathrm{Im}\{q_{c,n}(k)\}\sin\Delta\varphi$$

$$\mathrm{Im}\{\tilde{r}_n(k)\} = \mathrm{Im}\{g_n(k)\} + \mathrm{Re}\{q_{r,n}(k)\}\sin\Delta\varphi + \mathrm{Im}\{q_{r,n}(k)\}\cos\Delta\varphi -$$
$$\mathrm{Re}\{q_{c,n}(k)\}\sin\Delta\varphi + \mathrm{Im}\{q_{c,n}(k)\}\cos\Delta\varphi$$

经归纳，式（5.263）可简化为

$$|\tilde{\boldsymbol{r}}_n(k)|^2 = a_{0,k} + a_{1,k}\cos\Delta\varphi + a_{2,k}\sin\Delta\varphi + a_{3,k}\cos2\Delta\varphi + a_{4,k}\sin2\Delta\varphi, k = 1, \cdots, N-1$$

(5.264)

其中

$$a_{0,k} = |\boldsymbol{g}(k)|^2 + |\boldsymbol{q}_{r,n}(k)|^2 + |\boldsymbol{q}_{c,n}(k)|^2 ;$$

$$a_{1,k} = 2\mathrm{Re}\{\boldsymbol{g}_n(k)\}(\mathrm{Re}\{\boldsymbol{q}_{r,n}(k)\} + \mathrm{Re}\{\boldsymbol{q}_{c,n}(k)\}) +$$
$$2\mathrm{Im}\{\boldsymbol{g}_n(k)\}(\mathrm{Im}\{\boldsymbol{q}_{r,n}(k)\} + \mathrm{Im}\{\boldsymbol{q}_{c,n}(k)\}) ;$$

$$a_{2,k} = 2\mathrm{Im}\{\boldsymbol{g}_n(k)\}(\mathrm{Re}\{\boldsymbol{q}_{r,n}(k)\} - \mathrm{Re}\{\boldsymbol{q}_{c,n}(k)\}) -$$
$$2\mathrm{Re}\{\boldsymbol{g}_n(k)\}(\mathrm{Im}\{\boldsymbol{q}_{r,n}(k)\} - \mathrm{Im}\{\boldsymbol{q}_{c,n}(k)\}) ;$$

$$a_{3,k} = 2\mathrm{Re}\{\boldsymbol{q}_{r,n}(k)\}\mathrm{Re}\{\boldsymbol{q}_{c,n}(k)\} + 2\mathrm{Im}\{\boldsymbol{q}_{r,n}(k)\}\mathrm{Im}\{\boldsymbol{q}_{c,n}(k)\} ;$$

$$a_{4,k} = 2\mathrm{Re}\{\boldsymbol{q}_{r,n}(k)\}\mathrm{Im}\{\boldsymbol{q}_{c,n}(k)\} - 2\mathrm{Re}\{\boldsymbol{q}_{c,n}(k)\}\mathrm{Im}\{\boldsymbol{q}_{r,n}(k)\} 。$$

将式（5.264）代入式（5.254），新序列的加权重积分旁瓣电平（WISL）可表示为

$$\widehat{\mathrm{WISL}}_n(\Delta\varphi) = 2\sum_{k=1}^{N-1} w_k |\tilde{\boldsymbol{r}}_n(k)|^2 = 2(\alpha_{n,0} + \alpha_{n,1}\cos\Delta\varphi + \alpha_{n,2}\sin\Delta\varphi + \alpha_{n,3}\cos2\Delta\varphi + \alpha_{n,4}\sin2\Delta\varphi)$$

(5.265)

其中，$\alpha_{n,l} = \sum_{k=1}^{N-1} w_k a_{l,k}, l = 0,1,2,3,4$。

在获得式（5.265）后，式（5.255）所示的原 N 维优化问题则成功分解成 N 个一维优化问题，其中每个一维优化问题为

$$\begin{aligned} &\underset{\Delta\varphi}{\mathrm{Minimize}} \quad &&\widehat{\mathrm{WISL}}_n(\Delta\varphi) \\ &\mathrm{s.\,t.} \quad &&\Delta\varphi \in \boldsymbol{\psi} \end{aligned}$$

(5.266)

根据所设计幺模序列的相位要求，相位增量 $\Delta\varphi$ 存在不同的取值范围，关于式（5.266）所示的一维优化问题，存在两种完全不同的最优解：

①所设计的幺模序列为任意相位的情况。

对于任意相位的情况，相位增量的取值范围 $\boldsymbol{\psi} = [-\pi, \pi]$，因而相位增量的最优解 $\Delta\varphi^*$ 可表示为

$$\Delta\varphi^* = \arg\min_{\boldsymbol{\psi}_1}\{\widehat{\mathrm{WISL}}_n(\Delta\varphi)\}$$

(5.267)

式中，$\boldsymbol{\psi}_1 \subseteq \boldsymbol{\psi}$，且 $\boldsymbol{\psi}_1$ 代表集合 $\{2\arctan(x_1), 2\arctan(x_2), 2\arctan(x_3), 2\arctan(x_4), \pi\}$ 中所有的实数元素所组成的集合，其中 x_1、x_2、x_3 和 x_4 分别为等式 $f_n(x) = 0$ 的根，$f_n(x)$ 在式（5.269）中给出。

根据式（5.265），$\widehat{\mathrm{WISL}}_n(\Delta\varphi)$ 关于 $\Delta\varphi$ 的一阶偏导数 $\widehat{\mathrm{WISL}}'_n(\Delta\varphi)$ 可表示为

$$\widehat{\text{WISL}}'_n(\Delta\varphi) = -2\alpha_{n,1}\sin\Delta\varphi + 2\alpha_{n,2}\cos\Delta\varphi - 4\alpha_{n,3}\sin2\Delta\varphi + 4\alpha_{n,4}\cos2\Delta\varphi$$

$$\tag{5.268}$$

设 $x = \tan\left(\dfrac{\Delta\varphi}{2}\right)$，借助三角万能公式，式（5.268）可转化为一个关于独立变量 x 的 4 阶多项式

$$f_n(x) = -2\alpha_{n,1}\frac{2x}{1+x^2} + 2\alpha_{n,2}\frac{1-x^2}{1+x^2} - 4\alpha_{n,3}\frac{4x(1-x^2)}{(1+x^2)^2} + 4\alpha_{n,4}\frac{(1-x^2)^2-4x^2}{(1+x^2)^2} =$$

$$\frac{(4\alpha_{n,4}-2\alpha_{n,2})x^4 + (16\alpha_{n,3}-4\alpha_{n,1})x^3 - 24\alpha_{n,4}x^2 - (4\alpha_{n,1}+16\alpha_{n,3})x + (2\alpha_{n,2}+4\alpha_{n,4})}{(1+x^2)^2}$$

$$\tag{5.269}$$

显然方程 $f_n(x) = 0$ 在复数域有 4 个根，其中里面的实数根很可能是 $\widehat{\text{WISL}}_n(\Delta\varphi)$ 的局部极小值点。

②所设计的幺模序列为有限相位的情况。

对于有限相位的情况，相位增量的取值范围 $\boldsymbol{\Psi} = \left[0, \dfrac{2\pi}{q}, \dfrac{4\pi}{q}, \cdots, \dfrac{2\pi}{q}(q-1)\right]$。此时，式（5.267）所示相位增量的最优解 $\Delta\varphi^*$，则可通过一维穷举搜索法非常高效地获得。

$$\Delta\varphi^* = \arg\min_{\boldsymbol{\Psi}}\{\widehat{\text{WISL}}_n(\Delta\varphi)\} \tag{5.270}$$

在获得式（5.267）最优化问题的最优解 $\Delta\varphi^*$ 后，原序列 $\{x(n)\}_{n=1}^{N}$ 的第 n 个码元则被更新为

$$x(n) = x(n)\exp\{j\Delta\varphi^*\} \tag{5.271}$$

通过上面的推导过程，把式（5.255）原来的 N 维最优化问题分解成 N 个一维最优化问题，并分别给出了任意相位情况下的最优解式（5.267）和有限相位情况下的最优解式（5.270）。由于序列中码元的内在联系，并不能一次性获得全局最优解，因此，本节在寻找原问题最优解的过程中采用循环迭代的方法，并在每次迭代中，都假定其余 $N-1$ 个码元固定的情况下，顺序地优化每一个码元。

将上述最优脉冲波形优化设计算法命名为 PWCIA（Periodic - correlation Weighted Cyclic Iteration Algorithm）算法，并归纳了算法的步骤流程。

PWCIA 算法优化步骤如下。

步骤 1：对所要优化设计的幺模序列 $\{x(n)\}_{n=1}^{N}$ 初始化；根据需要设置 WISL 的权重 $\{w_k \geq 0\}_{k=1}^{N-1}$；设置 $i=1$。

步骤 2：设置 $n=1$。

步骤 3：计算当前序列的周期相关函数 $\boldsymbol{X}^{(i)} = \boldsymbol{F}\boldsymbol{x}^{(i)}$；$\boldsymbol{r}^{(i)} = \boldsymbol{F}^H|\boldsymbol{X}^{(i)}|^2$。

步骤 4：依照式（5.259）和式（5.260）计算转换行向量 $\boldsymbol{q}_{r,n}^{(i)}$ 和列向量 $\boldsymbol{q}_{c,n}^{(i)}$；依照式（5.264）计算 $a_{l,k}^{(i)}$，$l=0,1,2,3,4$；

步骤 5：计算 $\alpha_{n,l}^{(i)}=\boldsymbol{w}^{\mathrm{T}}\boldsymbol{a}_l^{(i)}$，$l=0,1,2,3,4$，得到目标函数 $\widehat{\mathrm{WISL}}_n^{(i)}(\Delta\varphi)$。

步骤 6：根据式（5.267）获得任意相位情况下，或根据式（5.270）获得有限相位情况下，式（5.266）所示的一维优化问题的最优解 $\Delta\varphi_n^i$。

步骤 7：更新原幺模序列 $\boldsymbol{x}^{(i)}(n)=\boldsymbol{x}^{(i-1)}(n)\exp\{\mathrm{j}\Delta\varphi_n^i\}$，$n=n+1$。

步骤 8：对 n 的值进行判断，若 $n\leqslant N$，返回第 3 步，其他情况下进入第 9 步。

步骤 9：如果两次迭代结果满足 $\parallel\boldsymbol{x}^{(i)}-\boldsymbol{x}^{(i-1)}\parallel_2<\varepsilon$，算法终止，输出设计的最优脉冲波形序列 $\boldsymbol{x}^*=\boldsymbol{x}^{(i)}$，其中 ε 是预先设置的控制收敛程度的参量；若不满足，$i=i+1$，返回到第 2 步，直到算法收敛。

算法收敛性分析：

$\Delta\varphi_n^i$ 是式（5.266）一维优化问题在第 i 次迭代过程中的最优解，因而不等式 $\widehat{\mathrm{WISL}}_n^{(i)}(\Delta\varphi_n^i)\leqslant\widehat{\mathrm{WISL}}_n^{(i)}(\Delta\varphi=0)=\widehat{\mathrm{WISL}}_{n-1}^{(i)}(\Delta\varphi_{n-1}^i)$ 恒成立。设 $\mathrm{WISL}_n^{(i)}=\widehat{\mathrm{WISL}}_n^{(i)}(\Delta\varphi_n^i)$ 代表第 i 次迭代过程中，第 n 个码元取得最优解时目标函数的值，则一定存在以下不等式

$$0<\mathrm{WISL}(\boldsymbol{x}^{(i)})=\mathrm{WISL}_N^{(i)}\leqslant\mathrm{WISL}_{N-1}^{(i)}\leqslant\cdots\leqslant\mathrm{WISL}_1^{(i)}\leqslant\mathrm{WISL}(\boldsymbol{x}^{(i-1)})$$

（5.272）

其中，$\mathrm{WISL}(\boldsymbol{x}^{(i)})$ 代表在第 i 次迭代过程中所有码元都优化结束后目标函数的取值。综上分析，目标函数值随着每次迭代单调递减，并且存在下界 0，因此最后一定会收敛到一个有限值。此外，由于 PWCIA 算法将 N 维优化问题分解成了 N 个一维优化问题，并且在每次迭代过程中直接寻找一维优化问题的最优解，从而使得 PWCIA 算法的收敛速度特别快。

（3）PWCIA 算法性能验证

在前面中已提到，现阶段针对序列周期相关特性优化设计的成型算法（PeCAN）只能生成具有低 ISL 的任意相位幺模序列，而 PWCIA 算法的适应范围很广，除了可以生成具有低 ISL 的任意相位/有限相位幺模序列外，还可以生成具有低 WISL 的任意相位/有限相位幺模序列，为此，本小节的仿真实验分为两大部分：第一部分针对 ISL 的优化情况，重点对比所提 PWCIA 算法和 PeCAN 算法的有效性和收敛速度；第二部分针对 WISL 的优化情况，主要验证 PWCIA 算法在处理 WISL 情况下的性能。仿真使用中所采用的计算机配置为：intel i5 – 7200U CPU，2.7 GHz 主频，8 GB 内存。

第一部分：ISL 的优化情况

本部分主要对比所提 PWCIA 算法和 PeCAN 算法的性能，为不失一般性，仿真中所有的初始序列均是随机相位的幺模序列。

1）任意相位情况。

本节首先选择式（5.253）定义的品质因数（MF）作为衡量标准，对 PWCIA 算法（$w_k = 1$，$k = 1, \cdots, N-1$）和 PeCAN 算法生成的不同长度的任意相位幺模序列的周期自相关特性进行了对比。仿真参数设置如下：对于两种算法，收敛截止准则均设为 $\| \boldsymbol{x}^{(i)} - \boldsymbol{x}^{(i-1)} \|_2 < N \times 10^{-6}$；所设计的序列的长度依次为 $N = 25, 50, 100, 200, 400, 500,$ $800, 1\,000$，且对应每个长度，两种算法均重复 100 次随机实验，以消除初始序列不同带来的影响；同时，为保证公平，每次实验中 PWCIA 和 PeCAN 所采用的初始序列是相同的。图 5.67 所示的是两种算法所生成的不同长度序列 MF 的对比情况，图中所有的 MF 值都是 100 次随机实验结果的平均值。图 5.68 所示的是从两种算法生成的众多幺模序列中随机选取的长度分别为 $N = 100$ 和 $N = 500$ 的幺模序列的周期相关电平（Periodic Correlation Level，PCL），其中，周期相关电平的定义为

$$\mathrm{PCL} = 20 \lg \left| \frac{r(k)}{r_0} \right|, k = 1 - N, \cdots, N-1 \tag{5.273}$$

从图 5.67 和图 5.68 中可以看到：①两种算法生成的幺模序列周期相关特性都非常好，对应品质因数（MF）都很高；②同等条件下，所有序列长度下，PWCIA 算法生成的幺模序列 MF 一直比 PeCAN 算法生成的幺模序列值要大；③两种算法生成的幺模序列的 MF 随着序列长度的增加而减小，这是主要是因为收敛截止准则随着序列长度的增加而逐渐变松弛。

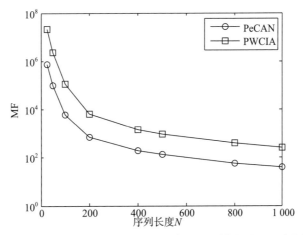

图 5.67　两种算法生成的不同长度任意相位幺模序列 MF 对比情况

需要指出的是，PWCIA 算法和 PeCAN 算法对初始序列都具有敏感性，在重复的 100 次随机实验中，偶尔会出现 PeCAN 生成的幺模序列的 MF 比 PWCIA 生成的幺模序列高的情况，但平均来看，PWCIA 算法生成序列的品质要明显优于 PeCAN。

为了对比两种算法的收敛特性，本节固定幺模序列长度 $N = 100$ 和初始序列，并把两种算法的收敛截止准则都设为 $\mathrm{ISL} < 10^{-10}$，实时观察并记录了随着迭代次数和计算时间的增加，两种算法生成序列 ISL 的变化情况，如图 5.69 所示。

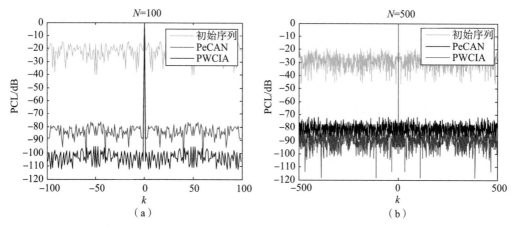

图 5.68 两种算法生成的长度分别为 $N=100$ 和 $N=500$ 的任意相位幺模序列周期相关电平

（a）$N=100$；（b）$N=500$

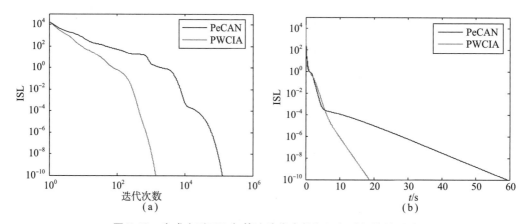

图 5.69 生成序列 ISL 与算法迭代次数和运行时间的关系图

（a）迭代次数；（b）运行时间

从图 5.69（a）和图 5.69（b）可以看到：①随着迭代次数的增加，两种算法生成序列的 ISL 都可下降到很低，但两种算法收敛的速度不同；②与 PeCAN 相比，PWCIA 进行一次迭代所需的时间更久一些，但一次迭代过程中 PWCIA 的优化效果要优于 PeCAN（生成序列的 ISL 下降快一些）；③开始阶段，PWCIA 算法和 PeCAN 的收敛速度基本相同，随着收敛截止准则 ISL 的要求越来越严格，PWCIA 所需的运行时间要明显少于 PeCAN。

综上所述，针对任意相位 ISL 优化的情况，本节所提的 PWCIA 算法可生成具有极低周期相关 ISL 的幺模序列，并且在算法的有效性方面和收敛速度方面都要略优于之前的 PeCAN 算法。

2）有限相位情况。

由于 PeCAN 算法本身并不能用来优化设计有限相位的幺模序列，因而在有限相位情况的仿真对照试验中，本节先用 PeCAN 生成满足要求的任意相位幺模序列，然后采用量化的方式获得有限相位的最优序列。

　　与任意相位的情况相同，首先对比两种算法生成的不同长度的有限相位幺模序列的品质因数（MF）。仿真参数设置如下：两种算法的收敛截止准则都设为 $\|\boldsymbol{x}^{(i)} - \boldsymbol{x}^{(i-1)}\|_2 < 10^{-6}$；对于每种长度的幺模序列，分别设计相位数为 $q = 8$，32，128 的有限相位序列，并且为了研究相位数 q 的影响，同一次实验中的初始序列设为一致；其他参数同于任意相位的情况。图 5.70 所示的是两种算法不同条件（序列长度 N 和相位数 q）下所设计的有限相位幺模序列的 MF 的对比情况，图 5.71 所示的是两种算法生成不同相位数 q 的长度为 $N = 100$ 的有限相位幺模序列的 PCL。

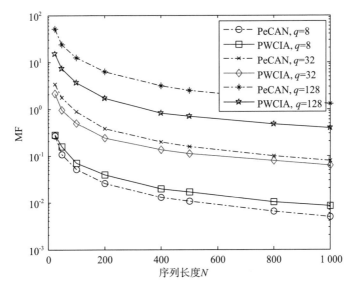

图 5.70　不同条件下两种算法生成的有限相位幺模序列 MF 对比情况

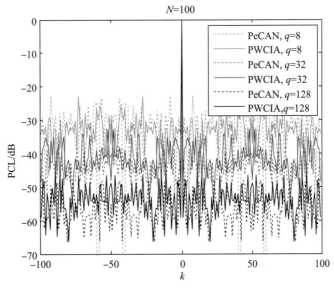

图 5.71　两种算法生成的 $N = 100$ 的有限相位幺模序列周期相关电平（$q = 8$，32，128）

从图 5.70、图 5.71 中可以看到：①两种算法生成的有限相位幺模序列的品质因数（MF）均比任意相位幺模序列的 MF 要小，且随着相位数 q 的增加，MF 会变大；②当 q 比较小时，PWCIA 算法生成的序列 MF 要优于 PECAN 生成序列，但当 q 变大后，则情况相反。

出现上述情况，主要是由于随着 q 的数目逐步增多，优化算法生成的有限相位最优序列会越来越接近任意相位序列。对于 PeCAN 算法来说，有限相位的最优序列是根据算法产生的任意相位序列量化而来的，但对于 PWCIA 算法来说，有限相位的最优序列是通过算法直接获得的。因而，当 q 达到一定值后，PeCAN 算法给出的有限相位序列的 MF 会高于 PWCIA 算法生成的有限相位序列。

因为 PeCAN 算法并没有专门用来设计生成有限相位最优幺模序列的替代版本，获得迭代次数和生成有限相位序列 ISL 的关系图并没有任何意义。因此，本节只是在表 5.9 中简单列出了不同要求下两种算法的平均运行时间。结果表明，针对有限相位的情况，PWCIA 算法的收敛速度同 PeCAN 算法相比要快很多，但随着有限相位数 q 和序列长度 N 的增大，每次迭代中 PWCIA 算法的计算负担也会越来越大。

表 5.9　有限相位情况下，两种算法 100 次实验的平均运行时间

所设计有限相位幺模序列的长度 N 和相位数 q	PWCIA 的运行时间/s	PeCAN 的运行时间/s
$N = 25$，$q = 8$	0.012 7	
$N = 25$，$q = 32$	0.017 9	0.339 8
$N = 25$，$q = 128$	0.036 7	
$N = 100$，$q = 8$	0.066 7	
$N = 100$，$q = 32$	0.121 6	10.883 7
$N = 100$，$q = 128$	0.306 1	
$N = 1\,000$，$q = 8$	5.809 6	
$N = 1\,000$，$q = 32$	13.092 4	956.316 8
$N = 1\,000$，$q = 128$	27.917 8	

第二部分：WISL 的优化情况

同现有算法相比，本节所提出的 PWCIA 算法不仅可以生成具有极低 ISL 的幺模序列，还可根据实际需要生成具有极低 WISL 的幺模序列。在仿真的第二部分，本节主要对 PWCIA 算法在处理 WISL 情况下的性能进行验证。仿真中，所设计的序列长度为 $N = 100$，并且所有的初始序列都选择同一个相位随机生成的幺模序列。

1）任意相位情况。

本节为考察相关权重系数的影响，共设计了两组仿真实验。

第一组假设引信实际应用环境中所面临的主要干扰威胁来自近距离，则对引信进行幺模脉冲波形编码序列重新设计，需要着重压制编码序列周期相关函数的 $r(1)$，$\cdots$，$r(15)$ 区间。为此，在第一组实验中，自相关函数的权重集 $\{w_k\}_{k-1}^{N-1}$ 采用如下设置：

$$w_k = \begin{cases} 1, & k \in \{1,\cdots,15\} \\ 0 & k \in \{16,\cdots,99\} \end{cases} \tag{5.274}$$

第二组假设引信实际应用环境中，主要的干扰威胁来自中距离，这样，需要重点压制编码序列周期相关函数的 $r(16)$，$\cdots$，$r(35)$ 区间。于是，在第二组试验中，自相关函数的权重集 $\{w_k\}_{k=1}^{N-1}$ 设置为

$$w_{(k)} = \begin{cases} 1, & k \in \{16,\cdots,35\} \\ 0, & 其他 \end{cases} \tag{5.275}$$

此外，为了验证 PWICA 算法在处理 WISL 情况下的收敛特性，在以上两组试验中，迭代次数均被强制设置为 100。图 5.72 所示的是两组实验中 PWCIA 算法生成任意相位幺模序列的周期相关电平图。从中可以看到，两组实验中 PWCIA 算法生成序列的周期自相关特性均特别好，在各自需要压制的区域内甚至达到了 -330 dB。

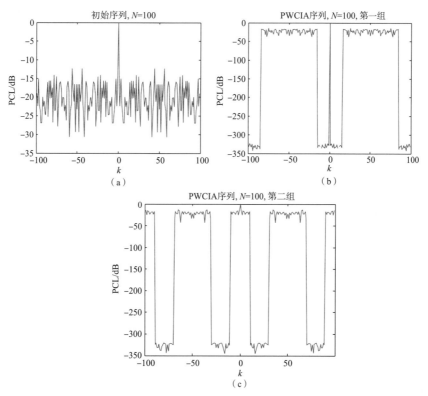

图 5.72　两组实验中 PWCIA 算法生成的任意相位幺模序列的周期相关电平图

（a）初始序列；（b）第一组实验中获得的 PWCIA 序列；（c）第二组实验中获得的 PWCIA 序列

图 5.73 所示的是任意相位情况下两组实验中生成序列 WISL 值与算法迭代次数和运行时间的关系图。对比图 5.69 和图 5.73 可发现，PWCIA 算法在处理 WISL 的情况下的收敛速度要比处理 ISL 情况下的收敛速度快很多：对 ISL 进行优化时，PWCIA 算法需要超过 1 000 次迭代，20 s 的时间才能使生成序列的 ISL 下降到 10^{-10}；但对 WISL 进行优化时，PWCIA 算法只需要 30 次迭代，0.4 s 的时间就可使生成序列的 WISL 下降到 10^{-28}。除此之外，对比第一组和第二组实验结果还可发现，考虑越少的周期相关函数值，PWCIA 算法的计算速度就越快，并且生成的序列 WISL 也越小。这是由于随着对自相关函数 $|r(k)|$ 中压制的延时区域越少，对应序列 $\{x(n)\}_{n-1}^{N}$ 的自由维度越高。

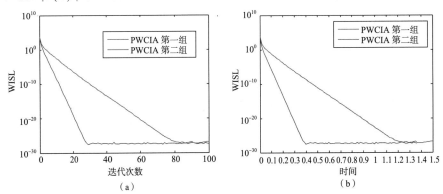

图 5.73 任意相位情况下，两组实验生成序列 WISL 值与算法迭代次数和运行时间的关系图

（a）迭代次数；（b）运行时间

2）有限相位情况。

为方便对比，本节在验证 PWCIA 算法生成的有限相位幺模序列的 WISL 性能时，也设计了两组仿真实验。仿真参数设置与任意相位的情况相同，有限相位的相位数分别为 $q = 8$，32，128。图 5.74 所示的是两组实验中 PWCIA 算法生成有限相位幺模序列的周期相关电平图。图 5.75 所示的是有限相位情况下，两组实验中生成序列 WISL 值与算法迭代次数和运行时间的关系图。仿真结果表明：①在压制区域内，PWCIA 算法生成的有限相位幺模序列的周期相关电平要比生成的任意相位幺模序列差，且总相位数 q 越少，效果越差；②PWCIA 算法在设计低 WISL 的有限相位幺模序列时，收敛速度极快，只需不到 10 次迭代，即可收敛到一个稳定的状态。

综上所述，为提高脉冲多普勒引信对抗多种类型信息型干扰的能力，本节针对当前脉冲波形编码技术主要面对雷达系统，不适用于引信的问题，构建了脉冲波形优化问题的数学模型，并根据引信的工作特点，提出了一种全新的适用于无线电引信的最优脉冲波形设计算法——PWCIA 算法。同时，为验证所提算法的性能，设计了大量的验证实验，实验结果表明：

①所提出的 PWCIA 算法适用范围广，不仅可以设计出具有极低周期相关积分旁瓣

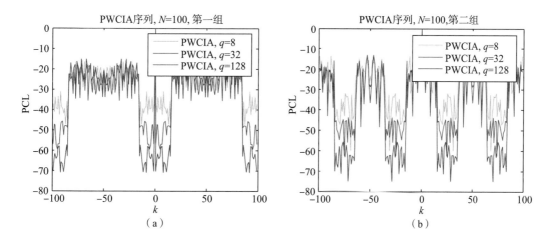

图 5.74　两组实验中 PWCIA 算法生成的有限相位幺模序列的周期相关电平图

（a）第一组实验；（b）第二组实验

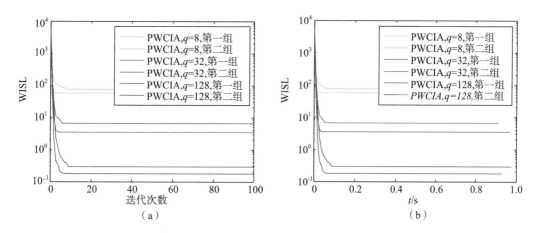

图 5.75　有限相位情况下，两组实验生成序列 WISL 值与算法迭代次数和运行时间关系

（a）迭代次数；（b）运行时间

电平（ISL）的脉冲波形编码序列，还可以根据应用需要（如压制某已知距离区域的主要干扰威胁）设计出具有极低周期相关加权积分旁瓣电平（WISL）的脉冲波形编码序列。

②PWCIA 算法的有效性和收敛特性都很好。与现有最先进的 PeCAN 算法相比，除了适用范围广外，PWCIA 算法所设计的脉冲波形编码序列的周期相关旁瓣电平更低，算法本身的收敛速度更快。

③根据 PWCIA 算法可设计的脉冲波形编码序列，周期相关特性好，序列的长度随意可调，并且可根据引信的硬件条件，选择生成任意相位或者有限相位的脉冲波形编码序列，从而满足引信脉冲波形编码对硬件的实际工程需求。

2. 基于最优脉冲波形设计的脉冲多普勒引信

在上一小节，提出了一种全新的可适用于无线电引信的最优脉冲波形设计算法——PWCIA算法，并对该算法生成的脉冲波形编码序列的有效性进行了验证。在该算法的基础上，提出了基于最优脉冲波形设计的脉冲多普勒引信抗干扰方法，其抗信息型干扰的原理如下：

①对于噪声类压制式干扰和模拟回波的引导式干扰来说，依据PWCIA算法设计的最优脉冲波形编码序列具有极低的周期自相关积分旁瓣电平（ISL），使得采用这种脉冲波形序列编码的脉冲多普勒引信收发相关信道的处理增益较高，从而可有效对抗噪声类压制式干扰和模拟回波引导式干扰。

②对于DRFM干扰来说，依据PWCIA算法设计的最优脉冲波形编码序列，一方面序列长度可任意调整，大幅拓展了引信的最大不模糊距离，另一方面，所设计的编码序列不再采用$0/\pi$调相的二相码，而是任意相位或者有限相位的编码序列，从而给DRFM转发式干扰的实现带来很大困难（对DRFM干扰机的数据存储深度和信号处理精度都提出了很高的要求），进而使采用这种脉冲波形序列编码的脉冲多普勒引信同时具有较好的抗DRFM干扰能力。

图5.76给出了基于最优脉冲波形设计的脉冲多普勒引信原理框图。对比基于M序列伪码调相的脉冲多普勒引信的原理框图可以发现，两种引信的基本工作原理大体一致，仅在三处明显不同：①编码序列由M序列变为最优脉冲波形编码幺模序列，从二相码变为有限相位序列（考虑目前引信的硬件条件，尚不具备任意相位调制的能力）；②原$0/\pi$调相器改为多相位调制器；③针对编码序列过长时可能引起的多普勒容限问题，在混频器后添加了多普勒频率补偿模块，从而使相关器的输出信号恶化程度处于可控状态。

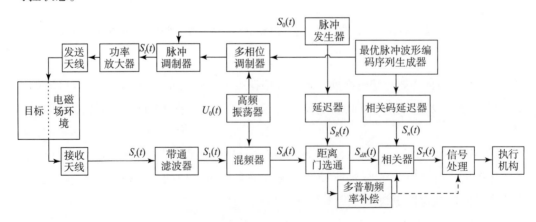

图5.76 基于最优脉冲波形设计的脉冲多普勒引信的原理框图

（1）最优脉冲波形编码序列生成器

最优脉冲波形编码序列可事先由本章提出的 PWCIA 算法优化设计生成后，存入引信电路的 Flash 中，在引信的工作时间内循环调用即可。PWCIA 算法能够快速生成任意长度的具有极低周期相关积分旁瓣的有限相位序列或任意相位序列。因而，为生成满足设计要求的最优脉冲波形编码序列，关键在于如何选择编码序列的参数，在设计中通常基于如下几点考虑：

①编码序列的相位调制方式：PWCIA 算法既可生成任意相位序列，又能生成有限相位序列，并且随着有限相位数 q 的增加，所设计的有限相位序列的周期相关特性越好。然而，在引信在实际应用中目前还不能满足任意相位调制的要求，只能选择有限相位调制。此外，基于现有的硬件条件，可实现的有限相位数 q 也很有限，但作为一种新的脉冲波形编码技术，随着硬件技术的发展，可实现的有限相位调制数 q 势必会越来越大，甚至在一定程度上做到任意相位调制。

②编码序列的长度：PWCIA 算法本身可以生成任意长度的优化序列，从理论上来讲，一方面，编码序列的长度 N 越长，引信收发相关信道可获得的相关处理增益越大，抗噪声类压制式干扰和模拟回波引导式干扰的能力越强；另一方面，随着编码序列的长度 N 的增加，引信的最大不模糊距离会大幅增加，当编码序列长度达到一定程度后，会使敌方 DRFM 干扰机在短时间内无法对引信一个周期内所有的发射信号进行存储转发，进而无法对引信实现相干干扰。但考虑到多普勒容限问题，编码序列的长度越长，系统能够容忍的最大多普勒频率就越小，因而编码序列的长度并不能无限增加。

③相关权重集 $\{w_k\}_{k=1}^{N-1}$：由于 PWCIA 算法可处理低加权重的积分旁瓣电平（WISL）的情况，并且权重集 $\{w_k\}_{k=1}^{N-1}$ 的取值代表了对不同距离范围内的干扰信号的压制情况，因而在设计最优脉冲波形编码序列时，可根据引信应用环境中可能面对的主要干扰威胁位置来对脉冲波形编码序列进行相应的优化设计。

④码元宽度：由于脉冲多普勒引信多采用脉间调制，因而脉冲波形编码的码元宽度通常与脉冲重复周期相同。码元宽度和编码序列的长度共同决定了引信的最大不模糊距离和收发相关信道处理增益的大小。

（2）多相位调制器

与基于 M 序列伪码调相脉冲多普勒引信不同，最优脉冲波形编码序列不再是二相码，而是多相码，因此，原 $0/\pi$ 调相器被换成多相位调制器，这就大大增加了相位调制的难度。

由于二相码可以轻松地转换为双极性码，实现 $0/\pi$ 调相相对简单很多，可采用相乘器，也可以用相位选择器来实现。其原理示意图分别如图 5.77（a）和图 5.77（b）所示。

对于多相位调制器来说，可采用正交调制法产生，也可采用相位选择法产生。以八相位调制器为例，其正交调制法的原理示意图如图 5.78 所示。首先根据编码序列相

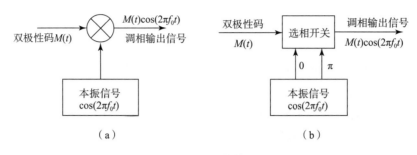

图 5.77 0/π 调相器的实现原理

（a）相乘法；（b）相位选择法

位的矢量图输入二进制序列，经过串-并变换，每个序列码产生一个 3 位码组 $b_1 b_2 b_3$，在 $b_1 b_2 b_3$ 控制下，同相路和正交路分别产生两个四电平基准信号 $I(t)$ 和 $Q(t)$。其中 b_1 用于决定同相路信号的极性，b_2 决定正交路信号的极性，b_3 则用于确定同相路和正交路信号的幅度。当 $b_3 = 1$ 时，同相路幅度设为 0.924，正交路幅度为 0.383；当 $b_3 = 0$ 时，同相路幅度设为 0.383，正交路为 0.924。将同相路和正交路信号相加，则可输出经八相位调制的高频信号。此外，八相位调制器也可通过相位选择法实现，其原理同 0/π 调相器的相位选择法，只是把 0、π 两路本振信号变为 $\frac{\pi}{8}, \frac{3\pi}{8}, \cdots, \frac{15\pi}{8}$ 八路不同相位的本振信号。

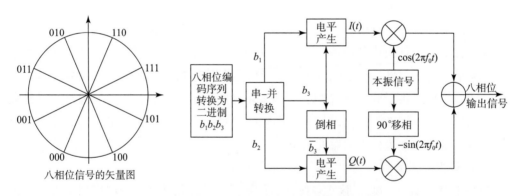

图 5.78 八相位调相器的正交调制法实现原理

目前，多相位调相器已经广泛应用在雷达和通信领域，然而，引信由于自身体积小、硬件资源有限的原因一直没有使用多相位调制，相信随着硬件技术的发展，小型化、量产化的多相位调相器将很快会在引信中投入使用。

（3）多普勒频率补偿

在前面已经讨论，在码元宽度 T_r（脉冲重复周期）固定的情况下，编码序列的长度 N 越长，基于最优脉冲波形设计的脉冲多普勒引信抗三种类型信息型干扰的能力越强，但随着编码序列长度 N 的增加，受到多普勒容限的影响，相关器的输出信号将会急剧恶化。因此，若想使用长脉冲编码序列来提高引信的抗干扰能力，解决多普勒容限问题则十分关键。

为解决多普勒容限问题，相关领域专家给出了很多种解决办法，其中应用广泛，最为有效的就是采用多普勒频率补偿。在雷达领域常见的多普勒频率补偿方法主要有以下两种：

第一种多普勒频率补偿方法的原理示意图如图 5.79 所示。从中可以看到，采用这种多普勒频率补偿方法的雷达会先后发射两个脉冲信号，其中，第一个脉冲内只有载频信号，专门利用目标的多普勒频率来测速；第二个则采用脉冲压缩信号，来实现精确测距，在对脉冲压缩信号进行匹配滤波前，用第一个脉冲测得的多普勒频率对脉压信号进行多普勒频率补偿，从而使匹配滤波器的输出信号不再受多普勒容限的影响。

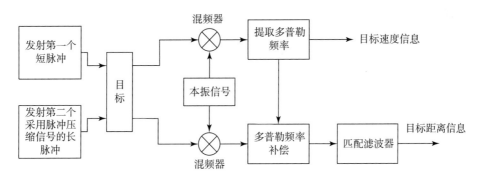

图 5.79　第一种雷达领域的多普勒频率补偿方法的原理示意图

第二种多普勒频率补偿方法的原理相对简单，其示意图如图 5.80 所示。从图中不难看出，该多普勒频率补偿方法依靠先验知识，需要预先知道或粗略估计多普勒频移

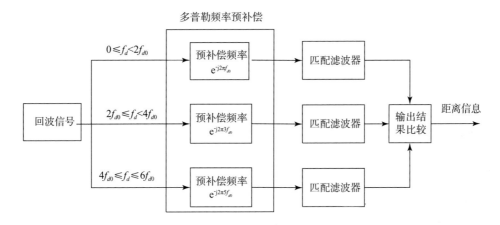

图 5.80　第二种雷达领域的多普勒频率补偿方法的原理示意图

的大致范围，如已知 $0 \leqslant f_d < 6f_{d0}$ ，然后对目标回波信号进行多路多普勒频率补偿后，再进行匹配滤波器处理，将输出结果中性能较好的一路作为最后的输出结果，此时，补偿后的多普勒频移 $f_d \leqslant f_{d0}$（f_{d0} 为当前长度的编码序列最高可容忍的多普勒频率），从而可以在一定程度上减弱多普勒容限带来的影响。

第一种多普勒频率补偿方法，具有补偿精度高且不需要先验知识的优点，可较好地解决雷达系统遇到的多普勒容限问题，但该方法需要先后发射两个不同的脉冲信号才能实现多普勒频率的补偿，主要适用于采用脉内调制的脉冲压缩雷达，而对于采用的脉间调制的方式引信来说，其实并不适用。

第二种多普勒频率补偿方法，实际上已经在无线电引信中开始应用，若引信只需要获得距离信息，只需获得三路相关器的输出信号幅值大小即可定距，所以该多普勒频率补偿方法更适用于解决无线电引信的多普勒容限问题。但第二种多普勒频率补偿方法存在如下明显不足：

①多普勒频率补偿方法过于依赖先验知识，对于引信而言，弹目交会条件多种多样，所需的大致多普勒频率范围很难精确获得。

②补偿后的输出信号多普勒频率不为 0，但随着编码序列的不断增大，系统可承受的最高多普勒频率会持续降低，进而使得多普勒频率补偿失效。

③这种多普勒补偿方法需要多路匹配滤波器（雷达）或相关器（引信），资源成本高，且容易引入干扰信号，使系统抗干扰能力下降。

综上分析，现有的多普勒补偿方法对于引信来说都不太实用。为解决多普勒容限问题，本节提出专门适用于采用脉冲波形编码技术的脉冲多普勒引信的多普勒频率补偿方法。

参考式（5.235），可以得到目标回波作用下，基于最优脉冲波形设计的脉冲多普勒引信的距离门输出信号为

$$
S_{dR}(t) = \begin{cases} \dfrac{1}{2}KA_rU_0\cos\left[\omega_d t + \phi_n(t - \tau_{(t)})\right]\left[P_{\frac{\tau_0 - |\tau_{(t)} - \tau_A|}{2}}\left(t - \dfrac{\tau_{(t)} + \tau_A}{2}\right)\otimes \sum_{-\infty}^{\infty}\delta(t - NT_r)\right], \\ \tau_A - \tau_0 \leqslant \tau_{(t)} - kT_r \leqslant \tau_A + \tau_0, k = 0,1,2,\cdots \\ 0,其他 \end{cases}
$$

$$(5.276)$$

式中，$\phi_n(t)$ 为设计的最优脉冲波形编码序列，其码元宽度为 T_r 与脉冲重复周期相同，编码序列长度为 P；τ_0 为脉冲宽度；τ_A 为距离门预定延迟，一般情况下，相关器预定延迟 $\tau_i = \tau_A + kT_r$，$k = 0,1,\cdots,P-1$；$\tau_{(t)} = \dfrac{2(R_0 - v_r t)}{c}$，为目标回波延迟时间，$R_0$ 为弹目初始距离，v_r 为弹目相对速度。

从式（5.276）可以看出，距离门输出信号并不是一直存在的，而是随着目标回波延迟时间 $\tau_{(t)}$ 的减少（即弹目距离的接近）而重复出现的，重复的时间间隔同时取决

于目标回波延迟时间 $\tau_{(t)}$ 的变化快慢和本身脉冲信号的重复周期 T_r 。定义距离门输出信号的慢重复时间间隔为 T_d ，则 T_d 满足如下关系式

$$T_d = t_k - t_{k+1} \tag{5.277}$$

式中， t_k 和 t_{k+1} 为连续两次出现距离门信号的时刻，易知 $\tau_{(t_k)} = kT_r + \tau_A$ ， $\tau_{(t_{k+1})} = (k+1)T_r + \tau_A$ 。代入 $\tau_{(t)} = \dfrac{2(R_0 - v_r t)}{c}$ ，经化简后，距离门输出信号的慢重复时间间隔可表示为

$$T_d = t_k - t_{k+1} = \frac{cT_r}{2v_r} \tag{5.278}$$

又因为多普勒频率可表示为 $f_d = \dfrac{2v_r}{c}f_0$ ，所以多普勒频率 f_d 和距离门输出信号的慢重复时间间隔 T_d 的关系为

$$f_d = \frac{T_r}{T_d}f_0 \tag{5.279}$$

从式（5.279）可以看出，在引信载频 f_0 固定，脉冲重复周期 T_r 固定的情况下，弹目交会的多普勒频率同距离门输出信号的慢重复时间间隔 T_d 成反比。而对于非目标的干扰信号来说，距离门输出信号会一直存在，其间隔始终是脉冲重复周期 T_r ，不存在慢重复周期间隔 T_d 。

综上分析，对于脉冲波形编码的脉冲多普勒引信来说，通过记录两次距离门输出信号的慢重复周期间隔 T_d ，便可准确地获得目标回波信号的多普勒频率，从而对距离门输出信号进行多普勒频率补偿，消除多普勒频率带来的多普勒容限的影响。此外，由于该类引信定距功能主要依靠相关器实现，且相关码预定延迟 τ_i 与距离门 τ_A 存在如下关系： $\tau_i = \tau_A + kT_r$ ， $k = 0, 1, \cdots, P-1$ ，因而在到达预定炸高前，引信的相关器虽然没有输出信号，但距离门一直会有重复输出的信号，进一步说明该方法是可行的。图 5.81 所示的是本节提出的基于距离门输出信号的多普勒频率补偿方法的原理图。

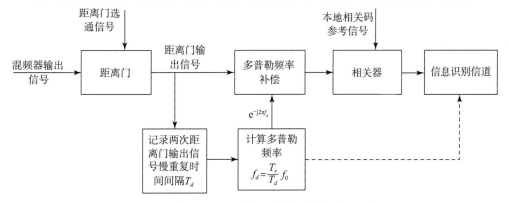

图 5.81　基于距离门输出信号的多普勒频率补偿方法

（4）仿真验证

为进一步验证基于最优脉冲波形设计的脉冲多普勒引信抗干扰方法的有效性，本节根据基于最优脉冲波形设计的脉冲多普勒引信的原理框图，建立了如图 5.82 所示的基于最优脉冲波形设计的脉冲多普勒引信的 Simulink 仿真模型，并仿真了目标回波作用和三种类型信息型干扰作用下，基于最优脉冲波形设计的脉冲多普勒引信的响应特性。仿真工作参数设置如下：引信工作载频 $f_0 = 100$ MHz；脉冲调重复期 $T_r = 100$ ns；脉冲宽度 $\tau_0 = 20$ ns；脉冲占空比 $\alpha = 0.2$；最优脉冲波形编码序列由 PWCIA 算法产生并通过 S-function 导入 Simulink 模型，序列长度 $P = 100$，有限相位数 $q = 8$，PWCIA 算法在生成过程中采用的权重集 $\{w_k = 1\}_{k=1}^{N-1}$；相关器积分时间为 $PT_r = 10\,000$ ns；为避免失真，仿真采样率 $f_s = 1$ GHz；仿真目标距离 R：120 m→0 m；为保证弹目交会所产生的多普勒频率 $f_d = 40$ kHz 不变，提高弹目交会速度由 600 m/s 为 60 000 m/s；预定炸高 24 m；相关码延迟 $\tau_i = 160$ ns，距离门延迟 $\tau_A = \tau_i - kT_r = 60$ ns；信号幅值归一化为 1 V。

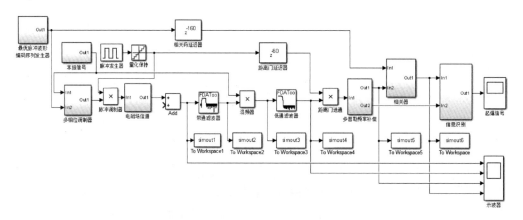

图 5.82　基于最优脉冲波形设计的脉冲多普勒引信的 Simulink 仿真模型

图 5.83 给出了目标回波作用下基于最优脉冲波形设计的脉冲多普勒引信的各级响应输出信号的时域波形，自上而下依次为引信接收的目标回波信号、混频器输出信号、距离门选通输出信号和相关器输出信号。从中可以看到：

①随着弹目距离的接近，在到达预定炸高前（对应相关器预定延迟时间），距离门输出信号会有规律地重复出现，其慢重复时间间隔 $T_d = 2.5 \times 10^{-4} \text{s} = \dfrac{cT_r}{2v_r}$，与前面理论分析结果一致。

②经多普勒频率补偿后的相关器输出信号基本上就是零多普勒信号，从而验证了本节提出的多普勒补偿方法的有效性。

③从相关器输出信号的效果来看，基于 PWCIA 算法设计的八相位脉冲波形编码序

列的自相关特性良好,可满足脉冲多普勒引信的最优脉冲波形设计要求。

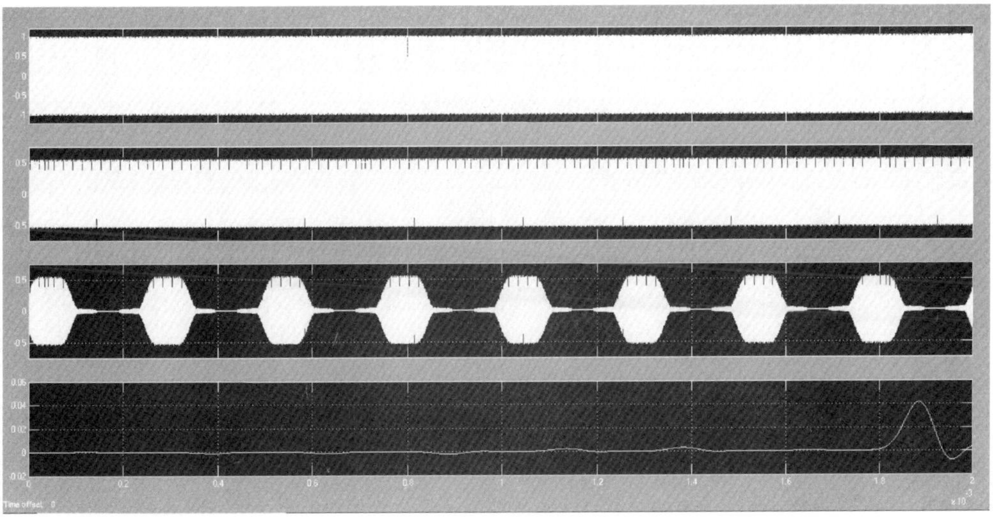

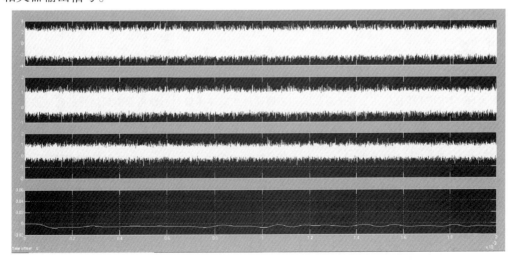

图 5.83 目标信号作用下基于最优脉冲波形设计的脉冲多普勒引信各级响应信号的时域波形

同时,基于最优脉冲波形设计的脉冲多普勒引信 Simulink 模型,对噪声类主动压制式干扰、模拟回波的引导式干扰及 DRFM 干扰信号作用下引信的各级响应特性进行了仿真分析。图 5.84 ~ 图 5.86 给出了噪声调幅干扰、正弦波调幅干扰、DRFM 干扰信号(仿真干扰机距离 R_j: 500 m→380 m,干扰机响应和附加延时总时间为 τ_{j0} = 16.8 μs)作用下基于最优脉冲波形设计的脉冲多普勒引信各级响应输出信号的时域波形,自上而下依次为引信接收的干扰信号、混频器输出信号、距离门选通输出信号和相关器输出信号。

图 5.84 噪声调幅干扰作用下基于最优脉冲波形设计的脉冲多普勒引信各级响应信号的时域波形

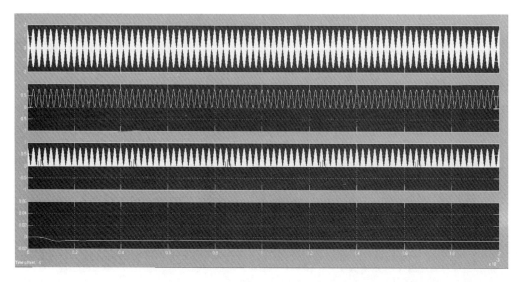

图 5.85　正弦波调幅干扰作用下基于最优脉冲波形设计的脉冲多普勒引信各级响应信号的时域波形

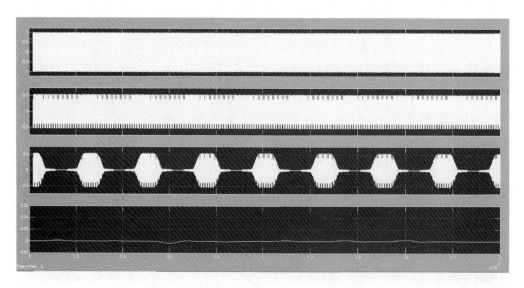

图 5.86　DRFM 干扰作用下基于最优脉冲波形设计的脉冲多普勒引信各级响应信号的时域波形

　　从仿真结果来看，与目标回波作用下的引信相关器输出信号相比，三种类型的干扰信号作用下，引信相关器的输出信号幅值存在量级的差异，这与之前的理论分析结果是一致的。综上所述，基于最优脉冲波形设计的脉冲多普勒引信，通过对脉冲波形进行有限相位编码优化，提高了收发相关信道的处理增益，从而可有效解决脉冲多普勒引信抗多类型信息型干扰的问题。

　　表 5.10 汇总了信息型干扰作用下本节所提三种引信的处理增益，表中干扰信号的参数设置与表 5.1 的相同。同时，本着单一变量的原则，表中所有引信的工作参数取

值相同，占空比均设为 $\alpha = 0.02$，在保证脉冲宽度 $\tau_0 = 20$ ns 不变的情况，脉冲重复周期设为 $T_r = 1\ 000$ ns。从表 5.10 汇总结果可以看到，本节所提出的三种脉冲多普勒引信收发相关信道抗干扰方法，在对抗各自适用的干扰信号类型时，相比于传统脉冲多普勒引信，处理增益均有很大程度的提高。

表 5.10　不同信息型干扰信号作用下四种引信的处理增益汇总表

技术特征	干扰信号	传统脉冲多普勒引信/dB	基于 M 序列伪码调相的脉冲多普勒引信/dB	基于正交编码的脉冲多普勒引信/dB	基于最优脉冲波形设计的脉冲多普勒引信/dB
噪声类主动压制式干扰	射频噪声干扰	35.639	38.291	36.299	44.384
	噪声调幅干扰	16.160	37.379	21.941	39.766
	噪声调频干扰	27.112	32.647	27.060	36.690
模拟回波的引导式干扰	正弦波调幅干扰	13.858	40.305	18.646	38.426
	正弦波调频干扰	18.335	30.650	18.999	31.118
	方波调幅干扰	13.870	35.132	18.301	37.462
	方波调频干扰	17.081	32.047	16.476	37.841
	三角波调幅干扰	13.863	41.398	19.032	35.425
转发式干扰	DRFM 干扰	0	0	33.958	23.178

第6章 无线电引信信号识别信道保护设计方法

6.1 无线电引信目标信号与干扰信号特征量空间分析

无线电引信作为一个信息控制系统，目标信息被引信用来实现起爆控制，无线电引信干扰所针对的主要就是引信的起爆控制。设无线电引信从目标信息源中感知（或输入）信号 s，表示为

$$s = f(x) + n(t) \tag{6.1}$$

式中，$f(\cdot)$ 是目标信息的映射；x 代表目标；$n(t)$ 是噪声。

无线电引信完成起爆控制任务，首先要从信号 x 中检测出目标信号 $f(x)$，然后才从 $f(x)$ 中提取所需要的信息，判断起爆控制信号是否满足起爆条件，实施起爆控制。因此，引信的信号处理具有以下两个基本功能：一是判别是否为目标信号，对非目标信号进行抑制，这个功能由引信电磁场和信号收发相关信道实现。二是获取足够的目标信息量，实现炸点的控制，其实质是使用信号识别对引信目标特征信息的提取。

由于目标的多样性和弹目交会姿态的不确定性，$f(x)$ 中既有信号的确定性变化规律，又有诸多不确定性因素形成的随机参量。理论上，穿过有限空间区域的弹道数量是无限的，目标姿态是无穷尽的，因此信号样本有无穷多。同时，在引信目标信号检测中，引信对目标信号的存在与否只能做一次判决，而目标信号出现与不出现的先验概率是未知的，因此，无线电引信通常依靠信号收发之间的相关性实现目标信号检测。

引信在处理目标信号检测环节中力争使检测信号空间与信源信号空间相吻合，但引信工作状态和检测信号的不确定性决定了这两个空间不可能完全重合，这就会出现信道泄漏。干扰信号利用它的信道泄漏，凭借自身信号结构就能使引信目标信号检测电路将其误判为目标信号。这样，引信目标信号检测确定的信号空间 Θ 不仅是信源空间，还包含干扰信号空间。

对于引信炸点控制而言，最重要的信息是弹目之间的相对位置和相对运动信息。在实际引信系统中，总是根据检测信号选择与目标交会有关的某些特征量作为引信目标信号的起爆控制量，以实现引信起爆控制。每一个起爆控制量在检波信号空间形成一个子空间，这些子空间的交集构成了引信的起爆控制信号空间 Γ，如图 6.1 所示，而

图中的各子空间中的向量集由式（3.37）中的 $\boldsymbol{\alpha}$、$\boldsymbol{\beta}$ 和 $\boldsymbol{\gamma}$ 决定的。

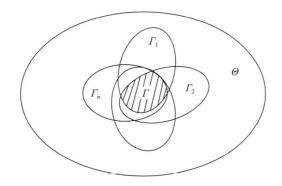

图 6.1　引信目标信号特征量空间

同时，引信起爆控制信号空间的存在，为干扰信号提供了实施干扰的可能性。当干扰波形具有的特征量满足引信起爆控制信号空间的要求时，就能突破引信的信号识别保护，实现干扰。引信起爆控制空间由起爆控制特征量空间形成，因此，设计干扰波形应以引信起爆控制特征量空间为出发点。从目前对抗技术的发展来看，这是对抗双方较量的焦点。

在干扰波形特征量空间中，针对不同体制的引信，干扰波形有不同的取值空间。若以 Y_i，$i=1,2,\cdots,n$ 表示针对不同引信的干扰波形特征值空间，则这些特征值空间可能形成多个交集，也可能是孤立的区域，如图 6.2 所示。图中，$Y_{\cap 1}$、$Y_{\cap 2}$ 是不同干扰波形特征值空间形成的交集，Y_{m+1} 是针对某一型号引信的孤立干扰波形特征值空间。

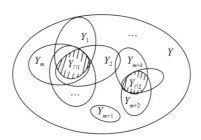

图 6.2　引信干扰信号特征量空间

在设计干扰波形时，为了增加干扰波形的有效性和适用性，干扰波形的特征值应选取在如 $Y_{\cap 1}$ 或 $Y_{\cap 2}$ 的交集中。在明晰具体引信信道泄漏模式的基础上，即可确定出引信的干扰波形特征值空间。

设计干扰波形主要包含两方面的内容：一是波形选择，波形选择主要取决于干扰波形特征量空间，与具体引信的工作原理及其信道保护采用的具体电路形式相关，也就是说，与引信的信道泄漏模式相关；二是波形参数选取，波形参数选取则主要取决于干扰波形特征值空间中各特征量的取值确定。干扰波形参数包括干扰波形频率的特征值区间、干扰波形幅值的特征值区间、干扰波形幅值变化率的特征值区间和干扰波形作用时间的特征值区间等内容。

6.2 连续波多普勒引信信号识别信道保护设计方法

6.2.1 连续波多普勒引信目标信号特征参量提取方法

为了提高抗干扰能力，无线电引信设置了电磁场、信号收发相关和信号识别信道保护，引信干扰机要想成功干扰引信，除了要突破前两级的信道保护外，还得要突破信号识别的信道保护。无线电引信为了识别目标信号，提取了关于目标信号的一些特征参量，因此，干扰信号只有具备了引信所选定的全部特征量，才能成功干扰引信。

1. 连续波多普勒无线引信常用特征参量分析

连续波多普勒无线电引信常用的特征参量有频率、幅值，增幅速率、信号波形等。例如，美国 T80E6 选择了频率和幅值两维特征，而美国 M414、PF - 1 还增加了增幅速率这一特征。

图 6.3（a）为某连续波多普勒无线电引信的频率选择电路，图 6.3（b）为其相应的频率响应特性。可以看出，它对目标探测器输出的多普勒目标信号进行了带通放大，并抑制通带之外的干扰信号。从电路的频率特性图可以看出，多普勒带通放大器的过渡带还是很宽的，这样，如果干扰信号的功率足够大，就有可能进入后续电路而成功干扰引信。为了使无线电引信能够识别出目标信号和干扰信号，必须对带通放大信号进行其他特征参量的提取。如图 6.4 所示，经带通放大器放大的多普勒信号经过整流滤波和低通平滑滤波后，就可以得到关于多普勒信号幅度的包络信号。根据战场环境中信号幅度随弹目距离变化规律，适当设置信号的幅度门限值，引信将其滤出的多普勒信号幅度与预设的幅度门限值进行比较来识别目标。同时，可以根据弹目交会过程中信号幅度随时间增加而增大的增幅特性进行目标识别和抑制干扰。例如，根据自差机输出的目标信号幅度表达式：

$$u_d = \frac{K}{(t_0 - t) V_c \sin\theta} \tag{6.2}$$

式中，$K = \dfrac{S_A \lambda_0 DF^2(\varphi) N}{4\pi}$，对 u_d 关于时间 t 求导，得到目标信号的增幅速率：

$$\frac{\mathrm{d}u_d}{\mathrm{d}t} = K \frac{V_c \sin\theta}{[(t_0 - t) V_c \sin\theta]^2} \tag{6.3}$$

根据目标信号的增幅速率公式并结合实际测试，就可以确定引信增幅速率选择电路，比如某连续波多普勒引信就设置了目标信号的增幅速率上限值和下限值来提高引信的抗干扰能力。

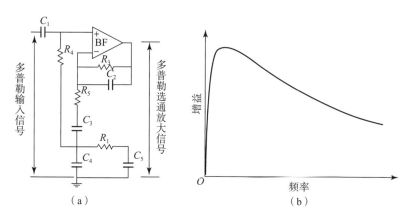

图 6.3　多普勒带通放大器及其频率特性

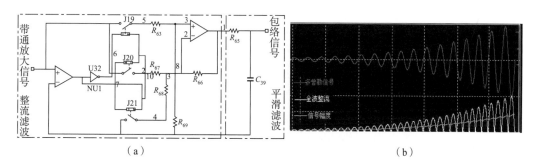

图 6.4　多普勒信号幅度提取

为了说明增加目标信号特征参量个数对引信抗干扰性能的提高效果，建立如下的基于 Matlab/Simulink 的对地连续波多普勒无线电引信仿真模型（图 6.5）。在引信接收机输入端输入噪声调幅干扰信号，如果仅仅对包络检波输出的多普勒信号进行幅度检测，如图 6.6（a）所示，那么只要干扰信号能量足够，干扰信号作用下包络检波输出的幅度值就可以达到幅度门限值，从而使引信输出启动信号；相反，如果对包络检波输出信号进行增幅速率选择，如图 6.6（b）所示，那么，在同样的干扰条件下，引信被干扰而启动的概率就会大大降低。例如，在仿真图 6.5 中加入增幅速率上限和增幅速率下限两路比较电路，那么其被噪声调幅干扰成功的概率相比原来要降低 90% 以上。

由于连续波多普勒无线电引信使用最早，对其研究也较为透彻，加上其发射波形过于简单，从目前的引信对抗实验来看，它很容易被干扰机所干扰。为了提高引信抗干扰能力，针对现有的连续波多普勒无线电引信从目标信号中提取新的特征参量尤为重要。

2. 基于傅里叶谱的连续波多普勒引信特征参量提取

从对连续波多普勒引信干扰的实验结果来看，调幅结合扫频干扰很容易成功干扰

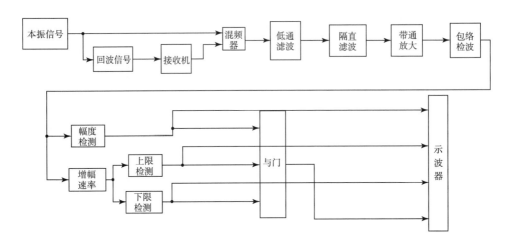

图 6.5　连续波多普勒引信系统仿真模型

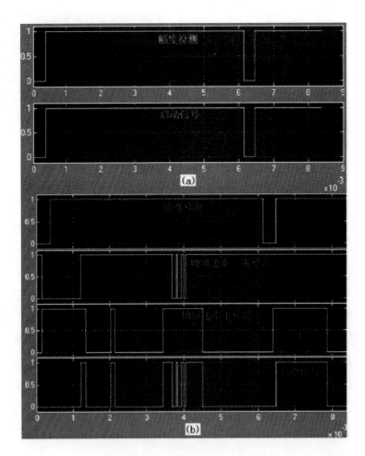

图 6.6　连续波多普勒引信在噪声调幅干扰信号下的启动响应

引信。为此，针对扫频式干扰信号对引信的检波输出端信号进行基于 FFT 的频谱分析，提取能够有效区分干扰信号和目标信号的特征参量。

（1）引信检波输出信号频谱特征参量提取

为了提取基于傅里叶频谱的特征参量，首先需要观察分析引信在目标信号和干扰信号作用下的输出信号的傅里叶频谱特点，为此，选择典型的噪声调幅扫频和正弦调幅扫频干扰信号作为干扰源同目标信号进行比较。对多普勒引信的检波输出端信号进行采样分析。对于信号的采样与处理，有两种策略：第一，引信开始工作就对引信检波端信号进行一定点数的采样，对采样的信号进行处理分析并判断信号是否为满足一定弹目交会条件的目标信号，若判断出不是目标信号，则进行下一组信号采样并分析，依此下去，一旦判断出目标信号，就输出引信启动信号；第二，引信开始工作对检波输出端信号不断地进行一定点数的采样，但是这时并不对信号处理，而是直到其他几路判断电路输出启动信号后，才对采样信号进行处理分析，并判断信号是否为目标信号作用而引起的引信启动。这里采用第二种策略，即对引信输出启动信号时刻之前的一段信号进行采样。为利于数据分析，这里采集到某引信启动时刻前的 20 000 个数据点，采样率为 100 kHz。目标信号和干扰信号作用下的多普勒引信检波端输出信号的傅里叶频谱如图 6.7 所示，其中图 6.7（a）为目标信号作用下的引信检波输出信号的傅里叶谱，图 6.7（b）为噪声调幅扫频干扰信号作用下的引信检波输出信号的傅里叶谱，图 6.7（c）为正弦调幅扫频干扰信号作用下的引信检波输出信号的傅里叶谱。

从图 6.7 中可以看到，无论是目标信号还是干扰信号，在傅里叶频谱的零频率处都会出现幅度的峰值点，这是由于该型号的连续波多普勒引信检波端输出信号的直流偏置引起的。很显然，这一特点对于目标信号和干扰信号的区分没有任何实际的参考价值，所以，在分析检波输出信号的傅里叶频谱时，将不考虑这一点的幅值。另外，从目标信号频谱图中可以看到，在多普勒频率处有一个最高峰值，说明目标信号的能量主要集中在多普勒频点处，而扫频干扰信号的能量在频谱的分布相对比较分散，据此可以利用傅里叶频谱中的几个峰值（比如三个峰值，如图 6.8(a)～图 6.8(c)所示）进行比较，以区分干扰信号和目标信号。因为在实际的战场环境中目标回波信号的能量与具体目标的反射强度有关，并且即使同种类型的干扰信号在不同的战场环境中其辐射能量也会有所不同，所以对傅里叶频谱的峰值绝对值的分析意义不大，为此，采用它们的相对值作为特征参量，即选定频谱的前三个峰值按照从大到小的顺序排序，第一个峰值点的幅值/第二峰值点的幅值 PR_{12} 作为第一个特征参量，第二峰值点的幅值/第三峰值点的幅值 PR_{23} 作为第二个特征参量，第一峰值点的幅值/第三峰值点的幅值 PR_{13} 作为第三个特征参量。为了分析以上三个基于傅里叶频谱的特征参量的有效性，根据特征参量选择的一般性要求：同一类内的特征取值紧凑，不同类间的特征取值差异显著，用统计方法来分析这三个参量的分布是否符合对特征参量的一般性要求。

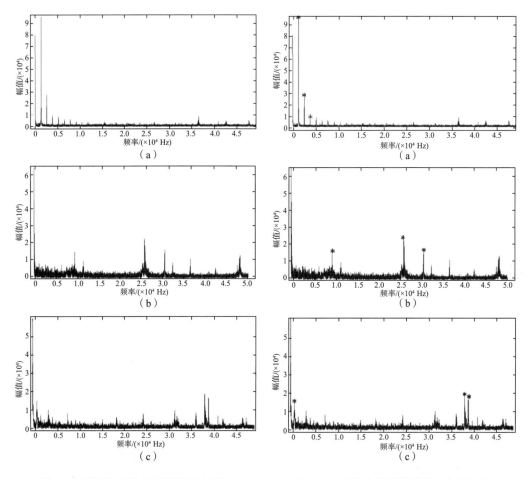

图 6.7　引信检波输出信号傅里叶频谱　　　图 6.8　信号傅里叶频谱的三个峰值点

（2）频谱峰值点相对值特征参量的统计分析

为了统计分析峰值点幅度比值在目标信号作用下和在调幅类干扰作用下分布的差异性，根据某型连续波多普勒引信的工作特点，在炮弹落速 v_M 和落角 θ 的取值范围内随机取样，同时考虑到不同目标回波信号幅度的起伏特点对目标回波的幅值也随机取样，采集了目标信号作用下的引信检波输出端的信号，共计 100 个。在采集干扰信号样本时，在容易使引信启动的参数取值范围内随机选取干扰信号参数，即对干扰信号辐射功率、调制深度、调制信号频率等参数在一定的范围内进行随机取样，采集了噪声调幅干扰信号作用下的引信检波端输出的信号 100 个、正弦调幅干扰信号作用下的引信检波端输出信号 70 个。

为了对基于傅里叶频谱提取的三个特征参量 PR_{12}、PR_{23} 和 PR_{13} 的分布有一个直观的认识，分别给出三个参量在目标信号作用下和两种干扰信号作用下的统计分布直方图。图 6.9 为 PR_{12} 在三种信号作用下的分布直方图，图 6.10 为 PR_{23} 在三种信号作用下的分布直方图，图 6.11 为 PR_{13} 在三种信号作用下的分布直方图。从这三个图中可以看到，目标信号作用下三个特征参量的取值要明显大于调幅类干扰信号作用下三个特征参量取值，总体而言，提取的三个特征参量符合特征参量提取的一般性要求：目标信号作用下和扫频式干扰信号作用下的特征参量分布有显著的差异，而同一类内的特征参量的分布较为集中。

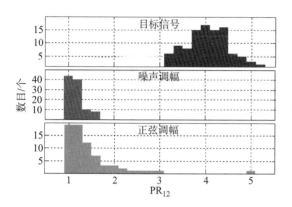

图 6.9　目标和干扰信号作用 PR_{12} 分布　　　图 6.10　目标和干扰信号作用 PR_{23} 分布

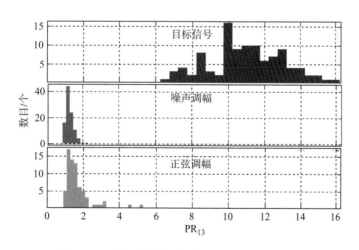

图 6.11　目标和调幅干扰信号作用下 PR_{13} 分布

对于提取的连续波多普勒无线电引信特征参量来说，由于引信和目标交会过程的随机性，使得弹目交会速度、交会角等都是随机变量，而提取的特征参量与这些随机因素的关系往往又比较复杂，对这些特征参量分布直接计算往往也不太现实，对其总体分布做假设而进行参数统计分析也不太可取。因此，为了分析所提取的引信信号特征参量在识别干扰信号和目标信号时的有效性，即目标回波信号和干扰信号的差异性，采用非参数统计分析的 Kruskal – Wallis 检验方法对信号参量进行有效性分析。

　　Kruskal – Wallis 检验是一种非参数假设检验，用于检验多个总体的分布是否存在显著差异，其原假设 H_0：多个独立样本来自同一个总体，或者说产生独立样本的多个总体服从同一分布。Kruskal – Wallis 检验方法对数据进行非参数分析后，返回检验结果的 p – 值。p – 值是假设检验的一个重要参数，p – 值越小，表明结果越显著。拒绝 H_0 的理由越充分，越有信心来拒绝接受 H_0 而接受备择假设 H_1：多个总体的分布存在显著差异。但是对于 p – 值多小就认为检验结果是"显著的"或是"极显著的"，需要研究者根据实际问题来确定，比如经济学领域往往在 p – 值小于 0.01 时拒绝接受原假设。

　　为了分析基于傅里叶频谱的三个特征参量 PR_{12}、PR_{23} 和 PR_{13} 在目标信号和干扰信号作用下的差异性，把噪声调幅和正弦调幅干扰信号统一视为干扰信号。对目标信号和干扰信号作用下的引信检波输出信号的三个特征参量 PR_{12}、PR_{23} 和 PR_{13} 分别做 Kruskal – Wallis 非参数统计分析：PR_{12} 统计箱线图如图 6.12（a）所示，PR_{23} 统计箱线图如图 6.12（b）所示，PR_{13} 统计箱线图如图 6.12（c）所示。统计显示，三个统计量统计分析结果的 p – 值分别为 5.4×10^{-43}、8.7×10^{-44}、6×10^{-44}，可见三个统计量在目标信号和干扰信号作用下分布差异性是极显著的。基于傅里叶频谱的峰值比值的三个特征参量选取是合理有效的。

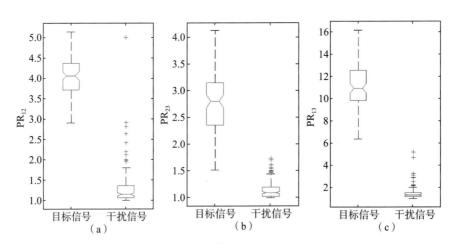

图 6.12　目标信号和干扰信号作用下三个特征参量统计箱线图

　　从图中可以看到，干扰信号的检波输出频谱的峰值点幅值比值分布相对于目标信号而言较为集中。但是干扰信号峰值点幅值比值有一些异常点，这说明其比值有些会偏离总体中心较远。这一现象也可以从图 6.13 所示比值的三维分布图中看出，图中分别以检波输出信号的三个特征参量 PR_{12}、PR_{23} 和 PR_{13} 作为坐标轴，从中可以看到目标信号的比值较为分散，而干扰信号（无论是噪声调幅还是正弦调幅干扰）的比值较为集中，但是都有一些点远离分布中心，特别是正弦调幅干扰信号。

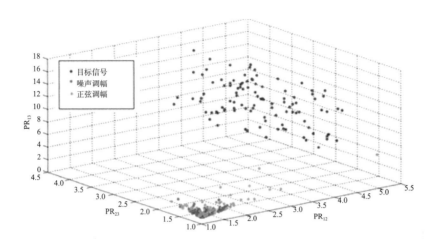

图 6.13　引信检波端输出信号三个特征参量的三维分布

3. 基于调幅带宽和调频带宽的连续波多普勒引信特征参量提取

对于一个实非平稳信号 $x(t)$，将其表示为调幅调频形式：

$$x(t) = a(t)\cos\theta(t) \tag{6.4}$$

式中，$a(t)$ 表示该信号的时变振幅，即调幅；$\theta(t)$ 为信号的时变相位，即调频。实际信号 $x(t)$ 却不会被表示成如式（6.4）所示的形式。希望将一个信号表示成复数形式，即解析形式：

$$s(t) = A(t)\mathrm{e}^{\mathrm{j}\varphi(t)} = s_r(t) + \mathrm{j}s_i(t) \tag{6.5}$$

当研究如正弦波这样的信号 $x(t)$ 时，常用一些具体的物理量来描述它们，这些物理量主要包括能量密度、瞬时功率和总能量，以及时间波形的特征，如平均值、平时时间和持续时间等。对于信号 $x(t)$，用 $|x(t)|^2$ 表示 t 时刻的能量密度或瞬时功率，$|x(t)|^2\Delta t$ 表示 t 时刻在时间 Δt 内的能量。故信号的总能量表示为：

$$E = \int |x(t)|^2 \mathrm{d}t \tag{6.6}$$

对于有限能量信号，为了方便处理，通常可以取总能量为 1。

如果将 $|x(t)|^2$ 看作时间密度，则平均时间通常定义为：

$$\langle t \rangle = \frac{1}{E}\int t|x(t)|^2\mathrm{d}t \tag{6.7}$$

一般利用能够描述信号密度的平均特征来表征信号的时间波形，该特征可以给出如密度集中在什么地方这样的信息。许多测量都可以确定这样一个平均特征，最常用的是标准偏差 σ_t，其定义为：

$$T^2 = \sigma_t^2 = \frac{1}{E}\int (t - \langle t \rangle)^2 |x(t)|^2 \mathrm{d}t$$
$$= \langle t^2 \rangle - \langle t \rangle^2 \tag{6.8}$$

式中，$\langle t \rangle$ 和 t 分别是信号的平均时间和持续时间。标准偏差可以描述信号的持续时间：在时间 $2\sigma_t$ 外，大部分信号能量将很小，如果标准偏差较小，表示信号大部分能量集中在平均时间周围，然后很快变小，描述了信号持续时间短的特征；反之，表示信号能量较分散、持续时间较长的特点。

任意时间函数 $g(t)$ 的平均定义为：

$$\langle g(t) \rangle = \frac{1}{E}\int g(t)|x(t)|^2 \mathrm{d}t \tag{6.9}$$

从中可以看出，对于解析信号，时间平均仅取决于幅度。

众所周知，信号可以经傅里叶变换展开成不同频率的正弦波，对信号进行频率描述，主要包括频谱的幅度、相位和能量密度谱等物理量，类似于信号的时域表示。信号的频谱可以表示成幅度和相位，分别称之为频谱幅度和频谱相位。在传统的傅里叶信号分析中，与信号的时间描述类似，能量密度谱被定义为每单位频率内的能量或强度，用信号频谱的平方表示。相应地，可以通过对能量密度频谱进行积分得到信号的总参量。根据帕斯瓦尔（Parseval）定理或者瑞利（Rayleigh）定理，信号在时域和频域所计算的能量是守恒的，与计算方法无关。

信号的频率描述包含平均频率、带宽和频率函数的平均值特征等，它们与时域特征的定义类似。设 $x(t)$ 与 $S(\omega)$ 互为傅里叶变换对，如果用 $|S(\omega)|^2$ 表示频率密度，则频率总能量 E、平均频率 $\langle\omega\rangle$ 及其标准偏差 σ_ω（通常也叫均方根带宽 B）分别定义为：

$$E = \int |x(t)|^2 \mathrm{d}t = \int |S(\omega)|^2 \mathrm{d}\omega \tag{6.10}$$

$$\langle \omega \rangle = \frac{1}{E}\int \omega |S(\omega)|^2 \mathrm{d}\omega \tag{6.11}$$

$$B^2 = \sigma_\omega^2 = \frac{1}{E}\int (\omega - \langle \omega \rangle)^2 |S(\omega)|^2 \mathrm{d}\omega$$
$$= \langle \omega^2 \rangle - \langle \omega \rangle^2 \tag{6.12}$$

平均频率及其标准偏差描述了信号频谱主要集中分布在哪一频带。

任意频率函数 $g(\omega)$ 的平均定义为：

$$\langle g(\omega) \rangle = \frac{1}{E}\int g(\omega)|S(\omega)|^2 \mathrm{d}\omega \tag{6.13}$$

对于解析信号（其傅里叶频谱为 $S(\omega)$），通常定义一个复频率算子进行计算。该复频率算子为

$$W = \frac{1}{j}\frac{\mathrm{d}}{\mathrm{d}t} \tag{6.14}$$

Cohen 将带宽分解成两部分：时域调幅频率带宽 B_{AM} 和时域调频频率带宽 B_{FM}。信号带宽之间的相互关系可表示为 $B^2 = B_{AM}^2 + B_{FM}^2$，说明一个信号的带宽由这两个带宽共同作用。而

$$\langle \omega \rangle = \frac{1}{E} \int \varphi'(t) \mid s(t) \mid^2 dt = \frac{1}{E} \int \varphi'(t) A^2(t) dt \tag{6.15}$$

$$B^2 = \frac{1}{E} \int \left(\frac{A'(t)}{A(t)} \right)^2 A^2(t) dt + \frac{1}{E} \int (\varphi'(t) - \langle \omega \rangle)^2 A^2(t) dt \tag{6.16}$$

$$B_{AM}^2 = \frac{1}{E} \int A'^2(t) dt \tag{6.17}$$

$$B_{FM}^2 = \frac{1}{E} \int (\varphi'(t) - \langle \omega \rangle)^2 A^2(t) dt \tag{6.18}$$

$$\langle \omega^2 \rangle = \frac{1}{E} \int \omega^2 \mid S(\omega) \mid^2 d\omega$$

$$= \frac{1}{E} \int \left(\frac{A'(t)}{A(t)} \right)^2 A^2(t) dt + \int \varphi'^2(t) A^2(t) dt \tag{6.19}$$

式中，$\varphi'(t)$ 为瞬时频率，$\omega_i(t) = \varphi'(t)$。可见带宽计算完全可以在时域内进行，并且一个信号的时域调幅频率带宽完全由时域信号的幅值变化引起，时域调频频率带宽完全由时域信号的相位变化引起，即时域信号的调幅表现为调幅带宽，而时域信号的调频表现为调频带宽。

由以上内容可知，一个信号的带宽和平均频率可用时域信号的相位和幅度来表示，同样也可以推导出一个信号的平均时间和持续时间可以用频域的幅度和相位来表示。Cohen 将持续时间分解成两部分：频域调幅（SAM）持续时间 T_{SAM} 和频域调相（SPM）持续时间 T_{SPM}。持续时间之间的相互关系可表示为 $T^2 = T_{SAM}^2 + T_{SPM}^2$，说明一个信号的持续时间由这两个持续时间共同作用。而

$$\langle t \rangle = -\frac{1}{E} \int \psi'(\omega) \mid S(\omega) \mid^2 d\omega \tag{6.20}$$

$$T^2 = \sigma_t^2 = \frac{1}{E} \int \left(\frac{B'(\omega)}{B(\omega)} \right)^2 B^2(\omega) d\omega + \frac{1}{E} \int (\psi'(\omega) + \langle t \rangle)^2 B^2(\omega) d\omega \tag{6.21}$$

$$T_{SAM}^2 = \frac{1}{E} \int B'^2(\omega) d\omega \tag{6.22}$$

$$T_{SPM}^2 = \frac{1}{E} \int (\psi'(\omega) + \langle t \rangle)^2 B^2(\omega) d\omega \tag{6.23}$$

式中，$-\psi'(\omega)$ 为某一频率的平均时间，称为群延时，$t_g(\omega) = -\psi'(\omega)$。由式（6.20）~式（6.23）可见，信号持续时间计算完全可以在频域内进行，并且一个信号频域调幅持续时间完全由信号的频域幅值变化引起，频域调相持续时间完全由信号的频域相位变化引起，即频域信号的调幅表现为频域调幅持续时间，而频域信号的调相表现为频

域调相持续时间。

针对目前引信难以对抗的扫频类干扰信号，提出了一种新的基于傅里叶频谱峰值比值的引信目标信号特征提取参量，通过对特征参量的非参数统计分析，可以看出选取的傅里叶频谱峰值比值在目标信号和干扰信号作用下的分布差异性是极显著的，说明选择的目标信号特征参量对抗调幅类干扰有效。通过对 HHT 的分析，提出基于时频域的引信信号的调幅带宽和调频带宽特征参量对抗扫频式干扰。

从滤波的角度考虑，对引信信号进行 EMD 分解相当于对信号用滤波器组进行滤波，它自适应地把一个信号从高频到低频进行子带分解，每个 IMF 就是一个窄带子信号。图 6.14 所示为一个目标信号经过 EMD 分解后所得到的前 7 个 IMF 及其相应的傅里叶频谱图。从图中可以看出 EMD 的滤波特性，EMD 把目标信号分解成多个从高频到低频的 IMF，并且可以看到第二个 IMF 包含了关于目标信号的多普勒信息（包括其频率和幅度信息）。从目标信号和扫频式干扰信号作用下引信检波信号的傅里叶频谱的特点知道，扫频式干扰能量相对分散，而目标信号的能量主要集中在目标回波的多普勒频率附近，如果对引信的检波信号用 EMD 进行子带滤波，那么每个子带信号（即 IMF）的频率成分在目标信号作用下和在干扰信号作用下必然存在差异。为此，首先对多普勒引信检波输出信号进行 EMD 分解，然后分别计算每个 IMF 的调幅带宽和调频带

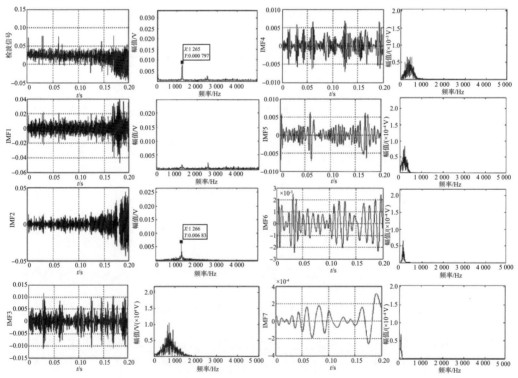

图 6.14　目标信号经 EMD 分解成从高频到低频的 IMF

宽，之后对两种带宽进行统计分析。

IMF 调幅带宽和调频带宽的计算关键是要确定其瞬时幅度和瞬时频率，目前解析信号可以通过傅里叶变换及傅里叶反变换来实现，而傅里叶变换与反变换都有完善而成熟的快速算法，鉴于此，利用解析的方法来求解各个 IMF 的调幅带宽和调频带宽。

为方便计算，首先对前面所述的 100 个目标信号和 170 个干扰信号（包括噪声调幅和正弦调幅）进一步降采样，这里进行 10 倍的降采样，即采样率变成 10 kHz。然后对其进行 EMD 分解。这里依然采用 Kruskal - Wallis 非参数统计分析方法，图 6.15 所示为目标信号和扫频式干扰信号作用下引信检波输出端信号前 8 个 IMF 的调幅带宽 B_{AM} 的统计箱线图，图 6.16 所示为目标信号和扫频式干扰信号作用下引信检波输出端信号前 8 个 IMF 的调频带宽 B_{FM} 的统计箱线图，从中可以看到，无论是调幅带宽还是调频带宽，在干扰信号作用下，它们的值要大于目标信号作用下的值，并且越是低频的 IMF，两个参量值的分布差异也越小。表 6.1 为调幅带宽和调频带宽差异性统计分析的 p - 值，从表中可以看到各个 IMF 的调幅带宽在目标信号和干扰信号作用下分布的差异性是极显著的。对于调频带宽参量来说，第 2、3、4、5 个 IMF 的分布差异性是极显著的，从而说明基于时频特性的引信 IMF 的调幅带宽和调频带宽参量选择是合理有效的，但是具体选择哪个特征参量来区分目标信号和干扰信号，将在下节结合基于支持向量机（Support Vector Machine，SVM）分类器对特征参量进行优选和优化处理。

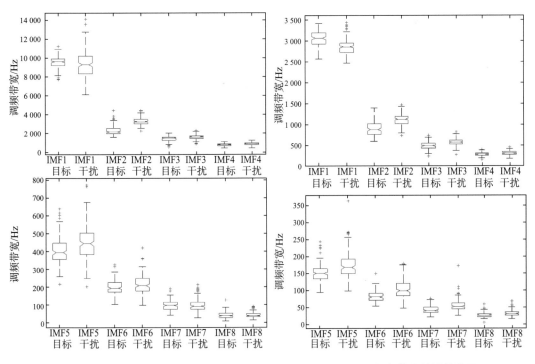

图 6.15　调幅带宽统计箱线图　　　　图 6.16　调频带宽统计箱线图

表 6.1   目标信号和干扰信号作用下各个 IMF 的调幅带宽和调频带宽统计 p – 值

IMFs	IMF1	IMF2	IMF3	IMF4	IMF5	IMF6	IMF7	IMF8
B_{AM}	5.3×10^{-16}	9.6×10^{-21}	8.4×10^{-14}	5.8×10^{-6}	2.9×10^{-7}	5.0×10^{-11}	7.2×10^{-10}	2.8×10^{-7}
B_{FM}	$0.024\ 7$	1.7×10^{-28}	1.3×10^{-7}	3.5×10^{-5}	4.3×10^{-5}	$0.043\ 0$	$0.456\ 7$	$0.965\ 1$

6.2.2   基于 SVM 的连续波多普勒引信目标和干扰信号识别方法

如何依据特征参量的取值对目标信号和干扰信号进行自动识别是一个重要的环节，对于无线电引信来说，传统的识别方法就是阈值界定法：计算信号每个特征参量取值的最大值 M 和最小值 m，当相应的特征参量的值落在区间 $[m, M]$ 时，即认为是目标信号，否则就认为是干扰信号。很显然，这种识别方法人为地"认为"目标信号的参量均匀地分布在一个规则的矩形内。但是，对于某些实际的引信特征参量，可能并不均匀地分布在矩形内，而只是分布在矩形内的某一些不规则区域内，这时如果用传统的阈值界定法去识别目标信号，可能把不规则区域外的但是在矩形区域内的干扰信号当成目标信号而误动作。

关于基于 SVM 的引信目标信号自动识别问题，在有关于干扰信号的先验信息情况下，可采用二分类 SVM 对目标信号和干扰信号进行区分，找到区分目标信号和干扰信号的界限；在没有干扰信号这一先验信息情况下，采用单分类 SVM 分类方法可求出目标信号所在区域，落在区域外的信号视为干扰信号，因为目标所在的区域完全有可能是不规则的，所以这种方法与传统的阈值界定法的不同之处在于，它能把目标所在的不规则区域刻画出来，从而更有效地降低把干扰信号当目标信号的虚警发生的概率。

针对扫频式干扰信号，分别以基于傅里叶频谱峰值比和基于时频域的调幅带宽、调频带宽为 SVM 输入，对连续波多普勒无线电引信目标和干扰信号利用二分类 SVM 和单分类 SVM 进行识别分类，对核函数及其参数进行了优化选择。

1. 基于二分类 SVM 的目标识别

SVM 本质上是求解凸二次规划最优解问题，即在线性不可分两类问题之间建立一个最佳分类超平面，不仅使两类问题无错误地被分开，还能让彼此距离超平面的间隔最大化。设分类决策函数为 $f(\boldsymbol{x}) = \boldsymbol{w}\boldsymbol{x} + b$，为了计算此函数的参数，需要求解如下凸二次方程：

$$\min_{w,b,\zeta} \frac{1}{2} \parallel \boldsymbol{w} \parallel^2 + C \sum_{i=1}^{N} \xi_i \tag{6.24}$$

$$\text{s.t. } \boldsymbol{y}_i (\langle \boldsymbol{w}, \boldsymbol{\phi}(\boldsymbol{x}_i) \rangle + b) \geqslant 1 - \xi_i, \xi_i \geqslant 0, i = 1, 2, \cdots, N$$

式中，x_i 为样本特征向量；$y_i \in \{+1, -1\}$ 为样本标签；w 为超平面法向矢量，也是特征向量的权重系数；b 为偏置常数；对线性不可分的问题，引入松弛变量 $\xi_i \geq 0, i = 1, 2, \cdots, N$ 和惩罚因子 C。通过拉格朗日函数把式（6.24）转化为其对偶形式并代入核函数得

$$K(\boldsymbol{x}, \boldsymbol{y}) = \langle \phi(\boldsymbol{x}), \phi(\boldsymbol{y}) \rangle \tag{6.25}$$

式中，$\phi(\boldsymbol{x})$ 为从输入空间到特征空间的非线性映射，并且不必显式地给出，因此式（6.25）计算特征空间中的内积，并非特征空间中向量 $\phi(\boldsymbol{x})$ 本身。此凸二次方程变为式（6.26）：

$$\max_{\alpha} Q(\alpha) = \sum_{i=1}^{N} \alpha_i - \frac{1}{2} \sum_{i,j=1}^{N} \alpha_i \alpha_j y_i y_j K(\boldsymbol{x}_i, \boldsymbol{x}_j)$$

$$\text{s. t.} \sum_{i=1}^{N} \alpha_i y_i = 0; 0 \leq \alpha_i \leq C, i = 1, 2, \cdots, N \tag{6.26}$$

以及决策函数

$$f(x) = \text{sgn}\left(\sum_{i=1}^{N} y_i \alpha_i^* K(\boldsymbol{x}_i, \boldsymbol{x}) + b^* \right) \tag{6.27}$$

至此，式（6.27）就是基于二分类的 SVM 的分类决策函数。式中，sgn 为符号函数；N 为训练样本的个数；$y_i \in \{+1, -1\}$ 为标签；α_i^* 为拉格朗日乘子且 $\alpha_i^* \geq 0$；$K(\boldsymbol{x}_i, \boldsymbol{x})$ 为选定的核函数；$\boldsymbol{x}_i$ 为训练样本的特征向量；$\boldsymbol{x}$ 为测试样本的特征向量；b^* 为截距。对于不为 0 的 α_i^*，其所对应的样本数据被称为支持向量，由此可见，决策函数的值仅仅和支持向量有关，即一个未知的样本 $\boldsymbol{x}$ 被判决为哪一类完全由支持向量和 $\boldsymbol{x}$ 内积的线性组合及偏置 b^* 决定，与非支持向量无关。

通过核函数 SVM 有效地将输入空间中的非线性问题转化为特征空间的线性问题，使非线性问题变得线性可分。常用的核函数有：

①线性核函数：$K(\boldsymbol{x}, \boldsymbol{y}) = \boldsymbol{x}^{\mathrm{T}} \boldsymbol{y}$。

②d 次多项式核函数：$K(\boldsymbol{x}, \boldsymbol{y}) = (\gamma \boldsymbol{x}^{\mathrm{T}} \boldsymbol{y} + 1)^d$。

③径向基核函数：$K(\boldsymbol{x}, \boldsymbol{y}) = \exp(-\gamma \| \boldsymbol{x} - \boldsymbol{y} \|^2)$。

④Sigmoid 核函数：$K(\boldsymbol{x}, \boldsymbol{y}) = \tanh(\gamma \boldsymbol{x}^{\mathrm{T}} \boldsymbol{y} + 1)$。

在有干扰信号训练样本的情况下，可以采用二分类 SVM，在干扰信号和目标信号特征参量取值之间建立一个界面，干扰信号和目标信号分别位于分界面的两侧。例如，通过标准 C - SVM，以 PR_{12}、PR_{23} 和 PR_{13} 三个参量作为 SVM 的输入，核函数选择高斯径向基核函数，那么在参数为 $C = 10$、$\gamma = 0.01$ 的情况下求解规划问题可以得到四个支持向量

$$\boldsymbol{x}_1(4.568\ 4\ ,6.957\ 2\ ,1.522\ 9)$$
$$\boldsymbol{x}_2(4.166\ 1\ ,6.389\ 9\ ,1.533\ 8)$$
$$\boldsymbol{x}_3(2.902\ 7\ ,4.690\ 2\ ,1.615\ 8)$$
$$\boldsymbol{x}_4(4.999\ 4\ ,5.196\ 2\ ,1.039\ 4)$$

(6.28)

和相应的分类决策函数

$$f(\boldsymbol{x}) = 10 \times 1 \times e^{-\frac{\|x-x_1\|^2}{100}} + 10 \times 1 \times e^{-\frac{\|x-x_2\|^2}{100}} +$$
$$10 \times (-1) \times e^{-\frac{\|x-x_3\|^2}{100}} + 10 \times (-1) \times e^{-\frac{\|x-x_4\|^2}{100}} - 0.098\ 5 \quad (6.29)$$

及如图 6.17 所示的干扰信号和目标信号之间的分界面（分类超曲面）。

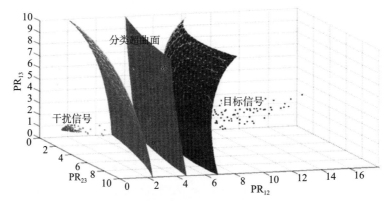

图 6.17　以三个峰值比值为坐标构造的分类决策超曲面

　　如前所述，核函数的选择有多种，并且对于某一个特定的核函数，其参数的选择也有多种。为了选择合适的核函数及合适的参数，对常用的多项式核函数、高斯径向基核函数及 Sigmoid 核函数利用 k 折交叉检验（Cross - validation）法和网格搜索（Grid - search）法进行选优。交叉验证是一种用于评估机器算法性能的统计分析方法，其基本的思路就是把数据分成两部分：一部分数据用于训练学习机，另一部分数据作为测试集。所谓 k 折交叉验证，就是将数据均匀分割成 k 组子样本，将其中一个单独的子样本作为验证机器算法的测试数据，其余的 $k-1$ 组样本用来训练，这种交叉验证要重复进行 k 次，保证每一组样本都有一次机会作为测试数据，将最终的分类准确率的平均值作为此机器算法的性能指标。这种交叉验证方法能够有效避免过学习（或者过拟合）问题。

　　网格搜索法就是通过网格分割把参数取值分割成一些网格形式，在每一个网格处分别用 k 折交叉检验计算分类准确率。比如，对于高斯径向基核函数来说，有两个参数即惩罚因子 C 和 γ 需要确定。以前面给出的三个傅里叶频谱峰值比 PR_{12}、PR_{23} 和 PR_{13} 作为 SVM 的输入，并且利用之前采集的 100 个目标信号、100 个噪声调幅干扰信号和 70 个正弦调幅干扰信号共计 270 个信号的带宽作为数据集对高斯径向基核函数的

参数 C 和 γ 进行网格划分，可得到如图 6.18 所示的参数寻优结果图，其中参数 C 和 γ 的搜索范围均为 $[2^{-8}, 2^{8}]$，步长为 $2^{0.1}$。图 6.18（a）中的三个坐标分别是 $\log_2 C$、$\log_2 \gamma$、分类准确率（包括目标正确识别率和干扰正确识别率），而图 6.18（b）是三维图 6.18（a）的等高线图。可以看出这种网格搜索的方法直观并且简单。

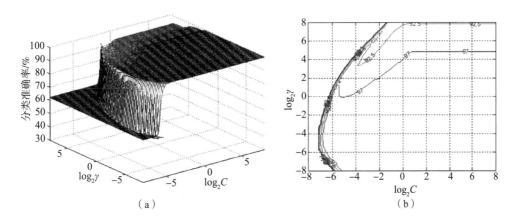

图 6.18　以 $\mathbf{PR}_{12}$、$\mathbf{PR}_{23}$ 和 $\mathbf{PR}_{13}$ 为 SVM 输入的网格搜索法参数寻优

下面利用交叉验证及网格搜索分别以基于傅里叶频谱峰值比和基于时频分析的 IMF 的带宽特征量为 SVM 的输入对核函数的参数进行优选。

以基于傅里叶频谱的三个特征量 PR_{12}、PR_{23} 和 PR_{13} 为 SVM 的输入，进行对多项式、高斯径向基及 Sigmoid 核函数参数优选，结果见表 6.2。从表中可以看出，对于这三种核函数，在参数选择合适时，基于这三种核函数的 SVM 都有很高的正确识别率。

表 6.2　SVM 核函数参数优选

核函数	表达式	平均准确率/%	最优参数
多项式	$(\gamma \boldsymbol{x}^{\mathrm{T}} \boldsymbol{y} + 1)^d$	100	$\gamma = 0.05$，$C = 0.004$，$d = 2$
高斯径向基	$\exp(-\gamma \| \boldsymbol{x} - \boldsymbol{y} \|^2)$	99.636 4	$\gamma = 0.062\ 5$，$C = 0.25$
Sigmoid	$\tanh(\gamma \boldsymbol{x}^{\mathrm{T}} \boldsymbol{y} + 1)$	99.272 7	$\gamma = 0.002$，$C = 16$

为了进一步分析 SVM 的性能，针对表 6.2 优选的核函数参数，用目标检测率和干扰检测率两个指标评价 SVM 性能。目标检测率和干扰检测率分别定义如下：

$$目标检测率 = \frac{把目标判为目标数目}{总目标数目} \times 100\%$$

$$干扰检测率 = \frac{把干扰判为目标数目}{总干扰数目} \times 100\%$$

在选定最优参数后，从数据中随机取出 1/5 的样本进行测验，共做 100 次实验，然后对目标检测率和干扰检测率求平均值，可以得到表 6.3 所示结果。

表 6.3   目标检测率及干扰检测率   %

核函数	目标检测率	干扰检测率
多项式	99. 89	100
高斯径向基	100	99. 58
Sigmoid	100	99. 20

从表6.2和表6.3的比较中可以看出，相对而言，多项式核函数与径向基核函数作为 SVM 的核函数，在识别干扰信号和目标信号时更为有效。在设计中，根据实际需要，如果更注重干扰信号检测率，那么可以选择多项式作为 SVM 的核函数；如果更注重目标信号的检测率，那么可以选择径向基核函数。从多项式最优参数中可看到，多项式的次数 $d=2$，从技术实现来看，多项式更容易硬件实现，所以多项式可以作为优选的核函数。

对于 IMF 的调幅带宽和调频带宽特征参量来说，如前所述，第 2、3、4、5 个 IMF 的带宽在目标信号和干扰信号作用下的分布差异是极显著的，依直观理解，特征参量选得越多，其分类正确率越高。但是用 SVM 来自动识别目标和干扰时，需要在干扰信号和目标信号之间建立"超曲面"，因此加入更多的输入参量可能影响到超平面，进而可能影响到 SVM 的最终分类准确率。

关于 IMF 带宽特征参量，除了 IMF 个数选择问题外，还有一个数据的尺度变换问题。由于 IMF 的调幅带宽和调频带宽数值往往很大，比如第 2 个 IMF 的调频带宽在 2 000 Hz 左右，如果直接以第 2 个 IMF 的调幅带宽和调频带宽作为 SVM 的输入，那么从实验的结果来看，其识别准确率只有 60% 左右。所以，在进行分类识别之前，必须对数据进行尺度变换预处理，因此，本章首先对数据进行了归一化处理，即将 IMF 的带宽分别归一化到区间 $[0,1]$ 内，然后将其作为 SVM 的输入。

为了说明 IMF 选择对 SVM 分类准确率的影响，以高斯径向基核函数为例，以灵敏度、特异度、准确率为标准，分析如何选择合适的 IMF 及其组合。表 6.4 列出的是在以单个 IMF 的调幅带宽 B_{AM}、调频带宽 B_{FM} 作为 SVM 输入时，灵敏度、特异度、准确率的取值情况，其中最优参数是通过网格搜索法确定的，并且带宽的值已经归一化。从表中可以看到第二个 IMF 的两个带宽在识别干扰信号和目标信号时是最有效的。表 6.5 为从第 2、3、4、5 个 IMF 中任意选择两个 IMF 组合一起的带宽共同作为 SVM 的输入时各个指标的取值情况，同表 6.5 相比较，可以发现 IMF2 与另外一个 IMF 组合一起可以明显提高 SVM 的性能。如果再增加 IMF 的个数，见表 6.6 和表 6.7，并不能明显提高 SVM 的性能，并且很有可能会使 SVM 性能降低。

表 6.4 单个 IMF 的带宽作为输入的 SVM 性能

IMF 组合	最优参数	灵敏度/%	特异度/%	准确率/%
IMF2	$C=4.9246$，$\gamma=51.9842$	96.49～100	82.35～92.31	91.21～97.06
IMF3	$C=1.0718$，$\gamma=9.1896$	71.43～88.1	34.62～44.12	58.18～70.33
IMF4	$C=137.187$，$\gamma=2.4623$	74.29～80.95	40～-50	61.82～69.12
IMF5	$C=25.9921$，$\gamma=29.8571$	64.91～78.57	50～58.82	62.64～67.65

表 6.5 两个 IMF 组合的带宽作为输入的 SVM 性能

IMF 组合	最优参数	灵敏度/%	特异度/%	准确率/%
IMF2、3	$C=2.4623$，$\gamma=12.996$	97.14～98.25	91.18～100	95.6～98.18
IMF2、4	$C=39.3966$，$\gamma=0.054\,409$	91.43～98.25	76.47～92.31	90.11～95.59
IMF2、5	$C=5.6569$，$\gamma=39.3966$	94.29～97.62	76.47～96.15	89.01～97.06
IMF3、4	$C=2$，$\gamma=39.3966$	77.14～85.96	50～52.94	67.27～73.63
IMF3、5	$C=0.406\,13$，$\gamma=16$	80.95～91.23	46.15～50	67.65～75.82
IMF4、5	$C=0.812\,25$，$\gamma=51.9842$	74.29～88.1	46.15～55	67.27～72.53

表 6.6 三个 IMF 组合的带宽作为输入的 SVM 性能

IMF 组合	最优参数	灵敏度/%	特异度/%	准确率/%
IMF2、3、4	$C=14.9285$，$\gamma=3.4822$	94.29～97.62	94.12～100	94.51～98.53
IMF2、3、5	$C=9.1896$，$\gamma=6.9644$	92.86～98.25	94.12～100	94.12～96.7
IMF2、4、5	$C=32$，$\gamma=0.066\,986$	85.71～98.25	73.53～90	87.27～92.65
IMF3、4、5	$C=20.75786$，$\gamma=36.7583$	90.48～94.74	38.46～50	70.59～78.02

表 6.7 四个 IMF 组合的带宽作为输入的 SVM 性能

IMF 组合	最优参数	灵敏度/%	特异度/%	准确率/%
IMF2、3、4、5	$C=168.897$，$\gamma=0.25$	91.43～97.62	88.46～100	94.12～96.7

注：灵敏度（SEN）、特异度（SPE）和准确率（Acc）的定义分别为 $\mathrm{SEN}=\dfrac{\#\mathrm{TP}}{\#(\mathrm{TP+FN})}\times100\%$、$\mathrm{SPE}=\dfrac{\#\mathrm{TN}}{\#(\mathrm{TN+FP})}\times100\%$、$\mathrm{Acc}=\dfrac{\#(\mathrm{TP+TN})}{\#(\mathrm{TP+TN+FP+FN})}\times100\%$，式中，TP 为干扰信号，实际是干扰信号；TN 为目标信号，实际是目标信号；FP 为干扰信号，实际是目标信号；FN 为目标信号，实际为干扰信号。

从以上的分析中可以看到，第 2 个 IMF 的带宽作为 SVM 的输入，在区分干扰信号和目标信号时起着重要作用，但是同以 PR_{12}、PR_{23} 和 PR_{13} 为输入的 SVM 性能相比，其识别率还是很低的，这从图 6.19 所示的第 2 个 IMF 的带宽分布中也可以看出。从图中可以看到，目标信号和干扰信号的 IMF2 的两个带宽的分布区域重叠较多，并且对于目标信号而言，特别是调频带宽，其野点（或异常点）较多。所以，要提高 SVM 性能，必须增加输入参数的数量。

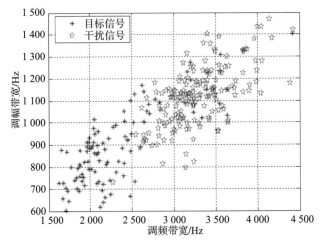

图 6.19　IMF2 的调幅带宽、调频带宽分布

从表 6.4 ~ 表 6.7 中可以看出，第 2、3 个 IMF 的调幅带宽、调频带宽作为 SVM 的输入，能够保证 SVM 具有良好的分类性能。在接下来的分析中，将采用 IMF2、IMF3 的两个带宽参量。

以 IMF2、IMF3 的调幅带宽、调频带宽作为 SVM 的输入，不同核函数的最优参数及其相应的 SVM 分类准确率见表 6.8。从表中可以看到，从平均准确率的角度看，SVM 核函数选择多项式和高斯径向基的情况下，其分类性能是相当的。

表 6.8　SVM 核函数的参数优选

核函数	表达式	平均准确率/%	最优参数
多项式	$(\gamma \boldsymbol{x}^{\mathrm{T}} \boldsymbol{y} + 1)^{d}$	97.090 9	$d = 2$，$C = 0.757\ 9$，$\gamma = 6.964\ 4$
高斯径向基	$\exp\left(-\gamma \parallel \boldsymbol{x} - \boldsymbol{y} \parallel^{2}\right)$	97.090 9	$\gamma = 12.996$，$C = 2.462\ 3$
Sigmoid	$\tanh\left(\gamma \boldsymbol{x}^{\mathrm{T}} \boldsymbol{y} + 1\right)$	90.181 8	$\gamma = 0.020\ 617$，$C = 16$

在表 6.8 所示选定的最优参数情况下，计算目标检测率和干扰检测率的平均值，其方法也是在样本集中随机取出 1/5 作为测试集，共进行 100 次实验，最后的计算结果见表 6.9。从中可以看到，多项式核函数和高斯径向基核函数都要优于 Sigmoid 核函数，高斯径向基核函数具有较高的干扰检测率。在设计中可以根据具体的要求来选择适当的核函数。

表 6.9　目标检测率及干扰检测率 %

核函数	目标检测率	干扰检测率
多项式	96.32	96.95
高斯径向基	90.3	97.7
Sigmoid	83.01	93.57

前面分别对以 PR_{12}、PR_{23} 和 PR_{13} 为输入的 SVM 和以 IMF 调幅带宽、调频带宽为输入的 SVM 性能做了分析,从分析的结果来看,以多项式为核函数和以高斯径向基为核函数都有较高的分类识别率。在确定了核函数及最优参数后,就可以建立干扰信号和目标信号之间的分类界限:

$$\sum_{i=1}^{N} \boldsymbol{y}_i \alpha_i^* K(\boldsymbol{x}_i, \boldsymbol{x}) + b^* = 0 \tag{6.30}$$

2. 基于单分类(SVM)的目标识别

当只有目标信号的样本而没有干扰信号样本时,无法在目标信号和干扰信号之间建立划分界限,这时二分类 SVM 将不再适用。为了解决只有目标信号样本情况下的识别问题,采用单分类 SVM 方法,通过该方法可以把目标信号样本分布的区域刻画出来。

(1)单分类 SVM 算法

Schölkopf 等人提出的单分类 SVM 算法思路是通过非线性映射把样本映到高维特征空间中,然后在高维空间中建立样本和原点之间的划分界限,最后高维特征空间中的分类超平面逆映射到输入空间,得到样本数据所在区域的描述,如图 6.20 所示。Schölkopf 等人提出的单分类方法可以归结为如下的最优化问题:

$$\min_{w,\xi,\rho} \frac{1}{2} \| \boldsymbol{w} \|^2 + \frac{1}{vN} \sum_{i=1}^{N} \xi_i - \rho \tag{6.31}$$

$$\text{s.t. } \langle \boldsymbol{w}, \phi(\boldsymbol{x}_k) \rangle \geqslant \rho - \xi_k, \xi_k \geqslant 0, k = 1, 2, \cdots, N$$

利用拉格朗日乘子,将上述最优化问题转化为其对偶问题:

$$\min_{\alpha} \frac{1}{2} \sum_{i=1}^{N} \sum_{j=1}^{N} \alpha_i \alpha_j K(\boldsymbol{x}_i, \boldsymbol{x}_j) \tag{6.32}$$

$$\text{s.t. } \sum_{i=1}^{N} \alpha_i = 1, 0 \leqslant \alpha_i \leqslant \frac{1}{vN}, i = 1, \cdots, n = N$$

求解二次规划问题便可得到相应的决策函数:

$$f(\boldsymbol{x}) = \text{sgn}\left(\sum_{i=1}^{N} \alpha_i^* K(\boldsymbol{x}_i, \boldsymbol{x}) - \sum_{i=1}^{N} \alpha_i^* K(\boldsymbol{x}_i, \boldsymbol{x}_k) \right) \tag{6.33}$$

图 6.21 给出的是以三个傅里叶频谱峰值比 PR_{12}、PR_{23} 和 PR_{13} 为 SVM 输入的目标信号所在区域的刻画,其中图 6.21(a)给出了几个位于边界的支持向量,图 6.21(b)给出了由支持向量决定的决策曲面,这个曲面把目标所在的区域刻画出来。

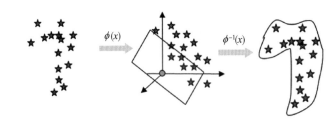

图 6.20　Schölkopf 单分类算法描述

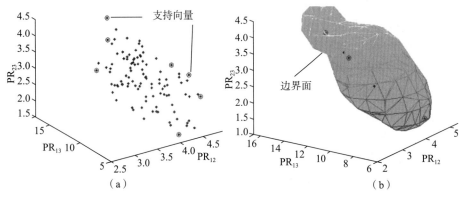

（a）　　　　　　　　　　　　　（b）

图 6.21　单分类支持向量及由支持向量刻画的决策曲面

在识别目标信号时，传统的方法就是通过设定阈值来界定目标所在的区域。为了能够利用图示来比较说明单分类方法和阈值界定方法，以 IMF2 的调幅带宽 B_{AM} 和调频带宽 B_{FM} 两个参量为输入，如图 6.22 所示。其中，区域面积 S_1 是通过阈值界定刻画出的目标所在区域；区域面积 S_2 是通过单分类 SVM 刻画出的目标所在的区域。很显然，单分类 SVM 方法对真实目标区域拟合比阈值界定法要好得多，为了描述这两种方法的拟合程度，用两者所刻画出的区域面积之比 $F = S_2/S_1$ 作为衡量指标。注意到 SVM 方法刻画出的区域一般是不规则的，所以无法直接计算 F 的值，为此，采用蒙特卡洛随机投点法来近似计算。另外，注意到 SVM 刻画的区域可能延伸到由特征参量最大值、最小值确定的矩形区域边界之外，所以需要对矩形区域适当外扩，如图 6.22 的区域面积 S_3 所示。如果记 S_3 为矩形外扩后的矩形面积，在 S_3 区域内随机取 N 个点，记落在 S_1、S_2 内的点数分别为 N_1、N_2，那么面积比 $F \approx N_2/N_1$。图 6.22 所给出的面积比为 0.379，可见由单分类 SVM 刻画出的目标区域要比阈值界定法拟合得更好。但是拟合过度又会导致泛化能力的降低，所以需要在拟合程度和泛化能力之间寻找平衡。

（2）单分类 SVM 对目标区域刻画的性能分析

关于单分类 SVM 的核函数的选择，一般将高斯径向基核函数作为优选的核函数来使用，所以本节也采用高斯径向基核函数，而径向基核函数需要确定的参数只有一个即 γ，本节重点以本征模函数 IMF2、IMF3 的两个带宽为特征参量分析参数 γ 的选择对 SVM 性能的影响，并且将单分类 SVM 方法和传统的阈值界定方法进行比较。

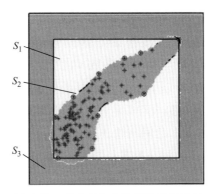

图 6.22　单分类和阈值界定方法比较

首先分析 γ 对拟合程度即面积比 F 的影响，同时注意到支持向量个数 N_{SV} 也能大致反映拟合程度，并且能够反映目标落在决策曲面之外而被视为干扰的数目，所以先给出 F 和 N_{SV} 随 γ 变化情况。另外，Schölkopf 单分类中参数 v 和支持向量个数有关，所以分别选择 $v = 0.01$、0.03、0.05、0.10。图 6.23 给出的是 100 个目标信号的 IMF2、IMF3 的调幅带宽和调频带宽作为 SVM 输入时参数 γ 对拟合程度的影响，从图中可以看到参数 v 作为支持向量占总样本数比率的下界对支持向量个数的影响：v 越大，支持向量占总样本数的比率越大，并且支持向量占总样本的比率越高，拟合程度也越高，但是过高的拟合程度又会导致过低的泛化能力，所以可以在 $\gamma^{-2.5} \sim \gamma^{2.5}$ 范围内寻找适当的 γ 值，使单分类 SVM 同时具有较高的泛化能力。

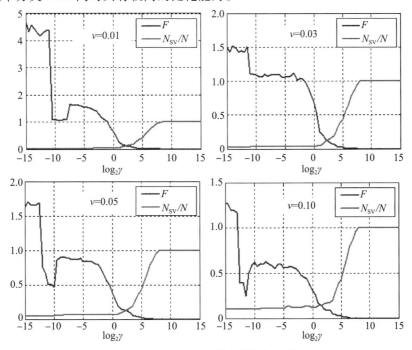

图 6.23　拟合程度及支持向量数与 γ 的关系

　　为了分析泛化能力，仍然采用5折交叉验证的方法，即将100个总的样本数据均分为5组，以4/5为训练集，以1/5为测试集。图6.24为在参数 v 取不同值的情况下，单分类SVM法和阈值界定法的泛化能力随参数 γ 的变化情况。从图中可以看到，传统的阈值界定法的泛化能力在93%以下；如果SVM参数 v 选择过大，比如0.10，那么由于其支持向量个数增加，导致过拟合现象，从而使SVM泛化能力下降；在参数 v 不太大时，SVM泛化能力在 $-1 \sim +1$ 之间将快速下降。所以，可以在 $[2^{-1}, 2^{1}]$ 内选择合适的参数 γ ，使SVM有较高的拟合程度，同时具有较高的泛化能力。

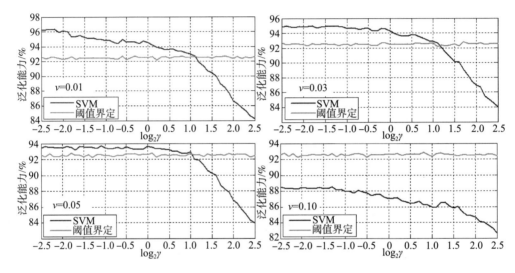

图6.24　泛化能力与 γ 的关系

　　前面以面积比 F 为指标，分析了单分类SVM方法和阈值界定法对目标所在区域刻画时的性能，并且指出在选择适当参数时，SVM的拟合程度要比阈值界定方法的好，拟合程度好与坏直接影响着引信的抗干扰能力。为了说明抗干扰能力的区别，以前面给出的100个目标信号样本作为训练集，以170个干扰信号样本为测试集，对SVM方法和阈值界定方法的抗干扰能力进行比较。图6.25给出的是参数 $v = 0.01$ 、0.03、0.05的情况下，SVM能够正确识别干扰信号的比例随 γ 变化而变化的曲线图。为了便于比较，阈值界定法识别干扰信号的准确率也画了出来，它是一条与参数 γ 完全无关的水平直线。从图中可以看到，通过设定阈值来界定目标信号的方法会把大部分的干扰信号视为目标信号（识别准确率只有8.24%）。相比而言，单分类SVM识别干扰信号的准确率可到55%（远远高于8.24%）以上，而其识别目标信号时的泛化能力没有降低。

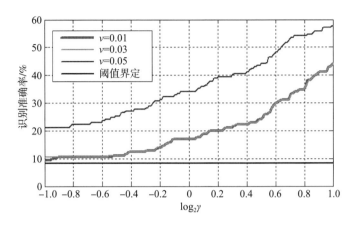

图 6.25　抗干扰能力与 γ 的关系

6.3　调频引信信号识别信道保护设计方法

6.3.1　调频引信目标和干扰信号特征参量提取方法

6.3.1.1　基于时间域、频率域的调频引信目标和干扰信号识别方法

1. 基于时间域、频率域的调频引信目标和干扰信号特征参量提取

要提取一个实信号的时域调幅频率带宽、时域调频频率带宽，首先需要知道该实信号对应的解析信号。调频引信检波输出信号的时域特征参量主要有平均时间、代表时间持续度的时间标准偏差、频域调幅（SAM）持续时间、频域调相（SPM）持续时间，频域特征参量主要有平均频率、频率带宽。

为了提取引信检波输出信号的时域、频域特征参量，首先需要分析引信在目标回波和干扰信号分别作用下检波输出信号的时域、频域特征，为此，选择典型的正弦调幅扫频、方波调幅扫频、纯扫频干扰信号、噪声调幅扫频作为干扰源同目标信号进行比较。对调频引信的检波输出信号进行了采样分析。对于信号的采样与处理，有两种策略：第一种策略是，引信开始工作时就对引信检波端信号进行一定点数的采样，对采样的信号进行处理分析，并判断信号是否为满足一定弹目交会条件的目标信号，若判断不是目标信号，则进行下一组信号采样并分析，依此下去，一旦判断出目标信号，就输出引信启动信号；第二种策略是，引信开始工作就对检波输出端信号不断地进行一定点数的采样，但是这时并不做信号处理，而是直到已有信号处理电路输出启动信号后，才对采样信号进行处理分析，并判断是否为目标回波信号作用而引起的引信启动。本节采用第二种策略，即对引信输出启动信号时刻之前的一段信号进行采样。为了利于数据分析，采集了某型调频引信启动时刻前的 20 000 个数据点，采样频率为 100 kHz。目标回波和干扰信号作用下的调频引信检波端输出信号的时域图如图 6.26 所示，频谱图如图 6.27 所示。

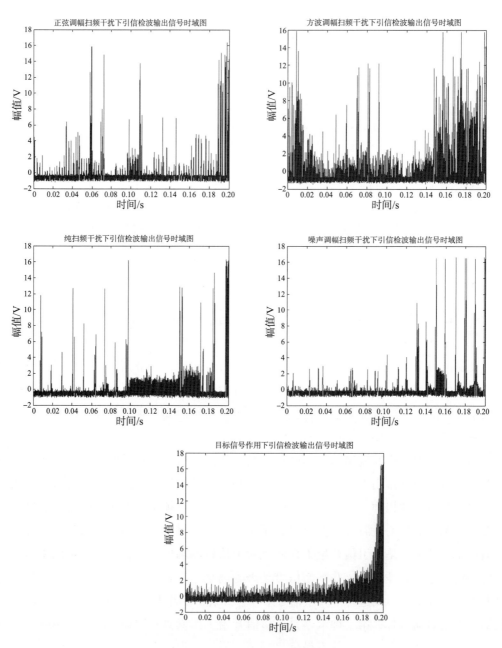

图 6.26 引信检波输出信号时域图

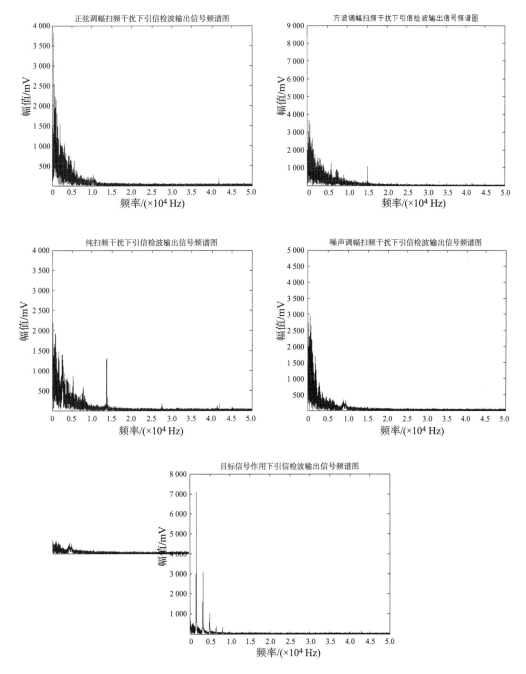

图 6.27　引信检波输出信号频谱图

　　从图 6.27 中可以看出，干扰信号作用下，引信检波输出信号在时间上的能量密度较分散，而目标信号作用下引信检波输出信号的能量密度越靠近启动点处越大。根据这一特点，可以提取信号的时域特征参量：平均时间 $\langle t \rangle$、代表时间持续度的时间标准偏差 σ_t、频域调幅持续时间 T_{SAM}、频域调相持续时间 T_{SPM}。按照这些特征参量的定义，可以估计目标信号作用下检波信号的平均时间较干扰信号的大，代表时间持续度的时间标准偏差、频域调幅持续时间和频域调相持续时间较干扰信号的小，因此，可以考虑用这 4 个时域特征参量来区分目标和干扰信号。从图 6.27 中可以看出，相比目标信号，干扰信号作用下的引信检波输出信号在频谱上比较杂乱，而目标信号作用下的频谱较为干净。同时，它们的共同点就是频率成分均比较低。可以尝试检验频域特征参量平均频率 $\langle \omega \rangle$、频率带宽 B 是否有效。为了分析以上 6 个基于时域、频域的特征参量的有效性，根据特征参量选择的一般性要求：同一类内的特征取值紧凑，不同类间的特征取值差异显著，用统计方法来分析这 6 个参量的分布是否符合对特征参量的一般性要求。

2. 调频引信检波输出信号时域、频域特征参量的统计分析

为了统计分析平均时间 $\langle t \rangle$、代表时间持续度的时间标准偏差 σ_t、频域调幅持续时间 T_{SAM}、频域调相持续时间 T_{SPM}、平均频率 $\langle \omega \rangle$、频率带宽 B 在目标信号和扫频式干扰作用下分布的差异性，根据某型连续波调频引信对地作用特点，在炮弹落速 v_M 和落角 θ 的取值范围内随机取样。同时，考虑到不同目标回波信号幅度的起伏特点，对目标回波的幅值也随机取样，采集了目标信号作用下引信检波输出端信号共计 200 组。

对于干扰信号样本的采集，实际的战场环境中，敌方干扰信号诸如扫频带宽、调制深度、功率等参数对引信来说是未知的，但是根据战场双方的博弈特性，敌方干扰信号参数会选择在容易使引信启动的范围内，为此，对引信的敏感波形样式和敏感波形参数进行了摸底。在采集干扰信号样本时，在容易使引信启动的参数取值范围内随机选取干扰信号参数，即对干扰信号辐射功率、扫频带宽、扫频点数、驻留时间、调制信号频率等参数在一定范围内进行随机取样，采集了噪声调幅扫频干扰信号作用下引信检波端输出的信号 78 组、正弦调幅扫频干扰信号作用下引信检波端输出信号 80 组、方波调幅扫频干扰信号作用下引信检波端输出信号 80 组、纯扫频干扰信号作用下引信检波端输出信号 40 组。

为了对基于时域、频域提取的平均时间 $\langle t \rangle$、代表时间持续度的时间标准偏差 σ_t、频域调幅持续时间 T_{SAM}、频域调相持续时间 T_{SPM}、平均频率 $\langle \omega \rangle$ 和频率带宽 B 这 6 个特征参量的分布有一个直观的认识，分别给出 6 个参量在目标信号和 4 种扫频干扰信号作用下的统计分布直方图。图 6.28 为平均时间 $\langle t \rangle$ 在目标信号和 4 种扫频干扰信号作用下的分布直方图，可以看出目标信号作用下其值较大。图 6.29 为代表时间持续度的时间标准偏差 σ_t 在目标信号和 4 种扫频干扰信号作用下的分布直方图，可以看出目标信号作用下其值较小。图 6.30 为频域调幅持续时间 T_{SAM} 在目标信号和 4 种扫频干扰信号作用下的分布直方图，可以看出目标信号作用下其值较小。图 6.31 为频域调相持

续时间 T_{SPM} 在目标信号和 4 种扫频干扰信号作用下的分布直方图，可以看出目标信号作用下其值较小。图 6.32 为平均频率 $\langle\omega\rangle$ 在目标信号和 4 种扫频干扰信号作用下的分布直方图，可以看出两种情况下分布相近。图 6.33 为频率带宽 B 在目标信号和 4 种扫频干扰信号作用下的分布直方图，可以看出两种情况下分布相近。总体而言，提取的 4 个时域特征参量符合特征参量提取的一般性要求：目标信号和扫频式干扰信号作用下的特征参量分布有显著的差异，而同一类内的特征参量的分布较为集中；提取的 2 个频域特征参量不满足上述一般性要求。

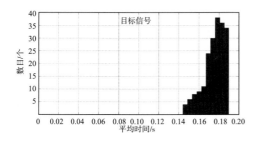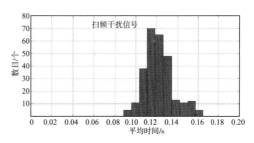

图 6.28　目标信号和扫频干扰信号作用下平均时间 $\langle t\rangle$ 分布直方图

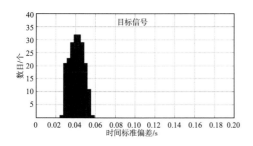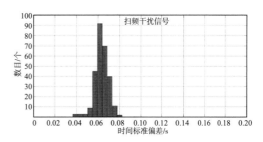

图 6.29　目标信号和扫频干扰信号作用下代表时间持续度的时间标准偏差 σ_t 分布直方图

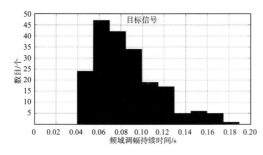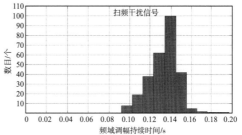

图 6.30　目标信号和扫频干扰信号作用下频域调幅持续时间 T_{SAM} 分布直方图

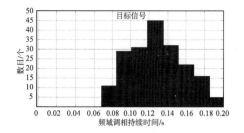
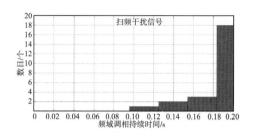

图 6.31 目标信号和扫频干扰信号作用下频域调相持续时间 T_{SPM} 分布直方图

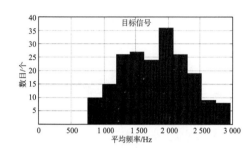
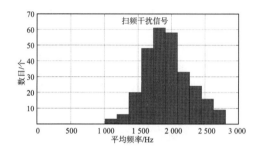

图 6.32 目标信号和扫频干扰信号作用下平均频率 $\langle \omega \rangle$ 分布直方图

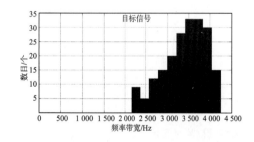
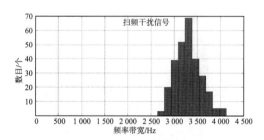

图 6.33 目标信号和扫频干扰信号作用下频率带宽 B 分布直方图

以上利用了直方图对基于时域、频域提取的 6 个特征参量的分布做了直观的定性分析，下面对参量分布做进一步的定量分析。这里采用非参数统计分析方法对这 6 个参量进行定量分析。非参数统计方法不同于参数统计方法，它对总体的分布几乎没有任何要求和假设，仅需做诸如连续分布等一般性的简单假设，在做统计推断时，只是利用样本的观察值，完全是一种"用数据说话"的统计思想。

如果掌握了关于样本数据的知识和总体分布，那么参数统计分析方法比非参数统计分析更理想。但是，在实际中，产生数据的总体分布往往是难以获知的或者难以假设总体的分布，这时如果依然采用参数统计的方法并对总体进行假设，统计结果往往难以令人信服，甚至统计结果是错误的。对于提取的连续波调频引信特征参量来说，由于引信和目标交会过程的随机性，使弹目交会速度、交会角等都是随机变量，而提取的特征参量与这些随机因素的关系又往往比较复杂，对这些特征参量分布直接计算往往不太现实，对其总体分布做假设而进行参数统计分析也不太可取。因此，为了分析提取的引信信号特征参量在识别目标和干扰信号方面的有效性，即目标回波信号和干扰信号的差异性，本节采用 Matlab 的非参数统计分析 Kruskal – Wallis 检验方法对信号特征参量进行有效性分析。

为了分析基于时域、频域的 6 个特征参量——平均时间 $\langle t \rangle$、代表时间持续度的时间标准偏差 σ_t、频域调幅持续时间 T_{SAM}、频域调相持续时间 T_{SPM}、平均频率 $\langle \omega \rangle$ 和频率带宽 B 在目标信号和干扰信号作用下的差异性，对目标信号和干扰信号作用下的引信检波输出信号的 6 个特征参量分别做 Kruskal – Wallis 非参数统计分析。平均时间 $\langle t \rangle$ 统计箱线图如图 6.34（a）所示，代表时间持续度的时间标准偏差 σ_t 统计箱线图如图 6.34（b）所示，频域调幅持续时间 T_{SAM} 统计箱线图如图 6.34（c）所示，频域调相持续时间 T_{SPM} 统计箱线图如图 6.34（d）所示，统计显示，这 4 个统计量统计分析结果的 p – 值分别为 $4.796\ 9 \times 10^{-66}$、$4.616\ 1 \times 10^{-63}$、$4.540\ 8 \times 10^{-46}$、$3.990\ 1 \times 10^{-64}$。平均频率 $\langle \omega \rangle$ 统计箱线图如图 6.35（a）所示，频率带宽 B 统计箱线图如图 6.35（b）所示，统计显示，这两个统计量统计分析结果的 p – 值分别为 $0.030\ 3$、$5.286\ 9 \times 10^{-6}$。可见这 6 个统计量中，4 个时域特征统计量在目标信号作用下和在扫频式干扰信号作用下分布差异性是极显著的，而 2 个频域特征统计量在目标信号作用下和在扫频式干扰信号作用下分布差异性是不显著或不太显著的。因此，基于时域的 4 个特征参量选取是合理有效的。

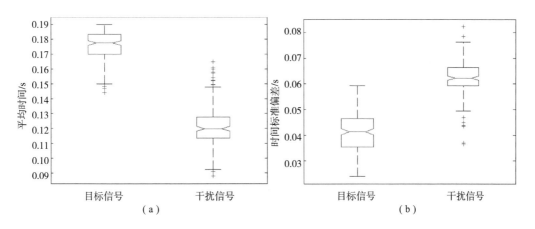

图 6.34 目标信号和干扰信号作用下时域 4 个特征参量的统计箱线图

（a）平均时间 $\langle t \rangle$，$p = 4.796\ 9 \times 10^{-66}$；（b）代表时间持续度的时间标准偏差 σ_t，$p = 4.616\ 1 \times 10^{-63}$

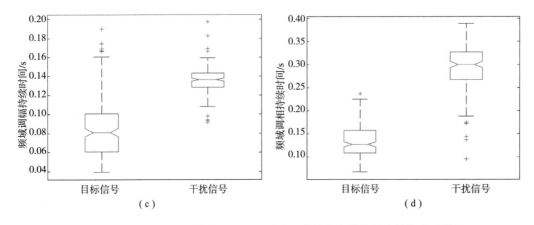

图 6.34　目标信号和干扰信号作用下时域 4 个特征参量的统计箱线图（续）

（c）频域调幅持续时间，$p = 4.540\ 8 \times 10^{-46}$；（d）频域调相持续时间，$p = 3.990\ 1 \times 10^{-64}$

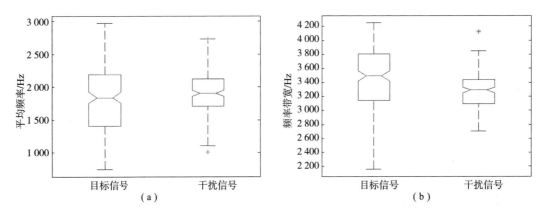

图 6.35　目标信号和干扰信号作用下频域 2 个特征参量的统计箱线图

（a）平均频率 $\langle \omega \rangle$，$p = 0.030\ 3$；（b）频率带宽 B，$p = 5.286\ 9 \times 10^{-6}$

另外，特征参量的有效性检验可以直观地从二维或三维图中进行粗略的观察，图 6.36 表示在目标信号和干扰信号作用下的平均时间与代表时间持续度的时间标准偏差二维分布图，图 6.37 表示在目标信号和干扰信号作用下的频域调幅持续时间与频域调相持续时间二维分布图，图 6.38 表示在目标信号和干扰信号作用下的平均时间、频域调幅持续时间、频域调相持续时间三维分布图，图 6.39 表示在目标信号和干扰信号作用下的平均频率与频率带宽二维分布图。从图 6.38 可以看出，噪声调幅扫频干扰和方波调幅扫频干扰的特征参量值比较分散，易对引信造成干扰。而从图 6.39 进一步看出，平均频率与频率带宽不适合作为区分目标和扫频式干扰信号的特征参量。

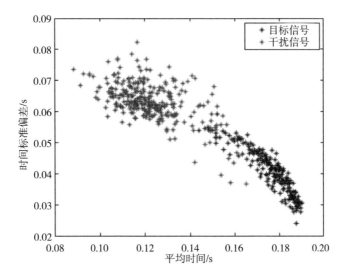

图 6.36　平均时间与代表时间持续度的时间标准偏差二维分布

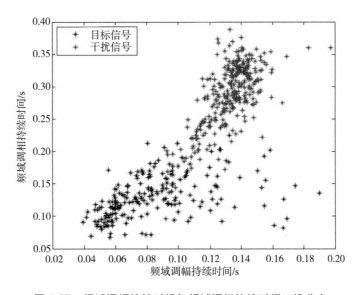

图 6.37　频域调幅持续时间与频域调相持续时间二维分布

针对目前调频引信难以对抗扫频式干扰的现状，结合目标信号和干扰信号作用下引信检波输出信号的时域特征，提取了平均时间 $\langle t \rangle$、代表时间持续度的时间标准偏差 σ_t、频域调幅持续时间 T_{SAM}、频域调相持续时间 T_{SPM} 的时域特征参量，通过对这 4 个特征参量的非参数统计分析可以看出，它们在目标信号和干扰信号作用下的分布差异性是极显著的，这充分说明了采用合适的时间域或频率域特征参量对目标信号和扫频式干扰信号进行区分识别是合理有效的。

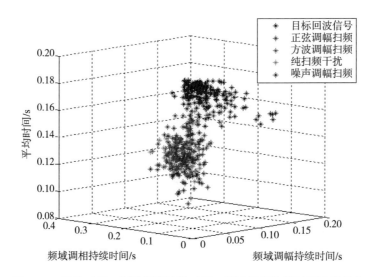

图 6.38　平均时间、频域调幅持续时间、频域调相持续时间三维分布

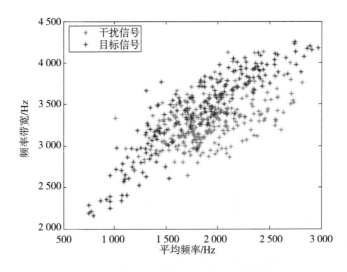

图 6.39　平均频率与频率带宽二维分布

6.3.1.2　基于时间域和频率域联合的调频引信目标和干扰信号识别方法

从前面对引信常用特征参量的分析可以看出，目前连续波调频引信对参量的提取大多基于时间域（如幅度、增幅速率、波形等）和频率域（如多普勒频率选通等），而没有考虑其时频域的特征。随着现代信号处理理论、时频分析理论的发展及高速高性能器件的广泛应用，学者们已经开始探索诸如短时傅里叶变换（STFT）、分数阶傅里叶变换（FRFT）、小波变换等各种时频分析方法和技术在引信的探测、目标识别和抗干扰领域的应用。这些时频分析方法都是基于基函数的变换，有其局限性。1998 年美籍华人 N. E. Huang 等人提出了一种新的适用于处理非线性、非平稳、多分量信号的自

适应方法，即希尔伯特 – 黄变换（Hilbert – Huang Transform，HHT），该方法一经提出，就在许多领域得到迅速有效的应用。

1. 基于时间域和频率域联合的调频引信目标和干扰信号特征参量提取

常用的傅里叶谱可以从整体上反映一个信号从时间域变换到频率域的频率成分，但却无法得到频率随时间的变化，即无法知道傅里叶谱上各频率成分出现的时间。此外，傅里叶变换在处理非线性信号时，表现出极大的局限性，它仅适用于平稳信号的分析和处理，但实际上经常需要对非平稳信号进行处理分析。

对于一个非平稳实信号，为了求得信号的相位 $\theta(t)$，Gabor 通过对一个信号做 Hilbert 变换求得相应的解析信号，从而求得该信号的解析包络和瞬时相位，进而由瞬时相位求得瞬时频率：$\omega(t) \triangleq \theta'(t)$。首先对信号 $x(t)$ 做 Hilbert 变换：

$$H[x(t)] = \frac{1}{\pi} \text{P. V.} \int \frac{x(t - \tau)}{\tau} d\tau \tag{6.34}$$

式中，P. V. 表示柯西主值。然后以 $x(t)$ 为实部，$H[x(t)]$ 为虚部构造解析函数：

$$Z(t) = x(t) + jH[x(t)] = a_A(t) \exp(j\theta_A(t)) \tag{6.35}$$

式中，

$$a_A(t) = \sqrt{x^2(t) + H^2[x(t)]} \tag{6.36}$$

$$\theta_A(t) = \arctan \frac{H[x(t)]}{x(t)} \tag{6.37}$$

目前通常采用解析方法求信号瞬时频率，但此方法有一个无法解释的问题，即多个谐波信号叠加在一起的合成信号由解析方法求得的瞬时频率与实际不相符，甚至会产生负的瞬时频率，因此，Cohen 单成分分量（或单分量）信号的概念被提出。尽管到目前为止对单分量信号依然没有严格的数学上的定义，但研究者们普遍认为，任何一个复杂的实际的信号都是由一些单分量叠加而成的，每个单成分分量具有实际物理意义的瞬时频率特性。

美籍华人 N. E. Huang 等人在对解析信号特点及振荡模式做了深入研究后，提出了单分量信号本征模函数（Intrinsic Mode Function，IMF）的概念、定义，同时，提出了用经验模态分解（Empirical Mode Decomposition，EMD）将信号分解成一些（很少几个）IMF 单分量的和的形式。IMF 经 Hilbert 变换后，可得到其相应的解析信号，从而得到每个单分量的瞬时频率，进而可以得到表示原信号的时间 – 频率 – 能量分布的 Hilbert 谱。EMD 结合 Hilbert 谱被称为 Hilbert – Huang 变换。以下给出了 EMD 算法的具体实现过程：

①初始化：置 $r_0(t) = x(t)$，$i = 1$。

②筛选第 i 个 IMF。

a. $h_0(t) = r_{i-1}(t)$，$j = 1$。

b. 确定 $h_{j-1}(t)$ 的局部极小值点和局部极大值点。

c. 分别对 $h_{j-1}(t)$ 极大值点和极小值点进行三次样条插值拟合，得到相应的上包络 $e_{\max}(t)$ 和下包络 $e_{\min}(t)$。

d. 计算上下包络均值 $m_{j-1}=[e_{\max}(t)+e_{\min}(t)]/2$，令 $h_j(t)=h_{j-1}(t)-m_{j-1}(t)$。

e. 判断 $h_j(t)$ 是否满足 IMF 的两个条件，若满足，则令 $c_i(t)=h_j(t)$，否则，令 $j=j+1$，并转至步骤 b。

③置 $r_i(t)=r_{i-1}(t)-c_i(t)$。

④判断 $r_i(t)$ 的极值点数目是否大于等于 2，若是，令 $i=i+1$，并转至②，否则结束分解并记 $r_i(t)$ 为趋势项。

这样一个复杂的实际信号经过 EMD 分解后并结合解析信号表示，可以写成如下形式：

$$x(t)=\mathrm{Re}\sum^{n}\mathrm{IMF}_i(t)+jH[\mathrm{IMF}_i(t)]=\mathrm{Re}\sum^{n}a_i(t)\mathrm{e}^{j\theta_i}(t) \tag{6.38}$$

其中，Re 表示对复信号取实部运算，这一表示式同 $x(t)$ 的傅里叶展开式：

$$x(t)=\mathrm{Re}\sum_{i=1}^{\infty}a_i\mathrm{e}^{j\omega_i(t)} \tag{6.39}$$

与式（6.38）相比，式（6.39）是傅里叶展开式的一种推广形式。HHT 是一种直观、直接、后验和自适应的处理方法，它彻底摆脱线性、非平稳性的束缚，因而得到广泛应用。

由式（6.21）、式（6.22）、式（6.23）可以看出，信号带宽的计算可在时域内进行，由时域调幅频率带宽和时域调频频率带宽共同作用，且时域调幅频率带宽完全由信号的幅值变化引起，时域调频带宽由信号的相位变化引起。任意一个非平稳信号经过 EMD 后，可分解成单分量成分本征模函数（IMF），经 Hilbert 变换可求得各 IMF 相应的解析表达式，从而可以得到相应的时变的解析幅值 $a_A(t)$ 和解析相位 $\theta_A(t)$。因此，通过 HHT 变换可求得描述信号各 IMF 的幅度特性和频率特性的带宽特征，即调幅带宽和调频带宽。

EMD 算法因具有自适应多分辨特性，能够从高频到低频将信号分解到若干子带 IMF 中，其分解过程可视为一种特殊滤波过程。图 6.40 所示为目标信号作用下的检波输出信号经 EMD 分解后得到的前 8 个 IMF 及其相应的傅里叶频谱图。从中可以看出 EMD 的滤波特性，从第 1 个 IMF 到第 8 个 IMF，其频率逐渐降低。对比图 6.41 所示方波调幅扫频干扰作用下的检波输出信号经 EMD 分解后得到的前 8 个 IMF 及其相应的傅里叶频谱图，可以看出目标和干扰作用下的前 4 个 IMF 傅里叶谱带宽都比较宽，但目标作用下的后 4 个 IMF 的傅里叶谱带宽比干扰作用下的窄。这是因为目标作用下的频谱相对于干扰作用下的频率要"干净"，因而经 EMD 子带滤波，每个子带信号即 IMF 的频率成分和频率带宽必然存在一定的差异，同时，目标和干扰作用下，各 IMF 的幅度变化和相位变化也存在差异性。因此,可以考虑将信号各 IMF 的两个带宽即调幅带宽和调频带宽作为区分目标信号和干扰信号的特征参量,并统计分析它们的差异性问题。

为了提取引信检波输出信号经 EMD 后的本征模函数的调幅带宽和调频带宽,首先对引信在目标信号和干扰信号作用下的检波输出信号进行分解,观察分解得到的 IMF,然后经 Hilbert 变换求得其解析函数、瞬时频率,最后求得各 IMF 的调幅带宽和调频带宽。本节选择典型的正弦调幅扫频、方波调幅扫频、纯扫频干扰信号、噪声调幅扫频作为干扰源同目标信号进行比较。利用解析的方法来求解各个 IMF 的调幅带宽和调频带宽。

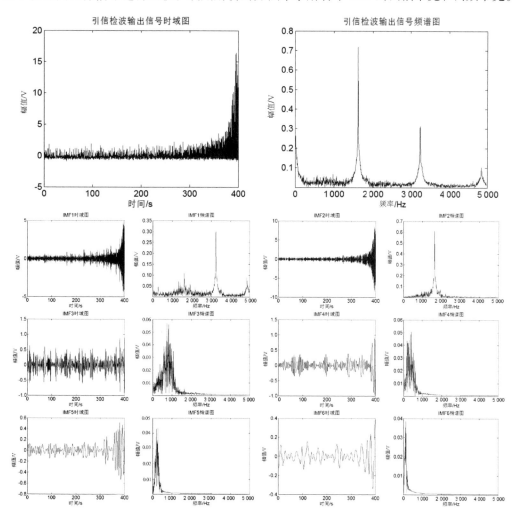

图 6.40　目标作用下检波信号经 EMD 分解成从高频到低频的 IMF

为方便计算,首先对前面所述的 200 个目标信号和 278 个干扰信号进行降 10 倍采样,即采样率变成 10 kHz,然后对其进行 EMD 分解。

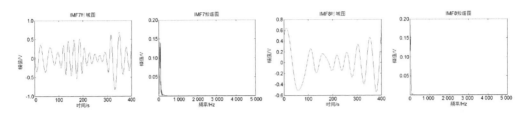

图 6.40　目标作用下检波信号经 EMD 分解成从高频到低频的 IMF （续）

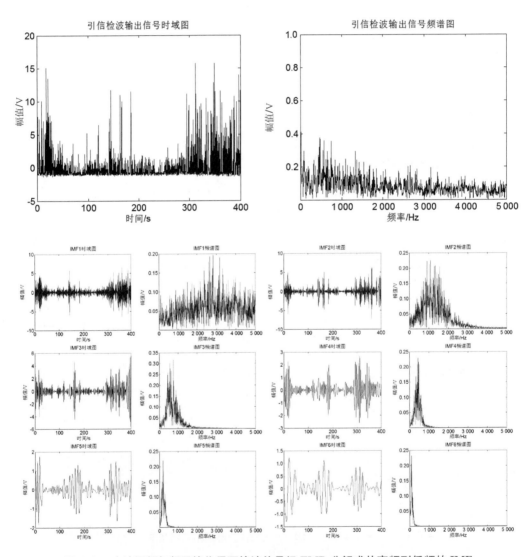

图 6.41　方波调幅扫频干扰作用下检波信号经 EMD 分解成从高频到低频的 IMF

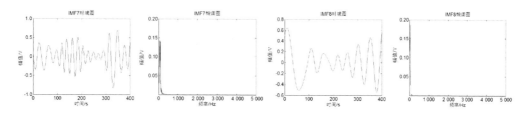

图 6.41　方波调幅扫频干扰作用下检波信号经 EMD 分解成从高频到低频的 IMF（续）

2. 调频引信目标和干扰信号 IMF 的调幅带宽和调频带宽统计分析

IMF 的调幅带宽和调频带宽的统计分析仍采用非参数统计分析方法。图 6.42 为目标信号和典型扫频式（包括正弦调幅扫频、方波调幅扫频、纯扫频干扰信号、噪声调幅扫频）干扰信号作用下调频引信检测输出信号前 8 个 IMF 调幅带宽 B_{AM} 的统计箱线图，图 6.43 为其调频带宽 B_{FM} 的统计箱线图。从中可以看出，无论是调幅带宽还是调频带宽，在干扰信号作用下，它们的值都要大于目标信号作用下的值，并且越是低频的 IMF，两个参量值的分布差异越大。表 6.10 为调幅带宽和调频带宽差异性统计分析的 p-值，从表中可以看出各个 IMF 的调频带宽在目标信号和干扰信号作用下的分布差异性是极其显著的，并且随着 IMF 频率越低，其显著性表现越明显。而对于调幅带宽参量来说，第 2、4、5、6、7、8 个 IMF 的分布差异性是极显著的，从而说明基于时频特性的引信 IMF 的调幅带宽和调频带宽参量选择是合理有效的。

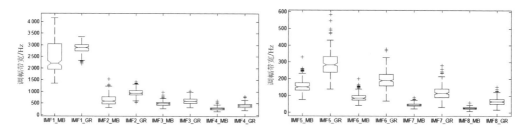

图 6.42　目标和干扰作用下检波信号各 IMF 调幅带宽统计箱线图

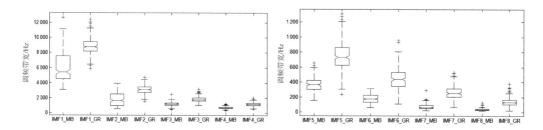

图 6.43　目标和干扰作用下检波信号各 IMF 调频带宽统计箱线图

表 6.10　目标信号和干扰信号作用下各个 IMF 的调幅带宽和调频带宽统计 p – 值

IMFs	IMF1	IMF2	IMF3	IMF4	IMF5	IMF6	IMF7	IMF8
B_{AM}	9.95×10^{-16}	4.20×10^{-41}	3.00×10^{-21}	1.31×10^{-45}	1.98×10^{-67}	1.25×10^{-68}	4.47×10^{-72}	4.76×10^{-69}
B_{FM}	8.62×10^{-42}	2.26×10^{-46}	5.06×10^{-61}	6.66×10^{-62}	5.96×10^{-69}	2.02×10^{-70}	2.67×10^{-73}	1.41×10^{-71}

从图 6.44 所示目标信号和干扰信号作用下各个 IMF 的调幅带宽和调频带宽的二维分布图可以看出，第 5、6、7、8 个 IMF 的两个带宽重叠区域较小。具体可结合支持向量机（SVM）分类器对特征参量进行优选和优化处理。

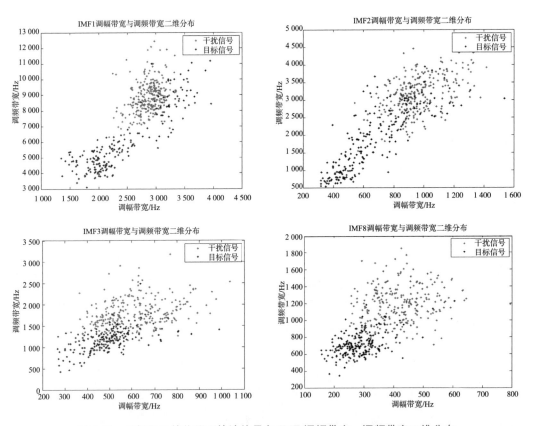

图 6.44　目标和干扰作用下检波信号各 IMF 调幅带宽、调频带宽二维分布

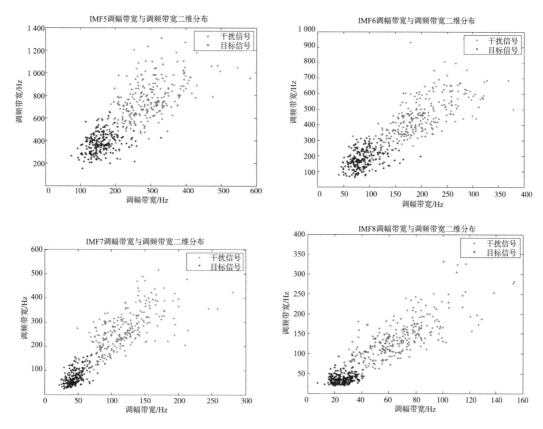

图 6.44　目标和干扰作用下检波信号各 IMF 调幅带宽、调频带宽二维分布（续）

6.3.1.3　基于熵特征的调频引信目标和干扰信号识别方法

1. 调频引信检波信号波形熵和奇异谱熵

信息和熵都是系统状态的物理量，信息描述的是系统有序的程度，而熵则是描述系统无序的程度。总之，熵是用来度量杂乱无章、不平衡、不确定等无序状态的参数。调频引信检波信号具有一定的不确定性，可能是目标回波信号，也可能是干扰信号，而目标和干扰作用下的检波信号能量集中程度和分布规律也不相同，其复杂度和规律性存在显著的差异，因此，可通过熵定量描述这种差异和规律。

香农熵的定义如下：设某一随机变量 $\boldsymbol{y} = (y_1, y_2, \cdots, y_n)$，其中 $\boldsymbol{y}$ 出现的概率是 $p_1, p_2, \cdots, p_n$，则 $\boldsymbol{y}$ 的香农熵为

$$H(\boldsymbol{y}) = -\sum_{i=1}^{n} (p_i \log_2 p_i) \tag{6.40}$$

一般来说，熵函数 $H(\boldsymbol{y})$ 具有以下一些重要性质：

①对称性：概率矢量 $\boldsymbol{p} = (p_1, p_2, \cdots, p_n)$ 的各分量 $p_1, p_2, \cdots, p_n$ 的排列顺序任意改变时，熵函数的值不变，熵函数的值只与集合在整个空间上的统计特性有关。

②非负性：熵函数的值是非负的，即 $H(\boldsymbol{y}) \geqslant 0$。

③确定性：信源的事件集合中，如果有一个是必然事件，其熵函数必然为零。

④极值性：当离散集合 $\boldsymbol{y}$ 中各事件服从均匀分布，即为等概率事件时，其熵值为最大，也称为最大离散熵定理。

由熵函数的极值性可知，熵值越小，信号的分离程度越大。如果从特征提取的角度来看，熵值越小，特征量的分离性越大，即信号的变化趋势越剧烈；熵值越大，信号的变化趋势越平缓。根据香农熵的这一特点，本节以检波信号的频谱分布定义波形熵（Waveform Entropy）。具体算法如下：

①对调频引信检波信号 $x(n)$ 进行 N 点 FFT，得到 $X(i)$，其中 $i = 1, 2, \cdots, N$。

②计算每个离散信号频谱点 i 的幅值平方，得到 $E(i) = |X(i)|^2$。

③计算概率，得到 $p_i = \dfrac{E_i}{\displaystyle\sum_{i=0}^{N} E(i)}$。

④计算波形熵，得到

$$H_{WE} = -\sum_{i=1}^{N} (p_i \log_2 p_i) \tag{6.41}$$

矩阵的奇异值具有两个特性：一是稳定性好，当矩阵中的元素发生小变化时，奇异值变化很小；二是奇异值是矩阵的固有特征，符合模式识别中特征提取所要求的稳定性和旋转不变性，它能有效地刻画初始信号矩阵的特征。奇异谱熵（Singular Spectrum Entropy）是奇异值分解和香农熵的结合，在信号信息量评估、信息成分分析等方面具有独特性能。奇异值分解定义如下：若矩阵 $\boldsymbol{A} \in \boldsymbol{R}^{m \times n}$，则存在正交矩阵 $\boldsymbol{U} = [u_1, u_2, \cdots, u_m] \in \boldsymbol{R}^{m \times n}$ 和 $\boldsymbol{V} = [v_1, v_2, \cdots, v_n] \in \boldsymbol{R}^{m \times n}$，使

$$\boldsymbol{U}^{\mathrm{T}} \boldsymbol{A} \boldsymbol{V} = \mathrm{diag}(\sigma_1, \sigma_2, \cdots, \sigma_t) \tag{6.42}$$

式中，$\boldsymbol{U}^{\mathrm{T}}$ 为 $\boldsymbol{U}$ 的转置矩阵；$\sigma_1 \geqslant \sigma_2 \geqslant \cdots \geqslant \sigma_t > 0$，此处 σ_i，$i = 1, 2, \cdots, t$，为矩阵 $\boldsymbol{A}$ 的奇异值。

求解调频引信检波信号的奇异谱熵算法如下：

①对检波信号 $x(n)$ 进行空间重构，以长度 k 对 $x(n)$ 进行分段，构造矩阵 $\boldsymbol{A}$ 为

$$\boldsymbol{A} = \begin{Bmatrix} x_1 & x_2 & \cdots & x_k \\ x_{k+1} & x_{k+2} & \cdots & x_{2k} \\ \vdots & \vdots & & \vdots \\ x_{(q-1)k+1} & x_{(q-1)k+2} & \cdots & x_{qk} \end{Bmatrix} \tag{6.43}$$

式中，$qk = N$，这里 q 是矩阵 $\boldsymbol{A}$ 的行数，k 是列数。

②对矩阵 $\boldsymbol{A}$ 进行奇异值分解，得到式（6.42）。

③定义概率，得到 $p_i = \dfrac{\sigma_i^2}{\sum\limits_{i=1}^{t} \sigma_i^2}$，其中 $t = \min\{k, q\}$。

④计算奇异谱熵，得到

$$H_{\mathrm{SSE}} = -\sum_{i=1}^{t} \left(p_i \log_2 p_i \right) \tag{6.44}$$

本节给出了调频引信检波信号的波形熵和奇异谱熵的数学公式，随后将从检波信号本身出发，分析信号的时域和频域特点，结合熵的性质和矩阵奇异值分解的物理意义讨论用这两种熵作为特征参量的合理性。

由前面分析可知，在目标信号作用下，在引信启动时刻附近多普勒信号幅度达到峰值，说明时域信号能量主要集中在引信启动位置；而在扫频式干扰信号作用下，引信检波输出信号时域能量分布相对分散，出现多个峰值。在目标信号作用下的调频引信检波信号频谱中，在多普勒频率处存在一个最高峰值，形状比较尖锐，幅度变化很快，说明目标信号的能量主要集中在多普勒频点处；而在扫频信号作用下的调频引信检波信号频谱中，没有明显峰值，频谱变化缓慢，能量分布相对比较分散。

可见，目标和扫频式干扰作用下的引信检波信号时域和频域分布特点恰好符合熵的性质：从定义上看，目标作用下的检波信号有序程度更高，所含信息量更多，熵值更小；干扰作用下的检波信号混乱度更大，有用信息量更少，熵值更大。从性质上看，已知信号若在时域上变化比较平稳，则对应于频域上能量的集中；如果在时域上变化比较剧烈，则对应于频域上能量的分散分布。而目标作用下的检波信号时域波形较为平稳、频域变化趋势更加剧烈，熵值更小；干扰作用下检波信号时域波形变化剧烈、频域变化趋势相对平缓，熵值更大。因此，可以对引信检波信号的时域和频域进行分析，利用熵这个特征参量来量化能量的差异，通过提取检波信号的波形熵和奇异谱熵构建二维特征参量，进而识别目标和干扰信号。

2. 特征参量的统计分析

为了分析调频引信检波信号的波形熵和奇异谱熵在目标信号和干扰信号作用下的差异性，对目标信号和干扰信号作用下的引信检波输出信号的 2 个特征参量分别做非参数统计分析。首先计算 200 个目标信号和 200 个扫频式干扰信号的波形熵和奇异谱熵，为了模拟引信真实作用时间并减少计算量，这里采用引信启动时刻前的 0.08 s 数据，对波形熵和奇异谱熵分别做 Kruskal – Wallis 非参数检验。波形熵统计箱线图如图 6.45 所示，p – 值为 $9.701\,4 \times 10^{-67}$；奇异谱熵统计箱线图如图 6.46 所示，p – 值为 $1.781\,24 \times 10^{-50}$。仿真结果表明，在目标信号和 4 种扫频式干扰信号作用下，以波形熵和奇异谱熵为特征参量，引信检波信号分布差异性极为显著。换言之，基于波形熵和奇异谱熵的特征参量选取合理有效。从图中可以看到，干扰信号的检波输出波形熵和奇异谱熵分布相对于目标信号而言较为集中，但是干扰信号偏离总体中心处的点更多，这意味着干扰信号有更多的异常点。这一现象可以从图 6.47 所示的二维分布图中看出。

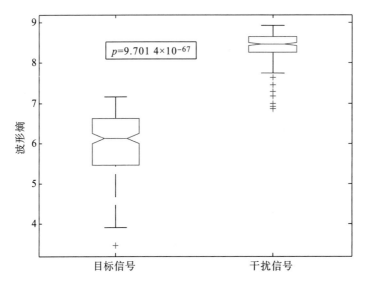

图 6.45　目标和干扰作用下引信检波信号的波形熵箱线图

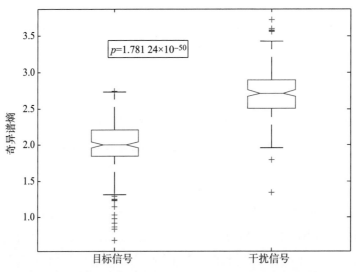

图 6.46　目标和干扰作用下引信检波信号的奇异谱熵箱线图

为了较为直观地看出在目标信号和 4 种扫频式干扰信号作用下调频引信以波形熵和奇异谱熵为特征参量的分布情况，以波形熵和奇异谱熵分别为横、纵坐标，得到 200 个目标信号和 200 个扫频式干扰信号的二维散点分布图，如图 6.47 所示。从图中可以看出，目标信号较为分散，而干扰信号较为集中，这是因为每个目标信号彼此之间所包含的信息量差异较大，与目标的多样性和弹目交会姿态的不确定性有关，而干扰信号彼此之间所含有的信息量较小，差异不大。但是都有一些点远离分布中心，不过目标信号和干扰信号重叠区域很小，表明引信检波信号的波形熵和奇异谱熵特征差异明显。因此，本节采用支持向量机分类法在目标和干扰信号之间建立一个间隔最大的分类超平面，从而实现分类识别。

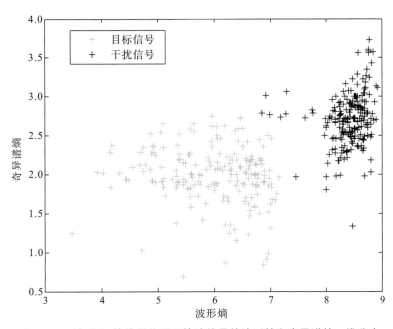

图 6.47　目标和干扰信号作用下检波信号的波形熵和奇异谱熵二维分布

6.3.2　基于 SVM 的调频引信目标和干扰信号识别方法

1. 调频引信的二分类支持向量机模型

SVM 是从线性可分情况下构造最优分类超平面发展而来的，这个最优超平面不仅能正确区分训练样本，还和两类训练样本之间具有最大间隔，力求最大限度地区分新的未知测试样本。对于线性不可分情况，SVM 通过核函数将数据从原始特征空间向高维空间映射，把非线性问题转化为线性问题，这大大降低了分类器的复杂度和计算量。

根据二分类 SVM 的理论内容，建立调频引信对目标和干扰信号的二分类 SVM 分类模型，如图 6.48 所示。算法分为训练和识别两个阶段，以每个检波信号的香农熵和奇异谱熵作为 SVM 的输入，其中训练阶段采用离线学习模式，在上位机完成样本训练并得到分类决策函数，即在引信装弹前完成 SVM 分类器的学习训练，并将决策函数固化在数字信号处理系统（FPGA）中；在识别阶段，对输入的检波信号提取特征参量并计算分类决策值，根据该值的大小识别引信的接收信号是目标回波还是干扰信号。

2. 支持向量机决策函数参数寻优

为了避免所建立的 SVM 模型存在"过学习"和"欠学习"的风险，即在训练阶段

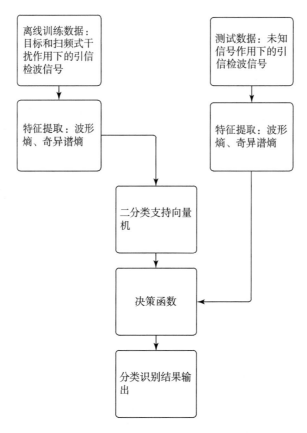

图 6.48　基于二分类 SVM 的分类模型

所有样本都被正确拟合，但却无法对测试样本进行正确判断和预测的情况，需要对模型参数进行优化，但是目前模型参数的选择并没有固定的方法和理论，因此 SVM 的参数选择一直是一个研究热点。现有的模型参数选择方法有穷举法、交叉验证法、梯度下降法、网格搜索法、基于遗传算法的 SVM 模型参数选择及基于粒子群算法的 SVM 模型参数选择等。本节采用被广泛应用的 k 折交叉验证和网格搜索法对 SVM 模型参数进行选择和优化。k 折交叉验证将全部样本随机平均分成 k 个相互独立的子集，从中选出 $k-1$ 个子集作为训练数据，最后一个子集当作测试数据，一共进行 k 轮交叉验证，因此每个子集都有机会做测试数据，而验证结果即分类正确率则是 k 轮交叉验证正确率的平均值。此时的参数可能还有优化的空间，因此采用网格搜索法进行搜索范围更广泛的更细致的参数寻优。

对于二分类 SVM 模型来说，需要确定的关键参数包括惩罚因子 C、核函数类型和核函数参数。以高斯径向基核函数为例，需要优化的参数是 C 和 γ。其中惩罚因子 C 对样本训练误差的变化和模型的泛化能力有直接影响，起到折中控制模型复杂度和函数逼近误差的作用，C 越大，则对数据的拟合程度越高，学习机器的复杂度就越高，容易出现"过学习"的现象；而 C 取值过小，则对经验误差的惩罚小，学习机器的复杂度低，就会出现"欠学习"的现象。γ 是核函数自带的参数，隐含地决定了数据映射到新的特征空间后的分布，对训练样本的预测性和推广性有直接影响。样本预测性会随着 γ 的增大而提高，但达到一定峰值时也会出现"过学习"现象；样本推广性会下降，一般认为 γ 的取值范围为 $0.1 \sim 3.8$。本节通过调用台湾大学林智仁副教授等开发设计的 SVM 模式识别与回归 Matlab 软件包 LIBSVM 来实现参数优化。采用标准 C – SVM，以 200 个目标作用下和 200 个扫频式干扰作用下的检波信号波形熵和奇异谱熵作为 SVM 的输入，设置惩罚因子 C 的搜索范围为 $[2^0, 2^8]$，γ 的搜索范围为 $[2^{-3}, 2^3]$，搜索步长均设为 0.5，k 通常取 5，仿真得到如图 6.49 所示的参数寻优结果图。图中坐标轴分别是 $\log_2 C$、$\log_2 g$（LIBSVM 中用 g 表示 γ）和分类准确率。从图中可以看出，当 $C = 1$、$g = 1.414\ 2$ 时，分类准确率可达到 99.75%。

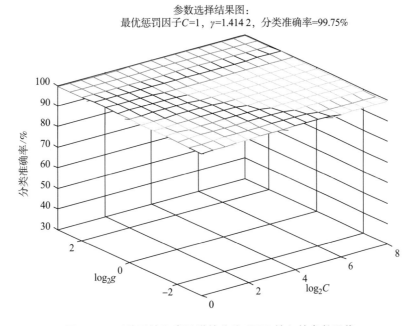

图 6.49　以波形熵和奇异谱熵作为 SVM 输入的参数寻优

采用与高斯径向基核函数相同设置，分别对多项式核函数和 Sigmoid 核函数下的支持向量机模型进行参数寻优，得到表 6.11。从表中可以看出，在参数选择最优的情况下，这 3 种核函数的 SVM 都能得到很高的分类准确率。以线性核函数训练 SVM 也能得到不错的分类准确率，为 99.5%。

表 6.11 基于波形熵和奇异谱熵的 SVM 核函数参数优选

核函数	表达式	平均准确率/%	最优参数
多项式	$(\gamma x^{\mathrm{T}} y + 1)$	99.250 0	$\gamma = 0.5$，$C = 2.41$，$d = 3$
径向基	$\exp(-\gamma \parallel x - y \parallel^2)$	99.750 0	$\gamma = 1.414\ 2$，$C = 1$
Sigmoid	$\tanh(\gamma x^{\mathrm{T}} y + 1)$	99.597 0	$\gamma = 0.101\ 1$，$C = 33.2$

为了验证香农熵和奇异谱熵对调频引信目标和干扰信号识别的有效性，本节与基于平均时间、频域调幅持续时间、频域调相持续时间、调幅带宽和调频带宽 5 个特征参量的识别算法进行分类准确率比较，核函数选择径向基核函数，结果见表 6.12。

表 6.12 不同特征参量的分类正确率比较

SVM 输入	分类准确率/%
波形熵、奇异谱熵	99.750 0
平均时间、频域调幅持续时间、频域调相持续时间	97.907 9
调幅带宽、调频带宽	96.540 0

由表 6.12 可见，当核函数参数最优时，以波形熵和奇异谱熵作为 SVM 输入参量的分类准确率达到 99.750 0%，优于其他特征参量输入时的识别率，证明了基于波形熵和奇异谱熵的识别算法能够有效提高调频引信对目标和扫频式干扰信号的识别准确率。

6.3.3 基于分数阶傅里叶变换的调频引信信号识别信道抗干扰方法

1. 线性调频信号分数阶域测距方法

研究线性调频信号的分数阶域测距方法是将其应用于调频测距引信的前提，本节分别提出基于瞬时频率的分数阶域测距方法和基于分数阶域相关的测距方法。

（1）基于瞬时频率的分数阶域测距方法

图 6.50 给出了基于瞬时频率的分数阶域测距方法原理框图。首先，对发射信号和接收信号在射频端进行下变频，获得发射支路和接收支路的中频信号；其次，对两路中频信号进行固定 α 角度的分数阶傅里叶变换，因为中频信号的调频率是已知的，所以变换角度 $\alpha = \arctan K_1 + \pi/2$（$K_1$ 为调频率）；再次，在固定 α 角度的分数阶域搜索最大值点位置 u_p，根据 u_p 求得瞬时初始频率；最后，根据瞬时初始频率与延迟时间的对应关系求得延迟时间，进而求得弹目距离。

假设线性调频信号的调制信号为锯齿波，如图 6.51 所示。那么发射信号可表示为

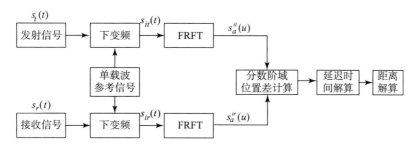

图 6.50　基于瞬时频率的分数阶域测距方法原理框图

$$s_t(t) = a\cos\left\{2\pi\left[(f_c - nK_1T)t + \frac{1}{2}K_1t^2 + \frac{n(n+1)}{2}K_1T^2\right] + \Phi_0\right\} \quad (6.45)$$

$$nT \leq t < (n+1)T, n = 0,1,2,\cdots$$

式中，f_c 为信号载频；T 为调制信号周期；$K_1 = B/T$，为调制信号的调频率，B 为调制频偏。

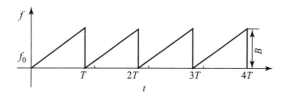

图 6.51　锯齿波调频信号频率随时间变化图

回波信号相对于发射信号只是延迟了时间 τ，因此单个周期内（后面出现的时域信号表达式均指单个周期之内的信号）的回波信号可以表示为

$$s_r(t) = \lambda a\cos\left\{2\pi\left[(f_c - nK_1T)t - K_1t\tau + \frac{1}{2}K_1t^2\right] + \Phi_\tau\right\} \quad (6.46)$$

式中，$\Phi_\tau = 2\pi\left[\frac{1}{2}K_1\tau^2 - (f_0 - nK_1T)\tau + \frac{n(n+1)}{2}K_1T^2\right] + \Phi_1$，表示信号的相位。由发射信号和接收信号的表达式可得下变频后的发射支路和接收支路的中频信号为

$$s_{it}(t) = a\cos\left[2\pi\left(-nK_1Tt + \frac{1}{2}K_1t^2\right) + \Phi_0^n\right]$$

$$s_{ir}(t) = \lambda a\cos\left\{2\pi\left[-(nK_1T + K_1\tau)t + \frac{1}{2}K_1t^2\right] + \Phi_\tau\right\} \quad (6.47)$$

式中，$\Phi_0^n = \pi n(n+1)K_1T^2 + \Phi_0$。

对两路中频信号的相位表达式求导，可得信号的瞬时频率为

$$f_{it} = -nK_1T$$

$$f_{ir} = -nK_1T + K_1\tau \quad (6.48)$$

对两路中频信号进行变换角度为 $\alpha = \arctan K_1 + \pi/2$ 的分数阶傅里叶变换，并进行

最大值点位置搜索，获得最大值点位置 u_{pt} 和 u_{pr}。由线性调频信号的分数阶傅里叶变换的位置与瞬时频率的关系，有如下表达式：

$$u_{pt} = f_{it}\sin\alpha$$
$$u_{pr} = f_{ir}\sin\alpha \tag{6.49}$$

可获得延迟时间的估计：

$$\tau = (f_{ir} - f_{it})/K_1 = (u_{pr} - u_{pt})\csc\alpha/K_1 \tag{6.50}$$

考虑离散分数阶傅里叶变换的归一化问题，可得修正的延迟时间估计如下：

$$\tau = \frac{(u_{pr} - u_{pt})f_s\csc\alpha}{K_1\sqrt{N}} \tag{6.51}$$

进而根据关系式 $\tau = 2R/c$，可以获得弹目距离估计值：

$$R = \frac{(u_{pr} - u_{pt})cf_s\csc\alpha}{2K_1\sqrt{N}} \tag{6.52}$$

要获得延迟时间估计，需要同时估计两个中频信号的初始频率。该过程中只涉及两路信号的分数阶傅里叶变换，同时，中频信号的调频率相对发射信号是不变的（即调频率已知），所以只需进行固定角度（$\alpha = \pi/2 + \arctan K_1$）的分数阶傅里叶变换，无须进行变换角度扫描。分数阶傅里叶变换采用的是 H. M. Ozaktas 的采样型离散算法，所以离散分数阶傅里叶变换所需的乘法计算量为：

$$2N_s + \frac{N_s}{2}\log_2 N_s \tag{6.53}$$

式中，N_s 表示离散分数阶傅里叶变换的数据点数。其他部分所需的乘法运算次数相对于式（6.53）可以忽略。所以，以乘法计算量表达的基于瞬时频率的分数阶域测距算法复杂度可以用式（6.53）表示。

由式（6.53）可得，距离估计的精度与分数阶域最大值点位置的分辨率成正比，而分数阶域最大值点位置的分辨率可以用 u 轴的采样间隔 Δu 来表示。由于本节所用的离散分数阶傅里叶变换过程中涉及了采样间隔归一化问题，归一化后的分数阶域采样间隔 $\Delta u = 1/\sqrt{N_s}$，所以测距精度可以表示为

$$\Delta R = \frac{cf_s\csc\alpha}{2K_1 N_s} \tag{6.54}$$

由式（6.54）可知，该方法的测距精度主要受信号采样率 f_s、信号调频率 K_1 和运算点数 N_s 这 3 个参数影响。实际工程应用中，设采样率 $f_s = 10B$ 比较合理，同时因为调频率 $K_1 = B/T$，所以测距精度也可以表达为

$$\Delta R = \frac{cf_s\csc\alpha}{2K_1 N_s} \tag{6.55}$$

由式（6.55）可得，距离分辨率主要受调制周期和运算点数的影响。为了提高距

离分辨率，只需减小调制周期或者增加运算点数即可。

（2）基于分数阶域相关的测距方法

基于分数阶域相关的测距方法实现原理如图 6.52 所示。分别对参考信号（发射信号）和回波信号进行下变频，获得中频信号；参考信号的中频信号进行延迟时间扫描；对每个延迟后的参考信号的中频信号与回波信号的中频信号进行离散分数阶傅里叶变换；变换后的两路信号相乘并累加，获得两路信号的相关信号；对相关信号进行阈值检测，当扫描到某一延迟时间，输出的相关信号满足阈值检测结果，说明回波信号与当前延迟时间的参考信号相关，所以回波信号的延迟时间即为当前参考信号的延迟时间。

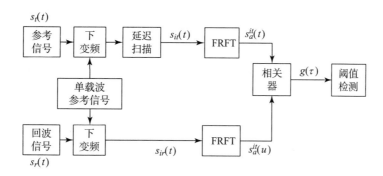

图 6.52　基于分数阶相关的测距方法原理框图

参考信号和回波信号通过与单载波信号混频进行下变频，并对下变频后的参考信号做延迟 τ_{ref} 扫描，获得每个延迟时间下的两路中频信号如下：

$$s_{it}(t) = a\cos\left\{2\pi\left[-(nK_1 T + K_1\tau_{ref})t + \frac{1}{2}K_1 t^2\right] + \varPhi_{\tau_{ref}}\right\}$$

$$s_{ir}(t) = \lambda a\cos\left\{2\pi\left[-(nK_1 T + K_1\tau)t + \frac{1}{2}K_1 t^2\right] + \varPhi_{\tau}\right\}$$

$$(6.56)$$

式中，$\varPhi_{\tau_{ref}} = 2\pi\left[\frac{1}{2}K_1\tau_{ref}^2 - (f_0 - nK_1 T)\tau_{ref} + \frac{n(n+1)}{2}K_1 T^2\right] + \varPhi_0$。

分数阶相关等价于对信号做分数阶傅里叶变换，然后再在分数阶域进行一般意义的相关运算，因此其数学表达式可以表示为

$$(s\otimes_\alpha h)(\rho) = \int S_\alpha(\beta)(H_\alpha(\beta - \rho))^* \mathrm{d}\beta = (S_\alpha \otimes_0 H_\alpha)(\rho)$$

$$(6.57)$$

对等式（6.57）取模，可得相关峰函数如下：

$$g(\rho) = |(s\otimes_\alpha h)(\rho)| = \left|\int s(t)h^*(t - \rho\cos\alpha)\mathrm{e}^{-j2\pi t\rho\sin\alpha}\mathrm{d}t\right|$$

$$(6.58)$$

设 $x(t)$ 为要检测的目标信号，输入信号 $s(t) = x(t - \tau_0)$，参考信号 $h(t) = x(t - \tau_{ref})$，对式（6.58）求导并令其等于零，可以得到分数阶相关峰的位置为

$$\rho_{PEK} = (\tau_0 - \tau_{ref})\sec\alpha$$

$$(6.59)$$

本方法所用的分数阶相关与如上所述的分数阶相关并不完全相同，本方法中相关输出可定义为

$$g(\tau) = \left| \langle F^\alpha s(t - \tau_{\text{ref}}), F^\alpha s(t - \tau) \rangle \right|$$

$$= \left| \int S_\alpha(u - \tau_{\text{ref}}\cos\alpha) e^{j\pi\tau_{\text{ref}}^2\sin\alpha\cos\alpha - j2\pi u\tau_{\text{ref}}\sin\alpha} \left[S_\alpha(u - \tau\cos\alpha) e^{j\pi\tau^2\sin\alpha\cos\alpha - j2\pi u\tau\sin\alpha} \right]^* du \right|$$

(6.60)

变换角度 $\alpha = \arctan K_1 + \pi/2$，$S_\alpha(u)$ 是分数阶域变量 u 的有限冲激函数，所以式 (6.60) 可以化简为

$$g(\tau) = \begin{cases} \left| S_\alpha(u_p) \right|^2, \tau = \tau_{\text{ref}} \\ 0, \tau \neq \tau_{\text{ref}} \end{cases}$$

(6.61)

式中，u_p 代表分数阶 $s(t - \tau_{\text{ref}})$ 的分数阶傅里叶变换所得的有限冲激函数在分数阶域的位置。

该方法每计算一次相关值，需要对两个中频信号分别进行分数阶傅里叶变换，由于方法中的分数阶傅里叶变换采用的是 H. M. Ozaktas 的采样型离散算法，所以进行分数阶傅里叶变换的乘法计算量为 $2N_s + \dfrac{N_s}{2}\log_2 N_s$。完成分数阶傅里叶变换后，需要对 N_s 点的变换结果进行乘累加（即相关运算），其乘法计算量为 N_s。所以计算一个相关值所需的乘法计算量为 $3N_s + \dfrac{N_s}{2}\log_2 N_s$。因为参考信号需要进行延迟时间扫描（扫描点数为 N_p），每进行一次距离估计，需要进行 N_p 次相关运算，所以以乘法计算量来衡量的基于分数阶相关的测距算法复杂度为

$$\left(3N_s + \frac{N_s}{2}\log_2 N_s \right) N_p$$

(6.62)

由相关函数的表达式可知，只有当两个中频信号的分数阶傅里叶变换的有限冲激重合时，相关函数才取得峰值，此时 $\tau = \tau_{\text{ref}}$。但由于回波信号中夹杂有噪声和杂波，所以导致回波中频信号在分数阶域的聚集位置有误差，进而导致相关峰位置出现偏差。由前面分析可知，分数阶域的最小偏差为归一化分数阶域采样间隔 $\Delta u = 1/\sqrt{N_s}$。同时，分数阶域聚集位置与延迟时间的关系与前面介绍的相同，所以该算法测距精度同样为

$$\Delta R = \frac{cf_s\csc\alpha}{2K_1 N_s}$$

(6.63)

2. 分数阶域调频测距引信

比较上一节描述的两种分数阶域测距方法，在测距精度相同的情况下，基于瞬时频率的分数阶域测距方法的算法复杂度远小于基于分数阶域相关的测距方法，因此设计了利用基于瞬时频率的分数阶域测距方法的调频测距引信，简称为分数阶域调频测

距引信，它的原理框图如图 6.53 所示。

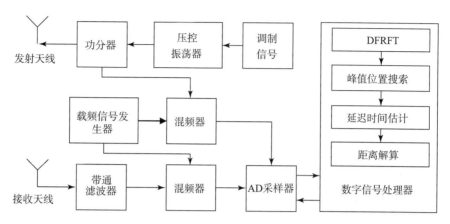

图 6.53 分数阶域调频测距以引信原理框图

根据图 6.53 所示的分数阶域调频测距引信原理框图，建议采用如图 6.54 所示的 Matlab 仿真模型。通过仿真模型获取目标回波和干扰信号作用下的中频信号，然后将中频信号保存到"WORKSPACE"，在命令窗口调用相应函数进行后续的分数阶傅里叶变换、延迟时间估计和距离解算。

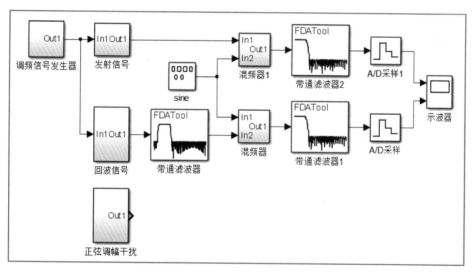

图 6.54 分数阶域调频测距引信仿真模型

仿真参数为：载频 $f_c = 3$ GHz，调制频率 $f_m = 150$ kHz，单边调制频偏 $\Delta F = 15$ MHz，总带宽 $B = 30$ MHz，A/D 采样率 $f_s = 300$ MHz，弹目初始距离 $R_0 = 30$ m，相对速度 $v = 430$ m/s，干扰初始距离 $R_j = 800$ m。仿真结果如图 6.55 所示。其中，图 6.55（a）为目标回波信号作用下发射支路（上）和接收支路（下）的中频信号，而图 6.55（b）为周期调制干扰作用下发射支路（上）和接收支路（下）的中频信号。可以发现，发射支路中频信号不变（为了观察图 6.55（b）中所示的接收支路回波信号，导致图 6.55（b）观察时间远远大于图 6.55（a），导致图 6.55（b）中发射支路中频信息观察不变）；而目标回波作用下接收支路的中频信号为调频信号，干扰信号作用下接收支路的中频信号为调幅信号；目标回波和干扰信号作用下接收支路中频信号差异明显。

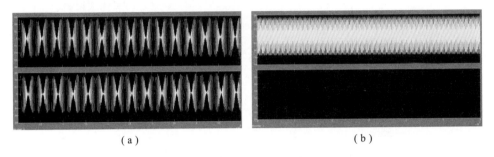

（a）   （b）

图 6.55　目标回波和干扰信号作用下中频信号时域波形

图 6.56 所示为发射支路、目标回波作用下接收支路和干扰信号作用下接收支路中频信号的分数阶傅里叶变换（FRFT）。由图可见，发射支路中频信号的 FRFT 与目标回波作用下接收支路中频信号的 FRFT 都表现出了能量聚集性，且位置存在差异。而周期调制干扰信号作用下接收支路中频信号的 FRFT 没有能量聚集性，且幅值很小，说明这种基于分数阶域的处理可以达到抗周期调制干扰的要求。

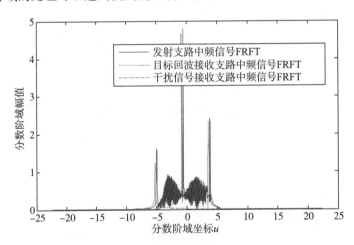

图 6.56　中频信号的分数阶傅里叶变换

图 6.57 所示为该分数阶域调频测距引信距离估计结果。可以发现，在目标回波信号作用下，能够有效地估计弹目距离；在周期调制干扰信号作用下，如果估计距离，距离估计值始终为 0（为了观察方便，这里赋值为 1）。距离估计结果验证了该方法抗周期调制干扰的有效性。

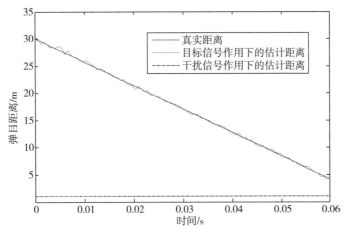

图 6.57　距离估计结果

6.4　脉冲多普勒引信信息识别信道保护设计方法

6.4.1　不同信号作用下的脉冲多普勒引信信号特征分析与提取

不同种类信息型干扰作用下，脉冲多普勒引信收发相关信道输出信号的时频域特性是不同的，为使所提取的目标信号特征参量集可有效区分目标函数和不同种类的信息型干扰信号，本节分别针对不同种类信息型干扰作用下引信输出信号的时频域特征进行深入分析，并据此提出了各自适用的信号特征参量。

为获得多种弹目交会条件下脉冲多普勒引信目标函数的特征分布情况，本节开展了不同交会条件时目标回波作用下脉冲多普勒引信响应特性测试。在实验过程中，弹目交会速度在 100 m/s $\leqslant v_R \leqslant$ 800 m/s 内随机设置，引信目标模拟器的输出功率在引信能正常启动的范围内随机设置，测试并随机记录了 200 组不同弹目交会条件下目标回波作用下引信收发相关信道的输出信号（取引信启动前后共 5 ms 的信号），作为信号特征提取的目标信号样本空间。

获得目标信号样本空间后，将结合不同信息型干扰作用下引信输出信号的时频域特征，寻找并提取可有效区分目标和干扰信号的特征参量。针对提取的特征，利用统计箱线图获得目标与干扰信号特征的分布情况。箱线图是利用数据中的 5 个统计量：最小值、第一四分位数、中位数、第三四分位数与最大值来描述数据的一种方法。它可以粗略地看出数据是否具有对称性、分布的分散程度等信息，适用于对几个样本的比较。

此外，本节利用目标干扰重合率 p_{or} 衡量每个特征的有效性。p_{or} 定义为

$$p_{or} = 1 - \frac{干扰落入目标区间的数目}{干扰总数} \times 100\% \qquad (6.64)$$

p_{or}越大，说明在特定特征空间上干扰与目标重合率越小，特征有效性越高，当p_{or}小于50%时，则说明该特征是无效特征，不能起到区分干扰和目标的作用。

1. 噪声类主动"压制式"干扰

噪声类的主动"压制式"干扰包括射频噪声、噪声调幅和噪声调频干扰信号，又可统称为有源噪声干扰，它们的特点是在时域具有随机性、在频域内能量分布均匀、与引信发射信号不相关，主要通过大功率信号突破引信的启动门限阈值，使引信产生误动作。由于三种噪声类"压制式"干扰信号对脉冲多普勒引信的作用机理类似，且干扰信号特征相近，因而本节在寻找和提取信号的区分特征时，将这三种干扰信号视为同一种干扰信号。

由随机过程理论可知，噪声类干扰信号经过基带多普勒滤波器的输出信号可看作由无穷多个具有随机振幅和随机相位的正弦波组成，其在时域上表现为输出信号的振幅随机分布，波形杂乱，在频域上表现为输出信号频谱由多根谱线构成，频域能量分散。本节就噪声类干扰作用下脉冲多普勒引信的各级响应特性进行了大量测试实验。实验中，噪声类干扰的参数（噪声方差、调制深度、最大调制频偏等）在保证可使引信启动的情况下随机设置，分别记录了50组噪声调幅和噪声调频干扰作用下引信收发相关信道的输出信号（记录时长5 ms），作为噪声类干扰信号样本空间。图6.58和图6.59所示的分别是噪声调幅干扰和噪声调频干扰作用下脉冲多普勒引信基带滤波器输出信号的时域波形和频谱图。

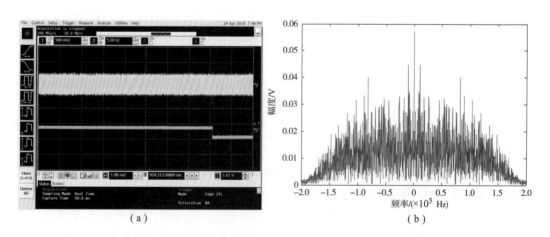

（a）　　　　　　　　　　　　　　（b）

图6.58　噪声调幅干扰作用下脉冲多普勒引信基带滤波器输出信号

（a）时域波形；（b）频谱图

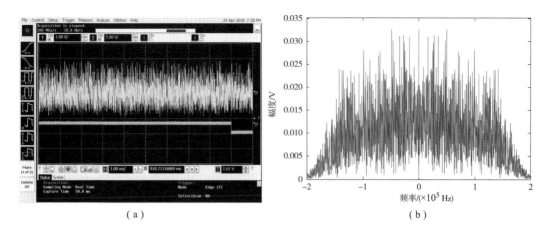

图 6.59　噪声调频干扰作用下脉冲多普勒引信基带滤波器输出信号

(a) 时域波形；(b) 频谱图

对比图 6.58 和图 6.59 可知，目标回波和噪声类干扰信号作用下引信基带滤波器输出信号的频域特征差异比时域特征差异更加明显，目标回波的基带滤波器输出为多普勒频率，噪声类干扰信号作用下基带滤波器输出为宽带噪声频率。为此，可通过提取引信输出信号的频域特征来实现目标信号空间和噪声类干扰信号空间的区分。

(1) 频域信息熵

信息熵的概念由香农在 1948 年首次提出的，被广泛应用于通信领域，它是信息不确定性的度量，可以与不同信号处理手段结合，实现不同信号空间的特征提取。设某一随机变量 $x = \{x_1, x_2, \cdots, x_n\}$，其中，$x_i$ 出现的概率为 p_i，则 x 的信息熵 $H(x)$ 定义为

$$H(x) = -\sum_{i=1}^{n} p_i \log_2 p_i \qquad (6.65)$$

信号的能量越集中，则信息熵的值越小。在信息熵的启发下，本节结合脉冲多普勒引信基带滤波器输出信号的特点，定义了频域信息熵（频域熵）的概念：设信号的频域幅值分布为 $w = \{w_1, w_2, \cdots, w_n\}$，$w_i$ 为第 i 个频率分量对应的幅值，w_i 出现的概率为 p_{w_i}，其中 p_{w_i} 定义为

$$p_{w_i} = w_i^2 / \sum_{i=1}^{n} w_i^2 \qquad (6.66)$$

令 $p_i = p_{w_i}$，代入式（6.65）中，可得到引信基带滤波器输出信号的频域信息熵 H_w。

从图 6.58 和图 6.59 中可看到，噪声类干扰作用下引信输出信号的频域能量分布较为分散，因而其频域熵要比目标函数的频域熵大。为验证频域熵作为区分特征参量的有效性，分别对 200 组目标回波作用下和 100 组噪声类干扰信号作用下引信基带滤波器输出信号进行了频域熵特征的提取。图 6.60 所示为根据提取结果绘制的频域熵分布的

箱线图，表 6.13 给出了频域熵的目标干扰重合率。由统计结果可见，选择频域熵作为提取的特征量可有效区分目标信号空间和噪声类干扰信号空间。

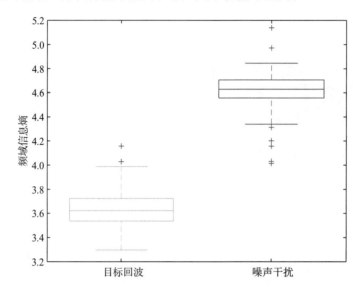

图 6.60　目标和噪声类干扰信号作用下脉冲多普勒引信输出信号频域熵的分布箱线图

表 6.13　目标与噪声类干扰作用下脉冲多普勒引信输出信号频域熵重合率

干扰信号样式	样本数目/个	与目标重合数目/个	p_{or}/%
噪声类干扰信号	100	3	97%

（2）频域峰值比

目标回波作用下引信基带滤波器输出信号频谱图的主峰值出现在多普勒频率处，其余散布频率成分是由目标体目标特性和热噪声造成的，其频域主峰与其他频域峰值分量大小对比明显；但对于噪声类干扰来说，引信输出信号的频域分布分散，存在多个频域峰值点，主峰与其他峰值分量大小对比不明显。因此，可利用目标与噪声类干扰作用下脉冲多普勒引信基带滤波器输出信号的频域峰值比的差异来实现对目标与干扰的区分。频域峰值比 F_{pp} 定义为

$$F_{pp} = \frac{第一峰值}{第二峰值} + \frac{第一峰值}{第三峰值} \qquad (6.67)$$

通过计算得到的频域峰值比分布箱线图和目标干扰重合率分别如图 6.61 和表 6.14 所示。从中可见，频域峰值比作为特征量可有效区分目标信号空间和噪声类干扰信号空间。

表 6.14　目标与噪声类干扰作用下脉冲多普勒引信输出信号频域峰值比重合率

干扰信号样式	样本数目/个	与目标重合数目/个	p_{or}/%
噪声类干扰信号	100	6	94

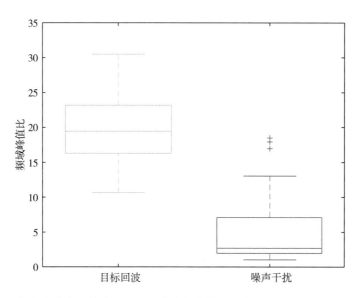

图 6.61　目标和噪声类干扰信号作用下脉冲多普勒引信输出信号频域峰值比分布箱线图

统计结果表明，从引信基带滤波器输出信号频域提取的频域信息熵和频域峰值比可以较为明显地区分出目标信号空间和噪声干扰信号空间。目标与干扰的特征分布差异显著，选择频域信息熵、频域峰值作为区分特征是合理有效的。

2. 模拟回波的"引导式"干扰

模拟回波的"引导式"干扰包括非噪声类的多种调幅、调频及调相干扰信号，它的主要特征是在信号幅值变化、频率变化、多普勒频率等一个或多个方面模拟引信的回波信号特征，与引信发射信号部分相关，利用引信信道保护的漏洞使引信发生误动作。本节选取了 5 种对脉冲多普勒引信威胁较大的典型干扰信号波形作为抗干扰研究的对象，这 5 种干扰信号依次为等幅正弦波调幅干扰信号、等幅方波调幅干扰信号、等幅三角波调幅干扰信号、具有指数增幅特性的正弦波调幅干扰信号和正弦波调频干扰信号。在确定 5 种干扰信号样式后，分别对每种干扰信号作用下脉冲多普勒引信的各级响应特性进行了大量对抗实验。实验中，干扰信号参数（调制信号幅值、载波幅值、调制频率、调制深度、最大调制频偏等）在保证可使引信启动的情况下随机设置，分别记录了 50 组每种干扰作用下引信收发相关信道的输出信号（记录时长 5 ms），作为模拟回波的引导式干扰信号样本空间。图 6.62 ~ 图 6.66 所示的分别是 5 种典型干扰信号作用下脉冲多普勒引信基带滤波器输出信号的时域波形和频谱图。

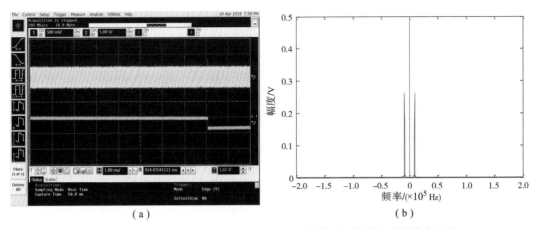

图 6.62　等幅正弦波调幅干扰作用下脉冲多普勒引信基带滤波器输出信号

（a）时域波形；（b）频谱图

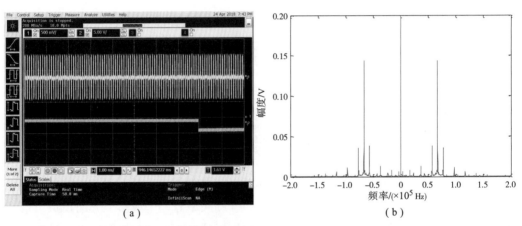

图 6.63　等幅方波调幅干扰作用下脉冲多普勒引信基带滤波器输出信号

（a）时域波形；（b）频谱图

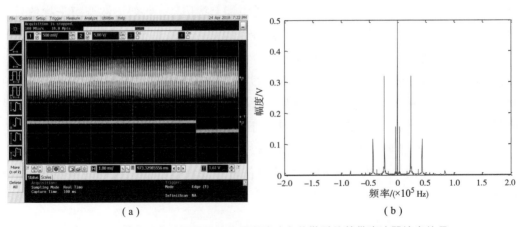

图 6.64　等幅三角波调幅干扰作用下脉冲多普勒引信基带滤波器输出信号

（a）时域波形；（b）频谱图

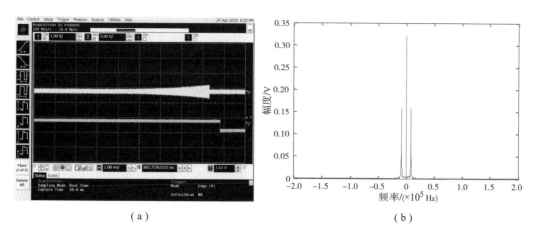

（a）　　　　　　　　　　　　　　　（b）

图 6.65　具有指数增幅特性正弦波调幅干扰作用下脉冲多普勒引信基带滤波器输出信号

（a）时域波形；（b）频谱图

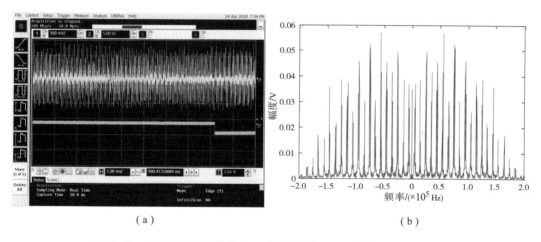

（a）　　　　　　　　　　　　　　　（b）

图 6.66　正弦波调频干扰作用下脉冲多普勒引信基带滤波器输出信号

（a）时域波形；（b）频谱图

从图 6.62～图 6.66 中可以看出，不同于噪声类干扰，5 种典型模拟回波引导式干扰作用下脉冲多普勒引信基带滤波器输出信号的频谱图在调制波形频率处有较大峰值，其他频率分量幅度较小，这与目标回波作用下引信输出信号的频谱图十分相似，仅从信号的频域进行特征提取已难以有效区分目标信号和干扰信号。因此，针对这类干扰，除了频域特征外，还需要结合时域波形提取更多的特征，以实现目标信号空间与模拟回波的引导式干扰信号空间的区分。

（1）时域峰值比

通过对比图 6.62～图 6.66 所示的时域波形可以发现，由于受到弹目距离接近而引起的增幅调制和距离门相关峰包络调制，目标信号作用下脉冲多普勒引信基带滤波器输出信号的包络会逐渐增大，而除了具有指数增幅特性的正弦波调幅干扰信号外，其他 4 种干扰作用下，引信基带滤波器输出信号包络均保持为平稳的状态，其局部峰值点并不会呈现明显的增幅或者减幅，因此可以利用引信基带滤波器输出信号时域波形局部峰值点的比值来对目标和模拟回波的引导式干扰进行区分。为了使峰值之间的区别更加明显，本节将峰值搜索范围设置为任意时刻 t 的 ± 0.25 ms 邻域内，区域峰值必须满足在其邻域内是最大峰值，之后把获得的多个区域内的峰值排序，得到第一峰值、第二峰值、第三峰值，定义时域峰值比为

$$T_{pp} = \frac{第一峰值}{第二峰值} + \frac{第一峰值}{第三峰值} \tag{6.68}$$

通过计算得到的时域峰值比分布箱线图和目标干扰重合率分别如图 6.67 和表 6.15 所示。从中可以看出，大部分干扰信号与目标信号在时域峰值比的分布上有明显差异，但具有指数增幅特性的正弦波调幅干扰由于具有与目标回波类似的局部峰值增长特性，同目标信号特征空间重合率较高。

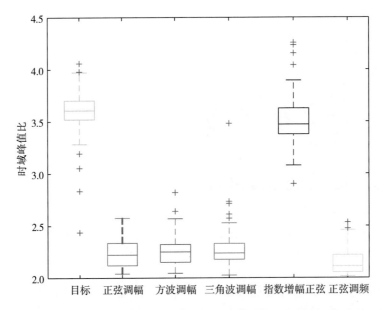

图 6.67 目标和不同干扰信号作用下脉冲多普勒引信输出信号时域峰值比的分布箱线图

表 6.15 目标与不同干扰作用下脉冲多普勒引信输出信号时域峰值比重合率

干扰信号样式	样本数目/个	与目标重合数目/个	p_{or}/%
等幅正弦波调幅干扰	50	3	94
等幅方波调幅干扰	50	4	92
等幅三角波调幅干扰	50	6	88

续表

干扰信号样式	样本数目/个	与目标重合数目/个	$p_{or}/\%$
具有指数增幅特性的正弦波调幅干扰	50	19	62
正弦波调频干扰	50	5	90

（2）增幅速率

从图 6.62 ~ 图 6.66 中可以看到，目标回波作用下脉冲多普勒引信基带滤波器输出信号的时域波形为同时受到随弹目距离接近而引起的增幅调制和距离门相关峰包络调制的正弦波；但对于模拟目标回波的干扰信号来说，一方面干扰信号非脉冲信号，对应输出信号不会产生距离门相关峰包络，另一方面，干扰机与引信的距离普遍较远，因干扰距离变化而引起的增幅调制不明显。因而目标回波和模拟回波引导式干扰信号作用下，脉冲多普勒引信基带多普勒滤波器输出信号的幅值变化率也存在明显区别。为此，选取增幅速率作为区分模拟回波的引导式干扰和目标信号的特征参量，在获得包络检波信号的基础上，利用最小二乘法，求取包络检波幅值满足启动门限时刻的增幅速率 K_p。通过计算得到的增幅速率分布箱线图和目标干扰重合率分别如图 6.68 和表 6.16 所示。

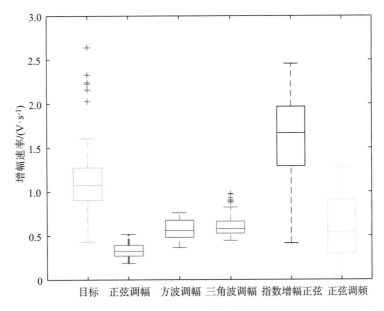

图 6.68　目标和不同干扰信号作用下脉冲多普勒引信输出信号增幅速率的分布箱线图

表 6.16　目标与不同干扰作用下脉冲多普勒引信输出信号增幅速率重合率

干扰信号样式	样本数目/个	与目标重合数目/个	$p_{or}/\%$
等幅正弦波调幅干扰	50	3	94

干扰信号样式	样本数目/个	与目标重合数目/个	p_{or}/%
等幅方波调幅干扰	50	6	88
等幅三角波调幅干扰	50	8	84
具有指数增幅特性的正弦波调幅干扰	50	16	68
正弦波调频干扰	50	9	82

统计结果表明，从引信基带滤波器输出信号时域提取的时域峰值比和从对应包络检波信号提取的增幅速率可以较为明显区分出目标信号空间和模拟回波的引导式干扰信号空间，目标与干扰的特征分布差异显著，因此，选择时域峰值比和增幅速率作为区分特征是合理有效的。

3. 信号特征有效性分析

结合 3 种类型信息型干扰各自不同的特点，本节分别从频域和时域的角度提出了频域信息熵、频域峰值比、时域峰值比、增幅速率作为区分干扰信号空间和目标信号空间的特征量。与此同时，在信号特征的选取过程中，还需重点考虑如下问题：①模拟回波的引导式干扰信号种类很多，而本节仅讨论了对脉冲多普勒引信威胁较大的 5 种典型引导式干扰信号，还存在一些未讨论的干扰信号样式；②本章所构造的干扰信号样本空间是建立在已知引信基本工作参数的基础上的，实际对抗过程中，敌方干扰机并不清楚引信的具体工作参数，因而还会发送一些与引信发射信号不相关的干扰信号，这样某些在当前干扰信号样本空间下不能区分目标和干扰的特征，在面对这些不相关干扰信号时反而变得有效。

基于以上考虑，为进一步提高目标与干扰信号的区分度，除了上述 4 种信号特征外，还从目标函数自身的特点出发，额外选取了引信收发相关信道输出信号的主频率 F_p（频谱峰值点对应的频率）、信号的持续时间 T_{dur} 这两个传统特征量，以及广泛应用在模式识别中的高阶统计量偏度 S 和峰度 K［148，149］作为区分特征参量。其中，偏度 S 和峰度 K 分别是描述了统计数据分布形态的偏斜程度和陡缓程度的高阶统计量，其定义为

$$\begin{cases} S = \dfrac{E(x_i - \mu)^3}{\sigma^3} \\ K = \dfrac{E(x_i - \mu)^4}{\sigma^4} \end{cases} \tag{6.69}$$

式中，E 为数学期望；μ 为随机事件 X 的平均值；σ 为 X 的标准差。由于目标和干扰信号作用下引信基带多普勒输出信号的频域分布存在差异，其频域上的偏度与峰度也会存在一定差异。设 $X = \{x_1, x_2, \cdots, x_n\}$ 为脉冲多普勒引信基带滤波器输出信号的幅

度谱，则根据式（6.69）可计算获得输出信号的频域偏度 S_f 和频域峰度 K_f，作为区分目标与干扰的特征参量。

综上所述，本节针对不同信息型干扰作用下脉冲多普勒引信收发相关信道输出信号与目标函数在时频域的差异性，共提出了可用于区分目标和干扰的 8 种信号特征，依次为频域信息熵 H_w、频域峰值比 F_{pp}、时域峰值比 T_{pp}、增幅速率 K_p、主频率 F_p、信号持续时间 T_{dur}、频域偏度 S_f 和频域峰度 K_f。从给出的统计箱线图和计算的干扰重合率来看，这些特征量在面对各自适用的干扰信号类型时，可以起到较好的区分效果。但这些特征量对其他类型的干扰信号是否还具有好的区分效果，则需要对这些信号特征的有效性做进一步的研究分析才能得知。为此，本节在现有的干扰信号样本空间和目标信号样本空间的基础上，对上述 8 种信号特征的有效性开展进一步研究。图 6.69（a）~（h）分别给出了提取的目标和不同种类干扰信号作用下脉冲多普勒引信输出信号的 8 种信号特征分布的箱线图。

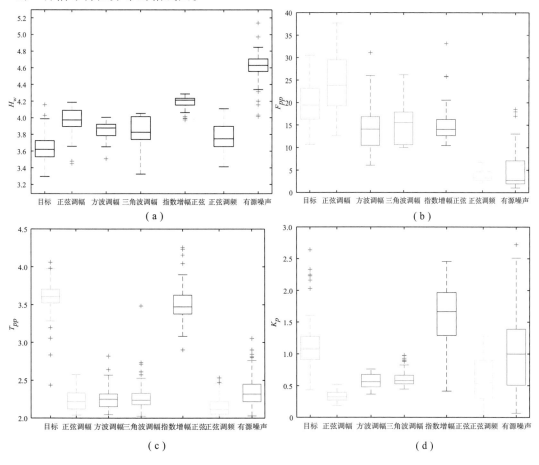

图 6.69　目标和不同干扰信号作用下脉冲多普勒引信输出的 8 种信号特征分布箱线图

（a）频域信息熵 H_w；（b）频域峰值比 F_{pp}；（c）时域峰值比 T_{pp}；（d）增幅速率 K_p

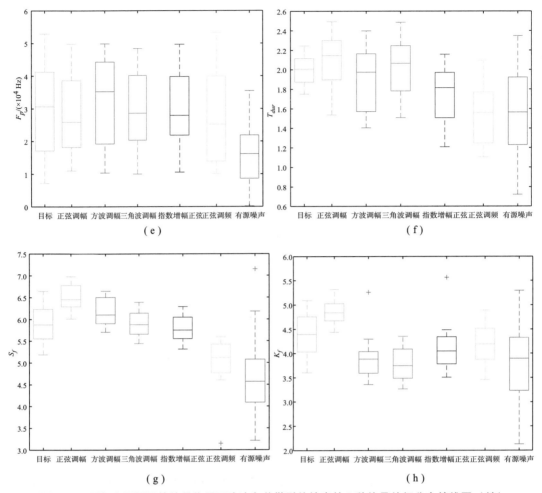

图 6.69　目标和不同干扰信号作用下脉冲多普勒引信输出的 8 种信号特征分布箱线图（续）

（e）主频率 F_p；（f）信号持续时间 T_{dur}；（g）频域偏度 S_f；（h）频域峰度 K_f

观察图 6.69 给出的 8 种信号特征分布的箱线图，可以发现：

①不同的信号特征对同一种干扰信号的区分效果是不同的，同一信号特征对不同干扰信号的区分效果也是不同的。

②单个信号特征对于区分干扰和目标的有效性是有限的，不存在单一的信号特征能把目标同所有的干扰信号完全区分。

③对于当前的干扰信号样本空间，频域信息熵 H_w、时域峰值比 T_{pp} 两个信号特征相对较为有效，其对应区分效果最好。

从以上结论来看，信号特征的有效性是相对的，当面对多种信息型干扰时，仅靠提取一两个独立的信号特征是不可能完全实现引信抗干扰的。为切实提高脉冲多普勒引信信息识别信道的抗干扰能力，需要综合考虑所有信号特征的分布特性，并注重这些信号特征的内在联系。

6.4.2　基于目标联合特征提取的脉冲多普勒引信抗干扰方法

本节从目标回波和不同信息型干扰作用下引信收发相关信道输出信号时频域响应特性的差异性出发，提出用于区分干扰和目标信号的 8 种信号特征，并对这 8 种信号特征的有效性展开研究。研究结果表明，这 8 种信号特征作为分类识别特征的有效性是有各自适用范围的，不存在任何一种信号特征能有效区分所有的干扰信号和目标信号。相应地，信息型干扰信号，除了同目标函数高度一致的 DRFM 干扰信号外，也只能做到某个或某几个信号特征与目标信号类似，不可能做到所有的信号特征都同时与目标函数相同。这就为引信的抗干扰设计提供了途径，为提高脉冲多普勒引信信息识别信道的抗干扰能力，可以综合考虑所有的信号特征，只有同时满足所有信号特征分布的信号才被识别成目标信号，这样就可以成功对抗那些与目标函数相比至少有一维信号特征分布明显不同的干扰信号。

但仅对所有信号特征综合考虑是远不够的，引信目标信号对应的信号特征间实际上是存在内在联系的。倘若选择引信传统的抗干扰措施，其对应的分类识别方法就是阈值界定法，这种分类识别方法人为地把目标信号空间界定在一个规则的方体内，割裂了信号特征间的内在关系，从而造成期望信号空间的扩大，使原本不完全满足目标信号特征的干扰信号进入期望信号空间，引发引信的误动作。

本节提出了基于目标联合特征提取的脉冲多普勒引信抗干扰方法，在提取引信输出信号上述 8 种信号特征的基础上，借助支持向量机构造同目标信号空间一致的期望信号空间，确保只有完全满足目标函数特征的信号才能被识别为目标。这种抗干扰方法与现有采用阈值界定法的抗干扰措施的不同之处，在于它把目标信号空间的不规则区域刻画出来，同时，利用机器学习方法可从数据出发自适应地考虑不同信号特征间的内在联系，因而在脉冲多普勒引信信息识别信道抗干扰设计上有绝对的优势。

1. 基于二分类 SVM 的信息识别信道抗干扰设计方法

图 6.70 所示的是提取信号特征后，基于 SVM 的脉冲多普勒引信目标与干扰信号分类识别流程。从中可以看到，支持向量机作为分类识别工具，其工作过程主要可分为训练和识别两个阶段。在训练阶段，将样本数据作为 SVM 训练输入，得到分类决策模型；在识别阶段，将采集到的信号进行特征提取后，输入训练得到的分类决策模型中，从而完成信号的分类识别。

在引信信息识别信道抗干扰设计过程中，往往会参考引信所面临的主要干扰威胁，并就此对引信进行适应性抗干扰改造。针对这种对干扰信号具有一定的先验知识，同时掌握目标和干扰信号特征的情况，采用二分类 SVM 可充分利用这一部分干扰信号特征信息，从而达到较优的目标与干扰分类识别效果。为此，将提取的目标和干扰信号作用下引信收发相关信道输出信号的频域信息熵、频域峰值比、时域峰值比、增幅速

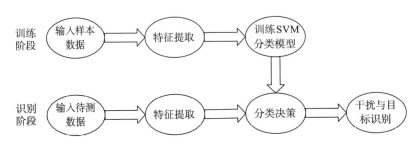

图 6.70　基于 SVM 的引信目标与干扰分类识别流程

率等 8 维信号特征参量作为二分类 SVM 的输入数据，对目标和干扰信号进行分类训练，并就核函数 $K(x_i, x_j)$ 和惩罚因子 C 的选取问题上，通过交叉检验和"网格参数寻优"分别对线性核函数、高斯径向基核函数、Sigmoid 核函数进行参数优化。在二分类 SVM 训练结束后，随机抽取 100 组目标和干扰信号进行 SVM 识别，并以目标识别率与干扰识别率作为衡量分类效果的标准，其中目标识别率与干扰识别率分别定义如下：

$$\begin{cases} 目标识别率 = \dfrac{正确识别为目标数目}{目标总数} \\ 干扰识别率 = \dfrac{正确识别为干扰数目}{干扰总数} \end{cases} \tag{6.70}$$

共进行 100 次实验，取 100 次实验结果平均值作为最后结果，得到二分类 SVM 的分类效果，见表 6.17。

表 6.17　采用二分类 SVM 的分类效果表

核函数	目标识别率/%	干扰识别率/%	最优参数
线性	98.99	99.03	$C = 6$
高斯径向基	99.57	99.36	$g = 0.35$，$C = 0.56$
Sigmoid	99.42	99.45	$g = 0.42$，$C = 0.85$

从表 6.17 中可发现，3 种核函数都取得了很好的分类效果，其中以高斯径向基核函数的效果最好。此外，为了展现 SVM 的分类效果，本章从 8 种特征中举例选取了频域信息熵 H_w、增幅速率 K_p 和时域峰值比 T_{pp} 这 3 种特征作为三坐标系的 x、y、z 轴，以高斯径向基为核函数，得到二分类 SVM 的分类效果，如图 6.71 所示。

可以看出，在高斯径向基作为核函数的情况下，样本完成了从三维空间到高维空间的映射，而高维空间中的分类平面映射到三维空间中也完成了平面到曲面的转换，具有不错的分类效果。此外，在三维特征的情况下，会存在一定的错分情况，而当特征维数扩展到 8 维时，错分率降低，分类效果得到明显提升。

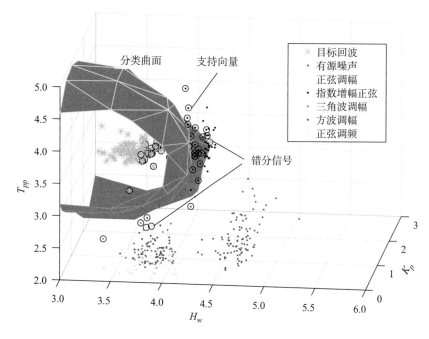

图 6.71 采用二分类 SVM 的分类效果图

由此可见，利用二分类 SVM 的基于目标联合特征提取的脉冲多普勒引信抗干扰方法，针对已有先验知识的干扰信号具有非常强的抗干扰能力。

2. 基于单分类 SVM 的信息识别信道抗干扰设计方法

在现代战场环境中，引信所面临的干扰信号的种类繁多，除了本书着重研究的几种典型信息型干扰信号外，还存在很多未讨论的干扰信号种类，并且在引信信息识别信道抗干扰设计时，也不可能把所有的干扰信号都考虑进来。针对这种无法获得足够干扰信号先验知识的情况，只依靠目标函数信号特征的单分类 SVM 就显得十分有意义。

单分类 SVM 方法最早由 Tax 等人提出，通过描绘出特定类别样本的分布轮廓来建立与异类的分界面。以 Tax 提出的单分类算法为例，如图 6.72 所示，其思想是通过将原空间样本 X_1 映射到高维特征空间，在高维特征空间中用一个适当半径的圆 H_1 圈起，最后将高维空间的圆 H_1 映射回原空间，得到单类分界面 H'。在训练过程中，只需要输入单类样本，不需要提供异类样本，单分类 SVM 就可以完成对本类和异类的识别，其识别准则与标准二分类 SVM 相同。

将 200 组目标回波作用下引信基带滤波器输出信号的 8 种信号特征参量作为输入，在单分类 SVM 中进行训练，将单分类界面用作目标与干扰信号的分类识别，通过交叉检验和"网格参数寻优"分别对高斯径向基核函数、Sigmoid 核函数进行参数优化。在单分类 SVM 训练结束后，随机抽取 100 组目标和干扰信号进行 SVM 识别，以目标识别

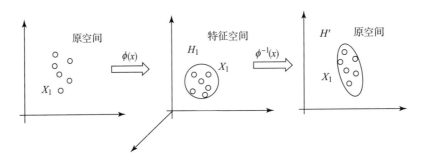

图 6.72　单分类 SVM 算法描述

率和干扰识别率作为衡量分类效果的标准，共进行 100 次实验，取 100 次实验结果平均值作为最后结果，得到的结果见表 6.18。

表 6.18　采用单分类 SVM 的分类效果表

核函数	目标识别率/%	干扰识别率/%	最优参数
高斯径向基	99.77	96.72	$g = 65$，$C = 0.04$
Sigmoid	99.75	96.53	$g = 52$，$C = 0.07$

同二分类 SVM 一样，为方便展示单分类 SVM 的分类效果，本章依旧选取了频域信息熵 H_w、增幅速率 K_p 和时域峰值比 T_{pp} 这 3 种特征作为三坐标系的 x、y、z 轴，以高斯径向基作为核函数，得到单分类 SVM 的分类效果，如图 6.73 所示。

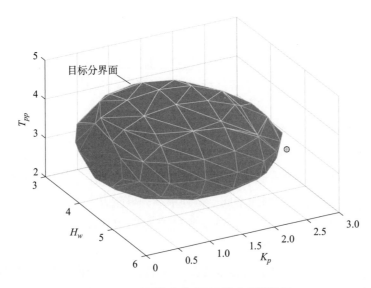

图 6.73　采用单分类 SVM 的分类效果图

从以上结果可以看出，在只有目标信号作为输入训练样本的情况下，单分类 SVM

分类依然取得了较好的目标与干扰识别效果。通过与二分类的分类结果对比可以发现，在单分类情况下，单分类模型取得了较二分类模型更高的目标识别率，但是干扰识别率却有了明显的下降，也就是说，更多的干扰信号被误认为目标信号，这是由于缺乏干扰信号特征信息。单分类 SVM 分界面为了更多地将目标纳入分界面内，一定程度上扩大了分界容限，导致部分与目标特征相似的干扰信号落入了目标分界面内，使更多的干扰信号被误认为目标信号。如果缩小分界容限，虽然会提高干扰识别率，但是目标识别率又会相应地下降，一些边缘分布的目标则会落在分界面外，因此，实际运用中需要在目标识别率与干扰识别率之间寻找一定的平衡。

综上所述，基于目标联合特征提取的脉冲多普勒引信抗干扰方法主要分信号特征信息的提取和目标与干扰信号的分类识别两个环节。其中信号的分类识别环节主要借助支持向量机完成，并根据训练样本的具体情况，来选择使用二分类还是单分类支持向量机。图 6.74 所示的是基于目标联合特征提取的脉冲多普勒引信抗干扰方法的流程图。

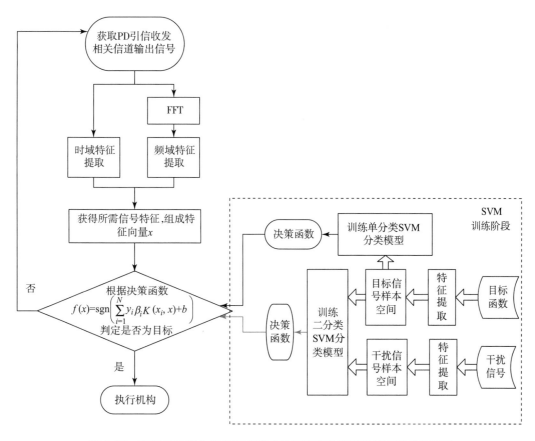

图 6.74　基于目标联合特征提取的脉冲多普勒引信抗干扰方法的流程图

需说明的是，由支持向量机训练生成的决策函数（特别是基于单分类 SVM 分类模型的）所围成的输入空间区域，就是采用目标联合特征提取的脉冲多普勒引信抗干扰方法对应的期望信号空间。提取的信号特征越合理、选择的目标信号样本数目越充分，则该方法对应的期望信号空间与真实目标信号空间越一致，当两者基本相同时，脉冲多普勒引信信息识别信道的抗干扰能力最强。

6.4.3　抗干扰方法有效性验证

在已获训练样本的基础上，本书重新采集了可使引信启动的 100 组目标回波信号和 200 组随机干扰信号（包括噪声调幅、噪声调频、正弦波调幅、方波调幅、三角波调幅、具有指数增幅特性的正弦波调幅及正弦波调频干扰）作用下脉冲多普勒引信基带滤波器的输出信号作为测试样本。在上位机中对测试样本进行时域和频域特征的提取，构成测试样本的特征向量，最后采用基于训练样本训练生成的决策函数来对测试样本进行分类识别。分类结果见表 6.19。

表 6.19　测试样本分类结果

所选 SVM 训练类型	目标识别率/%	干扰识别率/%	备注
二分类 SVM	93	94	核函数采用高斯径向基 $g = 0.35$，$C = 0.56$
单分类 SVM	94	88	核函数采用高斯径向基 $g = 65$，$C = 0.04$

对比表 6.17、表 6.18 和表 6.19 可发现：

①总体来看，基于训练样本构成的决策函数，在对测试样本进行分类识别时，仍具有较好的分类识别效果。

②基于训练样本构成的决策函数对测试样本的分类识别正确率有所下降，这是由于训练样本还不够充分，随着训练样本数目的增多，训练生成的决策函数围成的期望信号空间将会逐步接近目标信号空间，从而使分类识别效果越来越好。

第7章 无线电引信抗干扰性能评估方法

    电子干扰与反干扰是现代战争中敌对双方斗争的重要领域之一。随着电子科学技术的发展，特别是大规模超高速集成电路、高速电子计算机、固态发射器件、激光和光导纤维等新技术越来越广泛地应用于武器系统，电子干扰与反干扰的斗争日益激烈。无线电引信是重要的弹载无线电电子装置，它不可避免地要加入电子战的行列。而无线电引信的抗干扰问题与雷达、通信、制导系统及其他无线电电子设备的抗干扰问题一样，是在这类系统的研究、发展和使用过程中所遇到的最重要的问题之一。另外，随着电子技术的发展及高技术战争的需求，新型无线电引信干扰机不断出现，对引信抗干扰能力提出了越来越高的要求，没有抗干扰能力的引信在现代战场上是没有生命力的，所以，对无线电引信的抗干扰性能进行客观、科学的评价是确保引信有效使用、弹药威力有效发挥的基础与前提。同时，由于无线电引信抗干扰性能评估是引信对抗效能评估的核心问题，是电子对抗技术研究、电子对抗装备论证、研制、试验鉴定过程中必不可少的环节，对于装备作战效能的客观、准确评估和改进完善具有重要意义。因此，如何客观、准确和定量地评价无线电引信对各类干扰的抗干扰能力，是无线电引信技术领域中的重要课题。

    无线电引信抗干扰性能评估的目的在于：通过使无线电引信与干扰设备作为各自独立的系统，并使它们工作于受控制的对抗环境中，动态地测量在对抗过程中无线电引信各方面性能的变化，并以此为依据，判断无线电引信性能是否能够达到预定的战术指标。同时，通过定性定量的实验结果，为装备的研制和改进及战术运用提供科学的指导。具体来说，希望通过对无线电引信抗干扰性能评估方法的研究，达到以下目的：

    ①检验无线电引信系统在现有预计可能的干扰环境下的工作能力。

    ②要求给出的是无线电引信的抗干扰总体效果，同时，也能够研究某一抗干扰措施的采用对于无线电引信抗干扰性能的改善程度。

    ③能够反映出干扰参数的变化对于抗干扰效果的影响。

    ④能够实时测量出抗干扰效果。

    目前，我国在无线电引信抗干扰性能评估方面并没有确定的评估准则和方法。在评估准则方面，虽然开展过一定的研究，提出过各种准则，如功率准则、效率准则、概率准则、信息准则、压制系数准则、线路改善因子准则等，但尚未达成共识，并未建立起科学的、规范的引信抗干扰性能评定准则。

在评估方法方面，由于无法对无线电引信的许多性能进行定量计算，常常采用专家打分法，即由相关的专家根据已有数据和资料，结合专家经验，定性给出无线电引信的抗干扰性能评估结果，且主要停留在"具有一定的（或良好的）抗干扰能力"这一层面上。这种方法由于人为因素影响大，可信性不高，无法用于无线电引信的抗干扰性能评估中。在工程实践中，还常常采用基于靶场"几发几中"模式的评估方法，该方法通过对定型阶段的靶试结果直接统计，给出引信性能的评估结果。由于引信的抗干扰性能受多种不可控随机因素的影响，只有进行大量重复试验才能通过统计方法揭示出引信抗干扰性能的高低，并给出定量评估结果，但是因实弹射出成本和研制时间的限制，无法进行大量的靶场发射试验，这使得传统的评估方法也难以应用到无线电引信的抗干扰性能评估中去，从而难以达到无线电引信抗干扰性能评估的目的。

7.1 无线电引信抗干扰性能评估体系结构

无线电引信抗干扰性能评估体系研究是对无线电引信抗干扰性能评估这一问题进行深入分析，从而找出评估工作的整体思路。无线电引信抗干扰性能评估是多因素决定的系统问题，要抓住无线电引信抗干扰性能评估问题的核心内容，就必须要明晰无线电引信抗干扰性能评估的系统体系。本章从性能评估的一般步骤和希望达到的评估目标入手，讨论无线电引信抗干扰性能评估所面临的困难及评估工作需要解决的核心任务，从而建立无线电引信抗干扰性能评估技术的体系结构。

为正确建立起无线电引信抗干扰性能评估的体系结构，首先应明确性能评估需要进行哪些方面的工作和最终希望达到的具体目标。

7.1.1 无线电引信抗干扰性能评估的主要内容

通常，对一个系统进行评估的具体实施过程一般包含以下几个步骤：

（1）选定评估指标

首先要明确对系统进行评估时，哪些相关的技术指标和操作指标需要被测试或验证，并确定相应的置信区间。

（2）确定评估和测试方法

在明确了评估的具体指标后，需要进一步确定相应指标的测试内容和方法，这时需要考虑预期的测试结果、测试数据的类型和数量、需要开发哪些数据分析工具等。

（3）对各项评估指标的测试

通过应用各项评估指标的测试方法，对各项评估指标进行测试，并收集相关数据用于下一步的性能评估。

（4）建立评估模型并进行评估

将各评估指标的测试结果通过一定方法进行计算、比较和分析，得出评估结论。由于在实际情况中，对一个事物的评估常常涉及多个因素和多个指标，所以往往需要一个合适的评估模型对多种因素和指标进行总的评价，最终得到总的评估结果。因此，此时还需要根据实际情况确定合适的评估模型。

通过以上介绍可以知道，对一个系统进行性能评估，需要对以下主要内容进行研究：

①评估准则及指标的研究和确定。

需要根据所评估的性能要求，设定相应的能反映该方面性能的评估准则和指标或参数，这就要求对影响系统该方面性能的相关理论和措施进行分析，找出相应的评估准则和指标。

②评估方法的研究和确定。

根据评估指标和实验条件确定对各种评估指标的测试方法。

③评估模型的研究和确定。

根据系统的特点建立合适的评估模型，并对模型所需要的各因素进行分析和确定。

7.1.2　无线电引信抗干扰性能评估的目标

一般来说，通过对系统性能评估的研究，最终希望达到以下目标：

①由于系统性能评估大多属于一个涉及多个指标的多目标评估，所以可根据目的不同、已知条件不同、结果展示对象不同，将评估结果（或目标）划分为不同的类或不同的等级，以使评估系统便于实现，具有可操作性，评估结果更易理解，更加具有实用价值。

②所设定的系统性能评估指标必须是定量的或可以检验的，且性能评估指标的设定必须满足通用性与特殊性相结合。通用性是指评估指标在总体上有一个通用性强的完整的指标体系结构；特殊性指的是对采用不同抗干扰措施（一种或数种）的装备或系统均应有其特殊的系列抗干扰指标。

③评估体系所对应的评估对象可以是某一个实体设备、系统或计算机模拟的设备、系统。评估所需参数是系统、设备说明书上给出的或测试所得到的或者计算机模拟所得或兼而有之，评估的比较范围是当前国内外所有该类产品或指定产品。

④评估结果可根据具体目的的不同，分为三种显示结果：

● 各种因素技术指标等级显示（此项可分为几个等级，结果以文字、数据、图形等形式展示或综合展示）。目的是为专业人员提供改进该方面性能的途径和信息，了解被测设备或系统的各技术指标目前在相关领域中所处的相对地位或水平。

● 各单项性能等级显示（结果以文字、数据、图形等形式展示或综合展示）。即将各技术指标分成若干组，再利用相应的处理方法，将各组技术指标转换为一些具体的能力或性质。每个单项能力划分为相应的等级（如可划分为优、良、中、及格、差等五档）。目的是为初级和高级系统总体设计人员提供设备或系统较综合的该方面性能信息。

● 综合能力指数等级显示（如可分为五个等级，即优、良、中、及格、差，结果以文字、数据、图形或综合形式进行展示）。目的是为中级、高级决策人员提供信息。

7.1.3 无线电引信抗干扰性能评估的特点

根据上节的介绍和分析可知，对无线电引信抗干扰性能进行评估也必须完成评估指标、评估方法和评估模型等方面的研究工作。本节从无线电引信抗干扰性能评估所面临的困难出发，分析无线电引信抗干扰性能评估的特点，为明确无线电引信抗干扰性能评估工作的核心内容及正确建立抗干扰性能评估体系打下基础。

1. 无线电引信抗干扰性能评估所面临的困难

由于无线电引信抗干扰问题的实质是无线电引信对目标信号与干扰信号的识别及有效抑制干扰信号的问题，现在之所以没有形成理想的无线电引信抗干扰性能评估理论体系，主要的原因如下：

（1）无线电引信工作体制和工作频率的多样化

无线电引信工作体制繁多，如连续波多普勒、调频、脉冲、伪随机码调相等，造成了探测器（含天线）的多样化。此外，无线电引信工作频率从一百多兆赫兹到几十吉赫兹，探测目标时使用的信号处理方式也千差万别，这就使得衡量的尺度难以统一化。

（2）无线电引信工作环境的不确定性

战场上干扰信号多种多样，无线电引信所处的工作环境非常复杂（战场各种干扰电磁波、海杂波、地杂波等）且是动态变化的，无线电引信在对抗干扰信号的干扰时，并不能控制干扰信号的状态，很难对工作环境的信号进行量化。

（3）无线电引信工作状态的不确定性

无线电引信所探测的目标千差万别，工作时与目标的交会姿态也千变万化，很难对其进行准确描述。

（4）无线电引信工作时机的随机性

无线电引信在探测目标时给出启动信号的过程完全是独立完成的，尽管信号处理方式是预先设定好的，但其启动时机和工作时间取决于引信与目标的相对状态，完全不随人的意志为转移，具有很强的随机性。

正是以上这些因素的不确定性和模糊性，致使评估人员难以抓住共性而提炼出一些通用性、有代表性的，能够反映无线电引信抗干扰性能的有关特征或物理量作为评估指标，很难运用数学的观点来分析各种反映抗干扰特征量的变化与干扰条件（所对抗干扰信号及其状态、环境等的统指）的关系，不好确定其评估方法和评估模型，因而导致评估工作难以开展。

2. 无线电引信抗干扰性能评估的特点

在认识到无线电引信抗干扰性能评估工作所面临的障碍后，结合性能评估工作的内容和目标，分析无线电引信抗干扰评估工作具有以下几个特点：

（1）抗干扰性能评估与干扰目的性结合

任何干扰都有其特定的目的，引信的抗干扰性能反映了引信抵抗该干扰达到干扰目的的能力。因此，评估抗干扰能力要充分考虑干扰的目的，脱离了干扰目的，抗干扰能力就无从谈起。干扰机对引信实施干扰的过程中，干扰机的性能、无线电引信的性能和空间电磁环境等都会影响引信的抗干扰效果。引信的抗干扰能力会反映在引信的工作状态上，即引信的工作能力和有关参数受到损失的情况。也就是说，无线电引信工作状态的变化程度可以表示引信抗干扰能力的大小，而引信的工作状况可以用一定的量值来描述。由此可见，评估抗干扰性能可以从两方面入手：一方面是以特定场景下干扰机对引信实施干扰前后，引信工作情况的变化来评估其抗干扰性能。干扰使得引信的工作情况向着坏的方向变化，这种变化越大，表明抗干扰性能越弱，反之，抗干扰性能越好。测量这种变化往往需要对抗试验。另一方面则是深入分析干扰机、引信及电磁环境的各参数与抗干扰性能的关系，通过考察一些参数来评估实战中引信的抗干扰效果。

（2）抗干扰性能评估的针对性

抗干扰性能评估要针对特定场景下的干扰和抗干扰双方进行。一部干扰机对不同引信实施干扰，各引信的抗干扰效果不同；不同干扰机对同一引信实施干扰的效果也会不同；即便是干扰与被干扰引信双方都没有改变，但它们所处的空间环境有所变化，引信的抗干扰性能也可能会不同。因此，脱离了具体环境的抗干扰性能评估准则和指标，只能一定程度地反映可能的抗干扰性能，并不能完全准确地表达真实电子战作战状态下的抗干扰性能。现有的各种抗干扰性能评估准则和方法都有一定的适用范围和不足，目前来看，尚没有一种能够适用于各种情况下的抗干扰性能评估准则和方法。

（3）抗干扰性能评估的多因素性

长期以来，人们习惯于用一项或几项具体的指标评价抗干扰性能，这些指标从不同的角度出发，抓住了引信对抗过程中的核心因素，在一定程度上反映了抗干扰性能。但是实际上，除去这些指标所包含和反映的干扰对抗因素以外，影响引信抗干扰性能的因素还有很多，而所有这些因素之间的相互关系颇为复杂。可以说，引信的抗干扰性能是诸因素共同作用的结果，抗干扰性能与这些因素均有着某种必然的函数关系，评估时需要较为全面地考虑它们。理想的情况是，列举出所有影响抗干扰性能的因素，并给出它们与最终抗干扰效果清晰的函数关系，那么在对某种场景下的引信抗干扰性能做评估时，只需要将诸因素的量化值代入，即可快捷地得出较为可靠的结果。可是研究表明，这些函数关系往往十分复杂，通常难以用数学表达式明确地描述。另外，如果考虑所有的因素，评估问题将变得十分繁杂，并且目前有些因素的影响本身就难以把握。所以评估过程中只能尽可能相对完备地选取因素集，近似地估计它们与最终抗干扰性能的关系，便能得出相对准确、全面的结果。

（4）抗干扰性能评估的模糊问题

平时习惯用"好"或"坏"来评价某引信的抗干扰性能，但这并不能表达抗干扰性能好到什么程度或者坏到什么程度，甚至很难说清"好"与"坏"的界限在哪里。用模糊数学的观点来说，引信抗干扰性能的这种特性就是模糊性。在引信对抗的过程中，影响引信抗干扰性能的诸多因素，大多具有固有的模糊性，它们之间的关系更具有很强的不确定性和模糊性。因此，在对无线电引信的抗干扰性能进行评估时，应综合考虑各因素之间的模糊性。

（5）抗干扰性能评估准则及指标的可操作性

抗干扰性能评估准则及指标不仅要求理论上可行，还要具有现实的可操作性。评估所需要的诸参数要能够通过测量或其他途径较为方便地获得，并能够运用一定的数学模型得到评估结果。从某种意义上讲，抗干扰性能评估是一个工程性的问题，如果评估准则和方法不能够或难以操作实现，它将不能产生实际效益。比如，理论上讲，效率准则是最适当的评估准则，但它所需要的指标往往需要大量的对抗试验，不易实现，因而其应用大大受限。

（6）抗干扰性能评估准则和指标的检验问题

抗干扰性能评估准则是否适当，评估结果能否与实际情况相吻合，都有待于进一步的检验。由于对问题的研究不够深入，并一定程度地添加了人为的主观性，评估准则或许存在一些问题。实践是检验真理的唯一标准，严格地讲，只有真实的对抗试验结果才是检验抗干扰性能评估准则在典型试验战情条件下的理想途径。在检验中，发现问题后，通过分析找出出现问题的环节，并加以修正或改善，可以逐步完善评估准则，使之能够真正适用于抗干扰性能的评估。

（7）抗干扰性能评估的适应性

抗干扰性能评估是在指定电子作战战情条件下的定量评估结果。因此，必须找到适用于该条件下的评估指标和评估方法，才能客观地给定定量评估结果。

7.1.4　无线电引信抗干扰性能评估的核心任务

在明确了无线电引信抗干扰性能评估工作所面临的困难和特点后，就需要根据评估的特点有针对性地研究无线电引信抗干扰性能评估的主要切入点。可见，无线电引信抗干扰性能评估的研究必须与无线电引信系统的研究同步进行，结合引信系统的特点进行评估，并通过分析无线电引信抗干扰性能评估的解决途径来明确其核心任务。也就是说，要对无线电引信的抗干扰性能进行科学有效的评估，必须完成以下任务：

（1）构建评估体系结构

通过对无线电引信抗干扰性能评估问题的深入分析，找出评估工作的整体思路和流程，确定工作重点和任务。

（2）无线电引信抗干扰性能评估的测度依据

建立起无线电引信的抗干扰性能评估测度依据是评估工作首先要解决的问题。因为"实践是检验真理的唯一标准"，无疑对抗试验是对无线电引信抗干扰性能进行评估的最好手段。那么，如何试验、如何使试验具有统一性和适用性、如何正确理解试验结果等成了关键问题。也就是说，为了客观地反映不同型号无线电引信的抗干扰性能，需要突破各种表象的复杂性，努力寻求一种测度依据，通过测度依据反映出的结果来反映引信的抗干扰性能强弱，即选择评估过程的参照信息，使用参照信息描述引信的抗干扰状况。可见，测度依据即是能够客观反映无线电引信抗干扰性能的各主要因素，这就需要根据无线电引信的干扰/抗干扰措施进行分析和总结。

（3）试验测试、对抗仿真获取有关数据

通过试验和仿真手段获取大量的数据，目的是使测度依据能够量化，根据统计特性，数据越多，反映的量化指标越客观。通过对无线电引信的仿真和实测数据进行分析，获得反映抗干扰性能评估测度依据量化所需的有关数据，评估就是从这些数据出发，选择合适的度量和计算方法获得对抗干扰性能的评估结论。

（4）确定抗干扰性能评估准则

研究无线电引信抗干扰性能，就必须要有相应的评估准则。通常所说的引信的抗干扰性能是指引信的抗干扰能力，即，"在各种干扰条件下，引信保持原有战术技术性能的能力"，而抗干扰性能评估准则是表征抗干扰能力的量度原则和方法。一种引信的抗干扰能力是客观存在的，判定准则则是科学地定量或定性表征它的一种方法或手段，是判断抗干扰能力和制定抗干扰指标的重要依据。

在雷达等其他电子对抗效果的评估中，根据干扰信号样式和被干扰对象种类，曾经提出过多种类型的干扰/抗干扰效果评估准则，如功率准则、概率准则和效率准则等。这些准则是否适用于无线电引信的抗干扰性能评估是需要详细讨论和分析的，并确定出适用于无线电引信的抗干扰性能评估准则，使得抗干扰效果评估准则不仅理论上可行，还要具有现实的可操作性。评估准则所需要的诸参数要能够通过测量或其他途径较为方便地获得，并能够运用一定的数学模型得到评估结果。

（5）构建评估指标体系

为考察无线电引信抗干扰性能的优劣，需定量地考察它的表现，也就是在给定输入时考察它的输出。无线电引信的输出是一个类似于使引信执行级动作的一个信号，而该信号并不能直接说明无线电引信的抗干扰性能高低，因为无线电引信工作时，目标反射波形成的输出信号是与引信工作时弹目做高速相对运动的时空条件密切相关的，这种时空条件形成了目标信号有别于干扰信号的特征，而这些特征（如频率、幅值、作用持续时间等）是否已获得充分应用，决定了引信抗干扰性能的好坏。因此，直接从这样的输出结果判断抗干扰性能优劣是不科学的，而是需要通过一些方法和手段把能够反映引信抗干扰性能的多样的测度依据的量化数据统一化，构造出某个（或某些）物理量作为评估指标，而该物理量必须满足：

①该物理量的生成过程符合逻辑，即满足科学性；

②该物理量的特性与经验现象是一致的；

③该物理量能够反映抗干扰性能的主要特征。

评估指标体系的建立过程就是把能够反映引信抗干扰性能的多样的测度依据的量化数据统一化的过程。根据一系列的量化测度依据建立一系列特征量，每个特征量反映抗干扰性能的一种特征，将这些特征量依据所表述特性归类，进而构成评估指标体系。

（6）确定抗干扰性能评估方法

性能评估方法即是对测试目标进行性能测试所采取的具体操作方法及流程，对无线电引信抗干扰性能评估来说，其评估方法指的是对各评估指标进行测试的方法，其中包括测试条件及设备、测试参数、测试步骤等内容。

（7）构建评估模型

评估指标体系的一系列特征量最终要统一化，本书正是以这个统一化了的结果反映引信抗干扰性能的。要实现这个过程，必须构建评估模型，直接计算评估指标可以获得该指标反映因素的描述性的评估结论，但多数情况下需要有一个综合的结果，于是需要构建合理的、定量化的、通用的评估模型，通过这些模型得出综合评估结果。

（8）试验验证和修正完善

在构建了抗干扰性能评估理论体系后，采用真实的引信产品来验证评估思路、评估理论体系的合理性、可用性，并对其中存在的不足进行修正和完善，达到实用化的目的。

7.1.5　无线电引信抗干扰性能评估的体系结构

根据以上分析，可形成无线电引信抗干扰性能评估的整体思路：在较为客观地定量化表征无线电引信系统所处条件的基础上，建立合理有效的评估准则和评估指标体系，进而根据具体设施情况得到评估方法，然后根据无线电引信抗干扰性能评估的特点建立客观、有效的评估模型。通过评估方法得到各评估指标的具体数据后，利用评估模型得出定量的评估结果。评估结果可以是描述性的，也可以是评价式的，但都是定量化的。在这个整体思路的指导下，建立无线电引信抗干扰性能评估的体系结构，如图 7.1 所示。可见，测度依据的选择和评估准则、指标的确立是无线电引信抗干扰性能评估的基础，建立评估模型是综合测度依据、评估指标得出评估结论的桥梁。

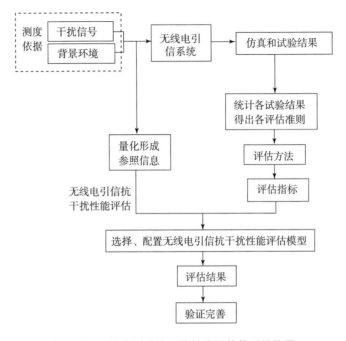

图 7.1　无线电引信抗干扰性能评估体系结构图

另外，从无线电引信抗干扰评估效果的核心任务来看，该体系结构也相当于无线电引信系统的测试平台。通过定量化衡量无线电引信系统的输入，统计无线电引信系统的输出，利用一定的算法给出评估结论。理论上讲，一个通用的无线电引信抗干扰性能评估体系对无线电引信来说是"盲"的，即，不需要了解无线电引信系统的体系结构、抗干扰措施、信号处理方法和工作执行过程等，仅当评估者需要给出引信系统分模块的测试/评估结论时，才会了解被评估系统的结构和处理方法。

7.2　无线电引信抗干扰性能评估的测度依据

为了客观地反映不同型号无线电引信的抗干扰性能，需要突破各种表象的复杂性，努力寻求一种测度依据，通过测度依据反映出的结果来反映引信的抗干扰性能强弱，即选择评估过程的参照信息，使用参照信息描述引信的抗干扰状况。因此，测度依据即是能够客观反映无线电引信抗干扰性能的各主要因素。

要正确找到无线电引信抗干扰性能评估方法的测度依据，首先必须掌握无线电引信的工作特点及各工作特点对干扰和抗干扰的影响，同时，由于引信的抗干扰技术和对引信的干扰技术是一对相互对抗和依赖的矛盾体，抗干扰技术是对一定的干扰而言的，而干扰是指对具有一定抗干扰能力的引信所进行的干扰，离开干扰而单纯讨论抗干扰能力的问题是没有意义的。因此，本节从无线电引信的工作特点、无线电引信的干扰源、无线电引信的抗干扰措施 3 个方面入手，分析各自的机理及特点，从而确定反映无线电引信抗干扰性能的因素和参数，为正确选取无线电引信抗干扰评估准则、指标和方法打下坚实的基础。

7.2.1 无线电引信的工作特点及其对抗干扰性能的影响

无线电引信是利用电磁波环境信息感知目标并使引信在距离目标最佳炸点处起爆战斗部的一种近炸引信。其工作原理是：当弹丸或战斗部接近目标时，引信的信息敏感装置感受目标周围空间电磁场能量的变化，以收集目标信息，通过信号处理器对包含目标信息的信号进行分离、变换、运算和选择处理后，输出激励信号，启动执行级，适时起爆战斗部，以获得最佳引战配合效果。无线电引信从发射波形的结构上，可分为连续波多普勒体制、调频体制、脉冲体制、噪声及跳频体制等；从接收机的工作方式分，可分为自差和外差两种体制。

在实际应用中，无线电引信具有以下特点：

（1）宽频段工作

无线电引信的工作频段可从 A 频段到 K 频段，即从米波到毫米波。同一种引信的选频可以分布在较宽的频段上，加之实战时，通常采用快速连续发射几种不同工作频率的引信，因而引信具有较好的抗瞄准干扰能力。但对于有源干扰的干扰机来说，必须具备宽频带大功率的性能。同时，无线电引信的接收通带较窄，而进入引信接收机的干扰能量与引信接收通带的宽度成正比。

（2）近距离和超近距离的工作特性

引信是弹药终端控制装置，作用距离完全可与目标尺寸相比拟，一般只有几米到几十米，有的还不到 1 m。因此，引信的辐射功率和接收机灵敏度都可以做得很低。尤其是具有距离截止特性的引信，要求接收机输出对截止距离外的信号迅速衰减，增加了引信的抗干扰能力。针对干扰机来说，实施对引信的干扰，干扰功率更需加大，增加了侦收和干扰的难度。

（3）工作的动态特性及瞬时性

无线电引信大都具有远距离接电装置，只有当弹丸与目标非常接近时，引信才通电工作。因此，引信工作时间极短，一般只有几秒，导弹引信工作时间则更短，有的甚至不到 1 s。在弹目交会中，目标信号的持续时间仅为 10 ms 到几十毫秒。此工作特点加大了干扰机对无线电引信参数的侦收和实施干扰的难度。

（4）执行工作的一次性

无线电引信通常设置有受门限电路控制的执行级，由于执行级为一次性工作，只要干扰电平超过引信启动门限一次，即可引爆战斗部。此特点决定了引信必须具有特别低的虚警概率和高的可靠性。同时也说明引信在抗干扰方面有其脆弱性。

（5）弹目间高速相对运动特性

由于弹目间存在高速相对运动，引信天线辐射的电磁波照射区域随着弹丸一起运动，在弹目相距较远时，天线方向图不易对准目标，给实施干扰带来一定困难，当目标距离接近时，引信天线方向图覆盖目标，这时引信虽然易受干扰，但引信已接近目标的危险区，干扰机有可能达不到干扰的目的。

（6）引信体积小、质量小、可靠性高的性能

配装在炮弹或导弹上的引信，要求体积小、质量小、可靠性高，要使引信采取比较复杂的抗干扰技术或措施受到很大的限制，技术难度也较大。

（7）多发齐射或连射的特性

无线电引信所配用的弹药或子弹药往往可以多发齐射或连射，选择的引信参数有一定的散布，增加了干扰的难度。

综上所述，引信是一种大量消耗和一次性使用的弹载装置，其外形、体积、质量和价格都要受到严格的限制，因此，不可能采用复杂昂贵的技术手段来提高其抗干扰能力；另一方面，它又要利用尽可能简单的探测装置来获取目标信息，这一点又决定了它容易受到外界扰动的影响。因此，无线电引信的工作特点对其抗干扰既有有利的一面，又有不利的一面，这些因素共同决定了无线电引信的抗干扰性能。

7.2.2　无线电引信干扰源及其特点

1. 无线电引信的干扰源分类

无线电引信的干扰源是指能扰乱或破坏引信的正常功能，使之失效或发生早炸的所有因素。通常人们把无线电引信的干扰源分为内部干扰和外部干扰。

内部干扰是指无线电引信自己产生的干扰，包括引信的热噪声和弹丸在发射与飞行过程中，在各种力的作用下，使引信结构零件、电子元器件和电源等发生的振动与产生的噪声，以及线路中开关接电或断电所产生的瞬变过程等。由于无线电引信接收机灵敏度不高，热噪声对其影响一般可以忽略，但机械振动噪声，尤其是电子元器件和电源的噪声是不能忽略的，一般在弹道初始阶段较大，经过放大后，就能产生足够大的信号使引信发火，引起无线电引信的弹道早炸。

外部干扰分为自然干扰和人工干扰两大类。自然干扰指由自然现象和物理现象产生的干扰。如宇宙天电干扰、工业电磁干扰、电子设备和同频干扰，以及地海杂波、云雨、雷电干扰等。

人工干扰指人为制造的干扰，分为无源干扰和有源干扰两大类。无源干扰又称为消极干扰，既不产生电磁辐射，也不放大电磁辐射，而是利用人工制造的电磁能反射

物体，通过反射信号而产生干扰，使引信发生早炸，也可以是利用一定技术措施人为改变无线电波的正常传播条件而造成干扰。无源干扰的方法主要有以下几种：抛撒金属偶极子云反射体、投放假目标反射体、利用隐形技术等。

对无线电引信进行有源干扰的技术途径是首先侦察出引信的工作频率和信号特征，然后利用干扰机产生相应频率和信号特征的波形，以模拟真实目标的有益信号，使无线电引信早炸或使引信在起爆区和理想起爆区失效，使战斗部不能杀伤目标。常见的人工有源干扰有压制式干扰、回答式欺骗干扰等。其中压制式干扰是干扰方用强大的干扰功率压制破坏引信接收机的工作，或使引信产生虚警而"早炸"；或使引信接收机输出信噪比降低，造成引信对目标的探测困难，甚至失去目标信息，从而使引信"瞎火"。压制式干扰是目前广泛采用的干扰形式。根据干扰方式不同，压制式干扰分为阻塞式干扰、瞄准式和扫频式干扰。回答式欺骗干扰的特点是干扰机接收引信的射频信号并对其进行分析，然后将信号放大或用来调准干扰机振荡频率，经适当调制和功率放大后再转发给引信，从而使引信"早炸"，因而又称之为转发式干扰。其具体分类如图 7.2 所示。

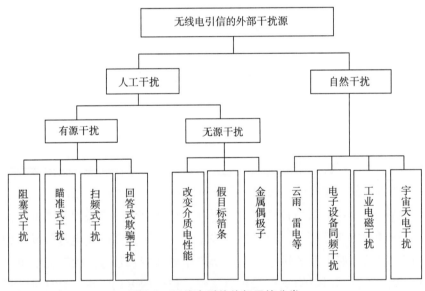

图 7.2　无线电引信外部干扰分类

2. 无线电引信有源干扰及其特点

由于研究目标是无线电引信对人工有源干扰的抗干扰性能评估，因此这里对各有源干扰的特点进行分析。

（1）阻塞式干扰

阻塞式干扰是发射宽频带的干扰信号，因此可对频带内的引信同时进行干扰。为此，要求干扰机发射宽频谱的大功率干扰信号，其功率与阻塞的带宽成正比。即在频域上，干扰频率要覆盖信号频宽，当信号有载波时，干扰载频要准确瞄准信号载频；在时域上，干扰时间要覆盖信号时间，干扰时间是随机的，其统计结构应和信号结构相近；在电平上，要求干扰信号的电平比足够大，以抑制目标信号的接收。这种干扰的最大特点是干扰信号易于产生、实施干扰快、对引信危害大、不需要侦察设备。由于引信工作时间短、隐蔽性强、不易侦察，因此阻塞式干扰成为对引信实施干扰的一种重要方式。这种干扰的不足之处在于干扰带宽太宽，需要强大的干扰功率，因而其结构也较为复杂。为克服这种不足，可采用频率导引阻塞干扰，即窄带阻塞干扰同侦察接收相结合，在大致侦测出引信工作频率或频带后，把窄带阻塞干扰频率引导到侦察到的频率上，从而降低干扰机的输出功率。

（2）瞄准式干扰

瞄准式干扰是在接收引信辐射信号的基础上，将干扰频率对准引信工作频率，并将其功率集中在一个略大于引信工作频带的频率范围内。与阻塞式干扰相比，瞄准式干扰具有如下优缺点：

优点：所需干扰功率小；设备简单；工作效率高，灵活性大。

缺点：为进行有效干扰，需要一定的时间预先侦察和引导，因此有可能漏掉被干扰目标；在同一时间内只能干扰一个工作频率上的引信，难以同时对付多种工作频率的引信。

（3）扫频式干扰

扫频式干扰是发射等幅或调制的射频信号，其载频以一定速率在很宽的频率范围内按照一定的规律做周期变化。当频率扫过引信通带时，就可使其"早炸"。干扰信号在引信接收机的持续时间 Δt 为：

$$\Delta t = \frac{\Delta f}{k} \tag{7.1}$$

式中，Δf 为引信带宽；k 为扫频速率。

显然，当 Δt 大于或等于引信积累时间，以及干扰信号功率大于引信启动灵敏度时，引信才会启动。不难看出，扫频范围越宽，工作在不同频率的引信受干扰的可能性越大，但扫频过宽，而扫频速度不变，则扫频周期就越大，单位时间内引信受干扰的概率就会降低。又由式（7.1）可知，扫频速率又不能太快，否则，若 Δt 小于引信积累时间，则干扰对引信不起作用。因此，扫频干扰很难对付具有不同积累时间的引信。但扫频干扰容易实现对多目标的干扰，因此频率粗引导加慢扫频的干扰样式在早期的引信干扰机中也有较广泛的应用。

（4）回答式欺骗干扰

由于回答式欺骗干扰是干扰机接收引信信号并放大和调制后再转发给引信，使引信"早炸"，因而具有如下优缺点：

优点：干扰功率利用率高，干扰效果强。

缺点：在转发过程中，不可避免地会产生信号延时，因此，具有去周期性的引信能有效地对抗这种干扰。

由以上分析可知，干扰机要对引信实施有效干扰，必须同时满足能量条件和信息条件，具体表现在三个方面：一是干扰机必须具有足够大的功率，以便在它的作战空间范围内，能在引信的电路中形成足够大的干扰信号；二是干扰机的干扰频率必须落在引信的接收通带以内；三是对引信实施干扰时，在引信电路中所激励起来的干扰信号必须具备引信引爆控制信号的特征。

7.2.3　无线电引信的抗干扰措施

引信抗干扰性能是指在各种干扰条件下，引信仍能保持其正常工作的能力。早期的引信抗干扰性能设计主要是抵抗自然干扰和引信自身的内部干扰，随着针对引信的干扰机的出现和高新技术在无线电引信上的应用，引信的抗干扰性能有了大幅度提高和长足的发展，在探测器和信号处理方面采取各种措施来提高引信抗干扰能力。从目前的技术状态看，提高引信抗干扰的技术途径，有诸如采用特征数较多的信号做调制波形，以提高引信工作隐蔽性，采用扩频或捷变技术，迫使干扰机工作在较宽的频带范围内，减小了干扰机的功率谱密度；在信号处理方面，主要采取了相关检测、频率选择、时序选择、信号幅值检测、带外闭锁和大信号闭锁、增幅速率检测等技术中的一个或几个措施，这些措施使引信具备了抗某种或某类型干扰机的能力。

针对当前国内外引信干扰机干扰机理和引信的自身工作特性，提高引信抗干扰的策略主要是尽可能使引信的回波信号不能被模拟，同时，尽可能准确区分干扰信号和回波信号。引信的抗干扰措施分为战术运用和技术运用抗干扰两个方面，这里根据研究需要，主要从技术角度对无线电引信的抗干扰措施进行论述。无线电引信抗干扰的技术途径主要有：

①提高引信工作的隐蔽性，给干扰机侦察引信的频率等参数造成困难，使其难以进行有效干扰（目前瞄准式或回答式干扰机均是在探测引信频带后，在辐射射频信号上加一低频调制信号来模拟目标回波信号）。

②用直接影响干扰机的方法降低干扰强度。

③改善引信接收机信号检测和信号处理性能，提高引信从干扰中提取有用目标信号的能力。

④优化引信调制波形设计。

下面针对以上技术手段对引信的抗干扰措施进行分析。

1. 提高引信工作隐蔽性的主要措施和方法

用来提高引信工作隐蔽性的主要措施和方法有：

（1）引信工作时间段的选择

弹丸发射之后，在空中飞行的这一段时间内，采取定时措施使引信在此期间呈现"休眠"状态，即在预定的时间内引信高频探测电路和低频信号处理电路不工作，在引信到达目标区时，由定时电路给出使能，引信高低频电路开始工作。该方法使引信受到干扰的时间大为减少，同时也很大幅度地减少了引信的能耗。

（2）信号调制波形的选择

采用随机噪声或非周期，且特征数较多的信号做调制波形。一般来说，调制信号的特征数越多，信号的隐蔽性越好，干扰机接收和复制的困难越大，实施干扰越困难。如随机噪声调频引信，其采用非周期的随机噪声，通过非线性限幅积分后，进行线性调频，获得发射信号。

（3）采用频率自适应调整技术

当引信受到干扰时，自动将引信工作频率调制到干扰频率和功率的缺口上。

（4）采用低旁瓣的尖锐方向性天线

采用窄波束和低旁瓣的尖锐方向性天线，不仅缩小了引信向空间辐射电磁波的范围，也使在弹目交会中，干扰机难以从引信天线主瓣范围侦收引信工作信号并实施有效干扰。

2. 迫使干扰机降低干扰功率采用的措施

无线电引信迫使干扰机降低干扰功率而采用的措施主要有以下两点：

①采用扩频或捷变频技术，迫使干扰机工作在较宽的频带范围内，降低了干扰机的功率谱密度。

②引信发射诱饵假载频，使敌干扰机对准诱饵假频率，弹目交会时，引信才工作在真频率上。

3. 提高引信发射功率和天线增益

对任何一种干扰，无论从提高引信工作时的信干比，还是从抗干扰功率准则出发，增加引信发射功率和天线增益，都是提高引信抗干扰性能的有效办法。具体的措施有：

①利用功率合成技术提高发射功率。

②采用频谱扩展技术，利用提高平均功率的方法获得较大的信干比。

③采用脉冲和脉冲多普勒引信体制，使引信获得较大的峰值功率。

④采用低旁瓣、高效率的窄波锐方向性天线技术。

⑤采用波控技术，既可使引信天线具有波束窄增益高的特点，同时也使波束具有按交会姿态自动调整的特点。

4. 提高引信距离和速度的选择能力

从引信抗干扰角度出发，要求引信具有良好的截止距离和速度特性，依据这种特性使引信对预定距离和速度范围之外的信号具有较强的抑制作用。引信的距离截止特性与发射机的调制波形有关，对调制波形进行优化设计，可以获得良好的甚至是理想的距离（速度）截止特性。

在多种体制中，脉冲多普勒引信具有很好的距离截止特性和良好的速度分辨能力。但脉冲多普勒引信为了避免速度测量的模糊性，必须采用高重复频率，从而使引信的模糊距离减小，抗干扰性能下降。伪随机码引信也有很好的距离截止特性和一定速度分辨能力，其采用相关接收技术，对杂波干扰具有较强的对抗能力，但伪随机码引信距离截止特性的基底不为零，因此，位于非相关区的强转发干扰和强背景干扰仍可能使引信"早炸"。因此，结合两种信号的优点，为增大模糊距离和减小距离截止特性的基底影响，可采用伪码和多普勒脉冲引信复合调制的引信技术。

5. 信息处理抗干扰技术

信号处理抗干扰技术是根据引信与目标交会的特点，把有用信号从干扰中分离出来，或者减少引信受干扰的时间。典型的技术措施有以下几种：

（1）增幅速率选择抗干扰技术

该技术适合处理进入信息处理中的连续波信号，其原理是利用目标反射信号和干扰信号幅度增加速度不同来进行识别。其原理图如图 7.3 所示。

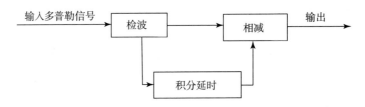

图 7.3　增幅速率选择的抗干扰电路原理图

输入的多普勒信号经幅度检波后被分为两路：一路经积分延时送到相减器一端；另一路直接到相减器与延时信号相减。根据弹目交会情况，对延时进行优化设计，可使引信有效对抗阻塞干扰。

（2）双通道多普勒检测抗干扰技术

该技术将引信的多普勒信号分为两个通道：一个通道为正常工作的多普勒信号通道；另一个通道的滤波通带频率高于正常通带，且带宽约为正常通带的两倍，称为辅助通带，两通道在模拟开关的控制下交替工作。辅助通带放大器的增益略大于正常工作通带。没有干扰时，接收信号是目标信号，多普勒信号的频带在正常通带的带宽内，则在双通道交替工作的过程中，目标回波信号总能够通过高频电路进入低频电路中，只有正常通带工作；当受到干扰时，由于干扰信号频谱较宽，致使正常和辅助通带都有类似的多普勒信号出现。因辅助通道的增益较高，故在电平检测电路中辅助通道的比较电平很快建立起来。两路信号经比较电路后，可避免因正常通道信号大于基准比

较电压 U 而使引信启动，当干扰信号消失时，由于辅助通道检测电平的下降需要一定时间，从而避免了因干扰突然消失而引起的"早炸"危险。

（3）信号积累抗干扰技术

引信大多采用具有储能作用的惯性电路。设置信号积累电路，干扰信号要干扰引信，至少必须满足以下条件：

①干扰或噪声尖头信号的持续时间必须大于积累电路的积累时间；

②干扰或短暂噪声信号串必须足够长；

③干扰信号在幅度上必须达到足够电平。

因此，信号积累电路能较好地对抗单个脉冲干扰及扫描式干扰。

（4）信号特征识别抗干扰技术

信号特征识别抗干扰技术，主要是利用弹目交会时回波信号的特征及发射信号的先验信息，把有用信号从干扰中分离出来，或把干扰剔除。目前的处理方法主要有以下几种。

①信号增幅速率和时间特征识别电路。

其识别电路的原理图如图 7.4 所示。当弹目交会时，目标进入引信天线主波束，回波信号迅速增大，增幅速率选择电路输出较强的信号，当其大于比较器的基准比较电平时，比较器翻转并输出高电平；反之，当增幅速率选择电路输出信号幅值低于比较电平时，比较器输出又回到低电平。比较器的输出加到与门电路，只有当脉冲产生器产生的频率和幅度恒定的脉冲，与比较器输出的高电平同时加到与门输入端时，与门才有脉冲输出，此时积累电路才开始积累。如果增幅电路输出信号足够长，则积累电路对脉冲的积累时间也越长。当积累电平达到引信启动门限时，引信启动。由于被积累的脉冲幅度和频率恒定，故达到启动门限电平的积累时间是确定的。因此，只有当增幅速率选择电路的输出幅度合适，宽度大于积累时间时，引信才可能启动。对于干扰信号，由于其增长速率缓慢，其输出却能够使比较器翻转，或即使翻转（如尖头噪声信号），但持续时间很短，积累电路难以达到启动门限电平，故消除了尖头噪声干扰。为避免尖头信号可能造成的长时间积累使之有可能达到门限电平，可增加一个分频电路，使其每隔 2 ~ 4 s 便输出一个清除脉冲，对已积累的电平予以清除，从而减小或消除了离散尖头信号的影响。

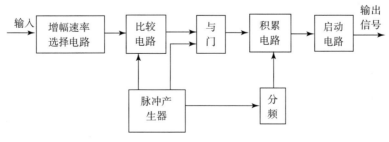

图 7.4　增幅速率和时间特征识别电路原理图

②回波信号周期识别电路。

回波信号周期识别电路主要利用发射信号周期这一先验信息。其原理图如图7.5所示。此电路特别适用于脉冲或伪随机脉冲调制的引信系统。它由一个脉冲周期选择和积累电路组成。来自视频放大器的脉冲一路输出到脉冲周期鉴别器，另一路输送到脉冲积累电路，当脉冲周期 T 满足给定的范围 $T_0 < T < T_1$ 时，鉴别器输出低电平，不影响信号积累；当不满足上述要求时，鉴别器输出高电平，将已积累的电压清除，从而起到抗干扰的作用。

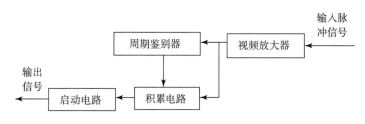

图7.5　脉冲周期特征识别电路原理图

③回波信号的频谱识别。

对于对空目标无线电引信，在引信与目标不断接近的过程中，两者的相对速度是不断变化的，由此使产生的多普勒信号频率不断减少，通过检测接收信号的频率变化，就可以区分出目标信号和干扰信号，并据此进行炸点控制。另外，由于引信在目标近区工作，受到目标运动部件的调制作用，使目标回波信号频谱存在固有的特性。充分利用交会时目标信号的特有频谱特征使之与干扰信号分开，是引信抗干扰技术发展的趋势。

无线电引信抗干扰技术应充分利用诸如引信发射信号和目标回波信号的时间、频率、幅度、空间等各种信息，并以此区分干扰信号和目标信号。

7.2.4　测度依据的选取

由以上分析可知，无线电引信在工作时，目标反射回波在接收机中形成的输出信号是和引信工作时弹目做高速相对运动的时空条件密切相关的，正是这种时空条件形成了目标信号有别于干扰信号的特征。这些特征是否已获得充分应用，就决定了引信抗干扰性能的好坏，这些特征有频率、幅值、作用持续时间等。正是这些识别特征，使得无线电引信具备了一定的抗干扰能力，可以基于这些特征对无线电引信抗干扰性能评估的测度依据进行选取。

无线电引信的探测过程就是在各种干扰条件下提取有用信息的过程，也就是在含有各种信息的信号中"选择"有用信号的过程。所以无线电引信的抗干扰措施也就是各种"选择"的方式和方法，根据对信号选择的深入程度，可大致分为"一次选择"和"二次选择"。所谓一次选择，是指通过引信系统各个功能模块，使有用信号从包括干扰信号的混杂信号中"选"出来；而二次选择是指从对应的信号中检测出信号的有关参数，包括自适应和全部利用信息等内容。一次选择包括从引信的各个环节提取有用信号的方法，可以包括空间、极化、频率、相位、时间、幅度、信号结构及几种方式的中和选择。二次选择主要是检测对应信号的参数，这些参数多是在引信发射信号时的编码过程中形成的。因此，无线电引信抗干扰能力试验就可以从以下几个方面考虑：空间、时间、能量、频率、信号结构、极化等。

归纳来说，反映无线电引信信道保护能力的参数主要有以下几个，干扰参数只有满足以下几个条件时，才有可能突破引信的信道保护。

①干扰方式：干扰方式包括有效的干扰样式和干扰波形。干扰信号作用的干扰样式包括阻塞式、瞄准式、扫频式和回答式干扰等，干扰波形包括调频、调幅、调相、噪声和复合波形等，要求波形的频率和幅度必须满足一定条件干扰信号才可能有效。

②能量条件：能量要足够大，引信接收到的干扰功率必须不小于引信正常作用时接收到的回波功率，干扰信号才能有效。而决定能量的参数包括引信的启动灵敏度、干扰机的辐射功率、干扰机和天线的极化、增益和方向性等，干扰信号只有满足一定的能量条件，才有可能突破引信的物理场保护。

③空间条件：干扰信号能否干扰引信与干扰机和引信的相对位置关系很大，要反映真实的实战情况，就必须考虑干扰机与引信在真实对抗时的相对位置和状态。因为在实战中，干扰机都是为保护一定区域而布站的，并且干扰距离一定要保证在绝对安全距离之外（通常在几百米开外），同时，引信的来向和速度也都是不同的，所以干扰信号只有在空间上与引信在相对位置、干扰距离和引信的动态特性与真实战场状态一致时，研究干扰信号的有效性才有意义。

④时间条件：时间条件也是决定干扰效果的一个重要因素，引信工作的瞬时性决定了干扰信号的转发引导时间要足够快，干扰信号才有可能突破引信收发相关的信道保护，因为引信的工作频率是在一定范围内是变化的。此外，干扰信号对引信的作用时间也必须足够，不小于引信正常作用时回波信号的作用时间。

也就是说，把反映无线电引信系统抗干扰性能的一级因素分为 4 个：干扰方式、干扰能量、干扰时间和干扰距离，每个一级因素又包含数个二级因素，则反映无线电引信抗干扰性能的因素集也就是测度依据可详细表示为图 7.6 所示。

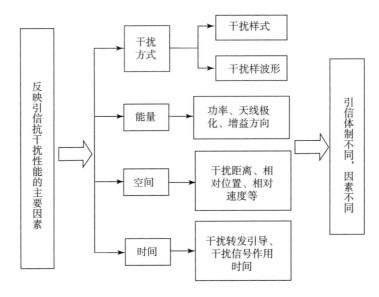

图 7.6 反映无线电引信抗干扰性能因素框图

7.3 无线电引信抗干扰性能评估准则、指标和方法

评定无线电引信的抗干扰性能是指在指定干扰条件下，对被检测引信采取抗干扰措施的定量评估结果，必须研究确定其评估准则、评估指标和测试评估方法。这里首先对 3 个需要重点分析的基本概念和参量进行说明，即抗干扰能力、抗干扰性能判定准则和抗干扰指标。通常所说的抗干扰性能是指抗干扰能力，它定义为"在各种干扰条件下，引信保持原有战术技术性能的能力"；抗干扰性能评估准则是表征抗干扰能力的量度原则，一种引信的抗干扰能力是客观存在的，评估准则则是科学地定量或定性表征它的一种方法或手段；抗干扰指标则是人们根据敌对双方的斗争态势、科学技术的发展状况和趋势、本国现有科技水平等多方面的因素人为制定的某种指标，它根据不同的战略阶段有所变化和发展。显然，三者既有区别又有联系，而抗干扰性能评估准则却是判断抗干扰能力和制定抗干扰指标的重要依据，根据这些判定准则，可以测试和找出无线电引信的一些抗干扰特性指标和参数，从而确定无线电引信抗干扰能力的评估方法。

7.3.1 无线电引信抗干扰性能评估准则

抗干扰评估准则的确立是分析无线电引信在干扰存在的情况下各种性能参数变化的前提。

1. 确立无线电引信抗干扰性能评估准则的原则

确定评估准则的原则是科学、合理、全面、便于实现。为保证无线电引信抗干扰性能评估结果的正确性和科学性，必须针对无线电引信抗干扰的特点采用正确的评估准则，其具体要求如下：

①准则需反映出不同干扰措施对于无线电引信接收效果的影响，包括无线电引信采用抗干扰措施前后干扰效果的变化。

②能反映出干扰信号各参数（干扰信号类型、功率、时间等其他参数）对引信干扰效果的影响。

③能够适用于对采用不同抗干扰措施的无线电引信进行抗干扰性能评估。

④能反映抗干扰效果的动态变化过程。

2. 无线电引信抗干扰性能评估准则选取

根据无线电引信抗干扰性能评估准则的选取原则和测度依据，通过分析各干扰/抗干扰效果来选取适用于无线电引信抗干扰性能的评估准则。首先对几种常用的评估准则进行介绍，分析其特点，据此选出适合无线电引信抗干扰性能评估的评估准则。

（1）信息准则

信息准则是从信息的角度出发，认为无线电引信的工作过程实际上是一个信息的传输过程。在引信的回波信号中包含目标信息，引信通过对回波信号中目标信息的提取来获得目标的各种参数值。因此，引信回波信号中含有的目标信息的多少决定了引信对目标探测能力的大小。信息准则正是从这个观点出发，用干扰前后引信信号中所含有的目标信息量的变化来衡量抗干扰效果。

根据探测系统类型和干扰样式的不同，可以采用不同的信息准则。对于目标搜索和指示性探测系统来说，遮盖性干扰必须包含不确定性成分，并且干扰信号的不确定性越大，干扰效果就可能越好。众所周知，熵是随机变量或随机过程不确定性的一种测度，所以可以用干扰信号的熵来估计干扰信号的品质。根据定义，随机变量（干扰信号）J 的熵 $H(J)$ 为：

$$H(J) = -\sum_{i=1}^{n} P_i \lg P_i \tag{7.2}$$

离散随机变量 $\boldsymbol{J}$ 的有限全概率矩阵为：

$$\boldsymbol{J} = \begin{pmatrix} J_1 & \cdots & J_n \\ P_1 & \cdots & P_n \end{pmatrix} \tag{7.3}$$

式中，J_i 为随机变量的数值，$i = 1, 2, \cdots, n$；P_i 为随机变量出现的概率。

遮盖性干扰信号的熵越大，干扰信号品质越好。用熵表示随机变量的不确定性很方便，只要知道随机变量或随机过程的概率分布即可求出熵。引用熵作为遮盖性干扰的品质特征，在估计干扰信号的潜在干扰能力时，可以不管被干扰设备对它们的处理方法。

如果随机变量是连续分布的，那么它的熵可用概率分布密度表示，即

$$H(J) = -\int_{-\infty}^{+\infty} P(J) \lg P(J) dJ \qquad (7.4)$$

多维随机变量的熵可用多维概率分布密度表示：

$$H(J) = -\int_{-\infty}^{+\infty} \cdots \int_{-\infty}^{+\infty} P(J_1, \cdots, J_n) \lg P(J_1, \cdots, J_n) dJ_1 \cdots dJ_n \qquad (7.5)$$

对于欺骗性假目标干扰信号的品质，也可用类似的方法描述，采用真目标和假目标的条件熵之差来度量，但是必须知道它们的统计特性。

可见，对于干扰来说，信息准则通过计算干扰信号的熵来评价它的品质，进而估计可能产生的干扰效果，运算简单，理论清楚，但需要知道干扰信号的概率分布，有时候这并不容易做到。信息准则只能评价干扰信号本身的优劣，评估一种潜在的干扰能力，并没有考虑探测系统的抗干扰措施等其他一些影响最终干扰效果的因素，因此评估结果并不能准确地反映真实的干扰效果。对于抗干扰来说，信息准则一般计算先验概率的熵与干扰前后验概率熵的差值，从而描述抗干扰效果，后验概率越大，即后验熵越小，抗干扰效果越好。但是，要计算功率熵的差值，必须先给定目标的先验概率。实际上，无线电引信是无法给出目标的先验概率的，因此，虽然信息准则是最科学的，但实际上是无法计算的，也是无法测量的，故不适合无线电引信的抗干扰评估。

（2）功率准则

又称信号损失准则，它通过干扰条件下，引信所受到的干扰与目标回波信号的功率比或信号干扰功率比的变化来评估干扰效果。一般干信比越大，表示抗干扰效果越好。通常用压制系数、自卫距离等功率性的量来表示。

功率准则在理论分析和实测方面都很方便，是目前应用最广泛的准则。主要适用于遮盖性干扰（包括隐身）的抗干扰效果评估，因为有源遮盖性干扰的实质就是功率对抗。对于欺骗式干扰，它也是一个干扰效果评估的必要条件。

功率准则一般用压制系数 K_s 表示，它表示对引信实施有效干扰时，引信接收机输入端所需要的最小干扰信号功率与引信信号功率之比，即

$$K_s = \left(\frac{P_J}{P_S}\right)_{\min} \qquad (7.6)$$

式中，P_J 为受干扰引信输入端的干扰信号功率；P_S 为受干扰引信输入端的目标回波信号功率。

对于同种干扰来说，压制系数越大，引信的抗干扰能力越强，因为压制系数大，表示要想有效地干扰引信，必须使用更大的干扰功率；反之，压制系数越小，引信抗干扰能力越差。但功率准则只取决于干扰设备和被干扰引信的参数，特别是只侧重于

考虑功率性因素，对于其他因素，基本不予考虑，更没有考虑干扰对抗的最终结果。因此，它对干扰效果的评价是不全面的，具有一定的局限性。尽管如此，功率准则仍是目前应用最广泛的一种干扰和抗干扰效果度量方法。

（3）概率准则

概率准则又称战术应用准则，可分为两种情况表示：一种是在干扰条件下，探测系统完成本身使命的能力，如搜索雷达对目标的检测能力、跟踪雷达对目标的跟踪能力，它们的变化能直观地反映雷达的抗干扰能力；另一种是以干扰条件下探测系统所服务的武器系统完成作战任务的能力来评判抗干扰能力的强弱，比如用装备有火控雷达的火炮杀伤概率来评估探测系统的抗干扰效果，这样就将抗干扰效果直接同作战结果联系起来，评估结果更为可观、可信，一般武器系统的评估可以这样做。

对于无线电引信来说，运用概率准则是从无线电引信在电子干扰条件下，完成给定任务的概率出发来评估抗干扰能力的。一般是通过比较引信在有无干扰条件下，完成同一任务（或性能指标）的概率来评估抗干扰效果。比较的基准是在无干扰条件下，引信完成同一任务的概率。比如可以采用目标发现概率作为引信抗干扰效果的评估指标，用引信发现目标概率的下降程度来评估抗干扰效果。由于一般情况下，压制性干扰以各种调制的噪声干扰为基本样式，强干扰作用于引信接收机后，使引信接收通道中的信噪比降低，造成引信的信号检测系统无法提取出目标信息。因此，压制性干扰的本质是降低引信对目标的发现概率。而在欺骗干扰条件下，无论采取何种欺骗样式，反映干扰对无线电引信的作用效果只有两种状态：受欺骗（抗干扰无效）和不受欺骗（抗干扰有效）。在某种干扰作用下，若将引信受欺骗的概率称为抗干扰无效概率 P_i，引信不受欺骗的概率称为抗欺骗式干扰概率 Q_i，则有 $Q_i = 1 - P_i$。可见抗欺骗式干扰概率越大，说明引信抗干扰性能越好。

原则上讲，用概率准则得出的抗干扰效果评估结果最为客观可靠。但是，运用效率准则往往需要大量的对抗试验，特别是从上述第二种情况出发评估干扰效果时，更需要一定数量的实弹射击试验，对抗试验代价较大，受各种因素的限制，不易实现，有些情况下甚至不可能做对抗试验。正是由于操作上的困难，大大限制了概率准则的应用。但是运用数学仿真试验不存在这样的问题。因此，对于数学仿真试验来讲，概率准则更具有优势。

（4）时间准则

在特定条件下，武器系统的各个环节完成任何一项工作都需要一定的时间，如引信发现信号、识别信号、信号处理等。反应时间的长短能够直观地反映出引信性能的优劣。当干扰作用于引信时，各个环节的反应时间有所延迟，如果抗干扰措施的效果好，延时将比较小，反之则比较大，因此时间准则是一种直观且有效的抗干扰效能评估准则。

不论是抗压制性干扰还是抗欺骗性干扰，都可以定义一个相对有效截获时间。所谓相对有效截获时间，是指其他条件相同情况下引信系统在有干扰时截获到真实目标的时间差与无干扰条件下截获到真实目标的时间的比值，即

$$\mu_T = \frac{\Delta T}{T_0} = \frac{T_J - T_0}{T_0} \tag{7.7}$$

式中，μ_T 为引信相对有效截获时间；T_J 为有干扰条件下引信有效截获时间；T_0 为无干扰条件下引信有效截获时间。

应该指出的是，对于抗压制性干扰来说，在引信回波信号中检测出目标回波信号的时间即为有效截获跟踪时间；对于抗欺骗性干扰来说，在噪声中检测到目标并不是所谓的有效截获时间，因为检测到的目标有可能是假目标，必须是检测到真实目标信号的时间才能称作有效截获时间。

（5）效率准则

效率准则通过比较引信在有无干扰条件下同一性能指标的变化来评估抗干扰性能。可采用有无干扰条件下同一性能指标的比值来表征抗干扰效果，有时又称为战术运用准则，通常用下式来描述：

$$\eta = \frac{w_{ij}}{w_{i0}}, i = 1, 2, \cdots, n \tag{7.8}$$

式中，w_{ij} 为有干扰条件下武器系统第 i 项性能指标；w_{i0} 为无干扰条件下武器系统第 i 项性能指标；n 为该武器系统具有的抗干扰性能指标项目数。

该准则常以武器系统作用距离和测量精度等战术参数作为武器系统抗干扰能力的衡量指标参数，因此，效率准则的比较基准是引信在无干扰条件下同一性能指标的值。对于无线电引信，可以依据受干扰后引信对目标的探测距离相对于无干扰条件下的探测距离下降的程度，来评估引信的抗干扰效果。由于电子干扰的目的是使引信的工作性能下降，所以应用效率准则评估抗干扰能力具有直观明了的显著特点。利用效率准则，通过直接比较引信在有无干扰条件下同一性能指标的检测数据，就可得出对干扰效果的评估结果。因此，效率准则具有直接性、全面性及简便、工程易行等优点，是在试验及解析分析中都被广泛采用的准则。

效率准则采用的抗干扰能力评估指标可以是引信的任何一项会受到电子干扰影响的战术技术性能指标，而不论其是否具有概率特性。在这些性能指标中，不具有概率特性的指标不需要特别地变换为概率形式，所以也就不需要通过大量重复试验去检测，或经过复杂的数据处理而得到。因此，与概率准则相比，采用效率准则评估干扰效果更为直观、简单和方便。事实上，如果效率准则采用的抗干扰能力评估指标是具有概率特性的性能指标，则这种效率准则同时也属于概率准则，因此，概率准则可以看作效率准则的一种特例。

通过对以上各评估准则的介绍和分析可见，可以选择功率准则、时间准则和效率准则作为无线电引信的抗干扰性能评估准则，并根据各准则衡量的指标参数来制定相应的抗干扰性能评估指标，从而进一步找到测试无线电引信的抗干扰能力的方法。

7.3.2　无线电引信抗干扰性能评估指标

无线电引信抗干扰性能评估准则确定后，必须解决按评估准则完成实际评估的评估指标和试验方法，因此，在上节所选评估准则的基础上，本节形成若干刻画无线电引信抗干扰性能不同方面特性的指标。

无线电引信系统抗干扰是一个比较复杂的问题，抗干扰效果由多个方面的因素所决定，如果要完整、客观、深入地考察无线电引信的抗干扰效果，笼统地使用一两个评估指标来描述其抗干扰性能是难以说明问题的，甚至可能会忽略了抗干扰效果的关键方面，因此，可行的办法是建立相对科学、完备的抗干扰性能评估指标体系，利用专门度量无线电引信抗干扰效果各方面特性的物理量来描述抗干扰性能，从而实现对无线电引信的抗干扰性能的准确评价。另外，无线电引信抗干扰性能指标必须是定量的或可检测的，且是通用性与特殊性相结合的，通用性是指指标在总体上有一个通用性强的完整的指标体系结构，特殊性指的是对采用不同抗干扰措施（一种或多种）的无线电引信系统均应有其特殊的系列抗干扰指标。

干扰机对引信实施干扰时，引信工作状况的变化情况可以表示引信抗干扰的程度，而引信的工作状态可以用一定的量值来描述。由此可见，评估抗干扰效果可以从两个方面着手：一方面是以特定场景下干扰机对引信实施干扰前后引信工作情况的变化来评估抗干扰的效果。干扰应当使引信的工作情况向着坏的方向变化，这种变化越小，表明引信的抗干扰效果越好，测量这种变化往往需要真实对抗试验。另一方面则是深入分析干扰机、引信及电磁环境的各参数与干扰效果的关系，通过考察一些参数来评估实战中可能出现的抗干扰效果，即确定反映无线电引信抗干扰性能评估的评估指标。

1. 对应于功率准则的评估指标

由于干扰功率的高低在一定程度上反映了无线电引信抗干扰性能的优劣，因此可以设定对应于功率准则的评估指标如下。

（1）干扰功率

该指标反映一定距离下干扰机对引信实施干扰时，成功干扰引信所需要的最小干扰功率（$P_{i\min}$），也可以用干扰功率因子（K_p）来表示，其定义为

$$K_p = \frac{P_{i\min}}{P_0} \tag{7.9}$$

式中，K_p 为干扰功率因子；$P_{i\min}$ 为在一定距离上成功干扰引信所需要的最小功率；P_0 为预先设定的标准功率，该数值可通过分析现有引信干扰机的干扰功率，并取其最大

值，一旦确定，则取为标准。

可见，干扰功率或干扰功率因子越大，引信的抗干扰性越好。

（2）灵敏度退化因子

该指标通过比较引信在干扰前后检测到目标信号所要求的最小输入功率来确定其抗干扰效果。在一定距离上，无干扰时，设引信检测到目标信号所需要的最小输入功率为 S_{min}，当施加一定功率的某种干扰后，引信为检测到目标信号，则其输入信号功率必须增加，设此时引信检测目标所需的最小输入功率为 S_{jmin}，则可定义二者之比为灵敏度退化因子 K_{SD}，即

$$K_{SD} = \frac{S_{min}}{S_{jmin}} \tag{7.10}$$

可见，$0 < K_{SD} \leqslant 1$，K_{SD} 越大，引信的抗干扰性越好。

2. 对应于时间准则的评估指标

由于当干扰作用于引信时，各个环节的反应时间有所延迟，如果抗干扰措施的效果好，延时将比较小，反之，则比较大，因此可设置对应于时间准则的引信抗干扰评估指标如下：

（1）干扰机截获时间

当干扰机对引信进行干扰时，需要获取引信信号，如果引信抗干扰能力强，则干扰机不易获取引信信号或获取信号的时间较长，因此，干扰机获取引信信号的时间长短反映了引信的抗干扰能力强弱，因此可设定指标——干扰机截获时间作为无线电引信抗干扰性能指标之一。假设引信一直处于开机工作状态，从开启干扰机的时刻算起，到干扰机截获到引信信号的时间间隔定为干扰机截获时间，即

$$\Delta T_i = T_i - T_0 \tag{7.11}$$

式中，T_i 为干扰机截获到引信信号的时间；T_0 为干扰机开始干扰时间。可见，该指标在一定程度上反映了引信高频部分的抗干扰能力。

（2）引导干扰时间

引信受到干扰机干扰的结果之一是引信发生早炸，从引信的表现来说，若低频电路输出启动信号，则认为引信被成功干扰，且同等干扰条件下，引信输出启动时间越晚，则该引信的抗干扰能力越强，因此可定义引导干扰时间是无线电引信抗干扰性能指标之一。设引信处于开机状态，干扰机开始对其进行干扰的时间为 T_0，引信输出启动信号的时间为 T_j，则定义引导干扰时间为

$$\Delta T_j = T_j - T_0 \tag{7.12}$$

该指标在一定程度上反映了引信低频部分的抗干扰能力。

3. 对应于效率准则的评估指标

（1）抗干扰成功率

在实际使用中，由于影响无线电引信抗干扰效果的因素非常复杂，导致抗干扰试验结果有很大随机性。因此，重要的不是某一次抗干扰试验结果如何，而是在一定的使用条件下，引信有多大把握能够抵抗住干扰设备的干扰，即对无线电引信主要关心的是抗干扰概率，可称作抗干扰成功率。

由于对无线电引信的干扰可以导致引信提前启动或瞎火，在这两种情况下，都将改变引信的实际引爆区，破坏正常的引战配合特性，必然影响到战斗部杀伤威力的正常发挥。因此，可以依据实施干扰后引信是否提前启动或瞎火判定引信的抗干扰是否成功，即，当实施干扰后，引信仍然能在其正常引爆区内引爆战斗部，则本次抗干扰成功；若实施干扰后，引信提前启动或瞎火，则本次抗干扰不成功。

抗干扰成功率是一个概率指标，定义为无线电引信在规定干扰条件下能够达到有效抗干扰的次数与实施干扰总次数之比，即

$$\eta = \frac{n_e}{n} \times 100\% \qquad (7.13)$$

式中，n 为干扰总次数；n_e 为有效抗干扰次数。

抗干扰成功率越高，说明引信的抗干扰性能越好。在实际应用中，可根据实际评估需要，依据抗干扰成功率的大小，将引信抗干扰性能划分为若干等级。若以该单项指标作为抗干扰评估准则，可依据以下标准将无线电引信的抗干扰能力由弱到强划分为 5 个等级：

①当 $0 \leqslant \eta < 10\%$ 时，为 0 级抗干扰能力；

②当 $10\% \leqslant \eta < 30\%$ 时，为 1 级抗干扰能力；

③当 $30\% \leqslant \eta < 50\%$ 时，为 2 级抗干扰能力；

④当 $50\% \leqslant \eta < 80\%$ 时，为 3 级抗干扰能力；

⑤当 $\eta \geqslant 80\%$ 时，为 4 级抗干扰能力。

（2）目标发现概率因子

由于干扰存在时会影响到引信对真正的目标信号的检测，若引信的抗干扰能力较好，则干扰对引信发现目标信号的影响较小，所以可通过比较干扰前后目标发现概率的变化来判断引信的抗干扰性能强弱。设在无干扰情况下，无线电引信的目标发现概率为 P_f，在有干扰时，引信的目标发现概率为 P_{fj}，则可定义目标发现概率因子 K_f 为

$$K_f = \frac{P_{fj}}{P_f} \qquad (7.14)$$

可见，$1 \leqslant K_f \leqslant 0$，$K_f$ 越大，引信的抗干扰性能越好。

4. 其他方面的抗干扰性能指标

（1）干扰方式

无线电引信抗干扰能力的强弱在一定程度上也取决于干扰机的干扰方式，同样的

引信在压制干扰和欺骗干扰的情况下性能不尽相同，因此，从干扰机的干扰方式上也可以体现出引信的抗干扰能力。

（2）干扰波形

干扰机对无线电引信实施有效干扰的前提是干扰信号能够突破引信的物理场信道保护。由于干扰信号一般都是在载频上调制某种干扰波形形成，从干扰机的技术实现角度而言，需要设计有效的干扰波形，从而突破引信信号处理电路的防护措施，使引信输出点火执行信号。因此，也可以通过干扰机的干扰波形反映引信的抗干扰能力。

7.3.3 无线电引信抗干扰性能评估方法

1. 无线电引信抗干扰性能评估方法的选定

效果评估又称为有效度量（Effectiveness Measurement），包括有效性度量方法和准则。评估方法、准则和评估的目的有密切的关系。不同的实验目的，其实现方法也是不同的，目前国内外抗干扰效果评估方法主要有如下几种：

（1）单项技术试验

该试验的目的是测试特定系统某一电路的抗干扰能力。寻求对该电路、子系统的干扰样式、干扰参数的最佳值，或研究该电路参数对抗干扰能力的影响。

（2）性能比较和计算

该方法的目的是从理论上比较或分析不同雷达或引信的抗干扰性能。为了分析和比较，必须建立标准，即标准引信、标准干扰机和标准目标，使分析比较有一个客观参考。但是标准引信的定义和选取却是限制该方法应用的瓶颈。

（3）一对一实物试验

一对一试验用于对被试系统的鉴定和验收，也用于特定的系统干扰和抗干扰有效性的最终试验。试验时，试验品可以是模拟的，也可以是实体的。目前，我国的电子对抗靶场即属于这类评估方法。我国电子对抗靶场的功能首先是鉴定和验收，即按照干扰机或雷达的研制合同中的干扰、抗干扰性能指标进行定量、动态的试验，考核所研制的产品是否能达到合同规定的要求，因此靶场试验无论是内场试验还是外场飞行试验，都是一对一试验。

（4）系统－系统间的对抗试验

现代战争是系统和系统间的对抗，即进攻和防御间的对抗，系统对抗试验包括靶场试验、演习和作战试验。系统中包括多种干扰和火力装备（飞机、军舰、导弹、火炮等），也包括多种雷达、通信和光电传感器等设施。系统级对抗是最高级别的干扰、抗干扰效果评估方法。

无线电引信抗干扰的目的是使无线电引信在干扰环境中改善其目标探测和干扰识别能力。在度量引信抗干扰效果时，把无线电引信看作是一个"黑箱"，研究这个"黑箱"在干扰环境中的输出响应，而不关心这个"黑箱"的内部结构——采用哪种抗干扰技术及引信的类型。因此，在研究无线电引信抗干扰效果测量方法时，也只考虑与输入和输出响应有关的内容，如干扰概率、时间等。所以，采用一对一的实物对抗试验这种方法作为无线电引信抗干扰性能评估方法。

2. 无线电引信抗干扰性能测试平台的建立

建立的无线电引信抗干扰性能评定测试平台工作示意图如图 7.7 所示。

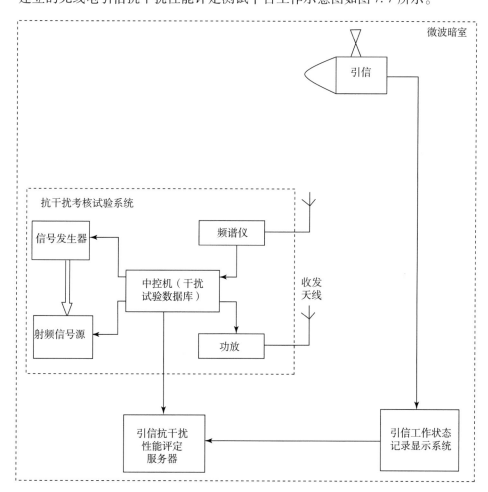

图 7.7 无线电引信抗干扰性能评定测试平台工作示意图

对无线电引信抗干扰性能的考核可在微波暗室内进行，微波暗室的空间尺寸应能满足引信抗干扰考核试验系统与引信之间的远场区条件。而对工作频率较低，不能满足与干扰试验系统形成远场区条件的引信，可考虑在室外空旷场地进行考核。引信抗干扰考核试验系统与被考核引信的空间关系如图 7.7 所示，被考核引信悬挂在微波暗室顶端，可以进行各种弹目交会姿态的模拟，并能够进行低速的运动。引信抗干扰考核试验系统在中控机的统一控制下工作，具有自动和人为两种控制方式。中控机中的干扰实验数据库用于形成各种干扰条件下的干扰参数，比如干扰样式、波形、能量、空间关系等，并通过控制信号发生器和射频信号源形成各种干扰信号。试验系统接收引信信号后，由中控机控制并从干扰实验数据库中提取、生成和发射干扰信号，形成各种干扰模式，并根据频谱仪测到的引信参数自动生成量化的测度依据波形。引信工作状态记录显示系统由数据采集器和示波器等组成，可以实时显示引信被干扰系统干扰时的工作状态，并记录试验距离、相对位置和干扰信号有效作用时间等信息。中控机中的干扰样式、波形、能量、空间关系等干扰参数和引信工作状况记录显示系统记录的引信工作状态信息同时传送到引信抗干扰性能评定服务器中，该服务器根据试验系统的干扰参数和引信的工作状况信息，通过引信抗干扰评估模型得出被考核引信的抗干扰性能评估结果。

3. 无线电引信抗干扰性能评估指标的测试方法

（1）干扰功率因子的测试方法

①将不带爆炸序列的被测试引信置于微波暗室中，固定其与干扰发射天线之间的距离，发火控制电路连接显示系统，并加电工作。

②调节中控机，使其产生所要求的干扰信号（如连续波信号，频率为引信工作频率），先将其输出功率调节为较小值（如 -10 dBm），干扰信号持续时间为固定值（如 60 s）。

③通过引信工作状态显示系统观测引信工作状态，若引信未被干扰，以一定间隔依次增大干扰信号发射功率（如 -5 dBm、0 dBm、5 dBm、10 dBm、15 dBm、20 dBm 等），每次信号持续时间相同，分别观测引信工作状态，并记录引信输出发火控制信号时所对应的最小干扰信号发射功率为 P_{imin}。

④将 P_{imin} 代入公式（7.9），可得该引信的干扰功率因子。

（2）灵敏度退化因子的测试方法

①将不带爆炸序列的被测试引信置于微波暗室中，固定其与干扰发射天线之间的距离，发火控制电路连接显示系统，并加电工作。

②通过中控机产生引信模拟目标回波信号，并以较小功率（如 -20 dBm）进行发射，模拟目标信号持续时间为固定值，并观测引信工作状态（此时应保证引信在小功率回波信号时不启动）。

③以一定间隔依次增大模拟目标回波信号发射功率（如 -15 dBm、-10 dBm、-5 dBm、0 dBm、10 dBm 等），每次信号持续时间相同，分别观测引信工作状态，并记录引信输出发火控制信号时所对应的最小目标回波功率为 S_{min}。

④通过中控机将某干扰信号和较小功率（如 -20 dBm）的引信模拟目标回波信号进行叠加作为发射信号，信号持续时间为固定值，并观测引信工作状态（此时应保证

引信不启动）。

⑤固定干扰信号功率，以一定间隔依次增大模拟目标回波信号的发射功率（如 $-15\ \text{dBm}$、$-10\ \text{dBm}$、$-5\ \text{dBm}$、$0\ \text{dBm}$、$10\ \text{dBm}$ 等），每次信号持续时间相同，分别观测引信工作状态，并记录引信输出发火控制信号时所对应的最小目标回波功率为 $S_{j\min}$。

⑥将 $S_{j\min}$ 代入公式（7.10），可得灵敏度退化因子。

（3）干扰机截获时间的测试方法

①将不带爆炸序列的被测试引信置于微波暗室中，固定其与干扰发射天线之间的距离，发火控制电路连接显示系统，并加电工作。

②将引信抗干扰考核试验系统设置为自动模式，并将其开机时刻记为 T_i。

③监测引信抗干扰考核试验系统工作状态，记录其自动引导发射干扰信号的时刻为 T_0。

④由 $\Delta T_i = T_i - T_0$ 可得干扰机截获时间。

（4）引导干扰时间的测试方法

①按照干扰机截获时间测试方法获得 T_0。

②引信抗干扰考核试验系统接收到引信后，自动引导干扰信号发射（干扰信号可预置为有效干扰信号）。

③观测引信工作状态，记录引信输出发火控制信号时间 T_j。

④根据 $\Delta T_j = T_j - T_0$ 可得引导干扰时间。

（5）抗干扰成功率的测试方法

①将不带爆炸序列的被测试引信置于微波暗室中，固定其与干扰发射天线之间的距离，发火控制电路连接显示系统，并加电工作。

②设置计数器初始状态为 0。

③调节中控机，使其产生所要求的干扰信号（如连续波信号，频率为引信工作频率），发射干扰信号，持续时间为固定值（如 60 s）。

④观测引信工作状态，若引信启动，则计数器加 1。

⑤重复③、④两步骤，使干扰次数为 n（如 100 次），记录计数器数据 n_f。

⑥计算抗干扰成功率：

$$\eta = \frac{n - n_f}{n} \times 100\% \tag{7.15}$$

（6）目标发现概率因子的测试方法

①将不带爆炸序列的被测试引信置于微波暗室中，固定其与干扰发射天线之间的距离，引信信号处理电路连接显示系统，并加电工作。

②设置计数器初始状态为 0。

③通过中控机产生引信模拟目标回波信号，并以一定功率（如 20 dBm）进行发

射，模拟目标信号持续时间为固定值，并观测引信信号处理电路输出。

④若引信信号处理电路输出信号中发现目标回波，则计数器加1。

⑤重复③、④两步骤，使目标出现次数为 n（如100次），记录计数器数据 n_f。

⑥计数器复位为零。

⑦通过中控机将某干扰信号与引信模拟目标回波信号进行叠加，作为发射信号，信号持续时间为同一固定值，观测引信信号处理电路输出信号。

⑧若引信信号处理电路输出信号中发现目标回波，则计数器加1。

⑨重复⑦、⑧两步骤，使干扰条件下目标出现次数为 n（如100次），记录计数器数据 n_{fj}。

⑩计算目标发现概率因子：

$$K_f = \frac{P_{fj}}{P_f} = \frac{n_f/n}{n_{fj}/n} = \frac{n_f}{n_{fj}} \tag{7.16}$$

7.4 基于模糊综合评判的无线电引信抗干扰性能评估模型

在明确了无线电引信抗干扰性能评估体系的评估指标后，由于各指标反映的是无线电引信某个方面的抗干扰效果，并不能代表引信的总体抗干扰性能，这就需要对评估指标体系的一系列特征量进行统一化，也就是说，需要一个统一化的结果反映引信抗干扰性能的综合结果。要实现这个过程，就必须构建一个适用于无线电引信抗干扰性能评估的合理的、定量化的、通用的评估模型，通过这个模型建立各评估指标和引信抗干扰总体性能之间的关系，从而可以根据各评估指标得出引信抗干扰性能的综合评估结果。

7.4.1 无线电引信抗干扰性能评估模型的确定

长期以来，人们习惯于用一项或几项具体的指标评价抗干扰效果，这些指标从不同的角度出发，抓住了引信对抗过程中的核心因素，在一定程度上反映了抗干扰效果。但是实际上，除去这些指标所包含和反映的干扰对抗因素以外，影响引信抗干扰效果的因素还有很多，而所有这些因素之间的相互关系颇为复杂。可以说，干扰效果是诸因素共同作用的结果，干扰效果与这些因素均有着某种必然的函数关系，评估时需要较为全面地考虑它们。理想的情况是，列举出所有影响干扰效果的因素，并给出它们与最终干扰效果清晰的函数关系，那么，在对某种场景下的干扰效果做评估时，只需要将诸因素的量化值代入，即可快捷地得出较为可靠的结果。可是研究表明，这些函数关系往往十分复杂，通常难以用数学表达式明确地描述。另外，如果考虑所有的因素，评估问题将变得十分繁杂，并且目前有些因素的影响本身就难以把握。所以，评估过程只能尽可能相对完备地选取因素集，近似地估计它们与最终干扰效果的关系，评估中便能得出相对准确、全面的结果。

1. 武器系统性能评估模型

建立武器系统性能评估模型的方法有层次分析法、多层次灰色评价法、基于熵权的模糊层次分析法、多目标模糊优选法、模糊综合评判法、灰色关联度评判法等方法，下面对这几种方法做简单介绍。

（1）层次分析法

层次分析法（Analytic Hierarchy Process，AHP）由美国运筹学家、匹兹堡大学教授 Saaty 于 20 世纪 70 年代提出，是广泛应用的系统分析数学工具之一，是一种普遍实用的定性定量相结合的多指标决策方法。

用层次分析法做系统分析，首先要把问题层次化，即通过分析系统的有关因素及相互关系，将系统化为有序的递阶层次结构，使这些因素归并为不同的层次，包括目标层、准则层和方案层（或措施层）3 个基本层次。准则层还可以细分为自准则层，从而形成一个多层次的分析结构模型。处于最上层的层次通常只有一个元素，一般是分析问题的预定目标或理想结果；中间层次一般是准则（或指标）、子准则（或子指标），最低一层是决策的方案。层次之间元素的支配关系并不一定是完全的，即可存在这样的元素，它并不支配下一层次的所有元素。这样，最终把系统分析归结为最底层相对于最高层的相对重要性权值的确定或相对优劣次序的排序问题。典型的层次结构图如图 7.8 所示。

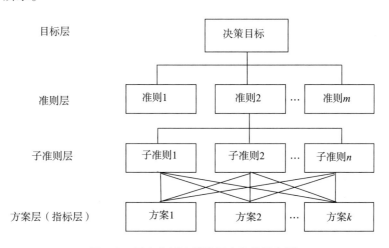

图 7.8　层次分析法递阶层次结构示意图

在每一层次，可按上一层的某些准则（或因素），对该层次的因素进行两两比较，对于每一层因素的相对重要性，依据人们对客观现实的判断给予定量表示，建立判断矩阵。通过计算判断矩阵的最大特征根和对应的正交特征向量，得出该层因素对于该准则的权重，最后计算出多层次因素对于总体目标的组合权重。依此下去，得到最低层（方案层）相对于最高层（目标层）的相对重要性次序的组合权重，以此作为决策和评选的依据。

层次分析法是分析多目标、多准则复杂大系统的有力工具，适用于解决那些难以完全用定量方法进行分析解决的决策问题。层次分析法将人们的思维过程和主观判断数学化，不仅简化了系统分析与计算工作，而且有助于决策者保持其思维过程与决策原则的一致性。因此，对于那些难以全部量化的复杂问题，利用层次分析法可以得出较为满意的结果。这种数学化方法还有待于决策者检查并保持判断思维的一致性。

（2）效能评价法

效能评价法就是根据影响武器装备效能的主要因素，运用一般系统分析方法，在收集信息的基础上，确定分析目标，建立综合反映装备达到规定目标的能力测度算法，最终给出衡量装备效能的测度与评估。

效能分析的目的是对武器装备系统的效能进行评估，通常包括以下 3 个主要环节。

①构建效能评估的指标体系。构建效能评估的指标体系是进行效能评估的基础，是进行效能评估首先要解决的问题。

②计算效能指标的数值。根据给定条件，采用不同的方法计算武器装备系统效能指标的数值。

③由诸效能指标的值求出效能综合评估值。依据计算出的诸效能指标，采用适当的综合方法即效能函数计算系统效能的综合评估值。常用的综合计算方法有加权分析法、主成分分析法、因子分析法、解析法（如差分法、梯度法、排队论等）、统计法、作战仿真法等。

效能评价方法的核心是建立效能概念与效能函数，利用效能函数对武器装备系统进行定量分析与评价。效能函数存在的条件：一是各武器装备系统方案具有"可比性"，即各方案按其条件和给定的准则排序；二是具有"推移性"，即被评价的各武器装备系统方案之间的排序是可以传递的。

（3）灰色关联度法

灰色关联分析的基本任务是基于行为的微观或宏观几何接近，来分析和确定因子间的影响程度或因子对主行为的贡献测度。作为一个发展的系统，关联分析事实上是动态发展态势的量化分析，更确切地说，是发展态势的比较分析。这种因素的比较，实质上是几种曲线间几何形状的分析比较，即认为几何形状越接近，关联程度越大。关联度系数的计算，就是因素间关联程度大小的一种定量分析。因此，按这种观点做因素分析，至少不会出现异常的，将正相关的情况当作负相关的情况。同时，对数据的要求也不高，数据多或数据少都可以分析。

灰色关联分析是对一个系统发展变化态势的定量比较与描述。其目的就是通过一定的方法，寻求系统各因素（或称子系统）之间的重要关系，找出影响目标值的重要因素，从而促进与引导系统迅速、高效地协调发展。灰色系统的关联分析的主要内容包括变换原始数据、计算关联系数、求关联度、排关联序、列关联矩阵。

灰色理论应用最广泛的是关联度分析方法。关联度分析是分析系统中各元素之间关联程度或相似程度的方法，其基本思想是依据关联度对系统排序。

（4）相关矩阵法

相关矩阵法通过建立相关矩阵，对各被评价方案进行评价。

设被评价对象是 m 个武器装备系统发展方案 A_1，A_2，$\cdots$，A_m，被评价的方案有 n 个评价项目 f_1，f_2，$\cdots$，f_n，各评价项目的权重为 w_1，w_2，$\cdots$，w_n。对于第 i 个被评价的方案 A_i 的第 j 个评价项目 f_j 评定的价值为 V_{ij}（$i = 1$，2，$\cdots$，m；$j = 1$，2，$\cdots$，n），则建立相关矩阵，见表 7.1。

表 7.1　相关矩阵表

方案	f_1, f_2, $\cdots$, f_n				V_I
	w_1, w_2, $\cdots$, w_n				
A_1	V_{11}	V_{12}	$\cdots$	V_{1n}	$V_1 = \sum\limits_{j=1}^{n} w_j V_{1j}$
A_2	V_{21}	V_{22}	$\cdots$	V_{2n}	$V_2 = \sum\limits_{j=1}^{n} w_j V_{2j}$
$\vdots$	$\vdots$	$\vdots$	$\ddots$	$\vdots$	$\vdots$
A_m	V_{m1}	V_{m2}	$\cdots$	V_{mn}	$V_m = \sum\limits_{j=1}^{n} w_j V_{mj}$

采用相关矩阵法对武器装备系统进行评价的关键是确定各评价项目的权重及由评价主体确定评价项目的评价尺度。在相关矩阵中，V_i 为各方案的综合评价值，综合评价值的排序即为决策的参考依据。

（5）模糊综合评价法

模糊综合评价法应用模糊集理论对多种因素影响的事物进行总的评价。通过对影响武器装备系统性能各方面因素的分析判断，确定评价项目和评价尺度，建立隶属度矩阵，计算综合评定向量，最后得到最终的评价结果。应用模糊综合评价法的主要步骤如下。

①建立因素集。

评价某一事物，必须确定评价指标，即模糊数学综合评判法中所指的着眼因素。所有的因素为因素集，记为

$$S = \{s_1, s_2, \cdots, s_n\} \tag{7.17}$$

其中，元素 $s_i(i=1,2,\cdots,n)$ 是若干影响因素。这些因素通常具有不同的模糊度。应注意，因素集中的各个因素可能是模糊的，也可能是不模糊的，但因素集本身肯定是一个普通集合。在引信抗干扰效能评估中，因素集就是评估项目指标体系。

②建立权重集。

一般来说，各个因素在评判中具有的重要程度不同，对于重要的因素，应特别着重；对于不十分重要的因素，虽然应当考虑，但不必十分着重。对各个元素 s_i 按其重要程度给出不同的权数 a_i，得因素权重集为

$$\tilde{A} = \{a_1, a_2, \cdots, a_n\} \tag{7.18}$$

式中，元素 $a_i(i=1,2,\cdots,n)$ 是因素集 s_i 对 $\tilde{A}$ 的隶属度。作为模糊集，我们不能说哪些因素一定被考虑，哪些一定不被考虑，只能说一个因素被隶属的程度，或者在综合评判中被重视的程度。一般将上式中的 $\tilde{A}$ 满足归一化和非负性条件：

$$\sum_{i=1}^{n} a_i = 1, \ a_i \geqslant 0 \tag{7.19}$$

各因素权重的确定有统计法、直接给出法、重要性排序法、层次分析法（Analytic Hierarchy Process，AHP）和模糊子集法等。在实际应用中，往往需要多种方法结合得出各因素的权重。对于能量化给出的，最好量化给出；而对于无法量化的，则需要依靠统计法、模糊法等，根据具体情况而定。

③确定评价集。

对某一事物的评判，可以分为若干等级，它表示评判的一种结果，称为评价集 V，记为

$$V = \{v_1, v_2, \cdots, v_n\} \tag{7.20}$$

式中，元素 $v_i(i=1,2,\cdots,n)$ 是若干个可能做出的评判结果。一个评价实际上是 V 上的一个模糊集，对应的隶属程度表示将事物评判为该级别的程度。模糊综合评判的目的，就是在综合考虑所有影响因素的基础上，从评价集中得出最佳评判结果。

④计算单因素模糊综合评判矩阵。

因素集 S 与评价集 V 之间的模糊关系可用评判矩阵表示：

$$\boldsymbol{R} = \begin{bmatrix} \boldsymbol{R}_1 \\ \boldsymbol{R}_2 \\ \vdots \\ \boldsymbol{R}_n \end{bmatrix} = \begin{bmatrix} r_{11} & r_{12} & \cdots & r_{1m} \\ r_{21} & r_{22} & \cdots & r_{2m} \\ \vdots & \vdots & & \vdots \\ r_{n1} & r_{n2} & \cdots & r_{nm} \end{bmatrix} \tag{7.21}$$

式中

$$r_{ij} = S_{\boldsymbol{R}}(S_i, v_j), 0 \leqslant r_{ij} \leqslant 1 \tag{7.22}$$

表示对评判对象在考虑因素 S_i 时做出评判结果 v_i 的程度。因此，评判矩阵 $\boldsymbol{R}$ 中的第 i 行 $\boldsymbol{R}_i = (r_{i1}, r_{i2}, \cdots, r_{im})$ 便表示考虑第 i 个因素 s_i 的单因素评判集，它是备择集

V 上的模糊子集，是多因素综合评判的基础。

⑤模糊综合评判。

根据上面的论述，可得到模糊综合评判集：

$$B = A \circ R = (a_1, a_2, \cdots, a_n) \circ \begin{bmatrix} r_{11} & r_{12} & \cdots & r_{1m} \\ r_{21} & r_{22} & \cdots & r_{2m} \\ \vdots & \vdots & & \vdots \\ r_{n1} & r_{n2} & \cdots & r_{nm} \end{bmatrix} = (b_1, b_2, \cdots, b_m)$$

$$(7.23)$$

式中，$\circ$ 为模糊算子，有多种算子可供选择，如 $M(\wedge, \vee)$、$M(\cdot, \vee)$、$M(\wedge, \oplus)$、$M(\cdot, \oplus)$、$M(\cdot, +)$ 等，应根据不同的情况选用不同的算子；B 为模糊综合评判结果。

⑥评价指标的处理。

对于模糊综合评判结果 B，有很多方法来确定最终的评判结果。通常有：最大隶属度法，即求出评判指标 b_j 后，把与最大的评价 $\max\{b_j\}$ 相对应的评价集 v_j 取为评判结果；加权平均法；模糊分布法即直接把评判指标作为评判结果，或将评判指标归一化，用归一化的评判指标作为评判结果。

⑦多级评判。

如果评判对象的有关因素很多，很难合理地给出权数分配，即难以真实地反映各因素在整体评价中的地位，这时往往需要采用多级评判。可将复杂因素分解为较为简单的下一级诸因素，单因素评价便可以由下一级诸因素的综合评判获得。可视具体情况将模糊综合评估扩展到多级，然后从下往上逐级进行单级模糊综合评判，最终得到多级模糊综合评判的结果。图 7.9 为多级别模糊综合评判结构图。

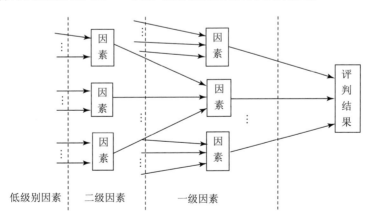

图 7.9　多级别模糊综合评判结构图

模糊综合评判包括三个基本要素：因素集、评语集、权重集。同时，还有一个必要的条件就是由各个单因素评判矩阵形成的模糊矩阵。模糊综合评判的方法可以在复杂的环境中，考虑多种因素的影响，对某事物或者系统、对象的某种目的做出综合评价，在综合评判和模糊表决中发挥了重要作用。

2. 无线电引信抗干扰性能评估模型的确定

无线电引信抗干扰性能评估模型是整个评估体系中的核心内容，也直接决定了评估准则和方法的优劣。要确定无线电引信抗干扰性能评估模型，需要从无线电引信抗干扰性能评估模型的特点和模型在无线电引信抗干扰性能评估工作中的优势两方面来分析。

（1）无线电引信性能评估模型的特点

无线电引信的某些评定准则，如时间判定准则、功率判定准则、效率判定准则等，均是在一定条件下对无线电引信抗干扰性能进行评估的定性研究。随着新技术的不断发展，现代引信为了抑制干扰，往往采用多种抗干扰手段。鉴于此，评估模型的建立必须考虑到以下问题：

①无线电引信抗干扰性能评估的针对性问题。

②无线电引信抗干扰性能评估的多因素问题。

③无线电引信抗干扰性能评估的模糊问题。

④无线电引信抗干扰性能评估的可操作性问题。

⑤无线电引信抗干扰性能评估的检验问题。

⑥无线电引信抗干扰性能评估的适用性问题。

可见，仅仅对无线电引信抗干扰的单项指标进行评估并不能客观反映现代引信的抗干扰性能，现代引信抗干扰效果度量标准和方法是一个复杂的问题，与对抗战情和态势及干扰机、引信的工作体制参数和空间电磁环境等因素存在密切的关系，要想全面、准确、客观地评价无线电引信的抗干扰性能，则必须对影响其抗干扰效果的各种因素进行综合分析评价。

无线电引信的抗干扰性能与干扰机、引信的工作体制参数和空间电磁环境等因素存在一定的依赖关系，如果能够得到这种依赖关系，就可以建立由干扰效果影响因素空间到抗干扰性能评价空间之间的映射关系，进而可以通过干扰与抗干扰对抗双方设备参数测量来得到最终的准确评价。但是这种关系一般情况下具有很强的不确定性和模糊性，难以用明确的数学表达式将其表示出来。

因此，从模糊数学的观点来看，无线电引信抗干扰效能评估是一个多因素综合评估问题，可以通过应用模糊数学的处理方法，对各因素集建立相应的模糊评价模型，再通过模糊综合评估，得到对最终抗干扰性能的一个模糊判定结果。

（2）模糊综合评判模型用于无线电引信抗干扰性能评估工作的优势

采用模糊综合评判方法进行无线电引信抗干扰性能评估有许多优势，具体表现在：

1）从被评估的对象考虑。

①在对无线电引信抗干扰性能的评估中，涉及的因素非常多，每一种因素也包含了烦琐的内容，因此，难以直接给出一个解析表达式来表达无线电引信的抗干扰能力与各因素之间的关系，需要从概率、统计、模糊的观点来找突破口，计算各种评估指标之后，再得出一个综合的结果。

②在与抗干扰性能有关的各评估指标中，权重如何分配也很难从经典数学的观点中找到答案。利用模糊数学知识并结合实际需要，通过大量的实际数据、专家分析和模型学习等方法可以确立较好的权重分配。

③在无线电引信抗干扰过程中，对于多种干扰措施的抗干扰性能更是难以采用一个统一的经典数学解析式处理，必须采用综合的方法来完成。

2）从评估过程考虑。

在对无线电引信抗干扰性能的评估过程中，评估结果的得出不是一个严格的二值逻辑，说某引信抗干扰效果"好"或"坏"等并不能表达抗干扰效果好到什么程度或者坏到什么程度，甚至很难说清"好"与"坏"的界限在哪里，抗干扰性能往往存在模糊性，因此，使用隶属度和隶属函数来描述更为科学。

3）从评估结果考虑。

采用模糊数学处理评估问题，可以对复杂问题得出简单清晰的结论，比起罗列冗长的公式来描述一个系统更为直观，往往也更实用。另外，模糊数学处理后的评估结果也反映了评估的科学性。

4）从模糊数学特点考虑。

模糊数学在以下几个方面远远强于传统的数学方法：

①具有不确定外延的集合的分析；

②复杂系统的各项指标的综合分析；

③复杂系统的综合评判；

④复杂系统的多目标决策和模糊最优化。

综合以上分析，可选择模糊综合评判的方法作为无线电引信抗干扰性能评估模型的建模方法。

7.4.2　基于模糊综合评判的无线电引信抗干扰性能评估模型

1. 模糊综合评判模型结构

由于影响无线电引信抗干扰性能的因素很多，很难合理地给出权重分配，所以这里采用两级的模糊综合评判模型。根据第 6 章所提出的评价准则和评价指标，将功率准则、时间准则、效率准则和其他因素作为一级因素，各准则所对应的指标作为二级因素，则可建立无线电引信抗干扰性能评估的多级评估模型，如图 7.10 所示。

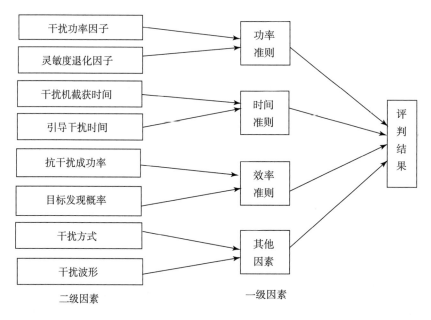

图 7.10　无线电引信抗干扰性能评估的二级评估模型

2. 评估模型组成部分及评估步骤

确定了评估模型的结构之后，需要对各组成部分进行设置，并按照相应步骤进行评估。

（1）确定因素集

因素集为｛功率准则，时间准则，效率准则，其他因素｝，记为

$$U = \{U_1，U_2，U_3，U_4\} \tag{7.24}$$

即因素集分为四个子因素集：

$$U_1 = \{u_1，u_2\}，U_2 = \{u_3，u_4\}，U_3 = \{u_5，u_6\}，U_4 = \{u_7，u_8\} \tag{7.25}$$

（2）选择评语集

选择评语集为｛优秀，良好，中，合格，不合格｝，记为

$$V = \{v_1，v_2，v_3，v_4，v_5\} \tag{7.26}$$

为使综合评判结果的优劣程度更易于区别，需确定评价等级加权向量。选用百分制，即，100～90 分为优秀，89～80 分为良好，79～70 分为中等，69～60 分为合格，59 分以下为不合格。取中位数得评价等级加权向量：

$$V = \{95，85，75，65，30\} \tag{7.27}$$

（3）第一级模糊综合评判

①选择第一级模糊综合评判权重集。

设 U_1，U_2，U_3，U_4 的权重集分别为

$$A_1 = \{a_{11}，a_{12}\}，A_2 = \{a_{21}，a_{22}\}，A_3 = \{a_{31}，a_{32}\}，A_4 = \{a_{41}，a_{42}\} \tag{7.28}$$

且有

$$\sum_{j=1}^{2} a_{ij} = 1, \forall i = 1 \sim 4 \tag{7.29}$$

②求第一级模糊综合评判果。

若得到的单因素评判矩阵为

$$\boldsymbol{R}_i = \begin{bmatrix} r_{11}^{(i)} & r_{12}^{(i)} & r_{13}^{(i)} & r_{14}^{(i)} & r_{15}^{(i)} \\ r_{21}^{(i)} & r_{22}^{(i)} & r_{23}^{(i)} & r_{24}^{(i)} & r_{25}^{(i)} \end{bmatrix}, \ i = 1 \sim 4 \tag{7.30}$$

则第一级模糊综合评判的结果为

$$\boldsymbol{B}_1 = \boldsymbol{A}_1 \circ \boldsymbol{R}_1 = (b_{11}, \ b_{12}, \ b_{13}, \ b_{14}, \ b_{15}) \tag{7.31}$$

$$\boldsymbol{B}_2 = \boldsymbol{A}_2 \circ \boldsymbol{R}_2 = (b_{21}, \ b_{22}, \ b_{23}, \ b_{24}, \ b_{25}) \tag{7.32}$$

$$\boldsymbol{B}_3 = \boldsymbol{A}_3 \circ \boldsymbol{R}_3 = (b_{31}, \ b_{32}, \ b_{33}, \ b_{34}, \ b_{35}) \tag{7.33}$$

$$\boldsymbol{B}_4 = \boldsymbol{A}_4 \circ \boldsymbol{R}_4 = (b_{41}, \ b_{42}, \ b_{43}, \ b_{44}, \ b_{45}) \tag{7.34}$$

（4）第二级模糊综合评判

①选择第二级模糊综合评判权重集。

对 U 中元素给出权重集：

$$\boldsymbol{A} = (a_1, a_2, a_3, a_4), \ \sum_{i=1}^{4} a_i = 1 \tag{7.35}$$

②确定单因素评判矩阵。

第二级模糊综合评判的单因素评判矩阵取为

$$\boldsymbol{R} = \begin{bmatrix} \boldsymbol{B}_1 \\ \boldsymbol{B}_2 \\ \boldsymbol{B}_3 \\ \boldsymbol{B}_4 \end{bmatrix} = \begin{bmatrix} b_{11} & b_{12} & b_{13} & b_{14} & b_{15} \\ b_{21} & b_{22} & b_{23} & b_{24} & b_{25} \\ b_{31} & b_{32} & b_{33} & b_{34} & b_{35} \\ b_{41} & b_{42} & b_{43} & b_{44} & b_{45} \end{bmatrix} \tag{7.36}$$

则第二级模糊综合评判结果为

$$\boldsymbol{B} = \boldsymbol{A} \circ \boldsymbol{R} = (b_1, \ b_2, \ b_3, \ b_4, \ b_5) \tag{7.37}$$

（5）最终评估结果

将 $\boldsymbol{B}$ 换算成百分制即可得最终的综合评价结果 $\boldsymbol{Z}$：

$$\boldsymbol{Z} = \boldsymbol{B} \boldsymbol{V}^{\mathrm{T}} \tag{7.38}$$

3. 关键点分析

采用模糊综合评判的方法对无线电引信的抗干扰性能进行评估的过程中，需要解决两个关键点，也是该方法的难点，那就是怎样确定各指标的权重和怎样确定联系因素集与评判集之间关系的评判矩阵，下面分别就这两个问题进行分析。

（1）权重的确定

各因素权重的确定有统计法、直接给出法、重要性排序法、层次分析法（Analytic

Hierarchy Process，AHP）和模糊子集法等。在实际应用中，往往需要多种方法结合得出各因素的权重。对于能量化给出的，最好量化给出，而对于无法量化的，则需要依靠统计法、模糊法等，根据具体情况而定。

在无线电引信抗干扰效能评估中，由于其评估指标体系分两级，且每级因素多，层次分析法是一种非常适用的方法。下面对该方法进行详细介绍。

层次分析法是一种普遍实用的定性定量相结合的多准则决策方法。AHP 由于其系统、灵活、简便及定性定量相结合等特点，已受到广泛重视，并迅速地运用到各个领域多准则决策中。它把复杂问题分解成各个组成因素，又将这些因素按支配关系分组形成递阶层次结构，通过两两相对比较的方式确定同一层次中各评价指标对应于上一层某指标的相对重要性，然后综合决策者的判断，确定被选方案相对重要性的总排序。整个决策过程体现了人的决策思维的基本特征，即分解、判断、综合。

运用 AHP 进行决策时，大体可以分为以下四个步骤：第一，分析系统中各因素之间的关系，建立系统的递推层次结构；第二，对同一层次的各元素关于上一层次的某一准则的重要性进行两两比较，建立两两比较判断矩阵；第三，由判断矩阵计算被比较元素对于该准则的相对权重；第四，计算各层元素对系统总目标的合成权重，并进行排序。下面从应用角度，介绍层次分析的具体方法步骤：

①对同一层次的各元素关于上一层次中某一准则的重要性进行两两比较，构造判断矩阵 C。C 中元素 c_{ij} 表示 i 指标与 j 指标相对该准则的重要程度量化值，并有下述关系（即反对称矩阵）：

$$c_{ji} = 1/c_{ij}, c_{ii} = 1, j = 1,2,\cdots,n \tag{7.39}$$

$$C = \begin{bmatrix} c_{11} & \cdots & c_{1n} \\ \vdots & & \vdots \\ c_{n1} & \cdots & c_{nn} \end{bmatrix} \tag{7.40}$$

显然，c_{ij} 的值越大，则 i 相对 j 的重要程度就越高，这里采用 1~9 标度量化值，见表 7.2。

表 7.2　1~9 标度量化值

	定义	量化值
C_i 与 C_j 比较	C_i 比 C_j 极端重要	9
	C_i 比 C_j 强烈重要	7
	C_i 比 C_j 明显重要	5
	C_i 比 C_j 稍微重要	3
	C_i 与 C_j 一样重要	1
	2，4，6，8 为介于上述两个相邻判断尺度中间	

②将矩阵 $\boldsymbol{C} = (c_{ij})_{n \times n}$ 按列归一化，即

$$(\overline{c_{ij}})_{n \times n} = \left[\frac{c_{ij}}{\sum\limits_{i=1}^{n} c_{ij}} \right]_{n \times n}, i = 1, 2, \cdots, n \qquad (7.41)$$

③按行加总：

$$\overline{\omega_i} = \sum\limits_{i=1}^{n} c_{ij} \qquad (7.42)$$

④再归一化后即得权重系数：

$$\omega_i = \frac{\overline{\omega_i}}{\sum\limits_{j=1}^{n} \overline{\omega_j}} \qquad (7.43)$$

⑤求矩阵 $\boldsymbol{C}$ 的最大特征值 $\lambda_{\max}$：

$$\lambda_{\max} = \sum\limits_{i=1}^{n} \frac{(\boldsymbol{C}\omega)_i}{n\omega_i} \qquad (7.44)$$

矩阵 $\boldsymbol{A}$ 的最大特征值 $\lambda_{\max}$ 对应的特征向量 $\boldsymbol{W}$ 即是权重向量。

⑥一致性检验。

在构造判断矩阵时，由于客观事物的复杂性、主体认识的局限性，以及主体之间认识的多样性，判断经常伴随有误差，判断矩阵不可能具有完全一致性，为了避免在评估时犯错误，需要判断矩阵进行一致性检验。根据 AHP 的原理，可以利用 $\lambda_{\max}$ 与 n 之差来检验一致性。定义计算一致性指标：

$$\text{C. I.} = \frac{\lambda_{\max} - n}{n - 1} \qquad (7.45)$$

由于随着 n 的增加，判断误差会增加，因此判断一致性应当考虑到 n 的影响，所以进一步使用随机一致性比值 C. R. 来反映一致性：

$$\text{C. R.} = \text{C. I.} / \text{R. I.} \qquad (7.46)$$

式中，R. I. 为平均随机一致性指标，可从表 7.3 中进行查找。当 C. R. <0.1 时，即要求专家判断的一致性与无智能傻瓜判断的一致性之比小于 10% 时，认为判断的一致性是可以接受的；反之，当 C. R. ≥0.1 时，应该对判断矩阵做适当修正，以保持一定程度的一致性。对于 1 阶、2 阶矩阵，总是完全一致的，此时 C. R. =0。

表 7.3　平均随机一致性指标

阶数（n）	1	2	3	4	5	6	7
R. I.	0	0	0.52	0.89	1.12	1.26	1.36
阶数（n）	8	9	10	11	12	13	14
R. I.	1.41	1.46	1.49	1.52	1.54	1.56	1.58

根据这种方法可得出各评估准则对应于抗干扰性能评估结果的判定矩阵为

$$
C = \begin{bmatrix} 1 & 3 & \dfrac{1}{2} & 1 \\ \dfrac{1}{3} & 1 & 2 & 3 \\ 2 & \dfrac{1}{2} & 1 & \dfrac{1}{2} \\ 1 & \dfrac{1}{3} & 2 & 1 \end{bmatrix}
$$

各评估准则中每两个评估指标所对应的判断矩阵分别为

$$
C_{功率} = \begin{bmatrix} 1 & 3 \\ \dfrac{1}{3} & 1 \end{bmatrix}, \quad C_{时间} = \begin{bmatrix} 1 & \dfrac{1}{3} \\ 3 & 1 \end{bmatrix}, \quad C_{效率} = \begin{bmatrix} 1 & 4 \\ \dfrac{1}{4} & 1 \end{bmatrix}, \quad C_{其他} = \begin{bmatrix} 1 & 2 \\ \dfrac{1}{2} & 1 \end{bmatrix}
$$

因此可求出无线电引信抗干扰性能指标权重如下。

第一判断层各指标因素的权值：

$$
A = (0.28 \quad 0.30 \quad 0.21 \quad 0.21)
$$

第二判断层各指标因素的权值：

$$
A_1 = (0.75 \quad 0.25)
$$

$$
A_2 = (0.25 \quad 0.75)
$$

$$
A_3 = (0.80 \quad 0.20)
$$

$$
A_4 = (0.67 \quad 0.33)
$$

（2）评判矩阵的确定

评判矩阵是联系因素集与评判集之间关系的模糊关系矩阵，可通过隶属函数来确定。考虑无线电引信抗干扰系统特点和各因素的基本属性，根据相关分析和数据处理的结果，确定各因素的隶属函数。具体分析处理如下：

1）干扰功率因子 K_p 的隶属函数。

干扰功率因子越大，引信的抗干扰能力越强。由于 $0 < K_{SD} \leq 1$，所以可用模糊数学中的梯形隶属函数对其进行模糊化处理，函数形式如下：

$$
\mu(u_1) = \begin{cases} 0, & u_1 \leq 0.4 \\ \dfrac{u_1 - 0.4}{1 - 0.4}, & 0.4 < u_1 < 1 \\ 1, & u_1 = 1 \end{cases} \tag{7.47}
$$

2）灵敏度退化因子 K_{SD} 的隶属函数。

由于 $0 < K_{SD} \leq 1$，K_{SD} 越大、越接近于 1，引信的抗干扰性越好，因此可设定其隶属函数为

$$\mu(u_2) = \begin{cases} 0, & u_2 \leqslant 0.2 \\ \dfrac{u_2 - 0.2}{1 - 0.2}, & 0.2 < u_2 \leqslant 1 \\ 1, & u_2 = 1 \end{cases} \tag{7.48}$$

3）干扰机截获时间 ΔT_i 的隶属函数。

干扰机截获时间 ΔT_i 越长，引信的抗干扰能力越强。由于干扰机的作用距离一般为几十米到几千米，截获时间一般为毫秒级，所以可设定其隶属函数为

$$\mu(u_3) = \frac{1}{1 + e^{-u_3/100}} \tag{7.49}$$

4）引导干扰时间 ΔT_j 的隶属函数。

引导干扰时间越长，引信的抗干扰能力越强，所以可设定其隶属函数为

$$\mu(u_4) = \frac{1}{1 + e^{-u_4/50}} \tag{7.50}$$

5）抗干扰成功率 η 的隶属函数。

抗干扰成功率越高，说明引信的抗干扰性能越好，且在实际应用中，可依据以下标准将无线电引信的抗干扰能力由弱到强划分为 5 个等级：

①当 $0 \leqslant \eta < 10\%$ 时，为 0 级抗干扰能力；

②当 $10\% \leqslant \eta < 30\%$ 时，为 1 级抗干扰能力；

③当 $30\% \leqslant \eta < 50\%$ 时，为 2 级抗干扰能力；

④当 $50\% \leqslant \eta < 80\%$ 时，为 3 级抗干扰能力；

⑤当 $\eta \geqslant 80\%$ 时，为 4 级抗干扰能力。

所以可设定其隶属函数为

$$\mu(u_5) = \begin{cases} 0, & u_5 \leqslant 10 \\ \dfrac{u_5 - 10}{80 - 10}, & 10 < u_5 < 80 \\ 1, & u_5 \geqslant 80 \end{cases} \tag{7.51}$$

6）目标发现概率因子 K_f 的隶属函数。

目标发现概率因子越高，说明引信的抗干扰性能越好，因此可设定其隶属函数为

$$\mu(u_6) = \begin{cases} 0, & u_6 \leqslant 20 \\ \dfrac{u_5 - 20}{80 - 20}, & 20 < u_6 < 80 \\ 1, & u_6 \geqslant 80 \end{cases} \tag{7.52}$$

7）干扰方式的隶属函数。

干扰方式中，考虑压制干扰和欺骗干扰，根据它们干扰能力的强弱，可设定其隶

属度分别为：压制干扰0.8，欺骗干扰0.6。

　　8）干扰波形的隶属函数。

　　常用的无线电引信干扰波形有正弦波、锯齿波、方波、噪声、增幅等。根据它们对无线电引信干扰能力强弱，用模糊数学中二元对比排序法计算指标的隶属度，计算过程见表7.4。

表7.4　无线电引信干扰波形隶属度

干扰波形	二元对比取值		两两相乘	隶属度
方　波	1	1	1	0.8
增　幅	0.9	1	0.9	0.54
噪　声	1	0.8	0.72	0.48
锯齿波	0.6	1	0.48	0.16
正弦波	1	0.5	0.3	0.07

7.4.3　无线电引信抗干扰性能评估实例

　　1. 各评估指标数据

　　设根据抗干扰评估实验方法所测得某型号无线电引信的各评估指标数据见表7.5。

表7.5　某引信各评估指标数据

功率准则		时间准则		效率准则		其他因素	
干扰功率因子	灵敏度退化因子	干扰机截获时间/ms	引导干扰时间/ms	抗干扰成功率/%	目标发现概率/%	干扰方式	干扰波形
0.86	0.79	58	76	78	72	压制	噪声

　　2. 第一层评判矩阵

　　将每个指标作为单个评价标准，定义其评价标准，见表7.6。

表7.6　各单个评估指标评价标准

评价等级	干扰功率因子	灵敏度退化因子	干扰机截获时间/ms	引导干扰时间/ms	抗干扰成功率/%	目标发现概率/%	干扰方式	干扰波形
优秀	0.85~1	0.85~1	80以上	100以上	80以上	80以上	—	三角脉冲
良好	0.7~0.85	0.7~0.85	60~80	80~100	70~80	65~80	压制	增幅波形
中	0.55~0.7	0.55~0.7	40~60	60~80	60~70	50~65	欺骗	噪声
合格	0.55~0.4	0.55~0.4	20~40	30~60	50~60	35~50	—	锯齿正弦
不合格	0.4以下	0.4以下	20以下	30以下	50以下	35以下	—	—

　　又根据引信指标数据和各指标的隶属函数可分别计算各指标的隶属度，见表7.7。

表 7.7　引信各指标的隶属度

功率准则		时间准则		效率准则		其他因素	
干扰功率因子	灵敏度退化因子	干扰机截获时间/ms	引导干扰时间/ms	抗干扰成功率/%	目标发现概率/%	干扰方式	干扰波形
0.77	0.74	0.64	0.82	0.97	0.87	0.8	0.48

因此，可得第一层的评判矩阵为

$$\boldsymbol{R}_1 = \begin{bmatrix} 0.77 & 0 & 0 & 0 & 0 \\ 0 & 0.74 & 0 & 0 & 0 \end{bmatrix}$$

$$\boldsymbol{R}_2 = \begin{bmatrix} 0 & 0 & 0.64 & 0 & 0 \\ 0 & 0 & 0.82 & 0 & 0 \end{bmatrix}$$

$$\boldsymbol{R}_3 = \begin{bmatrix} 0 & 0.97 & 0 & 0 & 0 \\ 0 & 0.87 & 0 & 0 & 0 \end{bmatrix}$$

$$\boldsymbol{R}_4 = \begin{bmatrix} 0 & 0.80 & 0 & 0 & 0 \\ 0 & 0 & 0.48 & 0 & 0 \end{bmatrix}$$

3. 第一层评判结果

根据模糊变换，有

$$\boldsymbol{B}_1 = \boldsymbol{A}_1 \circ \boldsymbol{R}_1 = \begin{bmatrix} 0.75 & 0.25 \end{bmatrix} \circ \begin{bmatrix} 0.77 & 0 & 0 & 0 & 0 \\ 0 & 0.74 & 0 & 0 & 0 \end{bmatrix} = \begin{bmatrix} 0.75 & 0.25 & 0 & 0 & 0 \end{bmatrix}$$

$$\boldsymbol{B}_2 = \boldsymbol{A}_2 \circ \boldsymbol{R}_2 = \begin{bmatrix} 0.25 & 0.75 \end{bmatrix} \circ \begin{bmatrix} 0 & 0 & 0.64 & 0 & 0 \\ 0 & 0 & 0.82 & 0 & 0 \end{bmatrix} = \begin{bmatrix} 0 & 0 & 0.75 & 0 & 0 \end{bmatrix}$$

$$\boldsymbol{B}_3 = \boldsymbol{A}_3 \circ \boldsymbol{R}_3 = \begin{bmatrix} 0.8 & 0.2 \end{bmatrix} \circ \begin{bmatrix} 0 & 0.97 & 0 & 0 & 0 \\ 0 & 0.87 & 0 & 0 & 0 \end{bmatrix} = \begin{bmatrix} 0 & 0.8 & 0 & 0 & 0 \end{bmatrix}$$

$$\boldsymbol{B}_4 = \boldsymbol{A}_4 \circ \boldsymbol{R}_4 = \begin{bmatrix} 0.67 & 0.33 \end{bmatrix} \circ \begin{bmatrix} 0 & 0.80 & 0 & 0 & 0 \\ 0 & 0 & 0.48 & 0 & 0 \end{bmatrix} = \begin{bmatrix} 0 & 0.67 & 0.33 & 0 & 0 \end{bmatrix}$$

4. 第二层评判矩阵

将一级评判结果组合起来，形成二级评判矩阵：

$$\boldsymbol{R} = \begin{bmatrix} \boldsymbol{B}_1 \\ \boldsymbol{B}_2 \\ \boldsymbol{B}_3 \\ \boldsymbol{B}_4 \end{bmatrix} = \begin{bmatrix} 0.75 & 0.25 & 0 & 0 & 0 \\ 0 & 0 & 0.75 & 0 & 0 \\ 0 & 0.8 & 0 & 0 & 0 \\ 0 & 0.67 & 0.33 & 0 & 0 \end{bmatrix}$$

5. 第二层评判结果

第二层评判结果为

$$\boldsymbol{B} = \boldsymbol{A} \circ \boldsymbol{R} = \begin{bmatrix} 0.28 & 0.30 & 0.21 & 0.21 \end{bmatrix} \circ \begin{bmatrix} 0.75 & 0.25 & 0 & 0 & 0 \\ 0 & 0 & 0.75 & 0 & 0 \\ 0 & 0.8 & 0 & 0 & 0 \\ 0 & 0.67 & 0.33 & 0 & 0 \end{bmatrix}$$

$$= \begin{bmatrix} 0.28 & 0.25 & 0.3 & 0 & 0 \end{bmatrix}$$

6. 最终评判结果

根据第二层评判结果，将其转换成百分制，可得综合评价结果为

$$\boldsymbol{Z} = \boldsymbol{B}\boldsymbol{V}^{\mathrm{T}} = \begin{bmatrix} 0.28 & 0.25 & 0.3 & 0 & 0 \end{bmatrix} \begin{bmatrix} 95 \\ 85 \\ 75 \\ 65 \\ 30 \end{bmatrix} = 70.35$$

可见，该引信的抗干扰性能等级为中级。

参 考 文 献

［1］ 沈涛．电子战 104：应对新一代威胁的电子战［J］．通信对抗，2016（1）．

［2］ 崔占忠，宋世和，徐立新．近炸引信原理［M］．北京：北京理工大学出版社，2009.

［3］ 赵惠昌．无线电引信设计原理与方法［M］．北京：国防工业出版社，2012.

［4］ 施坤林，黄峥，马宝华，等．国外引信技术发展趋势分析与加速发展我国引信技术的必要性［J］．探测与控制学报，2005，27（3）：1－5.

［5］ 汪仪林，马秋华，张龙山，邹金龙。引信智能化发展构想［C］．第二十届引信年会，深圳，2017：19－23.

［6］ 齐杏林，刘尚合，李宏建．引信信息型和功率（能量）型干扰的概念及其特性分析［J］．探测与控制学报，1999，21（2）：32－35.

［7］ 韩传钊，施聚生．无线电引信的信道干扰和机理研究［J］．航天电子对抗，1999（3）：30－34.

［8］ 杜汉卿．AN/TRT－2B（XL－1）近炸引信干扰机运用情况的评述［J］．引信技术，1983，1（3）：23－37.

［9］ 栗苹，钱龙，刘衍平．数字射频存储器在引信干扰机中的应用［J］．探测与控制学报，2003，25（s1）：1－3.

［10］ Huang H，Pan M，Gong S．Estimating and calibrating the response of multiple wideband digital radio frequency memories in a hardware－in－the－loop system using shuffled frog leaping algorithm［J］．Iet Radar Sonar and Navigation，2015，10（5）：827－833.

［11］ Kale A，Thirumuru R，Pasupureddi V S R．Wideband channelized sub－sampling transceiver for digital RF memory based electronic attack system［J］．Aerospace Science and Technology，2016，51：34－41.

［12］ Bandiera F，Farina A，Orlando D，et al．Detection algorithms to discriminate between radar targets and ECM signals［J］．IEEE Transactions on Signal Processing，2010，58（12）：5984－5993.

[13] Lu G, Gui G, Bu Y, et al. Deception jammer suppression in fractional Fourier transformation domain with random chirp rate modulation [J]. Journal of the Chinese Institute of Engineers, 2016, 39 (6): 722 – 726.

[14] Xu J, Liao G, Zhu S, et al. Deceptive jamming suppression with frequency diverse MIMO radar [J]. Signal Processing, 2015, 113 (C): 9 – 17.

[15] Choi J H, Jang J H, Roh J E. Design of an FMCW Radar Altimeter for Wide – Range and Low Measurement Error [J]. IEEE Transactions on Instrumentation and Measurement, 2015, 64 (12): 3517 – 3525.

[16] Tu Y, Si C, Wu W. Pseudo – random frequency hopping fuze technology based on signal reconstruction [J]. Iet Signal Processing, 2016, 10 (3): 302 – 308.

[17] Gao X, Wang L, Wang L L, et al. Frequency Hopping Fuze Technology Based on Chaos Theory [J]. Modern Defence Technology, 2014.

[18] Liu Y P, Lin J T, Wei W. The Principles and Key Technologies of Adaptive Frequency Hopping [J]. Guidance and Fuze, 2010.

[19] Bob Hertlein. High accuracy radar proximity sensor [C]. The 48th Annual NDIA Fuze Conference, Charlotte USA: NDIA, 2004: 1 – 21.

[20] 孔志杰, 郝新红, 栗苹, 等. 基于时序及相关检测的调频引信抗扫频干扰方法 [J]. 兵工学报, 2017, 38 (8): 1483 – 1489.

[21] Kong Z, Li P, Yan X, et al. Anti – Sweep Jamming Design and Implementation Using Multi – Channel Harmonic Timing Sequence Detection for Short – Range FMCW Proximity Sensors [J]. Sensors, 2017, 17 (9): 2042.

[22] 张珂, 王震, 舒建涛, 等. 基于数字射频存储的引信面目标回波模拟器 [J]. 探测与控制学报, 2016, 38 (5): 15 – 21.

[23] 郝新红. 复合调制引信定距理论与方法研究 [D]. 北京: 北京理工大学, 2006.

[24] 陈保辉. 雷达目标反射特性 [M]. 北京: 国防工业出版社, 1993.

[25] Hao H, Pan M, Lu Z. Hardware – in – the – loop simulation technology of wide – band radar targets based on scattering center model [J]. 中国航空学报 (英文版), 2015, 28 (5): 1476 – 1484.

[26] 俞静一, 等. 现代雷达目标检测理论与方法 [M]. 北京: 电子工业出版社, 2016.

[27] 陈慧玲. 调频连续波无线电引信目标与干扰信号识别方法 [D]. 北京: 北京理工大学, 2015.

[28] 黄莹, 郝新红, 孔志杰, 等. 基于熵特征的调频引信目标与干扰信号识别 [J]. 兵工学报, 2017, 38 (2): 254 – 260.

［29］ Huang N E, Shen Z, Long S R，et al. The Empirical Mode Decomposition and the Hilbert Spectrum for Nonlinear and Non－stationary Time Series Analysis. Proc. R. Soc. Lond. A 454，903－995 ［J］. Proceedings Mathematical Physical & Engineering Sciences，1998，454（1971）：903－995.

［30］ Huang N E. Computer implemented empirical mode decomposition method，apparatus and article of manufacture：US，US5983162 ［P］. 1999.

［31］ GJB 6520—2008，战场电磁环境分类与分级方法 ［S］. 2008.

［32］ 栗苹. 信息对抗技术 ［M］. 北京：清华大学出版社，2008.

［33］ 赵惠昌，张淑宁. 电子对抗理论与方法 ［M］. 北京：国防工业出版社，2010.

［34］ 李泽，闫晓鹏，栗苹，等. 扫频式干扰对调频多普勒引信的干扰机理研究 ［J］. 兵工学报，2017，38（9）：1716－1722.

［35］ 郭云鹏，闫晓鹏，李泽，等. 基于处理增益的连续波多普勒引信干扰效能分析方法 ［J］. 探测与控制学报，2017，39（5）：21－27.

［36］ 韩传钊. 无线电引信干扰机理研究 ［D］. 北京：北京理工大学，1999.

［37］ 钱龙. 连续波多普勒引信干扰技术研究 ［D］. 北京：北京理工大学，2006.

［38］ 许凤凯. 伪码无线电引信灵巧干扰机理研究 ［D］. 北京：北京理工大学，2011.

［39］ 刘强. 无线电引信信号模拟器的设计 ［D］. 北京：北京理工大学，2013.

［40］ 汪伟鹏. 无线电引信波形设计和仿真研究 ［D］. 成都：电子科技大学，2008.

［41］ 胡泽宾，赵惠昌. 伪码引信瞄准式欺骗性干扰机干扰效果的影响因素研究 ［J］. 宇航学报，2005，26（6）：773－779.

［42］ 栗苹，陶高峰，郭建伟. 连续波多普勒引信干扰波形设计 ［J］. 制导与引信，2002，23（2）：12－14.

［43］ Li Ping, Xu Fengkai, Yan Xiaopeng, Quan Wei. Study on Jamming Random Pulse Position Modulation PD Fuze Based on Channel Leak ［C］. IEEE Conference on Computer, Mechatronics，Control and Electronic Engineering（CMCE），2010.

［44］ Li Ping, Xu Fengkai, Yan Xiaopeng, Quan Wei. Pseudo－random Code PPM Fuze's Channel Leak and Its Jamming Mechanism ［C］. IEEE Conference on Computer Design and Applications（ICCDA），2010.

［45］ 杜汉卿. 无线电引信抗干扰原理 ［M］. 北京：兵器工业出版社，1988.

［46］ Soumekh M. SAR－ECCM using Phase－Perturbed LFM Chirp Signals and DRFM Repeat Jammer Penalization ［J］. IEEE Transactions on Aerospace and Electronic Systems，2006，42（1）：191－205.

［47］ 李泽，栗苹，郝新红，等. 脉冲多普勒引信抗有源噪声干扰性能研究 ［J］. 兵工学报，2015，36（6）：1001－1008.

［48］李月琴，闫晓鹏，杭和平，等．基于模糊综合评判的无线电引信抗干扰性能评估［J］．兵工学报，2016，37（5）：791－797．

［49］陶艳．基于分数阶傅里叶变换的线性调频引信定距方法［D］．北京：北京理工大学，2016．

［50］岳凯，郝新红，栗苹，等．基于分数阶傅里叶变换的线性调频引信定距方法［J］．兵工学报，2015，36（5）：801－808．

［51］Yue K，Hao X，Li P. An LFMCW detector with new structure and FRFT based differential distance estimation method［J］. Springerplus，2016，5（1）：922.

［52］王哲．基于发射波形复合调制的调频引信抗DRFM干扰方法［D］．北京：北京理工大学，2018．

［53］李志强．连续波多普勒无线电引信目标信号识别方法研究［D］．北京：北京理工大学，2014．

［54］张彪．连续波多普勒引信抗扫频式干扰方法研究［D］．北京：北京理工大学，2016．

［55］陈慧玲．连续波调频无线电引信目标与干扰信号识别方法［D］．北京：北京理工大学，2015．

［56］Hao Xinhong，Liang Ying，Li Ping. Doppler Signal De－noising for Radio Fuze Based on Empirical Mode Decomposition［C］. 5th International Conference on BioMedical Engineering and Informatics.

［57］梁营．基于时频分析的混沌调相引信信号处理方法研究［D］．北京：北京理工大学，2013．

［58］施聚生，李建良．论引信的信息特征［J］．探测与控制学报，1993（1）：1－5．

［59］施聚生，栗苹．引信中的信息过程［J］．探测与控制学报，1994（4）：1－5．

［60］施聚生，栗苹，李建良．论引信效用信息的相对性［J］．制导与引信，1995（2）：3－7．

［61］施聚生，韩传钊，栗苹．近炸引信信息通道的保护与泄漏［J］．探测与控制学报，1998（3）：1－4．

［62］钱龙，栗苹．无线电引信电子对抗技术的三个层次［J］．弹箭与制导学报，2009，29（6）：127－130．

［63］Adams E R，Gouda M，Hill P C J. Detection and characterisation of DS/SS signals using higher－order correlation［C］. IEEE，International Symposium on Spread Spectrum Techniques and Applications Proceedings. IEEE，1996（1）：27－31.

［64］Joe Sawada，Aaron Williams，Dennis Wong. A surprisingly simple de Bruijn sequence construction［J］. Discrete Mathematics，2016，339：127－131.

［65］ Mehrdad Soumekh. SAR – ECCM using Phase – Perturbed LFM Chirp Signals and DRFM Repeat Jammer Penalization ［J］. IEEE Transactions on Aerospace and Electronic Systems，2006，42（1）：191 – 205.

［66］ Jabran Akhtar. Orthogonal block coded ECCM schemes against repeat radar jammers ［J］. IEEE Transactions on Aerospace and Electronic Systems，2009，45（3）：1218 – 1226.

［67］ 林厚宏. 基于波形捷变的雷达抗干扰技术研究 ［D］. 成都：电子科技大学，2016.

［68］ Blunt S D，Mokole E L. Overview of radar waveform diversity ［J］. IEEE Aerospace and Electronic Systems Magazine，2016，31（11）：2 – 42.

［69］ Gong X，Meng H，Wei Y，et al. Phase – Modulated Waveform Design for Extended Target Detection in the Presence of Clutter ［J］. Sensors，2011，11（7）：7162 – 77.

［70］ Golomb S W，Gong G. Signal Design for Good Correlation：For Wireless Communication，Cryptography，and Radar ［M］. Cambiridge：Camridge University Press，2005.

［71］ Li J，Guerci J R，Xu L. Signal Waveform's Optimal – under – Restriction Design for Active Sensing ［J］. IEEE Signal Processing Letters，2006，13（9）：565 – 568.

［72］ Yue W，Zhang Y，Liu Y，et al. Radar Constant – Modulus Waveform Design with Prior Information of the Extended Target and Clutter ［J］. Sensors，2016，16（6）：889.

［73］ Deng H. Discrete frequency – coding waveform design for netted radar systems ［J］. Signal Processing Letters IEEE，2004，11（2）：179 – 182.

［74］ Borwein P，Ferguson R. Polyphase sequences with low autocorrelation ［J］. IEEE Transactions on Information Theory，2005，51（4）：1564 – 1567.

［75］ Nunn C J，Coxson G E. Polyphase Pulse Compression Codes with Optimal Peak and Integrated Sidelobes ［J］. Aerospace and Electronic Systems IEEE Transactions on，2009，45（2）：775 – 781.

［76］ Petre Stoica，Li Jian，Zhu Xumin. Waveform Synthesis for Diversity – Based Transmit Beampattern Design ［J］. IEEE Transactions on Signal Processing，2008，56（6）：2593 – 2598.

［77］ Petre Stoica，Hao He，Li Jian. New Algorithms for Designing Unimodular Sequences With Good Correlation Properties ［J］. IEEE Transactions on Signal Processing，2009，57（4）：1415 – 1425.

［78］ Stoica P，He H，Li J. On Designing Sequences With Impulse – Like Periodic Correlation ［J］. IEEE Signal Processing Letters，2009，16（8）：703 – 706.

［79］ He H，Stoica P，Li J. Designing Unimodular Sequence Sets With Good Correlations—

Including an Application to MIMO Radar [J]. IEEE Transactions on Signal Processing, 2009, 57 (11)：4391 – 4405.

[80] Soltanalian M, Naghsh M M, Stoica P. A fast algorithm for designing complementary sets of sequences [J]. Signal Processing, 2013, 93 (7)：2096 – 2102.

[81] Abbas Akbarpour, Davood Mirzahosseini. Improving range resolution in jammed environment by phase coded waveform [C]. 2011 IEEE CIE International Conference on Radar, 2011.

[82] 吴健，崔国龙，孔令讲. 一种抗速度欺骗干扰的认知波形设计方法 [J]. 雷达科学与技术，2015，13 (2)：133 – 138.

[83] 颜佳冰，李伟，兰星，等. 用于合成孔径雷达抗欺骗干扰的多相编码优化方法 [J]. 兵工学报，2015，36 (12)：2315 – 2320.

[84] Junxiao Song, Prabhu Babu, Daniel P. Palomar. Optimization methods for sequence design with low autocorrelation sidelobes [C]. 2015 IEEE International Conference on Acoustics, Speech and Signal Processing (ICASSP), 2015.

[85] Song J, Babu P, Palomar D P. Optimization Methods for Designing Sequences With Low Autocorrelation Sidelobes [J]. IEEE Transactions on Signal Processing, 2015, 63 (15)：3998 – 4009.

[86] Song J, Babu P, Palomar D P. Sequence Design to Minimize the Weighted Integrated and Peak Sidelobe Levels [J]. IEEE Transactions on Signal Processing, 2016, 64 (8)：2051 – 2064.

[87] Song J, Babu P, Palomar D P. Sequence Set Design With Good Correlation Properties Via Majorization – Minimization [J]. IEEE Transactions on Signal Processing, 2016, 64 (11)：2866 – 2879.

[88] Mojtaba Soltanalian, Petre Stoica. Computational Design of Sequences With Good Correlation Properties [J]. IEEE Transactions on Signal Processing. 2012, 60 (5)：2180 – 2193.

[89] Cui G, Yu X, Piezzo M, et al. Constant modulus sequence set design with good correlation properties [J]. Signal Processing, 2017 (139)：75 – 85.

[90] Petre Stoica, Hao He, Li Jian. Optimization of the Receive Filter and Transmit Sequence for Active Sensing [J]. IEEE Transactions on Signal Processing, 2012, 60 (4)：1730 – 1740.

[91] Zhongju Wang, Prabhu Babu, Daniel P. Palomar. Optimal design of constant – modulus channel training sequences [C]. 2016 IEEE International Conference on Acoustics, Speech and Signal Processing (ICASSP), 2016.

［92］ Zhang J D，Zhu X H，Wang H Q. Adaptive radar phase – coded waveform design ［J］. Electronics Letters，2009，45（20）：1052 – 1053.

［93］ Xuhua Gong，Huaiying Tan，Huadong Meng，et al. Optimization of radar phase – coded signals for multiple target detection ［J］. Signal Processing，2014（100）：186 – 196.

［94］ Tang L，Zhu Y，Fu Q. Designing Waveform Sets with Good Correlation and Stopband Properties for MIMO Radar via the Gradient – Based Method ［J］. Sensors，2017，17（5）：999.

［95］ Arriaga – Trejo I A，Orozco – Lugo A，Flores – Troncoso J. Design of Unimodular Sequences with Good Autocorrelation and Good Complementary Autocorrelation Properties ［J］. IEEE Signal Processing Letters，2017（99）：1.

［96］ 岳凯. 调频引信抗信息型干扰理论与方法 ［D］. 北京：北京理工大学，2017.

［97］ 孔志杰. DRFM 干扰下调频引信失效机理与抗干扰方法研究 ［D］. 北京：北京理工大学，2018.

［98］ 李泽. 脉冲多普勒引信抗信息型干扰理论与方法研究 ［D］. 北京：北京理工大学，2018.

［99］ 刘少坤. 防空导弹无线电引信认知干扰技术 ［D］. 北京：北京理工大学，2018.

［100］ Vapnik V N. Statistical Learning Theory ［M］. John Wiley & Sons Inc，1998.

［101］ Vapnik V N. The Nature of statistical Learning Theory（Second Edition）［M］. Newyork：Springer，2000.

［102］ Vapnik V N. Estimation of Dependences Based on Empirical Data Dependences ［M］. Newyork：Springer，2006.

［103］ Tian Y，Shi Y，Liu X. Recent advances on support vector machines research ［J］. Technological and Economic Development of Economy，2012，18（1）：5 – 33.

［104］ Abe S. Support Vector Machines for pattern Classification（2nd）［M］. Newyork：Springer，2010.

［105］ Tax D，Duin R. Support vector domain description ［J］. Pattern Recognition Letters，1999（20）：1191 – 1199.

索 引

（毋栋　佘鹤　编制）

彩　　插

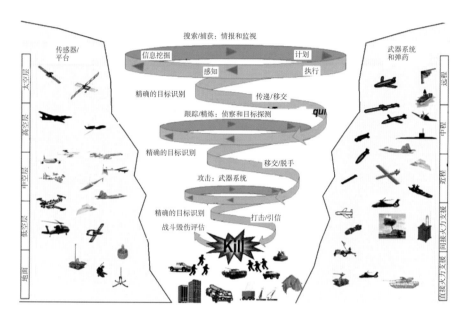

图 1.1　美军 C4KISR 体系示意图

图 1.2　引信所面临的战场电磁环境

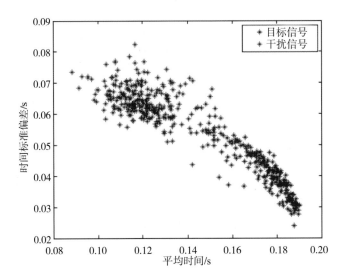

图 6.36　平均时间与时间标准偏差二维分布

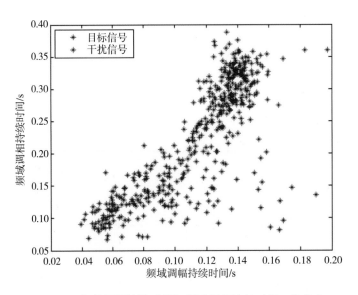

图 6.37　频域调幅持续时间与频域调相持续时间二维分布

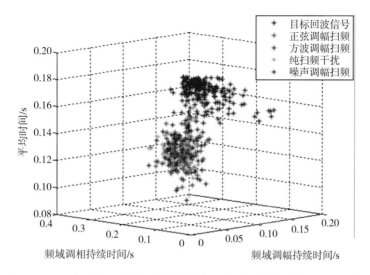

图 6.38　平均时间、频域调幅持续时间、频域调相持续时间三维分布

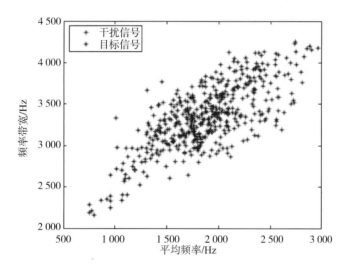

图 6.39　平均频率与频率带宽二维分布

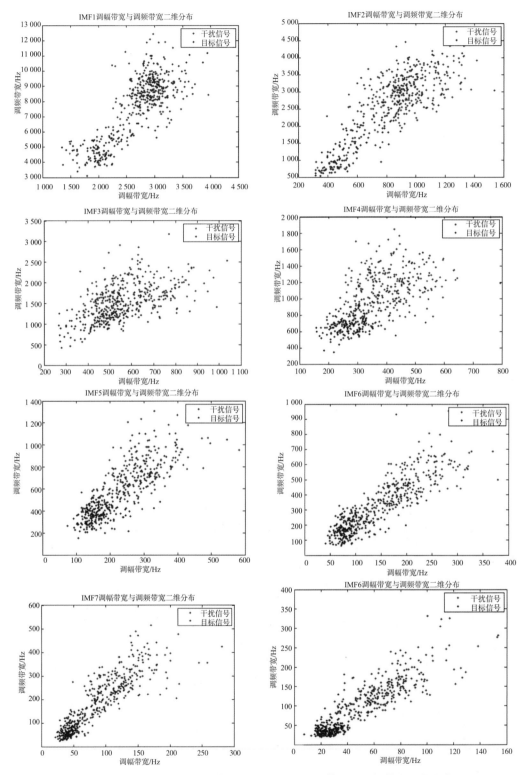

图 6.44　目标和干扰作用下检波信号各 IMF 调幅带宽、调频带宽二维分布

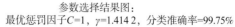

参数选择结果图:
最优惩罚因子C=1，γ=1.414 2，分类准确率=99.75%

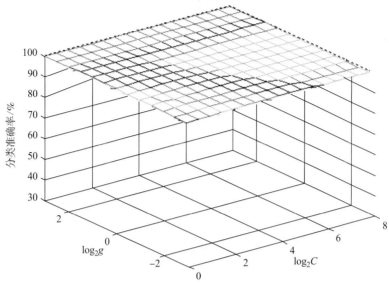

图 6.49 以波形熵和奇异谱熵作为 SVM 输入的参数寻优

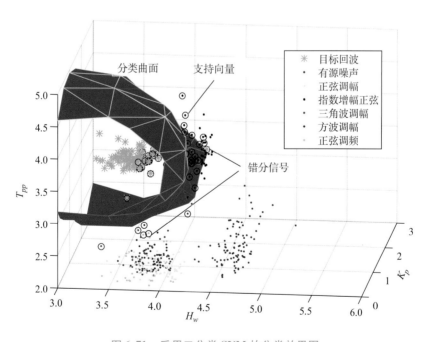

图 6.71 采用二分类 SVM 的分类效果图